AF371109

ENCYCLOPÉDIE INDUSTRIELLE

Fondée par M.-C. LECHALAS, Inspecteur général des Ponts et Chaussées en retraite

TRAITÉ GÉNÉRAL

DES

AUTOMOBILES A PÉTROLE

PAR

Lucien PÉRISSÉ

INGÉNIEUR DES ARTS ET MANUFACTURES

SECRÉTAIRE DE LA COMMISSION TECHNIQUE DE L'AUTOMOBILE-CLUB DE FRANCE

PARIS

GAUTHIER-VILLARS, IMPRIMEUR-LIBRAIRE

DE L'ÉCOLE POLYTECHNIQUE, DU BUREAU DES LONGITUDES, ETC.

Quai des Grands-Augustins, 55

ENCYCLOPÉDIE DES TRAVAUX PUBLICS

Directeur : G. LECHALAS, Ingénieur en chef des Ponts et Chaussées, quai de la Bourse 13, Rouen.

Volumes grand in-8°, avec de nombreuses figures.

Médaille d'or à l'Exposition universelle de 1889
Exposition de 1900 (Voir pages 3 et 4 de la couverture)

OUVRAGES DE PROFESSEURS A L'ÉCOLE DES PONTS ET CHAUSSÉES

M. BECHMANN. *Distributions d'eau* et *Assainissement.* 2ᵉ édit., 2 vol. à 20 fr., 40 fr. — *Cours d'hydraulique agricole et urbaine,* 1 vol. . . . . 20 fr.

M. BRICKA. *Cours de chemins de fer de l'Ecole des ponts et chaussées.* 2 vol., 1343 pages et 464 figures . . . . 40 fr.

M. COLSON. *Cours d'économie politique* : Tome I, 10 fr. — Tome II, 10 fr. — Tome III, 1ʳᵉ partie . . . . 6 fr.

M. L. DURAND-CLAYE. *Chimie appliquée à l'art de l'ingénieur,* en collaboration avec *MM. Derôme* et *Feret,* 2ᵉ édit. considérablement augmentée, 15 fr. — *Cours de routes de l'Ecole des ponts et chaussées,* 606 pages et 234 figures, 2ᵉ édit., 20 fr. — *Lever des plans et nivellement,* en collaboration avec *MM. Pelletan* et *Lallemand.* 1 vol., 703 pages et 280 figures (cours des Ecoles des ponts et chaussées et des mines, etc.) . . . . . 25 fr.

M. FLAMANT. *Mécanique générale (Cours de l'Ecole centrale),* 1 vol. de 544 pages, avec 203 figures, 20 fr. — *Stabilité des constructions et résistance des matériaux.* 2ᵉ édit., 670 pages, avec 270 figures, 25 fr. — *Hydraulique (Cours de l'Ecole des ponts et chaussées),* 1 vol., 2ᵉ éd. considérablement augmentée (Prix Montyon de mécanique) ; XXX, 685 pages avec 130 figures . . . . 25 fr.

M. GARIEL. *Traité de physique.* 2 vol., 448 figures. . . . . 20 fr.

M. HIRSCH. *Cours de machines à vapeur et locomotives.* 1 vol. 510 pages, 314 fig . 18 fr.

M. F. LAROCHE. *Travaux maritimes.* 1 vol. de 490 pages, avec 116 figures et un atlas de 46 grandes planches, 40 fr. — *Ports maritimes.* 2 vol. de 1006 pages, avec 524 figures et 2 atlas de 37 planches, double in-4° (*Cours de l'Ecole des ponts et chaussées*) . . 50 fr.

M. F. B. DE MAS, Inspecteur général des ponts et chaussées. *Rivières à courant libre,* 1 vol. avec 97 figures ou planches, 17 fr. 50. — *Rivières canalisées.* 1 vol. avec 176 figures ou planches, 17 fr. 50. — *Canaux.* 1 vol. avec 190 figures ou planches. . . . 17 fr. 50

M. NIVOIT, Inspecteur général des mines : *Cours de géologie,* 2ᵉ édition, 1 vol. avec carte géologique de la France ; 615 pages, 429 fig. et un tableau des formations géologiques de 7 pages . . . . 20 fr.

M. M. D'OCAGNE. *Géométrie descriptive et Géométrie infinitésimale* (cours de l'Ecole des ponts et chaussées), 1 vol., 340 fig. . . . . 12 fr.

M. DE PRÉAUDEAU, Inspect. général des P.-et-Ch., prof. à l'Ecole nat. *Procédés généraux de construction.* Travaux d'art. Tome I, avec 508 fig. 20 fr. Tome II, avec 389 fig. 20 fr.

M. J. RÉSAL. *Traité des Ponts en maçonnerie,* en collaboration avec *M. Degrand.* 2 vol., avec 600 figures, 40 fr. — *Traité des Ponts métalliques* 2 vol., avec 500 figures, 40 fr. — *Constructions métalliques, élasticité et résistance des matériaux : fonte, fer et acier.* 1 vol. de 652 pages, avec 203 figures, 20 fr. — Le 1ᵉʳ volume des *Ponts métalliques* est à sa seconde édition (revue, corrigée et très augmentée). — *Cours de ponts,* professé à l'Ecole des ponts et chaussées, 1 vol. de 410 pages, avec 284 figures (*Etudes générales et ponts en maçonnerie*), 14 fr. — *Cours de Résistance des matériaux* (Ecole des ponts et chaussées), 120 figures, 16 fr. — *Cours de stabilité des constructions,* 240 figures, 20 fr. — *Poussée des terres et stabilité des murs de soutènement* . . . . 40 fr.

OUVRAGES DE PROFESSEURS A L'ÉCOLE CENTRALE DES ARTS ET MANUFACTURES

M. DEHARME. *Chemins de fer. Superstructure* ; première partie du cours de chemins de fer de l'Ecole centrale. 1 vol. de 696 pages, avec 310 figures et 1 atlas de 73 grandes planches in-4° doubles (voir *Encyclopédie industrielle* pour la suite de ce cours). 50 fr. On vend séparément : *Texte,* 15 fr.; *Atlas,* 35 fr.

M. DENFER. *Architecture et constructions civiles.* Cours d'architecture de l'Ecole centrale : *Maçonnerie.* 2 vol., avec 794 figures, 40 fr. — *Charpente en bois et menuiserie.* 1 vol., avec 680 figures, 25 fr. — *Couverture des édifices* 1 vol., avec 423 figures, 20 fr. — *Charpenterie métallique, menuiserie en fer et serrurerie* 2 vol., avec 1.050 figures, 40 fr. — *Fumisterie (Chauffage et ventilation).* 1 vol. de 726 pages, avec 731 figures (numérotées de 1 à 375, l'auteur affectant chaque groupe de figures d'un numéro seulement). 25 fr. *Plomberie : Eau* ; *Assainissement* ; *Gaz,* 1 vol. de 568 p. avec 391 fig. . . . 20 fr.

M. DOBION. *Cours d'Exploitation des mines.* 1 vol. de 692 pages, avec 1.100 figures. 25 fr.

M. MONNIER. *Electricité industrielle,* cours professé à l'Ecole centrale, 2ᵉ édition considérablement augmentée, 1 vol. de 826 pages ; 404 très belles figures de l'auteur. . 25 fr.

M. Mᵉˡ PELLETIER. *Droit industriel,* cours professé à l'Ecole centrale 1 vol. . . . 15 fr.

MM. E. ROUCHÉ et BRISSE, anciens professeurs de géométrie descriptive à l'Ecole centrale. *Coupe des pierres.* 1 vol. et un grand atlas (avec de nombreux exemples). . . 25 fr.

OUVRAGES D'UN PROFESSEUR AU CONSERVATOIRE DES ARTS ET MÉTIERS

M. E. ROUCHÉ, membre de l'Institut. *Eléments de statique graphique.* 1 vol . . 12 fr. 50

MM. ROUCHÉ et Lucien LÉVY. *Calcul infinitésimal,* 2 vol. de 557 et 829 p. (*Enc. indust.*) 15 fr.

(*Voir la suite ci-après*)

TRAITÉ GÉNÉRAL

DES

AUTOMOBILES A PÉTROLE

ENCYCLOPÉDIE INDUSTRIELLE
Fondée par M.-C. LECHALAS, Inspecteur général des Ponts et Chaussées en retraite

TRAITÉ GÉNÉRAL

DES

AUTOMOBILES A PÉTROLE

PAR

Lucien PÉRISSÉ

INGÉNIEUR DES ARTS ET MANUFACTURES
SECRÉTAIRE DE LA COMMISSION TECHNIQUE DE L'AUTOMOBILE-CLUB DE FRANCE

PARIS

GAUTHIER-VILLARS, IMPRIMEUR-LIBRAIRE

DE L'ÉCOLE POLYTECHNIQUE, DU BUREAU DES LONGITUDES, ETC.
Quai des Grands-Augustins, 55

1907

AVANT-PROPOS

Ce n'est certes pas sans une certaine appréhension que nous présentons aujourd'hui un nouveau livre sur l'automobile : le public trouve à sa disposition des ouvrages si complets et si intéressants, signés des maîtres de la vulgarisation scientifique, qu'il est presque téméraire pour nous d'avoir accepté de faire pour l'*Encyclopédie industrielle* un nouveau volume. Nous nous sommes cependant efforcé de présenter au public scientifique des éléments d'études, sinon des études complètes, pour permettre aux ingénieurs, aux techniciens et à tous ceux qui ont quelque notion de l'art de l'ingénieur de se mettre rapidement au courant des principaux éléments des calculs et de la fabrication des véhicules automobiles.

Nous avons éloigné systématiquement tout ce qui n'avait pas été sanctionné par la pratique ou qui avait un caractère d'actualité ou de nouveauté destiné à se trouver modifié par les circonstances postérieures.

Nous avons cherché à être très concis, tout en étant aussi complet que possible. Nos lecteurs voudront-ils bien reconnaître que nous y sommes parvenu ?

La tâche, que nous avons entreprise, a été grandement facilitée par l'amabilité des constructeurs d'automobiles et des ingénieurs spécialisés dans cette partie ; notamment, la plupart des grandes usines ont bien voulu collaborer à notre travail en nous communiquant des documents souvent inédits et ce serait les citer toutes que de citer celles qui nous ont confié les éléments destinés à l'illustration du présent ouvrage.

Les rédacteurs en chef d'*Omnia*, de la *Vie automobile*, de la *Technique automobile*, du *Bulletin officiel de la Commission technique de l'Automobile-Club de France* ont droit, à ce point de vue, à notre reconnaissance toute particulière.

PREMIÈRE PARTIE

ÉTUDE THÉORIQUE

Il nous a semblé indispensable au début de cet ouvrage de réserver une place suffisamment large à l'étude théorique des phénomènes relatifs à la traction des véhicules et aux moteurs à explosion employés dans les automobiles. Une telle étude, basée sur des observations pratiques solidement établies, peut fournir en effet des indications utiles en guidant les expérimentateurs sur des notions qui sont souvent incertaines, faute de n'avoir pas été exposées d'une façon suffisamment méthodique.

C'est là, dans un sujet comme le nôtre, le rôle important de la science appliquée et, sous la réserve de ne pas chercher à tout expliquer et quand même par la théorie, les praticiens auraient tort d'en mépriser systématiquement le secours, chaque fois que des expériences antérieures ont permis de fixer certains points théoriques. Nous rappellerons d'abord les principales définitions.

Définitions et notations. — On sait que les trois unités fondamentales de la mécanique sont :

La *longueur* exprimée en centimètres ou en mètres ;

La *masse* qui est égale au quotient du poids par l'accélération ;

Le *temps* exprimé en secondes, en minutes, en heures.

La *vitesse* est le quotient d'une longueur par un temps :

$$r = \frac{L}{T},$$

L étant l'espace parcouru par un mobile pendant un temps *T* ; la vitesse est d'ordinaire exprimée en mètres par seconde, mais quand il s'agit d'automobiles on a l'habitude de l'exprimer plus souvent en kilomètres par heure.

La *vitesse angulaire* est le quotient de la vitesse par une longueur : *r* étant le rayon de giration et *v* étant la vitesse tangentielle, la vitesse angulaire, en fonction du nombre de tours *n* par minute, s'exprime par la formule :

$$\omega = \frac{v}{r} = \frac{\pi n}{30} .$$

La *vitesse linéaire* d'un piston étant une donnée importante de la construction des moteurs à explosion, il est indispensable de la définir : *c* étant la course du piston, à chaque tour correspondra un mouvement d'aller et retour du piston, de sorte que l'espace parcouru par ce dernier sera, par tour, 2*c* ; en *n* tours il sera 2*cn* et, en une seconde, la vitesse linéaire sera :

$$r = \frac{2cn}{60} = \frac{cn}{30} .$$

Une *force* est le produit d'une masse par l'accélération. Dans le cas de la pesanteur, la force est égale au poids et est égale à *mg, g* étant l'accélération normale de la pesanteur, qui est approximativement égale à 980, exprimée en centimètres par seconde par seconde, ou par seconde au carré (1).

Un *travail* est le produit d'une force par une longueur ; nous le désignerons par τ ; l'unité de travail est le kilogrammètre (*kgm.*) ; un kgm. est le travail développé pour élever un kilogramme à une hauteur de un mètre (2).

La *puissance* que nous désignerons par $\mathscr{P}$ est le travail par unité de temps, c'est-à-dire le quotient d'un travail par un temps, ou autrement dit le travail exprimé en kilogrammètres par seconde (*kgm. : s*).

L'unité de puissance décimale est le *poncelet* qui correspond à un travail de 100 kgm. par seconde. Par suite d'un usage ancien, on emploie plus usuellement l'unité du *cheval* qui correspond à un travail de 75 kgm. par seconde. L'unité de puissance électrique étant le *watt*, on a déterminé que le cheval vaut 736 watts ou qu'un kilowatt vaut 1,36 cheval.

Le *cheval-heure* est le travail effectué en une heure par un moteur qui développe 75 kgm. par seconde.

La *puissance spécifique* ou *puissance massique* d'un moteur est le quo-

____

(1) Le nombre adopté par le Service international des Poids et Mesures est 980,665 $\frac{cm}{sec^2}$ sanctionné déjà par quelques législations (Comptes rendus de la troisième conférence générale des Poids et Mesures, p. 68, Paris, 1901).

(2) On désigne parfois le travail sous le nom d'*Energie*, son symbole est **W**.

tient de la puissance développée par le poids du moteur exprimé en kilogrammes.

Faute d'avoir établi des règles au sujet du poids du moteur, on trouve souvent des indications non comparables sur les puissances spécifiques. Il importe donc de bien spécifier que, quand on calcule la puissance spécifique d'un moteur à explosion, il faut faire entrer dans le poids du moteur tout ce qui est indispensable à son fonctionnement régulier : notamment le carburateur et sa tuyauterie, la source d'électricité et ses canalisations, le volant. Le réservoir d'essence qui peut être de dimensions variables, la canalisation d'essence qui varie d'un type à l'autre, la tuyauterie et le pot d'échappement, qui ne sont pas indispensables au fonctionnement du moteur, ne doivent pas être comptés dans l'établissement du poids servant au calcul de la puissance spécifique.

Rappelons enfin que le *pouvoir calorifique* d'un combustible est le nombre de calories dégagées par un kilogramme de ce corps pendant sa combustion complète, et que *l'équivalent mécanique de la chaleur* est le nombre de kilogrammètres (425 kgm.) que peut développer chaque calorie en se transformant en travail.

Les règles pour l'unification du langage et des notations techniques préconisées par M. Hospitalier, avec une compétence et une ténacité auxquelles il faut rendre hommage, sont basées sur les décisions du Bureau International des Poids et Mesures, sur celles du Congrès de mécanique appliquée de 1889 et sur les Lois et Décrets de 1903 actuellement en vigueur en France. Elles ne peuvent donc qu'être approuvées et adoptées par tous les techniciens.

TABLEAU DES ABRÉVIATIONS ET SYMBOLES USUELS

$\mathcal{C}$.... Travail en kgm. ;

$\mathcal{P}_{chx}$. Puissance en chevaux ;

$\mathcal{P}_{pt}$.. Puissance en poncelets ;

M... Masse ;

P,p.. Poids;

L,l... Longueur (d'un bras de levier, d'un chemin parcouru, etc.) ;

H.... Hauteur ;

d.... Alésage ou diamètre d'un cylindre ;

r.... Rayon d'un cercle ou d'un cylindre ;

c.... Course d'un piston ;

n.... Nombre de tours par minute ;

S.... Surface : $S = L. L$:

V.... Volume engendré, cylindrée ; $V = L. L. L.$;

N.... Nombre de cylindres d'un moteur ;

V,c.. Vitesse en mètres par seconde ; $l : s$:

ω.... Vitesse angulaire en fonction du nombre des tours par minute ;

C.... Pouvoir calorifique ;

π.... 3,14159 ;

K... Coefficient variable :

t,θ... Températures :

α, β.. Angles (en degrés ou grades) :

g.... Accélération : $l : s^2$;

p.... Pression en kg. par cm².

CHAPITRE PREMIER

ÉTUDE DE LA TRACTION DES VÉHICULES

L'étude théorique de la traction des véhicules doit intéresser à un haut degré les constructeurs et les techniciens, puisqu'elle détermine les efforts moteurs nécessaires pour faire progresser les véhicules et, dans cette étude, la comparaison des automobiles avec les voitures attelées, qui tirent d'un usage plusieurs fois séculaire la consécration de leurs pratiques, n'est pas à dédaigner car elle fournit des indications précieuses à plus d'un point de vue.

Historique. — Dès 1797, Edgeworth procéda à une série d'expériences dont on trouve trace dans les Transactions de l'Académie Royale d'Irlande ; il étudia l'influence du diamètre des roues sur le passage des obstacles et détermina que la puissance est proportionnelle à la racine carrée de leur diamètre.

Coulomb procéda, au commencement du xixᵉ siècle, à des études sur la résistance au roulement d'un cylindre en bois sur un plan horizontal et il fixa plusieurs lois, dont la principale est celle qui porte son nom : *la résistance au roulement est inversement proportionnelle au rayon du cylindre et proportionnelle à la pression.*

En 1837, les expériences de Dupuit, qui reprend les études d'Edgeworth, lui permettent de conclure que *la résistance au roulement est inversement proportionnelle à la racine carrée du diamètre des roues.* Dupuit étudie, de plus, l'influence de la suspension.

De 1838 à 1841, A. Morin, qui était alors professeur du cours de mécanique à l'école de Metz, institua une série d'expériences très méthodiques sur le tirage des voitures, en effectuant, notamment au moyen d'un dynamomètre enregistreur construit par lui, des mesures de l'effort de traction dans un grand nombre de cas. Ces mesures, faites avec un très grand soin, lui permirent de déterminer des coefficients et, par suite, des lois qui servirent de base à la législation de la circulation et au tarif à fixer pour les services de roulage fonctionnant à cette époque ; elles confirment la loi de Coulomb.

Ces expériences, dont l'intérêt avait diminué en même temps que le roulage avait cessé d'être le moyen principal de transport, ont repris une importance toute particulière depuis la création des automobiles, et le travail de Morin est un véritable monument qui doit servir de base aux travaux ultérieurs sur la traction mécanique.

Malheureusement, Morin n'a pu faire porter ses expériences sur des véhicules munis de bandages en caoutchouc, ni présentant des vitesses comparables à celles des véhicules actuels, de sorte que les chiffres qu'il donne ont évidemment besoin d'être complétés.

C'est pourquoi MM. Michelin, ont effectué en 1895, 1896 et 1897, à Clermont-Ferrand, des expériences sur routes, d'abord au moyen d'une voiture attelée, puis au moyen d'un tracteur remorquant une voiture par l'intermédiaire d'un dynamomètre. Ces expériences avaient pour but de déterminer comparativement les coefficients de traction des bandages en fer, des bandages en caoutchouc plein et des pneumatiques.

Dans une autre série d'expériences faites en 1900, MM. Michelin ont employé une voiture électrique Jeantaud pesant environ 2 tonnes en charge ; il a été montré, par ces essais, que le pneumatique donne, sur le plein, une réduction de l'effort de traction (principalement au démarrage) qui a été mesurée être de 14 0/0. L'emploi du pneumatique s'est traduit pratiquement par un gain de vitesse de 2 à 4 0/0 et une économie de travail de 8 à 13 0/0.

M. Jeantaud a repris ces expériences en 1903, en comparant l'effort de traction sur routes sèches et boueuses ; dans le deuxième cas, il a pu constater un effort de 42,3 0/0 plus élevé que pour la route sèche, la vitesse moyenne en palier étant de 22 km. à l'heure.

Le professeur H.-S. Hele-Schaw a présenté au Congrès de l'Automobile de 1903 un rapport sur d'intéressantes expériences faites par le Comité de la British Association, au moyen d'un véhicule-dynamomètre ingénieusement disposé. Les conclusions de ce travail ont été que : *L'effort de traction est indépendant de la vitesse pour des pneumatiques roulant sur routes empierrées ou sur pavés ; il augmente avec la vitesse pour les roues garnies de bandages en fer.*

Enfin, en 1904, une série d'essais comparatifs de bandages a été faite sous la direction de MM. Arnoux et Ferrus, sur une série de pneumatiques simples, de pneumatiques garnis d'antidérapants, de bandages mi-pleins et de bandages pleins, et les chiffres recueillis ont servi à déterminer les efforts moyens développés, tant longitudinaux que transversaux, ainsi que le coefficient d'adhérence sur lesquels on n'avait antérieurement que très peu de données.

Adhérence. — **Définition.** — En matière de locomotion sur route, nous avons estimé qu'il fallait d'abord définir l'*adhérence*.

Dans tout système matériel, on distingue les forces intérieures, qui sont celles qui agissent d'un point du système sur un autre point du système ; la loi de l'action et de la réaction indique que les forces intérieures sont deux à deux égales et opposées : transportées au centre de gravité, elles se font équilibre.

Pour que le centre de gravité se meuve, c'est-à-dire que le système matériel entre en mouvement, il faut faire intervenir une ou plusieurs forces extérieures ; la force extérieure qui provoque le mouvement d'un véhicule est la réaction du sol aux points où le véhicule prend appui sur lui ; le cheval traîne la voiture en vertu de la composante horizontale de la réaction du sol sous la pression de ses quatre sabots ; l'automobile prend son point d'appui sur ses roues motrices qui tendent à amener successivement les points de leurs circonférences en coïncidence avec un même point de la route.

On appelle *adhérence* la réaction du sol qui constitue la force extérieure motrice, indispensable pour la progression.

Pour la voiture attelée, l'*effort de traction* est celui que subit la voiture par l'intermédiaire du cheval et suivant la direction des traits. Dans les véhicules mécaniques, l'effort de traction peut être considéré comme appliqué à la jante, puisqu'il résulte de la réaction du sol due à l'adhérence.

Or, la réaction du sol n'est réellement motrice que si l'effort tangentiel développé sur la jante de la roue n'atteint pas la valeur pour laquelle la résistance au glissement se trouverait surmontée : car, dans ce cas, ce serait ce glissement qui se produirait, il y aurait rotation sur place ou patinage, il n'y aurait plus adhérence ; la valeur maxima de la résistance au glissement constitue donc la valeur limite de l'effort moteur efficace : elle est égale au produit du coefficient de frottement f par la réaction normale au point d'appui, cette réaction étant égale à la fraction p du poids de la voiture que portent les roues motrices et que, pour cette raison, on appelle *poids adhérent*.

On a donc :

$$R \leqslant p.f.$$

Si on a au contraire :

$$R > p.f,$$

il faut, pour vaincre cette résistance, accroître l'effort développé par la roue motrice ; celui-ci dépassera la valeur par laquelle la résistance au glissement est vaincue, il se produira le patinage.

Il y a donc intérêt, pour éviter le patinage d'un véhicule donné, dont on ne peut changer le poids, à augmenter la valeur de f par le choix judicieux des matériaux en contact. Au surplus, alors même que la résistance serait inférieure à $p. f$, le seul fait de dépasser cette valeur pour l'effort tangentiel de la roue produit le patinage, car alors l'inertie du véhicule auquel cet effort tend à donner une accélération crée une nouvelle résistance qui, ajoutée à R, est supérieure à $p. f$.

Coefficient d'adhérence. — La valeur du coefficient de frottement ou d'adhérence sur route, f, est très variable suivant la nature du sol, les matériaux qui constituent la chaussée, l'état d'entretien de celle-ci.

Sur rail, on admet que f varie de 0.10 à 0,20 selon l'état de la voie ferrée, résultant des circonstances atmosphériques.

Sur route, avec des bandages métalliques, Morin a indiqué les chiffres de 0,30 à 0,35 sur macadam et 0,25 sur pavés gras. D'après les expériences plus récentes, faites avec les bandages pneumatiques, on peut admettre que le coefficient d'adhérence est en moyenne de 0,60, c'est-à-dire que, pour un véhicule dont le poids adhérent est de 1 tonne, la valeur limite de l'adhérence sera de 600 kilogrammes environ. M. Arnoux a déterminé la valeur de f après démarrage sur route macadamisée normale, il a trouvé 0,67 dans le plan des roues et 0,63 perpendiculairement à ce plan ; sur le bitume sec, les coefficients s'élèvent à 0,715 et 0,65, et sur le bitume mouillé largement 0,81 et 0,72 ; par contre, sur du bitume couvert de boue argileuse, les deux coefficients d'adhérence tombent à 0,17 et 0,14 et, pour du bitume ou du ciment recouvert d'une boue très visqueuse et très épaisse, on descend à 0,062 et 0,061.

Quand les voitures vont en grande vitesse, c'est-à-dire dépassent 20 mètres par seconde par exemple, le coefficient d'adhérence varie, mais dans quelle proportion ? Il est bien difficile de le dire, aucune expérience n'ayant été faite à ce sujet. M. Arnoux a déterminé par le calcul que la valeur de f devait être de 0,246 ; M. Faroux, au contraire, estime que, pour les voitures de course à très large voie, le coefficient d'adhérence moyen doit être égal en moyenne à 0,67.

Tracteurs. — Les questions d'adhérence prennent une importance toute particulière, quand il s'agit de tracteurs automobiles. Soient P le poids du tracteur, p son poids adhérent, P' le poids total des véhicules en remorque, R la résistance totale par tonne du tracteur et des remorques, et admettons que le coefficient d'adhérence est en moyenne 0,20 ; on a :

$$P' = \frac{0,20\ p}{R} - P\ ;$$

par exemple, pour un tracteur pesant 6 tonnes et ayant un poids d'adhérence de 4 tonnes, l'adhérence de $0,20\ p$ sera de 800 kilogrammes et l'on pourrait théoriquement remorquer un poids de près de 17 tonnes, en admettant qu'on puisse avoir un moteur suffisamment puissant dans la limite des poids ci-dessus et en prenant pour R une valeur de 0,035, c'est-à-dire 30 à 37 kilogrammes par tonne.

Les notions de l'adhérence étant ainsi bien établies, nous étudierons la résistance des véhicules en ligne droite et en terrain horizontal.

Les forces qui s'opposent au mouvement des véhicules sont : la résistance au roulement, la résistance des fusées, la résistance du mécanisme, la résistance de l'air.

Résistance au roulement. — Lorsqu'une roue, c'est-à-dire un cylindre de rayon R, roule sur un plan, il se développe une force (dirigée en sens inverse du mouvement) qui provient d'une déformation de la surface de roulement dans le voisinage du point de contact géométrique.

Le poids du cylindre P, la réaction du plan X et la force de traction T appliquée au centre se font équilibre, puisqu'on suppose que le mouvement demeure uniforme, et elles sont concourantes ; X passe donc par le centre du cylindre et coupe le sol en un point situé à une distance a en avant de la projection du centre de la roue. On a ainsi la formule suivante, où T est à la fois la force motrice et la résistance au mouvement :

$$T = a\ \frac{P}{R}\ \cdot$$

Coulomb a montré que pour un même sol et quels que soient le poids et le rayon du cylindre, au moins dans certaines limites, la distance a demeure la même, et on appelle *point de contact mécanique* le point par lequel passe la réaction du sol à la distance a du point de contact théorique. La loi de Coulomb se formule donc ainsi :

$$T = K\ \frac{P}{R}\ \cdot$$

formule dans laquelle K est une constante pour les mêmes substances en contact, c'est-à-dire que sa valeur dépend de la nature et de l'état de la chaussée ; P est la pression sur le plan résultant du poids du cylindre et D le diamètre de ce cylindre.

La loi de Coulomb n'est exacte que pour de faibles valeurs du diamètre, c'est pourquoi divers expérimentateurs ont proposé d'autres formules.

Coriolis publiait en 1832 la formule qu'on admet souvent comme se rapprochant le plus de la vérité :

$$T = \frac{3}{8} \sqrt[3]{\frac{12}{mb} \cdot \frac{P^4}{D^2}},$$

qu'on peut écrire en simplifiant :

$$T = K \frac{D}{R^{\frac{2}{3}}} ;$$

m est un coefficient variable avec la dureté de la chaussée et b est la largeur des bandages. M. G. Forestier, dans son étude didactique publiée en 1900, a très justement fait observer que Coriolis, dans l'établissement de sa formule, a eu surtout en vue le travail perdu par l'enfoncement des matériaux de la chaussée bien plutôt que le travail imposé à l'attelage pour la déformation du sous-sol dans le cas d'une chaussée trop mince.

Piobert a donné également une formule un peu différente des précédentes.

Dupuit a démontré que le tirage d'une charrette à deux roues dans les parties concaves et convexes de la chaussée était donné en fonction du tirage T en palier, sur une chaussée unie, par les formules :

$$T_1 = T \sqrt{\frac{1}{1 - \dfrac{R}{r}}} \qquad T_2 = T \sqrt{\frac{1}{1 + \dfrac{R}{r}}}$$

R étant le rayon de la roue et r le rayon de courbure de l'ondulation.

M. Desdouits, l'inventeur d'appareils très remarquables pour l'étude de la traction sur les chemins de fer, admet que le tirage varie en raison inverse de la racine carrée du diamètre.

Enfin, le professeur Hele Shaw admet la loi de proportionnalité inverse avec le carré du diamètre.

La formule empirique suivante a été proposée par M. Clarke pour déterminer la résistance au roulement (exprimée en kilogrammes par tonne) sur bonne route macadamisée :

$$R = 30 + 4\,V + \sqrt{10\,V},$$

la vitesse V étant exprimée en kilomètres à l'heure.

Cette formule donne des résultats beaucoup trop élevés pour les automobiles, car elle se rapporte à des voitures non suspendues et circulant à faible allure ; toutefois il serait possible de déterminer, avec les données accumulées depuis quelques années, une formule plus approchée, se rapportant aux véhicules modernes.

Ces diverses expériences ont, en tous cas, permis de se rendre compte que la résistance au roulement variait suivant la suspension des véhicules. En effet, lors du roulement sur un chemin, il y a non seulement déformation du sol, mais encore rencontre d'obstacles plus ou moins saillants et parfois aussi pénétration du terrain par les roues, c'est-à-dire formation d'ornières plus ou moins profondes ; nous étudierons plus loin ces deux cas.

Essais comparatifs de bandages de roues. — En mai et juin 1904 ont eu lieu, sur la route du Bord de l'Eau, à Neuilly, des expériences très instructives sur la résistance au roulement, qu'offrent les divers bandages employés en automobile.

Le véhicule de comparaison était une voiture électrique Gallia pesant en charge 1.800 kg. avec un poids adhérent amené exactement à 1 tonne, par addition de lest. Le moteur électrique, dont l'effort peut être lu sur un ampèremètre de précision, constitue un excellent dynamomètre de rotation, quand il s'agit, comme dans le cas présent, de mesurer l'effort nécessaire pour que la vitesse du véhicule reste constante, mais, pour cela, on a dû procéder à un tarage préalable du système moteur. Le système de tarage proposé par M. Arnoux consistait à se servir d'une des roues de la voiture comme poulie d'un frein à corde, en faisant fonctionner le moteur aux trois différents crans du combinateur utilisés dans les essais sur route, qui correspondent sensiblement aux vitesses de 10, 20 et 30 kilomètres à l'heure.

Les essais ont porté, comme nous l'avons dit, sur la résistance à la traction ou l'effort de tirage à ces différentes vitesses, et on a étudié également l'influence du gonflement des pneumatiques sur cet effort, en opérant à 6 et 2 kg. par centimètre carré de pression d'air.

Les résultats principaux obtenus sont relatés sur le tableau suivant :

Tableau 1. — **Effort de tirage développé (en kilogrammes).**

Poids de la voiture en charge : 1.800 kilogrammes.

Press. d'air dans les pneumatiques	6 kilogrammes			2 kilogrammes	
Vitesse approximat. à l'heure. Km	10	20	30	20	30
Pneumatique Boland	26,6	36,5	43	38,5	49,3
Pneu Cuir Samson	28,3	36,2	49,3	38,6	57,8
Pneu Cuir Hérault	31,4	38	56,6	40	57,7
Pneu Falconnet trapézoïdal . . .	28,5	36	51,4	38,6	55,1
Pneu Falconnet arrondi.	25,1	32,5	49,1	34,6	52,3
Pneu Falconnet normal.	23,3	30,4	44,9	33,9	46,9
Antidérapant Lempereur	33,3	37,7	49,2	40,5	55,5
Pneu Gallus ferré.	26,8	34,5	49,2	36,4	52,9
Pneu Gallus demi-ferré	31,7	37,2	55,6	41,8	57,7
Chambre Ducasble creuse	33,9	37,6	53,5		
Bandage plein Torrillon.	22,9	31,4	44,8		
Bandage plein Kelly.	27,5	35,5	48,3		

Influence de la suspension. — Evidemment, il ne faut citer ici les expériences faites sur la suspension que pour mémoire, la construction automobile exigeant obligatoirement l'emploi des ressorts ; toutefois, les considérations expérimentales que nous relatons tendent à prouver que les constructeurs auront toujours intérêt à améliorer les suspensions, non seulement pour l'agrément des voyageurs et la conservation des voitures, mais encore pour diminuer l'effort de traction ; c'est encore là, du reste, une des questions obscures de la technique automobile que de savoir dans quelle limite varie la résistance aux grandes vitesses suivant le mode de suspension ; il est à souhaiter que cette lacune soit bientôt comblée.

C'est Dupuit qui, en 1832, a démontré expérimentalement la nécessité de la suspension sur les voitures de roulage, et on est arrivé à munir actuellement de ressorts même des véhicules portant 10 tonnes de charge utile.

Les essais ont été faits notamment pour une diligence aux deux allures ordinaires :

Résistance par tonne	au pas	au trot
Partie de la charge non suspendue . .	31,7 kg.	40,02 kg.
Partie de la charge suspendue	12 »	15,45 »

Et la comparaison de ces chiffres faisait conclure à Dupuit : « On « voit que l'influence des ressorts sur le tirage peut être telle qu'elle « fasse disparaître celle de la vitesse ».

C'est la même idée que rapporte M. G. Forestier quand il cite ces paroles de Schwilgué : « Il est inutile d'insister sur les avantages que « présente l'emploi des ressorts dans les voitures. On sait qu'ils ne « consistent pas seulement à rendre le mouvement des voitures plus « doux, mais encore à diminuer la dégradation des routes et à écono- « miser une partie notable de la force motrice ».

Plus récemment, la Compagnie Générale des petites voitures à Paris a fait, à l'aide de son véhicule dynamométrique, des essais comparatifs de tirage sur un fiacre à vide et en charge ; l'effort de traction en charge est égal à 31 kg. par tonne, tandis qu'il s'élève à 33 kg. à vide justement parce que l'influence des ressorts diminue quand le véhicule n'est pas chargé.

Effets des obstacles. — Quand on étudie l'action d'une roue de rayon R, chargée d'un poids P, lorsqu'elle butte contre un obsta- cle h, on peut déterminer l'effort Q qu'il faut exercer au centre de la roue pour que celle-ci s'élève sur l'obstacle, et le rapport $\dfrac{P}{Q}$ est appelé généralement *puissance de la roue*, ce qui a permis d'établir la formule :

$$\frac{P}{Q} = \frac{\sqrt{R}}{\sqrt{2\,h}},$$

de sorte que les puissances de deux roues sont sensiblement propor- tionnelles aux racines carrées de leurs rayons.

Il en résulte que, à égalité d'efforts dépensés, les hauteurs d'obsta- cles franchies par deux roues sont proportionnelles au rayon de ces dernières.

Enfin, pour un même obstacle, l'influence de la dimension du rayon sur la grandeur de l'effort exigé, décroîtra à mesure que ce rayon aug- mentera et on admet, dans la pratique, qu'au delà de 1 m. 30 une aug- mentation de diamètre des roues ne produit pas une différence sensible sur les efforts développés.

Les mêmes considérations théoriques permettent de montrer que l'effort nécessaire pour entretenir l'uniformité du mouvement est proportionnel à la charge P et inversement proportionnel au rayon R de la roue ; ce qui s'exprime par la formule :

$$Q = \frac{nh}{gl} \times \frac{Pv^2}{R} \, ,$$

dans laquelle P est la charge totale de la roue qui, en parcourant le chemin l, éprouve n chocs, ceux-ci étant formés par des aspérités de hauteur h ; v est la vitesse avec laquelle la roue aborde l'obstacle en question.

Cette expression permet de prévoir que l'augmentation de la vitesse v accroît l'effort de tirage Q ; toutefois, il ne faudrait pas croire qu'il y ait proportionnalité au carré de la vitesse car, en se mouvant avec rapidité, les roues évitent une grande partie des chocs : non seulement elles passent au-dessus de certaines cavités sans en toucher le fond, mais lorsqu'elles franchissent un obstacle, elles retombent sur le sol suivant une composante oblique qui diminue l'effet nuisible de l'obstacle.

Dans le cas d'une voiture bien suspendue, comme le sont les automobiles, l'action des ressorts a une très grande influence sur l'effort de traction, parce que la force vive perdue est en partie emmagasinée, puis restituée par les ressorts au moment du passage d'un obstacle, et la perte, en admettant une suspension parfaite, se réduirait à celle éprouvée par les parties non suspendues de la voiture : essieux, roues et partie de la transmission (chaînes ou différentiel dans les voitures à cardan).

Enfin, l'action des pneumatiques qui, suivant une expression très heureuse, ont pour effet de « boire l'obstacle » n'est pas non plus à dédaigner, car le bandage gonflé d'air ne transmet au train, et par suite aux ressorts, qu'une partie des chocs qu'il reçoit ; il absorbe toutes les aspérités dont la hauteur h est inférieure à la déformation supplémentaire qu'il peut subir et, en réalité, sur bonne route, la roue ne reçoit que l'action des obstacles dépassant la limite d'écrasement des bandages considérés : cet écrasement pouvant être pris en moyenne égal à 3 centimètres, on voit tout l'avantage qu'on retire de l'emploi des pneumatiques ; on comprend, en outre, quelle est l'importance du diamètre du boudin d'air en fonction des aspérités de la route et du poids de la voiture, et l'expérience, au surplus, a toujours montré que les boudins de gros diamètre sont pratiquement plus économiques, au point de vue de l'usage, que les boudins d'air de faible diamètre. On a donc ainsi tout intérêt à les adopter.

Effets des ornières. — Il est, enfin, une cause de résistance au roulement qui souvent ne doit pas être dédaignée, car elle intervient chaque fois qu'il s'agit d'un transport industriel, c'est-à-dire de charges lourdes : c'est le cas où, le sol étant plus ou moins pénétrable, les roues creusent des ornières (celles-ci pouvant n'avoir qu'un ou deux centimètres), qui ont pour effet d'ajouter à la résistance au roulement proprement dit le frottement latéral des bandages, ce frottement étant, d'ailleurs, variable avec la nature et la consistance du terrain. La résistance supplémentaire qui en résulte E peut être regardée comme agissant tangentiellement à une circonférence de même centre que la roue et dont le rayon est l'excès du rayon R sur la demi-hauteur de la partie engagée du bandage, de sorte que, si on appelle Q' le surcroît d'effort correspondant, on a, d'après l'équation du travail :

$$Q'l = E\,l\,\frac{R - e}{R}$$

d'où

$$Q' = E\,\frac{R - e}{R}\,.$$

Il semblerait d'après cette formule, que l'effort diminue quand la profondeur $2\,e$ de l'ornière augmente, mais il n'en est rien vu que E croit rapidement avec e; le rayon de la roue et la largeur de la jante doivent donc être calculés pour que cette profondeur soit diminuée autant que possible. Il en est ainsi évidemment lorsque la pression sur le terrain se répartit sur une plus grande surface et, pour cela, il faut que la largeur de la jante et que le rayon de la roue soient le plus élevés possible, puisque, quand l'enfoncement se produit, l'arc en contact est proportionnel au rayon.

Les expériences de Morin sur la largeur des jantes ont encore prouvé que les jantes larges ont l'avantage de moins s'engager entre les aspérités d'un terrain raboteux. Toutefois, lorsqu'il s'agit d'un terrain dur recouvert d'une couche peu épaisse de boue ou de sable, comme celles de la plupart de nos routes macadamisées, les jantes étroites ont l'avantage de diviser plus aisément cette couche plastique pour prendre un point d'appui solide sur le sol résistant.

Résistance des fusées. — Le frottement dans les fusées de la voiture est pendant un tour de roue égal à $2\pi d$. P. f. On a ainsi, pour exprimer le frottement de glissement par unité de longueur de déplacement du véhicule, la formule suivante :

$$T = f\frac{d}{D}\,P,$$

dans laquelle :

d, diamètre moyen de la fusée ;

D, diamètre extérieur de la roue ;

P, charge de la fusée en tonnes ;

f, coefficient de frottement dépendant de la construction et de l'état d'entretien de l'essieu ; *f* varie dans de très grandes proportions suivant que les fusées sont lisses ou qu'elles sont munies de roulements à billes.

On voit donc qu'il convient de réduire le diamètre des fusées jusqu'à la limite compatible avec la sécurité.

La valeur moyenne de *f* adoptée par l'Artillerie est de 0,002, soit 2 kg. par tonne ; en tout cas, cette résistance est faible par rapport à la résistance au roulement.

Diverses expériences ont été faites notamment par M. Baker de Chicago, qui aurait démontré que, contrairement à ce qui est généralement admis, la valeur de *f* varie avec la charge supportée.

Roulements à billes. — Depuis quelques années, les roulements à billes ont pris une place importante dans la construction automobile ; on savait que le coefficient de frottement sur l'arbre était bien moindre que celui qu'on a observé dans les paliers lisses, mais sans avoir de notions bien précises sur les modes de construction les meilleurs à adopter pour constituer un bon roulement.

Dans une série d'expériences dont il a été rendu compte à la Société Industrielle de Mulhouse, on a déterminé, au moyen d'un appareil très simple, la facilité qu'a un palier à tourner sur l'arbre suivant qu'il s'agit de paliers en bronze dur bien lubrifiés ou de paliers à billes ; dans ce dernier cas il a été possible de conclure le rendement des différentes catégories de roulement qu'on trouve dans le commerce.

On peut en effet classer les roulements à billes en trois catégories :

1° Les roulements à contact double, où les billes à un instant donné ne portent que sur deux points diamétralement opposés : c'est le cas des roulements de bicyclettes à cône et cuvette simples ; le coefficient d'absorption s'abaisse à 0,15 0/0 dès que la vitesse tangentielle dépasse 0 m. 15 par seconde ; dans la construction automobile, on emploie des roulements à une seule cuvette dont le rayon de courbure est égal à **0, 56** du rayon de la bille employée ;

2° Les roulements à contact triple dans lesquels chaque bille s'appuie en un point sur le cône et en deux points sur la cuvette ; le rendement est inférieur car un glissement vient s'ajouter au roulement et le coefficient d'absorption atteint 0,35 0/0 avec une vitesse de 0 m. 20 par seconde ;

3° Les roulements à contacts multiples, qui sont employés dans la construction de certains changements de vitesse ou de ponts arrière donnent un rendement bien inférieur ; il varie selon le mode de construction et le degré d'usure de 0,6 à 1,7 0/0 avec une vitesse de 0 m. 40 par seconde.

On emploie également les roulements à billes comme rondelles de butée où ils procurent de grands avantages à l'usage.

Quant aux roulements lisses, leur coefficient d'absorption est en général de 5 0/0 à une vitesse tangentielle inférieure à 0 m. 50 par seconde.

Le diamètre des billes à employer doit être choisi avec grand soin, et l'expérience a montré que l'on pouvait pour déterminer ce diamètre appliquer la formule :

$$d = \frac{D}{7} + 2,$$

dans laquelle *:*

d est le diamètre choisi des billes en millimètres ;

D le diamètre de l'arbre en millimètres.

Enfin il ne faut pas dépasser une charge limite sous peine de voir se produire des usures anormales qui diminuent beaucoup le rendement ; pour déterminer cette charge, on a proposé la formule :

$$\frac{P}{D}\,(V + 0,5) = 20,$$

dans laquelle :

P est la charge totale en tonnes ;

D est le diamètre de l'arbre en centimètres ;

V est la vitesse périphérique de l'arbre en mètres par seconde.

Les expériences faites ont montré que l'influence du lubrifiant est faible, la puissance absorbée par un palier à l'état sec étant, à très peu de chose près, égale à celle d'un palier graissé. L'emploi de l'huile reste néanmoins indispensable, mais le rôle du lubrifiant est plutôt d'empêcher les poussières de pénétrer dans le roulement ou d'entraîner les poussières lorsqu'elles y ont pénétrer plutôt qu'un rôle de lubrification proprement dit. Cette observation a permis de conclure que le frottement des billes les unes sur les autres a peu d'importance et ne diminue pas sensiblement le rendement utile du palier.

Le tableau ci-après donne pour différentes vitesses et diamètres les charges à ne pas dépasser pour l'ensemble d'un palier à une seule rangée de billes ; rien n'empêche du reste, quand la charge est supérieure aux chiffres du tableau, de disposer plusieurs rangées de billes dans le même palier.

Tableau 2. — Charges que peut supporter une couronne de billes.

Vitesse de l'arbre en tours à la minute	Diamètres des billes :							
	3,2 m/m $\frac{1}{8}$ de pouce anglais	4,8 m/m $\frac{3}{10}$ p. a.	6,4 m/m $\frac{1}{4}$ p. a.	9,5 m/m $\frac{3}{8}$ p. a.	12,7 m/m $\frac{1}{2}$ p. a.	15,8 m/m $\frac{5}{8}$ p. a.	24,0 m/m $\frac{15}{16}$ p. a.	44,4 m/m $\frac{7}{4}$ p. a.
60	38 kg.	71 kg.	100 kg.	152 kg.	200 kg.	250 kg.	310 kg.	420 kg.
120	36	64	86	124	150	180	210	250
300	31	49	62	78	88	96	107	120
600	25	36	42	48	53	56	58	61
1.200	18	23	25	28	29	29,5	30	31
2.400	11,5	13	14	15	15	15,4	15,6	16
4.800	6,5	7,3	7,5	7,7	7,8	7,9	7,9	8
9.600	3,6	3,8	3,9	3,9	3,9	3,9	3,9	4
	10 m/m	20 m/m	30 m/m	50 m/m	70 m/m	100 m/m	150 m/m	300 m/m

Diamètres de l'arbre :

On trouve actuellement dans le commerce des roulements à billes de toutes dimensions (voir le tableau à la page suivante), car la fabrication a atteint une telle perfection que l'on fabrique maintenant avec toute sécurité des billes en acier fondu allant jusqu'à 5 et 6 pouces anglais (101,6 mm. de diamètre); les dimensions de ces billes sont garanties exactes à 0,002 mm., mais leur prix s'élève beaucoup lorsque leur diamètre dépasse un pouce, soit 25,4 mm. Au surplus, la fabrication française a pris depuis peu un essor très réel et il n'y a nul doute que nous ne restions plus longtemps tributaires de l'industrie étrangère sur ce point.

Le grand avantage des roulements à billes est qu'ils assurent automatiquement leur propre lubrification en raison même de leur faible consommation en huile ou en graisse ; on a pu réaliser notamment des systèmes de changement de vitesse dont certains paliers ne grippent plus même avec des conducteurs négligents ; les essais d'applications des billes aux moteurs, notamment aux têtes de bielles, n'ont pas jusqu'à présent été généralisés.

Tableau 3. — Caractéristiques des Roulements à billes R B F.

Diamètre de l'arbre	Diamètre extérieur du roulement	Epaisseur du roulement	Billes		Poids	Charge pratique
			Nombre	Diamètre		
m/m	m/m	m/m		m/m	kgs	kgs
12	37	10	12	6 35	0 052	140
15	40	11	13	6 35	0 066	160
20	52	12	14	7 94	0 120	260
25	62	14	14	9 52	0 195	380
30	72	16	14	11 11	0 295	450
35	80	18	14	12 70	0 390	650
40	90	20	14	14 28	0 540	850
45	100	22	14	15 87	0 730	1.100
50	110	24	14	17 45	0 980	1.250
55	120	25	14	19 05	1 190	1.400
60	130	26	15	19 05	1 530	1.600
65	140	27	15	20 64	1 875	1.900
70	150	28	15	22 22	2 140	2.200
75	160	30	15	23 81	2 600	2.500
80	170	32	15	25 40	3 070	2.900

Coefficient de traction. — On appelle coefficient de traction le rapport $\frac{T}{P}$ de l'effort de traction à la charge totale, et c'est ce coefficient qui caractérise la résistance au roulement dans un cas déterminé, c'est-à-dire pour un sol et pour un véhicule donnés.

Le coefficient de traction se traduit par la formule :

$$\frac{T}{P} = \frac{2\,(K + fd)}{r' + r''} + K\left(\frac{p'}{r'} + \frac{p''}{r''}\right)$$

et il s'exprime en kilogrammes par tonne. Dans cette formule, K est un coefficient variable suivant l'état des routes, mais indépendant du diamètre des roues et des charges qu'elles supportent ; on y retrouve l'expression de la résistance au roulement et de la résistance des fusées.

Négligeant les poids p' et p'' des roues, peu considérables dans une voiture automobile ordinaire par rapport au poids total du châssis, on a la formule simplifiée généralement adoptée :

$$\frac{T}{P} = \frac{2\,(K + fd)}{r' + r''}\ .$$

Cette formule exprime que le coefficient de traction croît avec le coefficient de tirage, le coefficient de frottement et le diamètre des essieux, et est inversement proportionnel au rayon moyen des roues. Il s'exprime en kilogrammes par tonne.

Il en résulte qu'on doit toujours chercher, pour diminuer le tirage, à augmenter autant que possible le diamètre des roues et qu'il y a intérêt à diminuer le diamètre des essieux jusqu'à l'extrême limite exigée par la sécurité. C'est pourquoi on constitue ces essieux de matériaux de toute première qualité permettant, même pour des poids considérables, de ne pas exagérer les dimensions.

Morin a donné du coefficient de traction, dans les divers cas, des valeurs très nombreuses ; nous avons résumé ci-dessous les principales :

Tableau 4. — Valeurs du coefficient de traction (d'après Morin).

Sur route horizontale :	1 m.50	3 m.50	5 m.44
Vitesse en mètres par seconde.	1 m.50	3 m.50	5 m.44
» kilomètres à l'heure.	5 km. 4	12 km. 6	19 km. 6
Chaussée empierrée :			
Très bon état, sèche.	21 kg.	24 kg.	25 kg.
Humide ou poussière	30 —	37 —	41 —
Boue molle	38 —	46 —	50 —
Boue épaisse.	56 —	63 —	67 —
Ornières.	73 —	81 —	85 —
Chaussée pavée :			
Bon état.	30 kg.	»	70 kg.
Très bon état, sèche	25 —	26 kg.	60 —
Mouillée.	23 —	30 —	»
Terrain naturel.	65 —	250 —	»

En 1873, M. Debauve, ingénieur des Ponts et Chaussées, a trouvé les chiffres suivants :

Sur routes macadamisées : chariot lourd à allure lente, 32 kg. ; voiture ordinaire à allure rapide, 36 kg. par tonne.

Sur pavés, la résistance varie beaucoup plus selon l'état du pavage ; elle ne dépasse pas 18 kg. sur petits pavés unis, tandis qu'elle atteint 36 kg. sur gros pavés mal posés.

M. Tresca, ayant fait des expériences sur les omnibus pour transport en commun, a trouvé qu'à la vitesse maxima de 16 km. à l'heure, le cofficient de traction sur route macadamisée était en moyenne de 37 kg., tandis que sa valeur s'abaisse à 30 kg. sur pavés.

Des expériences beaucoup plus récentes ont été faites par M. Résal et il a trouvé les valeurs suivantes :

Chaussée empierrée	en très bon état	33 kg. par tonne
	état défectueux	80 » »
	non encore roulée	125 » »

Des chiffres publiés par M. A. Michelin, devant la Société des ingénieurs civils à la suite de ses premières expériences, il résulte que les moyennes ont été les suivantes en palier :

Par tonne :	Vitesse à l'heure	Bandage pneumatique	Bandage plein	Bandage en fer
Bon macadam sec	11,7 km.	20,1 kg.	22,1 kg.	24,5 kg.
» poussière	19,7 »	24,8 »	25,2 »	27,6 »
» mouillé	11 »	21,6 »	23,8 »	24,7 »
» détrempé	22 »	35 »	42,6 »	45,6 »
Macadam sec défoncé	22 »	22,5 »	28 »	33,8 »

M. Forestier, à la suite d'expériences faites en 1899, avec M. Desdouits, sur une voiture Panhard-Levassor à bandages en caoutchouc pleins, a donné, au Congrès de l'Automobile en 1900, les chiffres suivants qu'on peut admettre pour un avant-projet :

Par tonne :	Bandages en caoutchouc	Bandages en fer
Bon macadam sec	15 kg.	16,5 kg.
Macadam défectueux sec	18 »	20 »
Bon macadam mouillé	20 »	22 »
Macadam défectueux mouillé. . .	22 »	24,5 »
Macadam détrempé	25 »	27,5 »

Dans les essais comparatifs de bandages qui ont eu lieu en 1904 sur le bord de la Seine, on a relevé les chiffres moyens suivants :

Par tonne :	Bandages pneumatiques	Bandages antidérapants	Bandages pleins
Vitesse 10 km. à l'heure	12,9 kg.	15,3 kg.	12,7 kg.
» 20 »	16,7 »	19,2 »	17,5 »
» 30 »	24,5 »	22,4 »	24,7 »

Ces chiffres sont intéressants à comparer ; ils montrent en tous cas que le coefficient de traction varie bien plus avec la vitesse qu'avec la nature des bandages.

Influence de la largeur des jantes. — Sur routes empierrées solides ou même sur pavés, la résistance au roulement ne varie pas dans de grandes proportions suivant la largeur des jantes. Les expériences de Morin ont montré qu'au point de vue du tirage, on ne gagne presque rien à dépasser 0 m. 12 pour cette largeur ; cette augmentation a, au contraire, pour inconvénient d'augmenter dans une très large mesure le poids mort des roues et d'entraîner des glissements relatifs des bords du bandage par rapport à la chaussée absorbant une force vive assez importante. En fait, on a rarement dépassé, même dans les voitures automobiles lourdes, une dimension de 15 cm. de largeur utile de roulement pour les jantes de roues.

En recherchant quelle était l'influence de la largeur des jantes sur le coefficient de traction, Morin est arrivé à une expression du facteur K de la forme :

$$K = a + a\,(l' - l),$$

dans laquelle l est la largeur de la jante considérée et l' la largeur limite qu'il a reconnu ne pouvoir être dépassée : 0 m. 28.

Les résultats obtenus par Morin, au cours de ces expériences, sont résumées dans le tableau ci-après :

Valeurs de K :	Largeur des jantes		
	175 m/m	115 m/m	60 m/m
Chaussée empierrée sèche . . . , . . .	0,0107	» »	0,0094
— — humide	0,0155	» »	» »
— — en mauvais état . .	0,0163	0,0140	» »
— pavée	0,0109	0,0095	0,0094
Terrain naturel	0,0229	0,0212	0,0261

Dégradation des routes. — Les expériences faites par Morin, vers 1840, ont eu comme point de départ la dégradation des routes produite par les messageries intérieures qui étaient alors à leur apogée.

L'automobile industrielle vient de remettre ces études en question et, en l'absence de toutes nouvelles expériences, nous résumons ici les chiffres obtenus par Morin.

Dans le cas d'une circulation active, conclut le savant professeur, la limite qu'on peut atteindre pour le poids total avec des jantes de 0 m. 12 et des roues de 1 m. 30 à l'avant et 2 m. à l'arrière, est compris entre 6.500 et 7.000 kgs ; le chargement maximum d'un essieu est de 4.000 kgs.

C'est sur ces bases que Morin a pu dresser un tableau des chargements d'égale dégradation des voitures à 4 roues pour des roues de 0 m. 90 à 2 m. ; malheureusement, l'automobile a employé, par la force des choses, des roues de faible diamètre et on ne peut lui appliquer par suite, les chiffres ci-dessus, sans parler de l'action destructive des roues motrices, plus grande que celle des roues porteuses, qu'il faudrait étudier spécialement.

Tableau 5. — **Chargements d'égale dégradation (d'après Morin).**

Diamètre des roues :		Largeur des jantes :					
Avant	Arrière	7 cm.	8 cm.	9 cm.	10 cm.	11 cm.	12 cm.
m.	m.	kg	kg.	kg.	kg.	kg.	kg.
0,90	1,53	2903	3469	4035	4601	5167	5733
0,95	1,59	3037	3603	4169	4735	5301	5867
1,00	1,65	3170	3736	4302	4868	5434	6000
1,05	1,71	3303	3869	4435	5001	5567	6133
1,10	1.77	3437	4003	4569	5135	5701	6267
1,15	1,83	3570	4136	4702	5268	5834	6400
1,20	1,89	3703	4269	4835	5401	5967	6573
1,25	1,95	3833	4403	4969	5535	6101	6667
1,30	2,00	3970	4536	5102	5668	6234	6800

Résistance de l'air. — La question de la résistance de l'air n'a pris une véritable importance que le jour où les automobiles ont atteint des vitesses à la seconde comparables à celles des trains de chemins de fer ; en effet, les voitures à chevaux se déplaçant à raison de 3 à 4 mètres à la seconde, la résistance opposée par l'air peut être négligée. Dès que la vitesse est de 7 mètres à la seconde, soit 25 kilo-

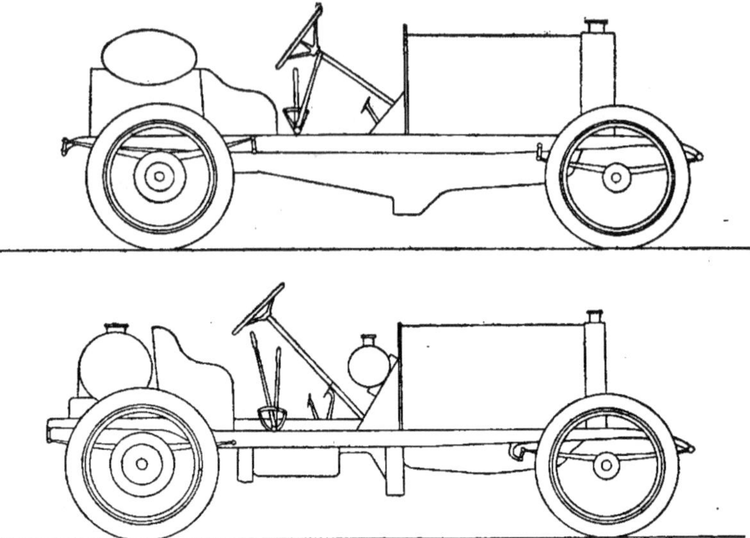

Transmission à cardans.

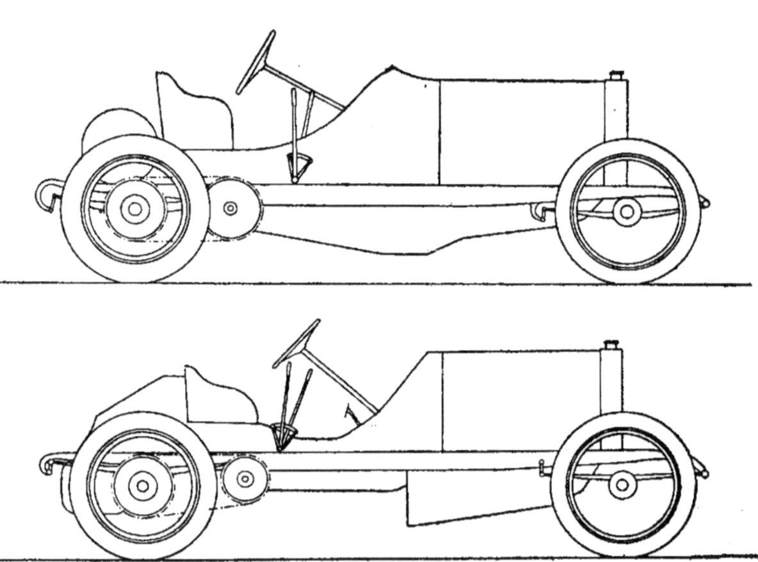

Transmission à chaînes.

Fig. 1 à 4. — Schémas de divers types de voitures de course.

mètres à l'heure, la résistance atteint 6 kilogrammes par mètre carré de surface normale au sens de la marche ; quand, enfin, on atteint la vitesse de 50 kilomètres à l'heure réalisée par des voitures automobiles fermées, avec une surface normale de près de 3 mètres carrés, la résistance au vent doit être étudiée, car elle ne tarde pas à atteindre et même à dépasser la résistance totale de la voiture. Cependant c'est là une étude qui n'a été qu'incomplètement faite car les formules proposées diffèrent l'une de l'autre dans des proportions considérables.

Poncelet a donné une formule qui est devenue classique pour déterminer la pression exercée par le vent :

$$P = 0{,}088 \, V^2,$$

dans laquelle P est la pression en kilogrammes par mètre carré de surface du solide exposée au vent et V la vitesse en mètres par seconde ; cette formule a été notamment contrôlée pour des vitesses de 20 mètres à la seconde (72 kilomètres à l'heure) au moyen de véhicules isolés abandonnés en dérive par temps calme sur des voies ferrées en pente.

Si l'on considère un mobile animé d'un mouvement uniforme de translation V, chaque point du corps aura parcouru après un temps t un chemin égal à Vt.

Dans le mouvement, le mobile aura déplacé un volume d'air égal à un prisme dont les arêtes auraient une longueur Vt et dont la base serait la section S de la surface normale. Le volume engendré sera donc SVt.

Les molécules d'air de ce prisme, qui ont été déplacées, auront reçu une puissance vive qui est égale à :

$$SVt \, \frac{dV^2}{2g} \, ,$$

d étant la densité de l'air au moment considéré, V étant exprimé en mètres par seconde.

La résistance de l'air, c'est-à-dire le travail résistant $\mathcal{R}$Vt, sera égale à la puissance vive communiquée au volume de l'air déplacé et l'on écrira :

$$\mathcal{R} = \frac{dSV^2}{2g} \, .$$

La puissance mécanique nécessaire pour déplacer le corps dans l'air sera donnée par le produit RV, et l'on aura :

$$\mathcal{P} = \mathcal{R}V = \frac{d}{2g} \, SV^3 \; ;$$

d étant égal à 1,293 pour l'air à 0° et à 760 millimètres de pression, on peut écrire : $\mathcal{P} = 0{,}066 \, SV^3.$

Toutefois, M. Thibault a contesté l'exactitude pratique de la formule précédente, en montrant qu'il y a lieu de tenir compte du rapport de la longueur l du prisme au côté a de sa base. La formule générale indiquée par lui est la suivante :

$$R = 0,0625 \; \varepsilon \; SV^2,$$

S étant la surface normale exposée au vent en mètres carrés, V la vitesse à la seconde en mètres et ε un coefficient variable suivant le rapport de l à a.

Pour une plaque mince, ε est égal à 1,43 et le coefficient total devient 0,0895 ; c'est le cas d'une automobile découverte avec une glace à l'avant.

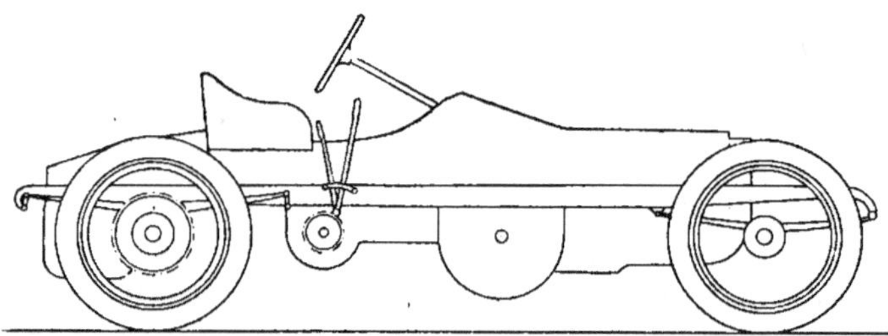

Fig. 5. — Type de voiture de course étudié pour diminuer la résistance de l'air.

Dans le cas de l'automobile complètement fermée, le rapport en question est en général égal à 3 et on prend comme coefficient 1,10 à 1,15, de sorte que le coefficient numérique devient 0,069 à 0,072, soit en moyenne 0,07, d'où : $R = 0,07 \; SV^2$.

Pour les surfaces obliques, Borda a indiqué que la résistance diminuait comme le carré du sinus de l'angle sous lequel s'exerçait la pression ; par exemple pour les voitures de course munies de plans faisant un angle d'environ 30° avec l'horizon, pour lesquelles la surface exposée au vent est presque toujours égale à un mètre carré, la formule devient, après simplification : $R = 0,0156 \; V^2$.

M. Desdouits a critiqué les formules qui font intervenir le carré de V et estime que, pour les grandes vitesses réalisées par les chemins de fer et, par suite, pour les automobiles, la formule doit faire intervenir V seulement à la première puissance.

Dans les chemins de fer, au surplus, on a à tenir compte des surfaces masquées : en matière d'automobile, on n'a pas encore eu à se préoccuper de cette question, les trains sur route fonctionnant jusqu'à présent à faible vitesse.

Pour les surfaces obliques, on a critiqué également la formule de Borda, et Navier a admis, ce qui paraît une réduction énorme, que la résistance était proportionnelle au cube du sinus de l'angle sous lequel s'exerce la pression : $R' = R \sin^3 \alpha$;

d'autre part, M. Canovetti déclare ces formules également inexactes (1) :
il admet la proportionnalité, mais pour les angles de moins de 3 à 4
degrés ; il a donné pour le coefficient numérique des valeurs variant
de 0,073 à 0,107 suivant l'écartement des surfaces normales qui se suivent, et a indiqué que la valeur du coefficient diminuait légèrement
avec l'augmentation de la vitesse.

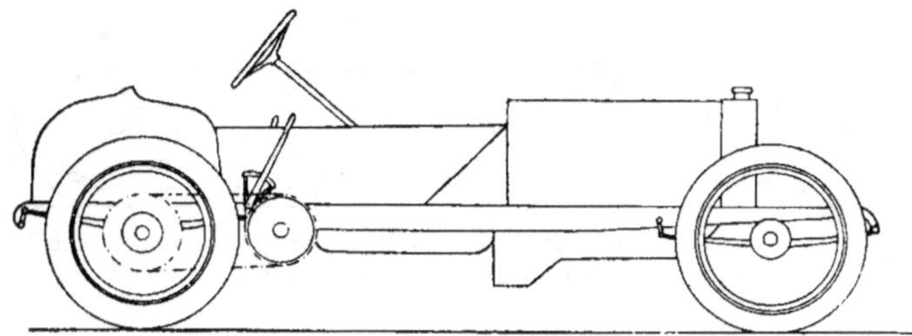

Fig. 6. — Type de voiture de course présentant une surface normale au vent.

Nous n'avons donc aucune donnée théorique offrant quelque certitude
et, sur ce point comme sur bien d'autres, nous devons souhaiter la
reprise d'expériences faites avec des moyens perfectionnés.

Toutefois, il convient de mentionner que, dans les expériences faites
par le colonel Renard à Chalais, pour la création de son moulinet dyna-
momètrique, le savant aéronaute a vérifié la loi de proportionnalité
avec le carré de la vitesse pour des vitesses allant jusqu'à 100 mètres
par seconde, soit 360 kilomètres à l'heure.

Quand on étudie le point d'application de la résultante de la résistance de l'air sur une voiture automobile, on voit que ce point, qui est
le centre de gravité de la surface normale au vent, coïncide assez sensiblement avec le centre de gravité de la voiture.

D'autre part, l'effort de traction qui agit sur les roues motrices aux
points d'application sur le sol constitue, avec la résistance de l'air,
deux forces de sens contraires qui forment un couple, et celui-ci tend à
renverser la voiture en arrière, c'est-à-dire charge l'essieu arrière au
détriment de l'essieu avant.

Cette charge supplémentaire, ainsi que l'a fait remarquer M. Lacoin
est

$$p = \frac{FR}{l} :$$

p est la charge supplémentaire en kilogrammes répartie sur l'arrière,
F est l'effort de renversement, R le rayon des roues motrices et FR le
moment de renversement : l est l'empattement du véhicule.

(1) Rapport de M. Gérard Lavergne au 2e Congrès d'automobilisme 1903.

Par exemple, pour une vitesse de 34 mètres à la seconde, soit 123 kilomètres à l'heure, le poids supplémentaire $p = 17$ kg. 3.

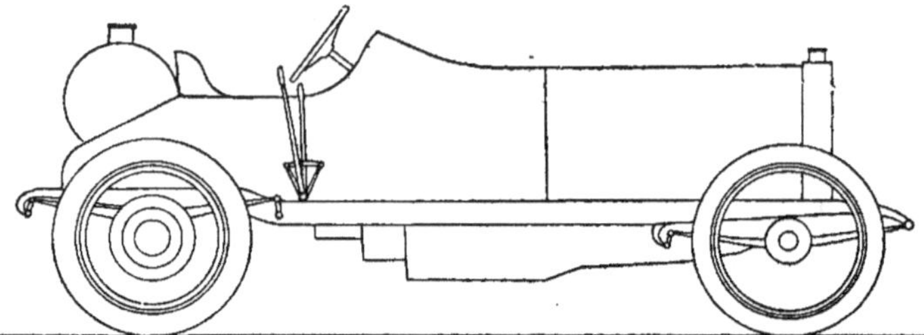

Fig. 7. — Type de voiture de course avec radiateur normal, étudié pour diminuer la résistance de l'air au dessus et au dessous du chassis.

Dans ce cas, l'adhérence se trouve de ce fait augmentée de la valeur fp et ceci explique pourquoi les voitures dérapent souvent moins, dans les mêmes conditions de poids et de route, à une vitesse élevée qu'à très faible vitesse.

Les constructeurs d'automobiles ne se sont pas désintéressés de la question, car la résistance de l'air est un facteur important de la vitesse des voitures de course ; la forme effilée de la voiture de Chasseloup Laubat en 1899, la « torpille » de Jenatzy à Achères, l' « œuf de Pâques » et la « baleine » de Serpollet à Nice en 1902, sont les meilleurespreu ves de cette préoccupation.

Tableau 6. — Vitesses atteintes dans les records automobiles.

Dates du Record	Lieu du Record	Système de la voiture	Vitesses en kilomètres à l'heure	Vitesses en mètres par seconde
1900	Périgueux	Mors.	79,6	22
1901	Paris-Bordeaux.	Mors.	90	25
1902	Nice.	Serpollet.	120	33,3
1903	Ostende.	Gobron-Brillié.	134	37,2
1904	Dourdan.	Darracq.	129	36
1905	Salon.	Mors.	150	41,6
1906	Salon.	Darracq.	175	48,6
1906	Dourdan.	Darracq.	180	50,0

Serpollet qui, le premier, dépassa les 100 kilomètres à l'heure à Nice en 1902, a constaté que, par le seul avantage d'une forme bien étudiée, il pouvait, toutes autres conditions égales, augmenter sa vitesse de plus de 20 0/0.

A ce propos, il nous a semblé intéressant de réunir, dans le tableau ci-dessus les principales vitesses moyennes successivement réalisées dans les courses d'automobiles, depuis 1900.

Parmi les constructeurs ayant étudié tout particulièrement cette question de la résistance de l'air, Gobron-Brillié et Mors ont été parmi ceux qui ont le mieux résolu la question ; en 1905, la coupe Gordon-Bennett a montré de la part des constructeurs un moindre souci de la résistance de l'air : les moteurs plus puissants ayant besoin d'un refroidissement très énergique surtout dans un parcours de montagne, on a été amené à conserver le radiateur carré à l'avant, qui assure seul un refroidissement convenable, malgré l'inconvénient de sa résistance très réelle.

Quoi qu'il en soit, il est probable que les formes cylindro-paraboliques sont celles qui diminuent les effets de la résistance dans la plus grande mesure, et il semble résulter de l'expérience que l'influence de ces formes étudiées se fait plus sentir à l'arrière de la voiture qu'à l'avant, en raison des remous d'air provoqués, non seulement par le mouvement en avant, mais encore par les mouvements giratoires provoqués par les roues motrices.

M. Arnoux a pu déduire des chiffres relevés dans des épreuves officielles la valeur du coefficient de résistance de l'air K par le calcul suivant :

Puissance du moteur, 80 chevaux $=$.   .   6.000 kgm. par sec.;
Puissance à la jante, $6.000 \times 0,60 =$.   .   3.600 kgm. par sec.;
Vitesse constatée à l'heure.   .   .   .   .   .   123 kilomètres ;
Vitesse constatée à la seconde.   .   .   .   .   34 mètres ;
Effort moteur R, $3.600 : 34 =$.   .   .   .   102 kilogrammètres.

Si on prend pour r, résistance au roulement, une valeur égale à 13 kilogrammes par tonne, on en déduit :

$$K = \frac{R - r}{V^2} = 0,077 ;$$

la résistance est alors :

$$R = 13 + 0,077\ V^2,$$

d'où :

$$V = \sqrt{\frac{R - 13}{0,077}} .$$

Si on cherche la valeur limite de R en fonction de l'adhérence, on voit que, pour un essieu moteur pesant en charge 700 kilogrammes **et** un coefficient d'adhérence de 0,67, on a :

$$R = 700 \times 0,67 = 469 \text{ kilogrammes.}$$

On en déduit, pour la vitesse limite d'une voiture pesant à vide une tonne et ayant le poids adhérent indiqué, une valeur de 77 mètres à la seconde, soit 277 kilomètres à l'heure.

Nous avons admis, dans tout le chapitre ci-dessus, que la voiture se mouvait en air calme ; on voit à quels chiffres énormes on aboutit avec certains vents debout dont la vitesse vient s'ajouter à celle du véhicule.

Résistance des mécanismes. — Il importe de tenir compte de la résistance des mécanismes dans le calcul d'une automobile, mais la valeur de cette résistance varie beaucoup avec le constructeur.

On peut admettre dans les calculs, avec les modes perfectionnés de construction qu'on emploie partout, sur un rendement de 0,60 à 0,75 environ.

Résistance au démarrage. — Nous avons étudié jusqu'ici la résistance d'un véhicule en mouvement uniforme sur terrain plat et en ligne droite ; on peut maintenant étudier l'effort moteur à fournir pour la mise en vitesse du véhicule : les résistances développées ainsi sont spéciales au démarrage.

En effet, un véhicule au repos depuis un certain temps peut provoquer une légère dépression dans le sol, s'il a séjourné quelque temps à la même place, et, de ce fait, avoir une résistance à vaincre qui est anormale ; de plus, la résistance du mécanisme après un repos est toujours supérieure à la résistance en marche, parce que le lubrifiant colle et que des serrages se produisent par le refroidissement, inconvénients qui ne disparaissent qu'avec l'échauffement général produit par un fonctionnement de quelque durée.

C'est ce qui a fait qu'on admet qu'au démarrage la résistance au roulement est de 1,8 supérieure à ce qu'elle serait en marche normale.

Toutefois, ce n'est pas encore là que réside l'effort moteur spécial qui naît du démarrage, c'est celui qui est nécessaire pour vaincre l'inertie de la masse du véhicule et donner à celui-ci l'accélération qui doit l'amener à sa vitesse normale.

M. Sautereau de Part, dans une très intéressante étude du démarrage, a montré qu'il y avait deux manières d'envisager la question :

Lorsque le temps perdu aux démarrages risque d'avoir une influence notable sur la vitesse commerciale des véhicules, comme, par exemple, pour les trains métropolitains ou les transports industriels par automobiles à allure rapide et à arrêts fréquents, il faut s'imposer une limite de temps pour la mise en vitesse ; on en déduira l'effort de démarrage en fonction de ce temps et de la vitesse normale à atteindre, et l'on calculera le moteur en vue de pouvoir fournir cet effort spécial en sus de l'effort de tirage.

Au contraire, quand la durée totale du temps de marche est très supérieure à celle des arrêts, les démarrages sont moins fréquents, et le temps perdu par chacun d'eux influe peu sur la vitesse commerciale à réaliser. Dans ce cas, il suffit d'établir le moteur en tenant compte de l'effort de tirage et des autres efforts supplémentaires de la route, notamment des rampes, et de compter que le démarrage ne provoquera pas un effort supplémentaire plus élevé que celui qui résulte des rampes à franchir ; si cependant ce démarrage doit se produire dans la rampe maxima, il faut admettre que l'élasticité du moteur, quand on a recours à la vapeur, ou l'habileté du conducteur du moteur à pétrole suffiront à vaincre cette résistance supplémentaire.

On admet, en général, que l'effort moyen développé par le démarrage est :

$$F = 100 \, \frac{V}{t} \,,$$

V étant la vitesse en mètres à la seconde qu'il s'agit d'obtenir, t étant la durée totale en seconde de la mise en vitesse.

Quant au surcroît de puissance dont le moteur doit être susceptible, en vue du démarrage, il est de :

$$p = \frac{1}{2} \, \frac{P}{g} \, \frac{V^2}{t} \,,$$

P étant le poids du véhicule et g l'accélération due à la pesanteur.

Toutefois, quand il s'agit de moteurs à pétrole, dont la puissance $\mathcal{P}$ demeure sensiblement fixe, on a :

$$\mathcal{P} = V \, (Pc + f),$$

P étant le poids du véhicule et c le coefficient de traction, l'effort normal du tirage est représenté par Pc. L'effort supplémentaire f dû au démarrage à l'instant considéré est donc de :

$$f = \frac{\mathcal{P}}{V} - Pc.$$

On peut calculer le temps nécessaire pour atteindre une vitesse donnée. Théoriquement, on trouverait que la vitesse maxima ne serait jamais atteinte ; mais, si l'on considère que l'effort supplémentaire diminue à mesure que la vitesse augmente, on verra que, pour atteindre une vitesse V qui serait seulement les 90 0/0 de la vitesse maxima, on aurait :

$$t = 7,9 \text{ V} ;$$

ce chiffre correspond bien aux accélérations constatées pour les vitesses ordinaires jusqu'à 10 m. à la seconde (36 kms à l'heure); elle n'est plus vraie quand on fait le calcul pour les vitesses atteintes actuellement ; en effet, on a constaté que la vitesse d'une voiture de course était maxima après une lancée de 500 m. environ, atteignant alors une valeur de 100 kms à l'heure.

Il y a lieu en outre, si on veut approcher de la vérité, de tenir compte, non seulement de la force vive gagnée par la voiture dans la translation, mais encore du travail correspondant à la force vive acquise par les roues pendant leur rotation.

Soient r et r' les rayons respectifs des roues, μ et μ', leurs masses supposées concentrées à la circonférence, ω la vitesse angulaire $\dfrac{\text{V}}{r}$, V étant la vitesse circonférentielle de la roue qui est égale à la vitesse de translation de la voiture. La force vive est $\dfrac{1}{2} \Sigma\mu\omega^2 r^2$ et, en simplifiant, on calcule que, pour l'ensemble des deux paires de roues, la force vive est $(\mu + \mu') \text{V}^2$.

Soit la masse totale M de la voiture qui est égale à $\dfrac{\text{P}}{g}$; on a pour la force vive totale gagnée à la fin de la mise en vitesse :

$$\text{Force vive totale} = \frac{1}{2} [\text{M} + 2(\mu + \mu')] \text{V}^2.$$

En faisant l'application de la formule ci-dessus à une voiture munie de gros pneumatiques, on voit que, en général, la force vive des roues représente un cinquième de la force vive totale de la voiture, ce qui n'est pas négligeable, et que la puissance nécessaire pour la mise en vitesse de ces organes atteint plusieurs chevaux dans les voitures dépassant 50 kms à l'heure (1).

A côté des résistances dues au démarrage ou à la mise en vitesse, il faut étudier ce qui se passe dans une voiture quand on fait varier la vitesse dans une certaine mesure, c'est-à-dire quand on fait varier la force vive.

(1) D'après M. H. Rodier.

La vitesse, au moment de l'application de l'effort supplémentaire, étant v et la vitesse au bout du chemin parcouru e étant V, la variation de puissance vive sera égale au travail développé par la force supplémentaire F fournie par le moteur pour le chemin parcouru :

$$Fe = \frac{1}{2}\ \frac{P}{g}\ (V^2 - v^2).$$

En cas de ralentissement, F devient négatif et

$$V < v.$$

Pour faire passer de la vitesse de 20 kms à l'heure (5 m. 55 par seconde) à la vitesse de 30 kms à l'heure (8 m. 33) un véhicule de deux tonnes sur un parcours de 100 mètres, on a :

$$F = 39,3 \text{ kgs.}$$

Si on partait du repos, pour passer à 30 kms à l'heure, la force nécessaire serait :

$$F' = 70,83 \text{ kgs.}$$

Ces derniers calculs négligent la force vive de rotation des roues.

Tirage des voitures en alignement et en palier. — Pour terminer l'étude des résistances en alignement droit et en palier, nous allons essayer d'évaluer l'*effort de tirage*.

Il convient de faire remarquer tout d'abord qu'au point de vue de cet effort, il y a similitude entre une voiture attelée, tirée par l'essieu d'avant, et une voiture automobile poussée par l'essieu arrière, et ce qui le montre, c'est qu'on a pu faire impunément des automobiles à avant-train moteur et à roues directrices arrière (Weidkneicht).

Soient P et P' les charges respectives des deux essieux, r et r' étant le rayon des roues, la formule de Morin, abstraction faite du frottement de glissement des fusées qui est faible, donne pour effort de tirage horizontal :

$$A \left(\frac{P}{r} + \frac{P'}{r'} \right).$$

Si on exprime l'équilibre par la condition que la somme des projections horizontales de l'effort moteur et des résistances est nulle, on a pour l'effort de tirage T :

$$T = A \left(\frac{P}{r} + \frac{P'}{r'} \right).$$

Si maintenant on détermine l'équation du moment, on voit que T diminue : 1° quand p diminue ; 2° quand la valeur de A est faible c'est-à-dire quand le sol est meilleur et la vitesse réduite ; 3° quand le rayon des roues augmente.

Le calcul montre d'autre part que, lorsque les roues sont inégales, on a intérêt à charger le train dont les roues sont les plus hautes, de sorte que à la limite on retombe pour la voiture à traction animale à la voiture à deux roues : dans les voitures automobiles, on a admis que la charge sur les roues arrière devait être environ des 2/3 de la charge totale, mais avec les roues égales cette condition n'a plus de raison d'être que pour l'adhérence.

Dérapage. — On a beaucoup étudié depuis plusieurs années les phénomènes, si troublants pour le chauffeur, du dérapage, et des savants tels que Georges Moreau, Jean Résal, Carlo Bourlet n'ont pas dédaigné d'en établir la théorie.

Nous ne ferons donc que donner un résumé très succinct de ces études en y renvoyant les chercheurs.

Coulomb a défini la *résistance* ou *force de frottement* la résistance tangentielle qui s'oppose au déplacement longitudinal d'un corps qu'on essaie de faire glisser ; P étant la pression normale du corps sur le plan c'est-à-dire son poids quand il s'agit d'un plan horizontal, cette résistance due au frottement est au maximum P.f, f étant le coefficient de frottement de glissement au départ.

L'expression P.f est également, comme nous l'avons vu plus haut, la force d'adhérence sur le sol, et nous avons donné à ce sujet les indications utiles sur la valeur de f ; nous n'y reviendrons donc pas.

Observons simplement, à propos du dérapage, que le coefficient d'adhérence est, avec des pneumatiques, toujours plus faible dans le sens perpendiculaire au plan des roues que dans ce plan lui même et qu'il descend jusqu'à 0,06 sur route couverte d'argile visqueuse ; si on fait remarquer, comme l'a indiqué M. Arnoux, que le coefficient d'adhérence déterminé par Reunie pour le frottement d'un patin de traineau sur la glace est de 0,04, on voit combien s'en rapproche celui du pneumatique roulant sur chaussée argileuse.

Ceci posé, nous indiquerons que le dérapage se produit soit dans une courbe, et c'est le vrai dérapage, soit en alignement, et alors il prend le nom plus spécial de *fringalage* ; nous allons étudier successivement ces deux formes du dérapage.

Si on désigne par V la vitesse d'une voiture de poids P, r le rayon de courbure de sa trajectoire, la force centrifuge qui agit sur la voiture est :

$$\frac{P}{g}\,\frac{V^2}{r},$$

la direction de cette force étant celle du rayon de la courbe.

Or le poids P détermine sur la route supposée horizontale une composante de frottement $f.P$ qui s'oppose, à l'action de la force centrifuge, et on peut écrire :

$$Pf > \frac{1}{g}\,P\,\frac{V^2}{r},$$

d'où

$$V \leqslant \sqrt{gfr}\,;$$

si on prend f égal à 0,3, on a :

$$V \leqslant \sqrt{2,94\,r}.$$

La relation qui existe entre V et r :

$$\frac{r}{V^2} = 0,16,$$

en prenant f égal à 0,63 (d'après M. Arnoux), permet de donner le tableau suivant qui montre qu'à 90 kms à l'heure par exemple le rayon de courbure ne doit pas être inférieur à 100 m., si on veut éviter le dérapage, à moins qu'on ne fasse du dérapage, comme certains audacieux, un moyen de prendre plus facilement les virages.

Tableau 7. — Rayon des virages en fonction des vitesses (Arnoux)

Vitesses		Rayons en mètres.
en mètres à la seconde.	en kilomètres à l'heure	
10	36	16
15	54	36
20	72	64
25	90	100
30	108	144
35	126	196
40	144	256

M. Carlo Bourlet, dans l'étude du dérapage qu'il a présentée au

Congrès de 1903, a distingué le dérapage sans choc, que nous venons de définir, et le dérapage par choc, pour lequel il a présenté une théorie très intéressante que nous ne pouvons pas reproduire ici.

C'est le dérapage par choc qui provoque le dérapage complet ou « tête à queue », non seulement sur route en pente ou bombée mais encore dans une rampe ou sur terrain plat.

M. Bourlet montre que la vitesse angulaire prise par la voiture après le choc sera donnée par la formule :

$$\omega = \frac{a\,(v_1 - v_0)}{a^2 + \mathrm{K}^2},$$

dans laquelle a est la distance du centre de gravité à la parallèle à la trajectoire passant par le point où le choc se produit, v_0 et v_1 les composantes avant et après le choc des vitesses de la voiture perpendiculaires à la ligne de longueur a, MK^2 le moment d'inertie de la voiture autour de l'axe vertical passant par le centre de gravité.

Le pivotement se produit dans le sens de la marche du centre de gravité, s'il y a diminution de vitesse, et dans le sens inverse s'il y a accroissement de vitesse ; ces deux conditions sont remplies soit par le freinage, soit par l'embrayage du moteur après un changement de vitesse.

Les chocs qui produisent le dérapage peuvent du reste se produire aussi bien sur les roues arrière que sur les roues avant.

Le dérapage par choc prend fin quand la réaction transversale tombe à zéro, et M. Résal a démontré que cet effet se produit peu après que cette réaction a passé par la limite $S = \sqrt{f^2 p^2 - r^2}$, dans laquelle S est la réaction tangentielle perpendiculaire au plan de la roue, r la réaction dans le plan de la roue, et p la force verticale dont la valeur moyenne est le quart de P, poids total du véhicule.

Si S conserve une valeur assez élevée quoique inférieure à la limite au départ $f. p$, le dérapage se poursuivra avec une vitesse croissante par suite de la réduction de f.

Il est utile enfin de déterminer la position la plus avantageuse à donner au centre de gravité pour diminuer la *dérapance*, c'est-à-dire la tendance de la voiture à déraper, ainsi que le rapport des dimensions le plus favorables à cet effet.

Si on désigne par a et b les distances respectives du centre de gravité à chacun des axes des roues,

$$a + b = l.$$

l étant l'empattement du véhicule,

αP est la fraction du poids adhérent avant le patinage des roues,

et βP la fraction du même, les freins étant serrés à bloc, mais sans que les roues patinent, on a :

$$l = Fh \frac{\alpha + \beta}{\alpha - \beta} \cdot$$

Fringalage. — Examinons maintenant ce qui se passe dans le *fringalage*. Le fringalage est un dérapage où la force centrifuge n'intervient pas.

Le fringalage, ne se produisant qu'en mouvement rectiligne, provient généralement de l'action de la chaussée, combinée ou non avec l'action des freins ; on le constate fréquemment dans les lourdes voitures à chevaux. Il est dû au glissement dans le plan des roues qui, ainsi que l'a montré M. Arnoux, se transforme en un glissement latéral analogue au patinage.

Quand le fringalage est produit par la seule action de la chaussée, il a pour cause initiale un effort de traction différent sur une roue que sur sa voisine et il est ainsi souvent amorcé par une défectuosité du sol : rail de tramways, flache ou bosse souvent peu sensibles ; une cause des plus fréquentes est le bombement exagéré des chaussées nécessité par l'écoulement des eaux, combiné avec un sol gluant résultant de l'emploi de matériaux argileux. L'inclinaison de la chaussée déplace l'action du centre de gravité du véhicule (fig. 8) et reporte sur la roue la plus basse une masse plus grande que sur l'autre roue, d'où modification de la force développée par le frottement et par suite glissement latéral. Considérant le cas où le moteur est débrayé et désignant par α l'angle de bombement de la chaussée, la charge totale P de la voiture donnera une composante normale au sol :

$$r = P \cos \alpha$$

et une composante parallèle à l'inclinaison :

$$q = P \sin \alpha \cdot$$

Le fringalage se produira donc quand

$$fP \cos \alpha \leq P \sin \alpha$$

ou

$$\operatorname{tg} \alpha \geq f,$$

Fig. 8.

pour un glissement latéral, c'est-à-dire perpendiculaire au plan des roues. f étant égal par exemple, à 0,10, le fringalage se produit donc dès que α dépasse 5°40'.

Supposons maintenant le moteur embrayé et appelons f' le coefficient de glissement longitudinal, c'est-à-dire dans le plan des roues : une théorie simple nous conduit au résultat suivant : pour que la voiture ne dérape pas, même au moment où le patinage va se produire, il faut que l'on ait :

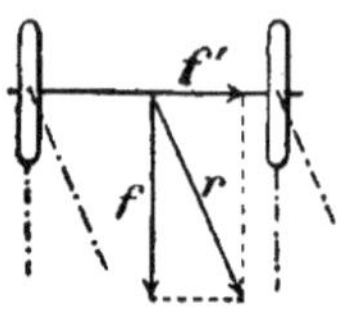

Fig. 9.

$$\text{tg } \alpha \leq \sqrt{f^2 - f'^2},$$

expression assez voisine de zéro.

On voit donc que sur sol gras en pente, lorsque le moteur est embrayé, il y a presque toujours dérapage quelque faible que soit la pente.

Le fringalage est aggravé par l'action des freins, car, dès que les roues sont bloquées, la voiture obéit à l'effort latéral le **plus faible**, l'angle de dérive dépendant de la grandeur relative de cet effort.

Comme pour le dérapage, on peut prévenir le fringalage, mais il est assez difficile à supprimer dès qu'il est commencé ; les antidérapants ordinaires ont peu d'action sur lui et il semble que le remède, s'il était reconnu comme indispensable, viendrait de systèmes extérieurs aux roues prenant un point d'appui sur le sol comme ces bêches que nous montrait une voiture anglaise au concours de Seine-et-Oise en 1903.

Des différentes études théoriques sur le dérapage que nous venons de résumer, on tire les conclusions pratiques suivantes :

Nous admettons qu'il s'agisse d'une voiture automobile ordinaire, c'est-à-dire à roues motrices arrière ; une telle voiture donne au conducteur trois éléments de force qui assurent la marche du véhicule, savoir : le moteur, la direction, les freins :

Le moteur qui permet d'accélérer sa vitesse, et, dans cette action, l'essieu directeur se trouve soulagé de la charge supplémentaire reportée sur l'essieu moteur ;

La direction qui permet d'éviter les obstacles et qui détermine pendant les virages une force centrifuge, capable soit de provoquer le dérapage, soit d'enrayer celui-ci par une manœuvre de redressement convenable;

Les freins qui, à l'inverse du moteur, produisent un effort retardateur, diminuent la vitesse et soulagent l'essieu moteur en reportant une partie de la charge sur l'essieu avant.

Dans la construction de la voiture, il faut, pour éviter la dérapance :

1° Que les roues d'arrière soient chargées symétriquement, que les freins serrent d'une façon compensée aussi parfaite que possible ;

2º Que l'empattement soit grand et la voie faible, c'est-à-dire que le rapport $\dfrac{l}{v}$ soit élevé eu égard aux conditions de stabilité générale ;

3º Que la charge soit, autant que possible, rapprochée du centre de gravité et qu'il n'y ait pas de porte-à-faux à l'arrière.

Pendant la marche, le conducteur doit, autant que possible, débrayer dès qu'il arrive à un passage glissant et freiner énergiquement avant d'y arriver ; dès qu'il y est engagé, il doit au contraire éviter de se servir de ses freins, et quand il veut rembrayer ne le faire qu'avec une extrême douceur afin d'éviter toutes modifications importantes d'allure qui sont, comme nous l'avons vu, les causes principales du dérapage.

Résistance en rampes. — Une résistance supplémentaire à celle que nous avons ci-dessus étudiée s'ajoute chaque fois que le véhicule doit élever son niveau, c'est-à-dire gravir une rampe.

Cette résistance R est égale à la composante du poids qui est parallèle au sol en rampe ; elle est égale à P sin α pour un véhicule du poids P gravissant une rampe faisant un angle α avec l'horizontale.

Si on appelle H la hauteur d'élévation et L la projection de la longueur de la côte, on a :

$$R = P \sin \alpha = P \frac{H}{\sqrt{L^2 + H^2}} \; ;$$

en évaluant l'inclinaison en fonction de la longueur de la côte et en calculant cette résistance pour un poids de 1 tonne à élever, on trouve les chiffres suivants :

Rampe de 0 m. 20 par mètre	. . .	196,9 kgs.	
0 m. 10	»	. . .	99,4 »
0 m. 05	»	. . .	49,8 »
0 m. 02	»	. . .	20,0 »
0 m. 01	»	. . .	10,0 »

Si on admet que les rampes d'une route quelconque en terrain varié présentent une série d'élévations dont la somme est égale à une hauteur H (en ne tenant compte, bien entendu, que des rampes et non pas des descentes), L étant la longueur totale du trajet à desservir, on peut énoncer la règle suivante :

La vitesse moyenne correspond à une résistance moyenne par tonne obtenue en augmentant l'effort en palier du rapport $\dfrac{1.000\,H}{L}$ correspondant à l'effet d'une rampe moyenne de cette valeur qui régnerait sur toute la longueur du parcours.

On peut admettre, en effet, que sur un long parcours, l'effet de toutes les parties en montée n'est pas d'élever le niveau du point de départ de 1.000 mètres pour 100 kilomètres, c'est-à-dire n'équivaut même pas à une rampe de 1 0/0 régnant sur toute la longueur du parcours. C'est pourquoi si, dans les conditions les plus défavorables,

$$\frac{H}{L} = \frac{1}{100},$$

la règle consiste à prendre pour l'effort moyen par tonne correspondant à la vitesse moyenne, la valeur de cet effort en palier, sur route aussi mauvaise que possible, majorée de 10 kg. par tonne.

Ou autrement dit : *l'effort de traction par tonne s'accroît d'autant de kilogrammes qu'il y a de millimètres dans la rampe.*

Les voitures automobiles n'ont pas en général la sujétion de rester dans certaines limites de rampe comme les voies ferrées, à cause de leur adhérence élevée; toutefois il faut en tenir compte quand on étudie des services industriels appelés à circuler par tous les temps, vu que la neige diminue beaucoup le coefficient d'adhérence des chaussées.

Freinage. — Pour empêcher un véhicule de prendre sur les routes en pente une accélération par suite de l'action de la gravité, ou pour l'arrêter dans son mouvement, quel qu'il soit, on supprime d'abord l'action motrice par le débrayage du moteur, puis on fait intervenir une résistance de frottement spéciale, le *freinage*.

Soient V la vitesse à la seconde d'une voiture au moment où le conducteur fait agir son frein et P le poids total de cette voiture; si l'on bloque les roues, celles-ci glissent sur le sol et la résistance de frottement est $p . f$: p est le poids freiné, c'est-à-dire sur lequel s'applique l'effort du freinage, poids qui est en général égal au poids adhérent. f est un coefficient de frottement qui varie de 0,3 à 0,35. A cette résistance s'ajoute la résistance de l'air et la résistance au roulement des roues directrices, qui en général ne sont pas freinées.

On a ainsi :

$$K \frac{p}{r} + 0,3\, p = - \frac{P}{g}\, \frac{VdV}{de},$$

en appelant e l'espace parcouru depuis le commencement du freinage jusqu'à l'arrêt.

$$\left(K \frac{p}{r} + 0,3\, p \right) e = - \frac{PV^2}{2g} .$$

On peut ainsi déduire dans chaque cas particulier la valeur de e. Soit une voiture pesant en charge 1.500 kilogr. et marchant à une allure de 50 kilom. à l'heure, soit 13,9 m. à la seconde ; on sait que $K = 0,02$ et que les roues motrices ont 0 m. 900 de diamètre.

On trouve par le calcul qu'une distance de 32 mètres est nécessaire pour l'arrêt, si on agit par glissement, c'est-à-dire par blocage des roues ; du reste, les expériences faites à propos des freins à action continue ont montré que l'action progressive des freins produisait un meilleur résultat que le blocage.

Le freinage est au surplus une des questions qui, on peut le dire, ont fait le plus travailler les constructeurs d'automobiles, car il s'agit d'arrêter dans des limites pratiques des masses de plus en plus grandes, atteignant des vitesses toujours plus élevées.

Nous avons vu qu'au moment du freinage la force retardatrice répartie entre les roues motrices doit s'opposer à l'inertie du véhicule, le moteur étant supposé débrayé. Or il est très rare que le centre de gravité soit exactement sur l'axe des roues motrices, mais il est toujours entre les 4 roues ; on a donc un couple formé des deux forces négatives des roues et de la force positive dirigée suivant le sens du mouvement (fig. 10). Ce couple est équilibré par un couple perpendiculaire de deux forces, l'une, f' à l'avant, augmente l'adhérence du train directeur tandis que l'autre f diminue l'adhérence du train moteur ; on se trouve donc dans une situation d'autant plus néfaste que le centre de gravité G est plus élevé au-dessus du sol.

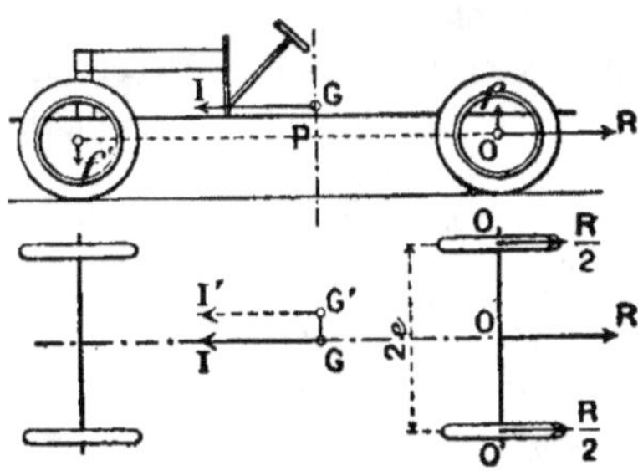

Fig. 10. — Schéma de l'action du freinage sur les roues arrière.

Si maintenant le centre de gravité n'est pas dans l'axe de la voiture mais sur le côté de cet axe, il se produit un autre couple GI-G'I' qui tend à faire tourner la voiture normalement à son sens de mouvement, et qu'elle est la voiture où l'on peut affirmer que le centre de gravité est bien dans le plan axial ? Quand ce ne serait que le poids des voyageurs qui est très souvent mal réparti !

Enfin, si les deux composantes de la force retardatrice ne sont pas rigoureusement égales, la voiture a tendance à tourner, et c'est ce qui fait que les dérapages sont moins fréquents qu'autrefois, à une époque où la construction moins perfectionnée laissait le champ ouvert à bien des hypothèses. L'état des surfaces de freinage, leur degré d'usure, un peu de poussière d'un côté, un peu d'huile de l'autre modifient grandement l'effort retardateur. On voit donc que l'étude du freinage se trouve liée aux conditions de stabilité et d'établissement du véhicule, et à ce titre elle ne doit pas être négligée des constructeurs.

Résistance en courbe. — Quand on étudie le mouvement d'une voiture dans une courbe, il y a lieu d'indiquer d'une part le mouvement du centre de gravité et, d'autre part, le mouvement de la voiture autour du centre de gravité.

Le mouvement du centre de gravité résulte, pour une courbe déterminée, de certaines liaisons auxquelles on assujettit la voiture et qui se traduisent par des réactions extérieures ; l'une de ces réactions est la force centripète $M \dfrac{V^2}{\rho}$, V étant la vitesse du centre de gravité et ρ le rayon de courbure de la trajectoire de celui-ci à l'instant considéré. La force centripète s'exerce suivant la normale principale de la courbe.

Le mouvement de la voiture autour du centre de gravité résulte des couples introduits par le transport au centre de gravité de toutes les forces extérieures ; si on considère le mouvement en plan sur le sol, on voit qu'il s'effectue par rotations successives infiniment petites des divers points autour des centres instantanés communs, et dans cette hypothèse on admet que les points d'appui se déplacent, soit par glissement, soit plutôt par roulement, c'est-à-dire à l'instant et pour le point considéré dans une seule direction qui est perpendiculaire à l'essieu correspondant.

Il en résulte que le centre instantané de rotation doit se trouver à la fois sur l'un et l'autre essieu ce qui oblige à une convergence ou orientation radiale des essieux.

En matière d'automobile et pour des raisons de stabilité que nous étudierons plus loin, on a renoncé à l'essieu directeur mobile autour d'une cheville ouvrière pour le remplacer par des roues à pivots conjugués sur essieu fixe, suivant une disposition indiquée pour la **première** fois par M. Jeantaud. Dans ce système, les pivots et les bielles d'accouplement doivent être étudiés pour que, en tous les points de leur déplacement, les prolongements des fusées des roues directrices se coupent sur l'axe de l'essieu arrière, et cette obligation revient au principe de convergence indiqué ci-dessus.

L'obligation de tourner autour d'un centre instantané de rotation, dont elles sont à distance inégale, et de ne se mouvoir que du fait de la rotation de la roue correspondante autour de son axe montre que les roues développent des arcs inégaux qui sont respectivement proportionnels, à chaque instant, aux rayons de courbure des trajectoires de leur point d'appui.

Enfin il est utile de rappeler, à propos des résistances en courbe des voitures automobiles, cette loi générale de mouvement : le travail total des forces extérieures doit être égal à la force vive prise par le centre de gravité, plus la force vive répondant au mouvement autour du centre de gravité. Cette loi permet de montrer que *l'effort moteur en courbe se répartit inégalement entre les roues d'un même essieu*, et cette considération nous amène à l'étude sommaire du différentiel.

Le *différentiel* est un mécanisme de liaison entre les deux roues motrices qui en permet l'indépendance sans nuire à la transmission de l'effort ; il se compose d'une combinaison d'engrenages permettant de répartir un effort unique entre les deux arbres généralement perpendiculaires au premier, et pour cela la somme des vitesses angulaires de chacun des arbres secondaires doit à chaque instant être égale au double de la vitesse angulaire de l'engrenage moteur.

Ceci dit, si l'on considère les deux essieux d'une voiture faisant entre eux un angle α, dit *angle de bracage*, le point de concours du prolongement de ces essieux est le centre instantané de rotation et la courbe décrite par le centre de gravité est un cercle de rayon ρ ; soient d'ailleurs *d* et *d′* les distances respectives des essieux au centre de gravité du véhicule de poids P et soit *v* la voie des roues.

Les résistances au roulement R et R′ de chacune des paires de roues sont perpendiculaires aux essieux respectifs de ces roues ; F l'effort moteur (qui se décompose en deux efforts partiels appliqués à chaque essieu) résulte de l'adhérence et est perpendiculaire à l'essieu des roues motrices.

Pour qu'il y ait équilibre entre l'effort moteur et la résistance, il faut que la formule :

$$F = R + R',$$

applicable quand la voiture parcourt une ligne droite, devienne :

$$F = R + \frac{R'}{\cos \alpha},$$

quand l'essieu avant est braqué d'un angle α. Ce surcroît d'effort moteur augmente avec l'angle de bracage, et pour $\alpha = 45°$ on voit que l'effort supplémentaire à développer en courbe est 0,414 R'. Par exemple, dans un véhicule industriel pesant 3 tonnes, réparties comme habituellement un tiers sur les roues d'avant, le coefficient de traction étant supposé être de 0,03, ce qui correspond à une résistance totale de 90 kg. en ligne droite, un angle de bracage de 45° donne un supplément d'effort total de

$$0,414 \times 30 = 12,42 \text{ kg.},$$

soit près d'un septième de l'effort total.

Si on considère un bracage de 60°, le supplément d'effort sera de 30 kg. et sera équivalent au supplément produit par une rampe de 1 0/0, ce qui évidemment n'est pas négligeable.

Quand la voiture aborde le tournant avec une certaine vitesse, le déplacement angulaire du centre de gravité autour du centre instantané de rotation ne sera pas le même que le déplacement angulaire autour du centre de gravité, ce qui a permis de conclure à M. Sautereau du Part, dont nous résumons ici la leçon à l'Ecole d'application de Fontainebleau, que le tournant ne peut être effectué par l'intervention des seules forces précédemment considérées. Il ne s'effectuera suivant un cercle, sous l'action des forces extérieures, que lorsque la vitesse initiale se sera éteinte, de sorte qu'au début du virage, la voiture, tout en roulant suivant une certaine courbe, avance en glissant dans la direction de la tangente à l'origine de la courbe, et c'est ce travail de glissement qui absorbe progressivement la force vive initiale $\frac{1}{2} MV^2$.

On pourra donc déterminer la courbe suivie et le point de la trajectoire où la voiture reprendra le tournant régulier qu'elle commencera alors à décrire.

Stabilité des voitures. — La question de la stabilité des voitures automobiles, qui dépassent de beaucoup la vitesse ordinaire des voitures attelées, est une des plus importantes et des moins connues.

La stabilité est fonction de la voie v, de l'empattement l, de la hauteur h du centre de gravité au-dessus de la route et du poids adhérent p.

Si on se reporte aux formules établies par M. Carlo Bourlet, on peut calculer la hauteur x à laquelle un choc sur la roue d'avant tend à surélever les roues d'arrière dans un virage sur route sèche. Si r désigne le rayon de giration par rapport à un axe parallèle aux essieux et passant par le centre de gravité, V la diminution de vitesse produite par le choc, a la distance du centre de gravité au point de contact de la roue qui reçoit le choc, la force vive de rotation acquise par la voiture dans sa rotation sera :

$$M\,(a^2 + r^2)\,\omega^2,$$

d'où :

$$\frac{1}{2}\,M\,(a^2 + r^2)\,\omega^2 = px,$$

d'où enfin :

$$x = \frac{M}{2p}\ \frac{V^2 h^2}{a^2 + r^2};$$

mais, comme M est égale à $\dfrac{P}{g}$ et que p est en général la moitié du poids total dans une voiture en charge, principalement dans les voitures de course, on tire :

$$x = 0,1\ \frac{V^2 h^2}{a^2 + r^2}\cdot$$

Si on applique cette formule aux voitures de course, on voit que le soulèvement varie de 4 à 6 centimètres selon les dimensions, ce qui est énorme et suffit à expliquer les dérapages constatés parfois au cours d'accidents. Toutefois cette tendance au soulèvement est compensée dans une certaine mesure, par l'action de la résistance de l'air qui, ainsi que nous l'avons expliqué plus haut, crée un couple qui tend à reporter une partie du poids sur les roues arrière.

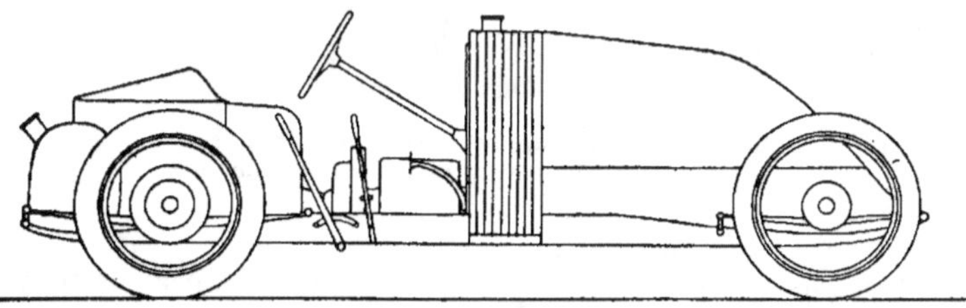

Fig. 11. — Schéma de la voiture de course Renault à centre de gravité surbaissé.

C'est pour répondre à ces desiderata qu'on a imaginé divers systèmes de suspension qui permettent d'abaisser le centre de gravité sans diminuer la distance au sol des principaux organes saillants (le volant notamment) ; la maison Renault, par exemple, dans ses voitures de course 1905 (fig. 11), dispose le châssis au-dessous des ressorts et fait travailler ceux-ci entre des mains spéciales, de sorte que l'ensemble du mécanisme et de la carrosserie est plus bas que dans une voiture ordinaire de toute la flèche des ressorts. Au surplus, ce dispositif adopté dans les locomotives ne donne pas un aspect déplaisant à la voiture, justement parce qu'il constitue une combinaison rationnelle ; il diminue

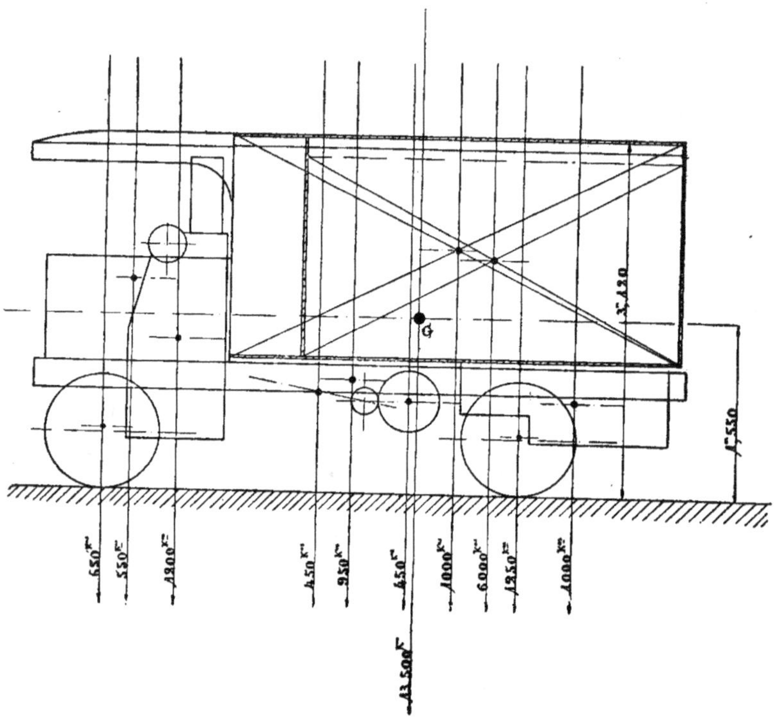

Fig. 12. — Répartition des charges et détermination du centre de gravité d'une voiture de livraison Purrey de la Raffinerie Say.

en tous cas un peu la surface offerte au vent mais, par contre, rapproche les voyageurs de la poussière, si désagréable parfois.

Pour se rendre compte de la stabilité d'un véhicule automobile, il faut déterminer le centre de gravité et rechercher de quelle hauteur ce point doit être surélevé pour se trouver en dehors de la base de sustentation, cette position correspondant au renversement du véhicule.

C'est ce qui a été fait pour une des grosses voitures de livraison de la raffinerie Say montée sur châssis Purrey et portant une charge utile de 5 tonnes ; on a déterminé les poids partiels de chaque élément de la voiture : châssis, chaudière, moteur, essieux, caisse, charge utile, etc., puis on a obtenu graphiquement par la méthode des polygones des

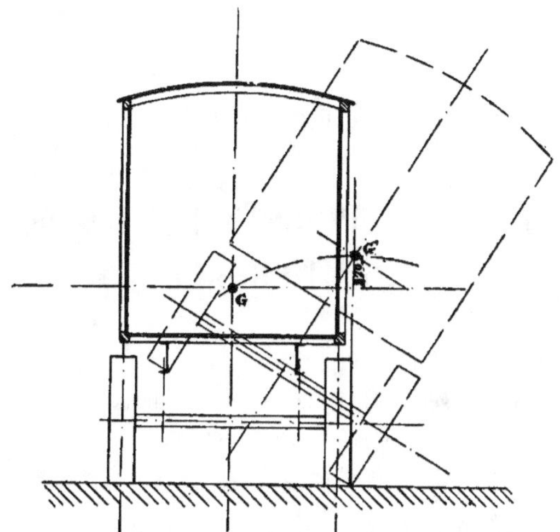

Fig. 13. — Epure de stabilité d'un véhicule automobile.

forces la position du centre de gravité auquel s'applique la force totale de 13.500 kilogrammes.

L'épure de stabilité montre que, pour une élévation de 0 m. 27 du centre de gravité qui se trouve lui-même à 1 m. 55 au-dessus du sol, le renversement se produit, mais que cette surélévation correspond à une différence de niveau de la roue extérieure de plus de 0 m. 90 ; la base de sustentation est donnée par l'empattement de 3 m. 60 et la largeur des roues entre bords extérieurs, 1 m. 89. La largeur des bandages des roues motrices est de 0 m. 20. Le véhicule a une hauteur totale au dessus du sol de 3 m. 12 et une longueur totale de 5 m 65.

CALCUL DE LA PUISSANCE D'UN MOTEUR D'AUTOMOBILE

Le savant professeur A. Witz de Lille, dans le tome III de son *Traité des moteurs à gaz et à pétrole*, commençait la rédaction du chapitre qu'il a consacré aux calculs de puissance et de rendement par ces mots :

« Le titre de ce paragraphe doit être considéré comme un jalon posé pour l'avenir », et il ajoutait un peu plus loin que l'étude des qualités de l'essence de pétrole employée devrait être l'un des premiers éléments de comparaison qu'il serait intéressant de définir.

Cette étude a été faite ; au cours de ses remarquables travaux sur l'alcool dénaturé, M. Sorel a étudié, comparativement avec le combustible agricole, les principaux hydrocarbures qu'on emploie dans les moteurs d'automobiles et dont la qualité, grâce à une fabrication bien organisée, reste sensiblement constante, quels que soient les pétroles qui ont servi à sa fabrication.

En ce qui concerne le calcul de la puissance d'un cylindre moteur, il est malaisé de donner une règle fixe, car cette puissance varie, d'une part, avec les qualités de conception des divers organes, c'est-à-dire avec la valeur de l'ingénieur qui a étudié le moteur sur le papier, et surtout avec la qualité de la construction proprement dite, c'est-à-dire du choix judicieux des matériaux, de l'usinage dans des conditions parfaites, du travail manuel exécuté avec toutes les garanties désirables de perfection et de fini.

Formules diverses. — Pour calculer la puissance d'un moteur donné, M. Witz est parti d'un élément que nous commençons à connaître maintenant et qui est la « pression moyenne ».

Si on appelle cette pression moyenne p et K le rendement organique du moteur, la cylindrée V est égale à $\frac{1}{4}\,\pi d^2 c$, d étant exprimé en centimètres et c en mètres ; soit n le nombre de tours par minute du moteur ; on a , chaque tour correspondant à deux courses et une seule course sur quatre étant motrice (1) :

$$\mathscr{P}_{chx} = \mathrm{K}p\,\frac{\frac{1}{4}\,\pi d^2 c n}{2\times 60\times 75} = \mathrm{K}p\,\frac{\pi d^2 c n}{36.000}\,.$$

M. Witz estime qu'il serait imprudent d'évaluer le rendement organique **K** au-dessus de 0,75 et jusqu'à présent, en effet, il ne semble guère que ce chiffre ait été dépassé dans la pratique moyenne de la construction automobile.

En ce qui concerne la pression moyenne, nous avons trouvé dans les éléments d'étude du laboratoire de l'A. C. F. une série de diagrammes qui nous ont permis de nous rendre compte dans quelle mesure la pression moyenne varie d'un moteur à l'autre, suivant la compression, la

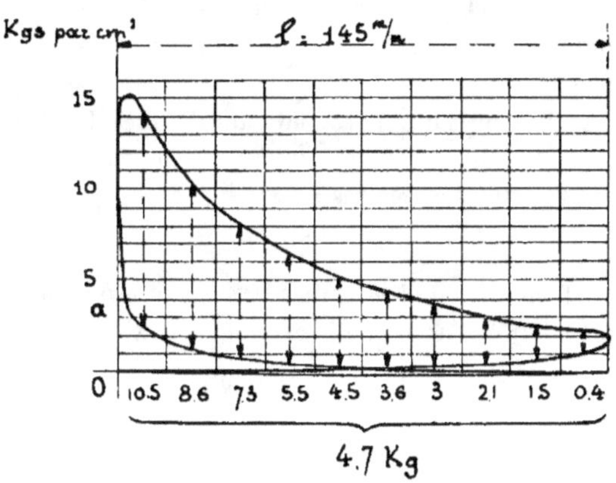

Fig. 14. — Calcul de la pression moyenne au moyen d'un diagramme.

vitesse linéaire du piston, la contre-pression à l'échappement et la dépression à l'admission, toutes choses qu'on peut difficilement mesurer sur un seul diagramme de moteur, mais qui peuvent, par comparaison, être déterminées avec une approximation suffisante par la comparaison de diagrammes entre eux.

C'est en tenant compte de ces divers éléments que M. Lumet a pu

(1) Cette formule s'applique à un moteur à 4 temps monocylindrique. Bien entendu, en cas de cylindres multiples, il y a lieu de multiplier la puissance du cylindre par le nombre de ceux-ci.

donner la formule suivante qui s'applique à un moteur à 4 cylindres, d et c étant exprimés en millimètres.

$$\mathscr{P}_{chx} = \frac{1}{6}\ \frac{d^2cn}{10^7}\ .$$

Pour déterminer approximativement la puissance d'un moteur, d'après ses dimensions, on peut partir également d'un autre point de vue qui a été envisagé par M. Ringelmann.

Pour produire la combustion d'un gramme de pétrole, il faudrait environ 16,3 litres d'air ; on peut donc déterminer le poids de pétrole à employer par explosion en fonction de la cylindrée.

D'autre part, on calcule facilement le nombre d'explosions et, par suite, le poids du pétrole employé par seconde.

Enfin, le travail utilisable dépend de la puissance calorifique du pétrole, que l'on connaît ; ce travail résulte de la combustion théorique de 1 kg. de pétrole produisant 4.675.000 kgm. pour du pétrole à 11.000 calories, l'équivalent mécanique de la chaleur étant égal à 425 ; M. Ringelmann admet que le rendement varie de 0,15 à 0,20, ce qui fait que chaque gramme de pétrole donne un travail disponible de 700 à 935 kgm.

C'est en se basant sur ces considérations que M. Ringelmann a donné la formule suivante, applicable à un moteur à un cylindre et où d et c sont exprimés en mètres :

$$\mathscr{P}_{chx} = 3,37\ d^2cn.$$

Une autre formule empirique basée sur l'observation a été également indiquée par M. Faroux ; elle est la suivante :

$$\mathscr{P}_{chx} = 0,0064\ Vn,$$

V étant le volume de la cylindrée exprimée en litres, n étant le nombre de tours par minute.

Cette formule reviendrait à la formule Ringelmann dont le coefficient numérique aurait été élevé à la valeur de 5,03, ce qui prouve qu'en ce qui concerne les moteurs d'automobiles la formule Ringelmann est inférieure à la réalité, ainsi que le montrent les expériences d'application pratique qui ont été faites bien souvent.

M. Hospitalier s'est également occupé de cette question et il a publié en 1897, dans la *Locomotion automobile*, une étude très remarquée où il base la détermination de la puissance d'un moteur *sur le déplacement spécifique du piston.*

Il a admis que, pour les moteurs de cette époque, la puissance d'un cheval ou $\frac{3}{4}$ de poncelet correspondait à un déplacement de piston de 6 à 7,5 litres par seconde de mélange explosif et était constante à 20 centièmes près.

Le déplacement spécifique n'est autre que le quotient de la puissance par le déplacement du piston en litres par seconde (double volume de la cylindrée, multiplié par le nombre de tours par seconde).

En se basant sur les données des moteurs usités à l'époque où il a établi ses formules, M. Hospitalier a pu poser l'équation :

$$\frac{\pi d^2 cn}{120\,\mathscr{P}} = 0,006 \text{ à } 0,0075 \text{ mètres cubes,}$$

d'où on a la valeur de la puissance évaluée en poncelets :

$$\mathscr{P}_{pt} = 4,36 \text{ à } 3,49\ d^2cn,$$

d et c étant exprimés en mètres.

M. M. Richard a donné, en 1900, une formule empirique applicable aux moteurs d'automobiles, en établissant très judicieusement une distinction suivant que ceux-ci sont des moteurs à allure rapide ou non :

$$\mathscr{P}_{chx} = K d^2 c$$

en faisant :

$$K = 6 \text{ pour les moteurs légers et rapides,}$$

et :

$$K = 3,5 \text{ pour les moteurs de construction ordinaire,}$$

d et c étant exprimés en décimètres.

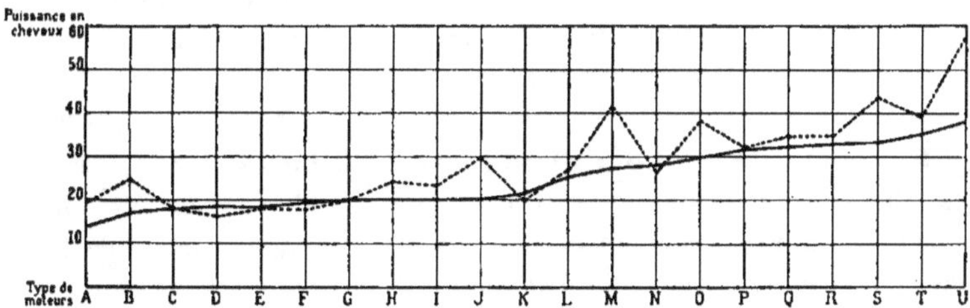

Fig. 15. — Trait plein : Puissances effectives. Trait mixte : Puissances calculées par la formule Richard.

On a aussi proposé une formule tout à fait empirique qui prétend donner la puissance disponible en chevaux :

$$\mathscr{P}_{chx} = 0,07\ R^2 \sqrt{c}.$$

les dimensions, rayon du cylindre et course du piston, devant être exprimées en centimètres.

Cette formule donne des résultats nettement inférieurs à la réalité, ainsi que M. Faroux l'a démontré par des exemples typiques ; elle désavantage, en outre, les moteurs à course longue et n'a, du reste, pas été adoptée.

M. Ravel a également proposé, pour calculer la puissance, de partir de la cylindrée réelle, c'est-à-dire de tenir compte de la dépression à l'intérieur du cylindre ; c'est ce qu'il appelle la *capacité effective* ; en effet, le volume de gaz explosifs que contient le cylindre est toujours inférieur à la capacité développée par le piston, puisque l'admission se fait sous une certaine dépression (0,1 atmosphère environ), et il est naturel de ne tenir compte que du volume absolu des gaz explosifs ; M. Ravel a donc proposé la formule suivante pour calculer la puissance effective du moteur :

$$\mathscr{P}\,chx = \frac{Sc\,0,50\,n \times 60}{7000},$$

dans laquelle S est la surface du piston en centimètres carrés, *c* la course en mètres, *n* le nombre de tours par minute ; le coefficient 7000 représente le nombre de litres effectifs que doit, d'après M. Ravel, engendrer le piston d'un moteur d'automobile pour produire la puissance d'un cheval.

Cette formule ne donne des résultats suffisamment approchés que pour les moteurs dont la vitesse est inférieure à 800 tours. Pour les moteurs dont la vitesse dépasse ce chiffre, la formule donne des résultats trop élevés et le coefficient du dénominateur n'est plus exact ; c'est ce qui arrive du reste avec toutes les formules empiriques ; elles ne conviennent qu'à des types de moteur qui ne sont presque plus employés en matière d'automobile.

Formule de la Commission technique de l'A. C. F. — La Commission technique de l'A. C. F. a été chargée de déterminer une formule permettant un classement raisonné des voitures de tourisme et elle est arrivée tout d'abord à une formule de la forme :

$$\mathscr{P}\,chx = Kd^2,$$

d étant le diamètre du cylindre ou alésage exprimé en millimètres.

Voici comment a été établie cette formule au carré du diamètre : Grâce à l'obligeance de tous les constructeurs d'automobiles qui ont fourni au Président de la Commission technique les chiffres confidentiels de la puissance *effective* de leurs divers types de moteurs, des graphiques ont pu être établis avec la formule de la forme ci-dessus, graphiques qui ont permis de fixer la valeur du coefficient K ; celui-ci a été pris égal à 0.00246 et à 0,0028 dans le cas des moteurs à quatre cylindres. C'est ce dernier coefficient qui a été adopté, la puissance $\mathscr{P}$ étant exprimée en chevaux et le diamètre du cylindre en millimètres. Pour des raisons commerciales, la puissance effective vraie n'a pas été divulguée, mais on a pu utiliser ces données relatives à la puissance dans des conditions d'exactitude et de régularité qui n'avaient jamais pu être obtenues jusqu'alors.

Pour chacun des moteurs considérés, la formule a été appliquée et on a ainsi obtenu une courbe résultant de la formule suivante qui s'applique aux moteurs de moins de 50 chevaux :

$$\mathscr{P}_{chx} = 0,0028 \ d^2.$$

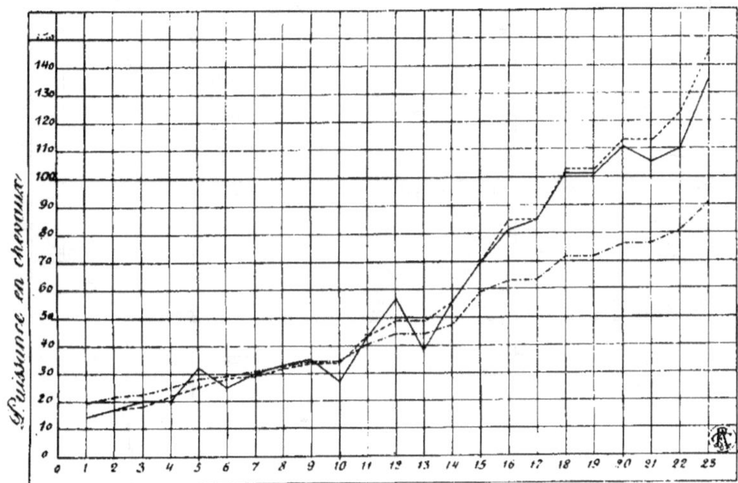

Fig. 16. — Diagramme des formules étudiées par la Commission technique. Trait plein : Puissance effective ; Trait mixte ; Formule au carré du diamètre ; Trait pointillé : Formule au cube du diamètre.

M. Lumet a fait, du reste, un travail analogue avec les moteurs de forte puissance, en se servant des puissances indiquées pour les voitures de course par les constructeurs au moment du Circuit de la Sarthe, et il est arrivé à ce résultat que, pour les moteurs de 50 à 150 chevaux, le coefficient pouvait être approximativement pris égal à 0,0038.

M. Arnoux, dans une lettre adressée en 1903 au président de la Chambre syndicale de l'automobile, a critiqué la formule au carré du rayon déjà proposée à cette époque par M. E. Mors, pour la classification des voitures.

La *puissance moyenne* développée par un moteur thermique, a-t-il dit, pendant un cycle complet étant égale au quotient :

$$\frac{\int_v^V P\,dV}{T}$$

de la valeur intégrée du produit de la pression P et de la variation dV du volume des gaz mis en jeu par la durée T de ce cycle, c'est le

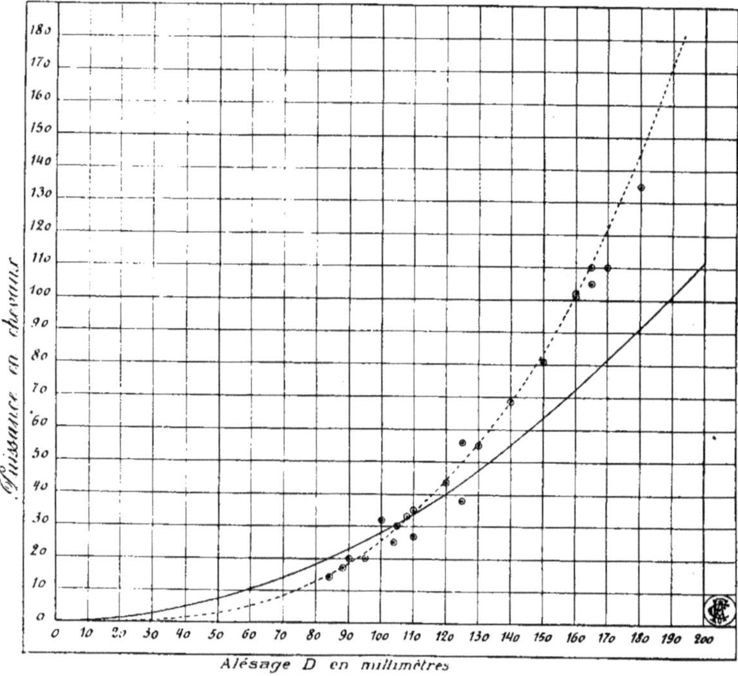

Fig. 17. — Diagramme de M. Arnoux. Trait plein : Formule au carré du diamètre ; Trait pointillé : Formule au cube du diamètre.

volume de la cylindrée et non le carré du rayon du piston qu'il faut considérer, puisque ce volume est proportionnel non pas seulement au carré du rayon, mais au produit de ce même carré par la course du piston. Dans le cas, par exemple, de deux moteurs *semblables*, c'est-à-dire pour lesquels les rayons et courses de piston seraient dans le même rapport K, le volume de la cylindrée du plus grand des deux moteurs serait, d'après la formule de classement au carré du rayon, K^2 fois plus grand, tandis qu'en réalité ce volume serait K^3 fois plus grand que celui du plus petit.

La puissance des moteurs thermiques est, en effet, à égalité de pression moyenne et de vitesse de déplacement du piston, proportionnelle au *volume* engendré par celui-ci, et pour avoir une formule de puissance dans laquelle n'entre que le diamètre d'alésage et qui soit applicable, sans modification continuelle du coefficient K, aux moteurs d'automobiles de toutes puissances, y compris les puissants moteurs des voitures de course, il semble que cette formule doit se rapporter au cube du diamètre et qu'elle soit de la forme :

$$\mathcal{P} = Kd^3.$$

En calculant le coefficient K de cette formule, d'après les données et mesures expérimentales fournies par les constructeurs pour des moteurs à quatre cylindres dont les puissances effectives sont comprises entre 14 et 135 chevaux, et en prenant la racine carrée de la moyenne des carrés des valeurs de K, M. Arnoux a établi la formule suivante :

$$\mathcal{P}_{chx} = 0,000025 \, d^3,$$

dans laquelle on exprime en chevaux la puissance maximum que peut développer un moteur à *quatre cylindres*, dont l'alésage est donné en millimètres. Pour calculer la puissance des moteurs à un, deux ou trois cylindres, il suffit de prendre le quart, la moitié ou les trois quarts du paramètre 0,000025.

Toutefois, en appliquant cette formule, on s'est aperçu qu'elle donnait peut-être des résultats un peu trop forts, relativement à la puissance effective, et c'est ainsi que la Commission technique a été amenée à discuter la formule rectifiée suivante qui semble se rapprocher de la vérité pour les moteurs d'automobiles actuels :

$$\mathcal{P}_{chx} = 0.000525 \, d^{2,4}.$$

A cette question de puissance se rattache très étroitement la classification des voitures automobiles dans les courses et les concours. On a procédé d'abord à la classification à la cylindrée, qui est évidemment la plus simple, dans laquelle le *Rating* M est donné par la formule :

$$M = Kd^2cN,$$

N étant le nombre de cylindres et K étant le coefficient destiné à donner la valeur convenable.

Or, l'expérience a prouvé qu'à course égale, la puissance croît plus vite que le carré du diamètre, probablement parce que les résistances passives n'augmentent pas proportionnellement à la section. Cette puissance varie proportionnellement à d^m, l'exposant variant entre 2,30 et 2,48, suivant les types étudiés par M. Faroux.

D'un autre côté, si le nombre de tours n'est pas limité, la puissance du moteur ne croît pas proportionnellement à la course, car des pistons ayant des courses inégales peuvent avoir la même vitesse linéaire moyenne. La puissance maxima du moteur serait donc indépendante de la course, mais, en pratique, le travail de frottement des axes augmente avec le nombre de tours et, par conséquent, est inversement proportionnel à la course. Le rendement pour une même vitesse de piston n'augmente donc pas proportionnellement à la course, mais varie comme c^n, l'exposant variant de 0,70 à 0,85 suivant les moteurs étudiés. C'est ainsi que M. Faroux propose une formule de classification qui serait :

$$M = K d^m c^n.$$

On critique cette formule à la cylindrée, en faisant remarquer que pour tous les moteurs de même catégorie, c'est-à-dire ayant une cylindrée à peu près égale, le plus puissant sera celui qui aura le plus grand alésage et la plus petite course, si on le fait tourner à une vitesse angulaire assez grande pour que la vitesse linéaire du piston corresponde à la puissance maxima et qu'on arrive ainsi à des moteurs construits spécialement pour la course et qui n'ont pas de qualités véritablement industrielles.

La puissance est donnée, après simplifications, par la formule :

$$\mathcal{P} = K d^m c^n N = K' d^{m\,-\,2n}.$$

Il en résulterait une classification à l'alésage en se basant notamment sur ce que certains moteurs ayant deux pistons opposés par cylindre, comme le moteur Gobron, se trouvent désavantagés par la classification à la cylindrée. Il est important, en effet, que, dans les formules de classification destinées à encourager une industrie, on ne vienne pas systématiquement empêcher le développement de tel ou tel type de moteur pouvant améliorer le rendement du moteur à quatre temps, justement parce qu'il sera basé sur un principe cinématique différent des moteurs ordinaires.

Enfin M. Faroux soutenant que la valeur de la course doit intervenir dans le criterium de classification a proposé la formule de *Rating* suivante :

$$M = d^{2.4} c^{0.8} N$$

et, pour traduire numériquement les conséquences de ce mode de classification, il a indiqué les solutions possibles qui mettent entièrement les moteurs à égalité. En imposant à M la condition d'avoir un logarithme maximum de 7.5 on peut résoudre le problème de la façon suivante :

1° Pour un moteur ordinaire à quatre cylindres, il y a égalité entre les quatre types suivants :

d alésage 162 mm.	c course 140 mm.	$\dfrac{d}{c} = 1,15$
» 160	» 148	1,08
» 157	» 157	1,00
» 150	» 170	0,88

dans lesquelles on constate de grandes différences dans le rapport de l'alésage à la course ;

2° Le moteur à pistons opposés correspondant au même type sera un moteur de 140 mm. d'alésage et 220 mm. de course ;

3° Enfin, un moteur à six cylindres devra avoir 130 mm. d'alésage et 140 mm. de course.

Nous ne voudrions pas dire que la question a reçu une solution définitive, mais nous avons voulu surtout montrer par quelques exemples combien les questions de détermination de la puissance des moteurs d'automobiles par leurs caractéristiques sont complexes et délicates, et en tous cas, les formules proposées ne peuvent guère correspondre qu'à une période déterminée de l'industrie des moteurs, les coefficients doivent subir une révision périodique pour être toujours conformes à l'état d'avancement de la technique automobile.

CHAPITRE III

PLAN D'ÉTUDE D'UN VÉHICULE AUTOMOBILE

Il est souvent indispensable de faire une étude générale d'un véhicule automobile au point de vue théorique, non pas évidemment quand il s'agit d'une voiture de tourisme, mais chaque fois qu'on projette d'établir un service de transports industriels, ou de construire des véhicules destinés à ces transports : il s'agit, en effet, dans ce cas, de faire rendre à un service son maximum de production, avec un prix de revient le plus faible possible et alors les considérations économiques ont une importance telle qu'on ne doit négliger aucune précaution pour les réaliser. L'étude théorique est également indispensable lorsqu'on veut établir un service de transports par trains, soit par tracteurs, soit en employant la propulsion continue.

Quand on a un projet de cet ordre à faire, il y a lieu, évidemment, de déterminer, par hypothèses ou par des mesures directes, les contingences d'exploitation du service à effectuer. C'est d'abord le poids à transporter, d'où l'on déduira le poids du véhicule en ordre de marche ; c'est la distance à parcourir et, enfin, l'étude de la route, tant au point de vue des rampes, descentes ou paliers, que de l'état proprement dit du sol. Sur ce dernier point, en effet, lorsqu'on a une route avec un sous-sol rocheux très résistant, on peut affirmer que le coefficient de traction moyen par an sera moins élevé que lorsqu'on a affaire à une route construite sur sol argileux ou marécageux.

Nous allons donc rechercher d'abord la puissance à donner aux véhicules, ou, ce qui revient au même, la puissance à fournir à la jante par tonne transportée.

Suivant les nécessités de l'industrie à desservir, nous déterminerons la charge utile, celle-ci pouvant varier dans de très grandes limites, depuis 1 000 kg., par exemple, pour des marchandises légères, jusqu'à 3.000 et 5.000 kg. pour les marchandises lourdes, sur une même plate-forme de véhicule. Il y a lieu, toutefois, de ne pas exagérer la charge utile et, à ce sujet, on peut citer les essais faits par la raffinerie Say à Paris qui, après avoir construit un certain nombre de véhicules pour porter 10 tonnes de sucre, a réduit cette charge à 5 tonnes, pour arriver à des limites de poids mieux compatibles avec la sécurité de la circulation à Paris.

En ce qui concerne le poids du châssis et de la carrosserie, on sait que cet ensemble doit représenter environ le même poids que la charge utile (jusqu'à 1.500 kg. de charge utile), autrement dit, le *cœfficient d'utilisation*, c'est-à-dire le rapport de la charge utile au poids total en charge, doit être d'environ 0,50 pour des véhicules qui portent 1.000 à 1.500 kg. ; lorsque la charge utile est augmentée et atteint par exemple 3 tonnes, la vitesse étant réduite d'une quantité proportionnelle, le coefficient d'utilisation s'élève à 0,55 ou 0,60 dans tous les véhicules d'une bonne construction ; enfin, en ce qui concerne le poids de la carrosserie proprement dite, on peut admettre les chiffres moyens suivants :

Véhicules transportant les voyageurs.	0,70	du poids du châssis	
Véhicules transportant des marchandises à couvert. Voitures de livraison .	0,45	»	»
Véhicules découverts ou camions . .	0,30	»	»

Après avoir déterminé ces différents chiffres, il y a lieu de vérifier si le poids adhérent est suffisant tant pour le véhicule à vide qu'en charge ou demi-charge, et c'est dans la détermination de ces conditions d'adhérence, qu'il faut tenir compte dans une large mesure de la nature du sol sur lequel les véhicules doivent circuler. Nous avons vu, en effet, à propos du coefficient d'adhérence, combien sont variables les valeurs de celui-ci, suivant qu'on a affaire à une route sèche ou à une route couverte de boue argileuse.

Ayant obtenu la valeur de la puissance à fournir par tonne à la jante des roues motrices, nous en tirons immédiatement par une simple égalité l'effort de traction par tonne en palier, et c'est ici qu'interviendra la division de la route à parcourir, suivant trois catégories de portions bien distinctes :

1° Les parties en palier qu'il y a lieu de déterminer exactement en considérant cependant comme des paliers les parties légèrement ondulées, c'est-à-dire dans lesquelles les rampes ne dépasseront pas une longueur assez faible pour être franchie par le lancé du véhicule ;

2° La deuxième partie de la route sera celle en descente et il n'y a pas lieu d'en tenir compte, car, dans les descentes, l'effort de traction est nul, mais ne représente pas non plus, comme dans certains **véhicules électriques**, une récupération de puissance ;

3° Enfin, sur les portions de routes en montée, il y a lieu de faire très exactement toutes les mesures utiles pour déterminer les différentes rampes qu'il y a à franchir.

Nous rappellerons la règle précédemment énoncée qui consiste à prendre pour l'effort moyen par tonne correspondant à la vitesse moyenne, la valeur de cet effort en palier, sur route aussi mauvaise que possible, majorée de 10 kg.

Prenons un exemple numérique : soit un trajet de 40 km. dont les montées représentent 320 m. d'élévation, le coefficient de traction sera d'environ 0,04, soit 40 kg. par tonne ; on a donc :

$$F = 40 + \frac{320}{40} = 48 \text{ kg}.$$

Si on a affaire à un très long parcours, on prend simplement $40 + 10 = 50$ kilog., ce qui sera, comme on le voit, un chiffre supérieur à celui que le calcul exact a donné.

Ceci posé, si nous nous reportons à l'étude des diverses résistances qui influent sur la marche d'une automobile, nous déterminerons, avec une exactitude plus grande, la puissance nécessaire à la propulsion de cette voiture. Le calcul, dans ce cas, est un peu plus complexe, mais on verra, par les exemples suivants, que les formules approchées sont suffisantes dans la plupart des cas.

Le travail résistant qui se développe pendant la marche d'une voiture sur une route en palier, parfaitement unie et en air calme (ce que l'on a appelé le *tirage* du véhicule), sera égal à la somme des résistances étudiées ci-dessus : résistance aux roulements, en tenant compte du frottement des fusées, et résistance due à l'action retardatrice de l'air ; on a donc la formule générale (1) :

$$R = P \left[\frac{2K + fd}{r' + r''} + \frac{n}{1.000} \right] + 0,0895 \, SV^2.$$

Il convient d'ajouter à ce travail résistant théorique les résistances spéciales que nous avons examinées en détail, savoir :

a) résistance spéciale au démarrage ;

b) résistance résultant des efforts vifs en mouvement :

c) résistance due aux courbes ;

d) résistance supplémentaire due à l'action du vent de bout.

(1) Voir chapitre I, pages **22**, **28** et **41**.

Il y a lieu de s'assurer que ces résistances spéciales et accessoires ne dépassent pas, dans certains cas, la résistance générale établie par la formule ci-dessus, sinon il y aurait lieu d'en faire un compte spécial et, d'une façon générale, il est prudent de compter que ces résistances spéciales peuvent représenter, en certains cas, les plus défavorables, 15 à 20 0/0 de la résistance générale, au chiffre de laquelle on doit les ajouter.

Il est également utile de s'assurer, par le calcul, qu'à la vitesse à laquelle la voiture progressera dans les rampes, la résistance de l'air n'augmentera pas suffisamment le travail résistant pour le faire dépasser, celui qui correspond à la pleine vitesse en terrain plat.

En général, la résistance à pleine vitesse en terrain plat sera toujours supérieure à la résistance en rampes, en raison justement des différences de vitesses dans l'un et l'autre cas, mais il y a lieu, cependant, de prévoir dans les pays où le vent se fait sentir, le cas où ce vent de bout viendrait s'opposer à la progression d'un véhicule en rampe. Par exemple, supposons une voiture de grand tourisme, ayant les caractéristiques suivantes :

Poids en charge, 2.000 kg., diamètre des roues motrices 880 mm., surface normale au vent 2,5 m², vitesse maxima en palier 50 km. à l'heure, déclivité maxima à franchir 0 m. 12 par mètre.

Dans les rampes où la vitesse se trouvera réduite à 30 km. à l'heure, on devra admettre qu'en cas de vent de bout il y aura lieu de prévoir la vitesse du vent de 60 km. à l'heure, qui viendront s'ajouter aux 30 km. de marche normale et permettre de calculer la résistance sur une vitesse de 90 km. Enfin, si on admet pour la résistance complémentaire le coefficient indiqué ci-dessus, on voit que la résistance par tonne sera donnée par la formule générale.

Si on fait le calcul, on voit que, dans ce cas, la résistance en rampe avec vent debout, à l'allure de 30 km., est légèrement supérieure à la résistance en palier à l'allure de 50 km. en air calme.

Il est facile de calculer maintenant la puissance motrice nécessaire :

$$\mathcal{P}_{chx} = \frac{R \times V}{75},$$

V étant la vitesse, c'est-à-dire l'espace parcouru en mètres par seconde.

MM. Boramé et Julien ont, par un travail analogue, indiqué une formule empirique très pratique, qui donne la valeur de l'effort moteur à la roue en fonction de la charge, des rampes et de la vitesse :

$$F = P(0,025 + 0,0007V + p) + 0,0048 \, SV^2.$$

P poids total en charge (en kilos) ;
V vitesse en kilomètres à l'heure ;
p rampe par mètre ;
S surface normale au vent.

Dans un autre ordre d'idées, on peut, avec les mêmes notations que ci-dessus, calculer approximativement la puissance motrice développée à la jante d'une voiture automobile, quand on connaît le temps exact mis pour franchir une rampe de longueur et de déclivité données.

Nous avons eu fréquemment l'occasion de faire des calculs analogues dans la rue Le Nôtre, au Trocadéro, à Paris, qui présente, entre l'alignement du quai Debilly et l'alignement du boulevard Delessert, les deux déclivités suivantes, séparées par l'axe de la rue Chardin :

> Sur 53 m., rampe de 0 m. 1152
> Sur 51 m., rampe de 0 m. 1213

soit

> Sur 104 m., rampe de 0 m. 1182 en moyenne.

La hauteur de laquelle nous nous sommes élevés en montant la **rue Le Nôtre**, est :

$$104 \times 0,1182 = 12 \text{ m. } 29.$$

Supposons une voiture pesant en marche 950 kg. et transportant trois voyageurs, le poids total en charge sera de 1.160 kg. ; cette voiture, pour s'élever de 12 m. 29, aura dépensé un travail de :

$$1.160 \times 12,29 = 14.256 \text{ kgm.}$$

Un chronométrage très simple nous a montré d'autre part que la rampe considérée a été gravie en 9 secondes (soit à environ 40 km. à l'heure) ; le travail dépensé par seconde a donc été de 1.584 kgm. et la puissance a été de 15,8 poncelets, soit 21,1 chevaux. Nous pouvons donc dire d'une façon très approchée que la puissance effective à la jante de ladite voiture est de 21 chevaux.

On a ainsi la formule générale :

$$\mathscr{P}_{chx} = \frac{H \times P}{T \times 75}$$

H étant exprimé en mètres, P en kilogrammes et le temps T en secondes.

Évidemment, dans cette formule, on n'a pas fait intervenir le coefficient de roulement, mais, pour des expériences comparatives d'automobiles, cette précaution est généralement superflue car on a presque toujours affaire à des bandages pneumatiques, et une rue de 12 0/0 de pente étant à peu près impraticable aux voitures, la chaussée est presque toujours en bon état. Enfin, il faut avoir soin de faire aborder la rampe avec une vitesse sensiblement constante et, pour cela, la largeur de 37 mètres du quai Debilly est très convenable pour assurer l'uniformité des départs.

Si on connaît l'effort de traction sur une route d'inclinaison donnée, il est facile de faire le raisonnement suivant :

Supposons une route assez mauvaise, pour laquelle l'effort de traction en palier est de 50 kg. par tonne ; la voiture considérée ci-dessus demandera donc un effort total de tirage en palier de $1,160 \times 50 = 58$ kg. A la vitesse de 60 km. à l'heure (16 m. 70 à la seconde) le travail développé sera $58 \times 16,7 = 969$ kgm. soit une puissance de 13 chevaux.

Pour gravir une rampe de 1 km. à 10 0/0, la résistance supplémentaire sera de 100 kg., soit un effort total de 158 kg. La vitesse constatée dans la rampe étant de 22,5 km. à l'heure, soit 6,2 m. à la seconde, le travail développé à la jante sera : $158 \times 6,2 = 980$ kgm., soit une puissance de 13,1 chevaux.

On peut donc, dans l'établissement d'un véhicule automobile de tourisme adopter comme règle générale que la puissance à développer par le moteur pour obtenir une vitesse de 60 kilom. en palier sur bonne route et par vent faible est à très peu de choses près, égal à celle qu'il faut développer pour gravir une rampe de 9 à 10 centimètres par mètre, à l'allure de 22 à 23 kilom. à l'heure. Il est en tous cas facile de se rendre compte, par une série d'exemples analogues, de la multiplication qu'il convient d'adopter pour faire rendre à la voiture étudiée le meilleur travail industriel.

Notons, enfin, que les calculs de rendement à la jante que nous venons d'indiquer peuvent servir à déterminer la résistance des mécanismes ou le rendement mécanique de la voiture, si on connaît la puissance effective développée par le moteur.

CHAPITRE IV

DU POIDS DES VOITURES AUTOMOBILES

Il est important de connaître d'avance quels sont les poids normaux des véhicules automobiles, parce que ces poids entrent, bien entendu, pour une grande part dans les calculs préliminaires qu'on doit faire dans un projet de véhicule mécanique.

Ce poids sert d'élément de calcul, non seulement pour la résistance ordinaire, mais aussi dans toutes les questions de vitesse, et c'est à ce titre qu'il importe de le déterminer avec une certaine exactitude, surtout quand on étudie un véhicule de tourisme. En effet, dans les véhicules industriels, la vitesse étant toujours réduite, une variation de poids de 5 à 10 0/0 sur les prévisions modifie très peu le résultat obtenu ; il n'en est pas de même pour les voitures rapides.

Les différences de poids qu'on constate entre des véhicules d'aspect semblable proviennent de plusieurs causes, dont les principales sont les suivantes :

1° *Poids du châssis.* — Ce poids est évidemment fonction de la puissance du moteur et de la façon dont le châssis a été étudié par le constructeur dans tous ses détails ;

2° *Poids de la carrosserie.* — La construction de la carrosserie peut faire varier le poids dans de très grandes limites. L'emploi de l'aluminium ou de la tôle emboutie, la façon dont les différentes membrures sont calculées et assemblées, l'importance de la garniture et, enfin, la forme et les dimensions de la carrosserie sont autant d'éléments qu'il importe de considérer lorsqu'on veut se rendre compte du poids ;

3° *Nombre de personnes transportées.* — Dans les voitures légères, à 4 ou 5 places au maximum, il faut admettre que les touristes partiront avec un minimum de bagages et, par conséquent, en comptant 75 kilos, poids moyen par voyageur, on arrive à une limite assez raisonnable. Au contraire, lorsqu'on a affaire à de grosses carrosseries, la quantité de bagages emportée est généralement en raison directe de l'importance de cette carrosserie et il est prudent de compter comme poids des voyageurs 90 à 95 kilos, pour être sûr de ne pas se trouver en dessous de la vérité ;

4° *Poids des accessoires et pièces de rechange.* — Il est facile de se rendre compte du poids des accessoires, outillage, pièces de rechange, enveloppes, etc., qui dépendent de la nature du moteur et du diamètre des roues.

Certains conducteurs d'automobiles emportent des outillages beaucoup plus compliqués qu'il ne convient et d'autres, au contraire, partent très inconsidérément avec une clé et une pince pour tout bagage. La vérité est dans le juste milieu et on peut compter que les accessoires non compris dans le poids du châssis, c'est-à-dire les cornes, lanternes, couvertures, tabliers, cartes, pièces de rechange, pneumatiques, etc., représentent 50 à 100 kilos, suivant l'importance du véhicule.

Tableau 8.— Poids de divers types de voitures achevées.

	Longueurs	Poids
Double phaéton abrité, Bollée, 40 chevaux	2 m. 60	1.676 kg.
— Mercédès, 18 chevaux	2 m. 40	1.398
— Mors, 24 chevaux	2 m. 60	1.722
— Mercédès, 40 chevaux	2 m. 60	1.412
— Mors, 24 chevaux	2 m. 40	1.505
— Mercédès, 40 chevaux	2 m. 40	1.423
— — —	2 m 20	1.366
Coupé Limousine, C. G. V., 20 chevaux	2 m. 50	1.738
— Mercédès, 40 chevaux	2 m. 40	1.447
— — —	2 m. 40	1.546
— Renault, 14 chevaux	2 m. 55	1.341
Landaulet 3/4 Mors, 12 chevaux	2 m. 70	1.280
— . 2 places, Renault, 14 chevaux	2 m. 55	1.423
— Limousine, Mors, 24 chevaux	2 m. 40	1.570
— — Mercédès, 28 chevaux	2 m. 40	1.384
— — Hotchkiss, 20 chevaux	2 m. 40	1.339

Les tableaux 8 et 9 résument les résultats expérimentaux des pesées qui ont été faites dans l'atelier d'un carrossier au moment de la livraison, sur des voitures complètement terminées et sur des carrosseries seules à divers états de fabrication. Il s'agit là de véhicules de luxe, à carrosseries solides, bien conditionnées et, par conséquent, assez lourdes :

Tableau 9. — Poids des principales carosseries usuelles.

	Kilogs.
Double phaéton, avec porte latérale (en blanc, sans garniture, ni ferrure aucune) . , ... , ...	50
Ballon de limousine à entrées latérales avec glace de séparation, glaces des portes et glace avant (sans galerie à bagages)	129
Double phaéton, entrée par derrière, dossiers en aluminium, avec coussins, plancher, marchepieds, ailes en tôle (complet) châssis de 1 m. 90 × 800.	178
Grand double phaéton, capote en cuir à triple extension avec compas. Plancher. Ailes en tôle et marchepieds. Pièce de coupé à l'avant (complet)	239
Double phaéton, coins carrés avec portes latérales, capote cuir avec compas, coussins, plancher, marchepieds, ailes en bois et porte-pneumatiques. . . . . , ...	243
Double phaéton à rotondes, petite porte latérale, capote cuir avec compas, coussins, plancher, marchepieds, ailes cuir et bajoues . . .	260
Double phaéton à rotondes, siège pivotant (châssis court de 2 m. à 2 m. 20), grande capote avec extension sans compas. Avec coussins, plancher, marchepieds et ailes en bois avec ferrures.	272
Petit landeau deux places, sans dais à l'avant (châssis de 2 m. 20 à 2 m. 60)	300
Limousine ballon démontable à coins carrés. Dais avec colonnes, glaces biseautées, coussins, plancher avec tapis, ailes en bois avec ferrures.	330
Limousine coins carrés, coffre en rentrée des brisements, glaces, coussins, galerie et plancher, marchepieds et ailes en tôle et glace avant (châssis de 2 m. 60 × 850), complète.	384
Landaulet 3/4, forme carrick, dais à l'avant, dessus toile, colonnes, plancher, porte-phares et porte-lanternes, marchepieds, ailes en cuir avec bajoues et ferrures (châssis 2 m. 60)	402
Limousine à corbeille, dais en bois, avec colonne et galeries glaces unies, coussins, deux strapontins, plancher, marchepieds, ailes en cuir avec ferrures (châssis de 2 m. 20 à 2 m. 60)	474
Limousine-salon à corbeille, pavillon, tout bas, galeries à bagages, plancher, deux fauteuils pivotants, glaces biseautées, tapis, marchepieds, ailes en tôle d'acier (châssis de 3 m.)	487

La Commission technique de l'Automobile-Club de France a dû se préoccuper de ces questions lorsqu'elle a été chargée de déterminer les catégories à appliquer dans les concours de tourisme ; pour cela, elle a recueilli les poids des châssis et des carrosseries de la grande majorité des constructeurs français, de sorte que les poids dits hypothétiques qu'elle indique pour le châssis et le poids total en ordre de marche correspondent bien au poids moyen des châssis actuellement en usage.

Tableau 10.— Caractéristiques des véhicules-types des 4 catégories

	1re catégorie	2e catégorie	3e catégorie	4e catégorie
Vitesse moyenne à l'heure	30 km.	35 km.	40 km.	45 km.
Surface totale maximum du ou des pistons	86,59 cm²	226,19 cm²	346,36 cm²	530,92 cm²
Correspondant pour N cylindres, ...	N = 1	N = 2	N = 4	N = 4
à un **alésage** maximum de ...	105 mm.	120 mm.	105 mm.	130 mm.
Limites de **puissance** calculées.	5,06 à 7,72 chx	14 à 20,16 chx	20,23 à 30,87 chx	33,88 à 47,32 chx
Poids minimum de la carrosserie	75 kg.	200 kg.	375 kg.	450 kg.
Poids minimum transporté par centimètre carré de section des cylindres	3,30 kg.	2,95 kg.	2,35 kg.	2,15 kg.
Types de **carrosserie**	Petit Duc avec capote à volonté	Double phaéton sans capote, entrée latérale	Double phaéton à dais sans capote, entrée latérale	Limousine avec dais à l'avant
Nombre de places	2 ou 3	4	4	4 intérieures 2 à l'avant

Dans ces tableaux, les chiffres indiqués sont pour ainsi dire des étalons auxquels on pourra se reporter lorsqu'on aura besoin d'évaluer des poids ou puissances de châssis, et c'est ainsi qu'on a pu, pour chaque catégorie, calculer le poids minimum à transporter par centimètre carré de section des cylindres.

Tableau 11. — Relations entre le poids total des véhicules et l'alésage des moteurs

Cylindre Diamètre en millimètres	Piston Surface en centimètres carrés	Poids à transporter en kilogrammes	Poids hypothétique du châssis en kilogrammes	Poids total de la voiture en ordre de marche en kilogrammes	Puissance du moteur en chevaux
Première catégorie. — Maximum : un cylindre de 105 millimètres					
85	56,74	187,240	350,000	537	5,06
90	63,61	209,910	384,350	594	5,67
95	70,88	233,900	420,700	654	6,32
100	78,54	259,180	459,000	718	7,00
105	86,58	285,710	499,200	785	7,72
Deuxième catégorie. — Maximum : deux cylindres de 120 millimètres					
100	157.08	463,380	700,000	1.163	14,00
105	173.16	510,220	748,240	1.259	15,43
110	190,06	560,670	798,940	1 360	16,94
115	207,74	612.770	851,940	1.465	18,51
120	226,10	667,23	907.33	1.575	20,16
Troisième catégorie. — Maximum : quatre cylindres de 105 millimètres					
85	226,95	533,350	900.000	1.433	20,23
90	254,44	597,930	954,960	1.553	22,70
95	283,52	666,270	1.013,120	1.679	25,27
100	314.16	738,270	1.074,400	1.812	28,00
105	346.32	813,850	1.138,720	1.952	30,87
Quatrième catégorie. — Maximum : quatre cylindres de 130 millimètres					
100	380.12	817,250	1.150,000	1.967	33,88
115	415,44	893,190	1.185,320	2.078	37,03
120	452,36	972,570	1 222,240	2.195	40,32
125	490,87	1.055,300	1.260,750	2.316	43,75
130	530,92	1.141,470	1.300,800	2.442	47,32

Nous signalerons que, dans le tableau précédent, le poids hypothétique du châssis s'obtient : pour la première catégorie, en ajoutant au poids type de 350 kg. 5 kg. par centimètre carré en plus de 56,74 centimètres carrés ;

Pour la deuxième catégorie, en ajoutant au poids type de 700 kg. 3 kg. par chaque centimètre carré en plus de 157,08 centimètres carrés ;

Pour la troisième catégorie, en ajoutant au poids type de 900 kg. 2 kg. par centimètre carré en plus de 226,96 centimètres carrés ;

Et pour la quatrième catégorie, en ajoutant au poids type de 1.150 kg. 1 kg. par centimètre carré en plus de 380,12 centimètres carrés.

Quant à la puissance du moteur indiquée dans les tableaux, elle a été obtenue par la formule précédemment indiquée

$$\mathcal{P}_{chx} = Kd^2.$$

Cette formule dans laquelle K est égal à 0,0028, d étant exprimé en millimètres, correspond aux divers types de moteurs à quatre cylindres jusqu'à 50 chevaux. On prend donc la moitié ou le quart du résultat obtenu, suivant que le moteur est à 2 ou à 1 cylindre.

CHAPITRE V

MÉTAUX SPÉCIAUX EMPLOYÉS EN AUTOMOBILE

La construction automobile a obligé les usines métallurgiques à rechercher des qualités de métaux spéciales pour assurer une très grande résistance, une élasticité très large et une légèreté relative. Le débouché du marché automobile pour les métallurgistes ayant été important en quelques années, il leur a été facile de consacrer à ces recherches tout l'argent nécessaire, de sorte qu'on peut dire sans crainte qu'actuellement l'industrie française possède des métaux remarquables et inconnus il y a quelques années, grâce aux obligations qui sont nées des demandes des constructeurs d'automobiles.

C'est ainsi que l'on a été amené à créer ces aciers spéciaux au nickel, au chrome, au manganèse, au cuivre, au plomb, destinés les uns aux pièces de grande résistance, les autres aux pièces de frottement telles que les coussinets.

C'est ainsi que les forges sont arrivées à produire des métaux fusibles tellement peu carburés, qu'on peut dire que ce n'est plus de l'acier fondu, mais du fer fondu avec toute la nervosité de ce métal et ses qualités de forgeage. On obtient ainsi, par moulage, des pièces de très faible épaisseur présentant des résistances considérables et avec une limite élastique inconnue dans la construction mécanique ordinaire. Ce fer fondu peut se forger dans une certaine limite et sert, par exemple, à faire des ponts arrière très résistants avec un poids deux fois moindre que celui des ponts en fonte ou acier fondu.

Aciers spéciaux. — Nous donnons, dans le tableau ci-après, les principales caractéristiques des aciers spéciaux créés par les aciéries et forges de Firminy pour les pièces d'automobiles. Tous ces aciers sont essayés au choc par la méthode des barreaux entaillés au moyen d'un mouton de 18 kgs tombant de 1 m. 10 de hauteur.

Tableau 12. — Aciers spéciaux pour pièces d'automobiles.

Qualité et marque	Genre de traitement calorifique	Limite élastique : kgs par mm. carré	Charge de rupture : kgs par mm. carré	Allongement 0/0
Acier au nickel chromé . *Essieux-Arbres.*	Recuit après forgeage	35 à 45	60 à 68	18 à 22
	Trempé et recuit.	60 à 75	75 à 90	12 à 15
	Trempé et recuit légèrement . . .	90 à 110	110 à 130	» »
Acier à 2,5 0/0 de nickel. . . *Arbres-Bielles* .	Recuit après forgeage	35 à 40	55 à 65	18 à 22
	Trempé et recuit.	45 à 55	70 à 80	12 à 15
	Trempé et recuit légèrement . . .	85 à 100	95 à 120	» »
Acier au nickel pour cémentation . .	Recuit après forgeage	25 à 35	35 à 40	25 à 28
	Trempé sans recuit	35 à 40	45 à 55	17 à 21
Acier à 25 0/0 de nickel . . *Soupapes . . .*	Recuit après forgeage	25 à 40	60 à 80	30 à 60
Acier à engrenages	Recuit après forgeage	50 à 55	70 à 80	15 à 20
	Trempé et recuit .	70 à 80	90 à 98	13 à 17
	Trempé et recuit légèrement . . .	100 à 110	125 à 145	» »
Acier V. D. L. Spécial (1). .	Recuit à basse température avant usinage.	» »	85 à 100	12 à 15
	Recuit à haute température après usinage.	» »	120 à 140	7 à 10

(1) Durcit par un recuit suivi d'un refroidissement à l'air libre ; évite les déformations inhérentes à la trempe à l'eau.

Un des exemples les plus typiques de l'alliance intime du métallur-
giste et du mécanicien est celui qui est tiré de la fabrication des soupapes. Au commencement de l'industrie automobile, les constructeurs ont
fait des soupapes en acier forgé, trempé ou non trempé, et on n'obtenait
de ces organes qu'un service très aléatoire et, en tous cas, insuffisant ;
on a donc fait ces pièces cémentées pour résister mieux à de hautes températures, mais il importait qu'elles ne subissent aucune déformation
tout en ne s'oxydant pas, et on en est arrivé alors à faire ces soupapes
en nickel pur ou en alliage à très haute teneur de nickel : mais alors la
résistance n'était plus suffisante et des déformations et des mattages se
produisaient, qui présentaient de graves inconvénients au point de vue
de l'étanchéité du moteur.

La solution a été trouvée par les métallurgistes dans l'acier renfer-
mant environ 25 0/0 de nickel, qui donne un allongement pouvant
aller jusqu'à 60 0/0 avec une limite élastique atteignant 35 kg. par
millimètre carré. Depuis que ce métal est employé pour la fabrication
des soupapes, on peut dire que les usagers de l'automobile n'ont plus
aucun ennui avec ces petits organes, contrairement à ce qui se passait
autrefois.

C'est surtout en matière de voitures de course que l'influence du métal-
lurgiste s'est fait sentir, et on est arrivé à placer dans des conditions
de résistance suffisante des moteurs de 120 à 130 chevaux sur des
châssis n'atteignant pas le minimum imposé pour les courses qui est
de 1.000 kg. à vide. Dans ces voitures, évidemment, les engrenages,
les châssis sont faits en acier au nickel, de façon à présenter une résistance maxima sous le poids le plus faible, et il est certain que ce sont
là des procédés de fabrication onéreux qui ne peuvent être employés
dans la construction courante Ce sont toutefois d'excellentes épreuves
pour la résistance des châssis de tourisme.

Ressorts. — Les ressorts de suspension sont constitués par des
métaux de première qualité principalement des aciers contenant en
proportion variable du silicium, du wolfram ou du tungstène Ces
aciers ne sont pas sans présenter des difficultés de fabrication, notamment l'acier au silicium ou l'acier au manganèse siliceux, fabriqué au
four Martin, qui présentent une texture très fibreuse et peuvent supporter
des déformations considérables avant rupture.

L'acier au wolfram est obtenu, au contraire, au creuset, au moyen de
fontes sélectionnées. Le lingot est ensuite chauffé pour subir un recuit
à haute température qui resserre les molécules du métal et enlève les
défauts d'homogénéité superficiels. Trempé dans l'eau à 850° environ,

l'acier au wolfram présente une cassure à grain soyeux. Après cette trempe et un recuit vers 600°, il devient très nerveux et ne se rompt qu'avec des arrachements considérables. La limite élastique de ce métal est très éloignée de sa résistance à la rupture.

Quant à l'acier au tungstène, il est obtenu dans des conditions assez analogues à l'acier au wolfram.

Tableau 13. — Caractéristique des aciers à ressorts

	Résistance par mm²	Allongement
Aciers au silicium	80 à 90 kg.	12 0/0
— après trempe et recuit .	140 à 150 kg.	7 à 9 0/0
Aciers au wolfram	80 à 90 kg.	15 0/0
— après trempe et recuit. .	150 kg.	9 0/0

Pièces d'aluminium. — Le développement que nous constatons dans la fabrication des aciers, nous le trouvons également dans la fonderie d'aluminium, qui a pu obtenir des alliages d'un prix relativement abordable, présentant une légèreté considérable et une résistance suffisante pour qu'il soit permis de lui faire supporter certains efforts et surtout pour qu'on puisse compter sur le métal pour résister à cet effort d'une façon constante et pratique.

Le bronze d'aluminium est un alliage contenant une forte proportion d'aluminium alliée au cuivre, au nickel, au chrome, au magnésium et, suivant les fabricants, ces alliages portent des noms différents, partinium, magnalium, etc.

La proportion des métaux étrangers à l'aluminium varie de 2 à 10 0/0 en poids, et ces différences de proportion servent à produire des métaux plus ou moins doux.

Dans les fonderies d'aluminium, au surplus, la façon dont est faite la fonte et le refroidissement influe beaucoup sur les qualités du métal. Dans le cas de moules en sable, pour lesquels le refroidissement est lent, les alliages riches en aluminium sont de qualité supérieure, en général, à ceux qui contiennent beaucoup de cuivre ou de magnésium. Avec des aluminiums purs résistant à 24 kg. par mm. carré, on peut obtenir des alliages dont la résistance atteint 30 et 35 kg.. par l'introduction de 10 0/0 environ de corps étrangers. Des alliages d'autre com-

position ont une résistance seulement de 12 à 14 kg. avec un allongement de 3 à 4 0/0 quand ils sont moulés en sable et, au contraire,
quand ils sont fondus en coquille, c'est-à-dire à refroidissement rapide,
on obtient un allongement atteignant 8 0/0. On peut donc obtenir
une très grande graduation dans la nature du métal employé, avec
des pièces offrant une résistance importante ou, au contraire, présentant une certaine élasticité ou une extrême légèreté.

Le poids spécifique de l'aluminium pur étant de 2,64, les alliages ont
une densité variant de 2,5 à 3,5 suivant les proportions de cuivre, de
nickel et de magnésium. Le pouvoir conducteur de ces alliages est d'environ la moitié de celui du cuivre. Les fondeurs doivent, évidemment,
prendre des mesures toutes spéciales pour le recuit ; celui-ci se fait
dans un four à réchauffer qui ne dépasse pas le rouge sombre. Si on
chauffe un alliage au-dessus de 400°, en effet, le métal devient dur et
cassant et ne peut plus être employé que dans certains cas spéciaux.

DEUXIÈME PARTIE

LE MOTEUR

CHAPITRE PREMIER

ÉTUDE THÉORIQUE

Divers types de moteurs. — Les moteurs à explosion, qu'on emploie sur les voitures automobiles, sont actuellement, à de rares exceptions près, du cycle à quatre temps ; ils utilisent principalement l'essence de pétrole, mais, dans certains cas, on a pu les faire fonctionner avantageusement soit au pétrole lampant, soit à l'alcool pur ou carburé.

Les moteurs à deux temps, au sujet desquels de nombreux essais ont été faits et qui ont donné des résultats intéressants à noter (Moteurs R. Legros), ne sont pas cependant entrés, jusqu'à présent, dans le domaine pratique et certains pensent qu'ils ne trouveront une véritable faveur que dans les véhicules industriels, pour lesquels les questions de consommation sont primordiales ; il en est de même des moteurs à combustion, type Diesel par exemple, pour lesquels, aucune application pratique n'a été faite jusqu'à présent dans les automobiles.

C'est le moteur à quatre temps, alimenté à l'essence de pétrole et auquel on donne, inexactement du reste, le nom de *moteur à pétrole*, qui est le type tout à fait dominant des moteurs d'automobiles.

Principes de thermo-dynamique. — Il convient de rappeler brièvement quelques principes de thermo-dynamique.

Des savants de haute valeur ont fait progresser, ces dernières années, cette science complexe, pour l'étude des machines à vapeur, mais ils ne semblent pas s'être autant préoccupés, jusqu'à présent, de l'étude des moteurs à explosion.

Nous rappellerons, toutefois, que, quel que soit le système d'énergie employé, le but d'un moteur est de transformer en travail de la chaleur qui lui a été donnée sous forme de calories provenant de la combustion d'un combustible. Cette chaleur dilate, dans le cas présent, des gaz, leur transmet une certaine tension qui vient s'exercer sur la surface mobile du piston, le fait avancer d'une certaine quantité, constituant la course motrice du moteur.

Les bases de l'étude thermo-dynamique des moteurs à explosion s'appuient sur deux principes fondamentaux, dont nous ne rappellerons pas ici les démonstrations, mais qu'il convient de citer comme base de cette étude.

Le *principe de Mayer* énonce que, si un corps produit un travail, il disparaît de la chaleur ; que, s'il subit un travail, il apparaît de la chaleur ; qu'il existe un rapport unique et constant entre les quantités de travail et de chaleur qui dépendent les unes des autres.

L'équivalent mécanique de la chaleur est une constante égale à 425 ; par conséquent, pour produire une calorie, il faut effectuer un travail de 425 kilogrammètres, ou bien 425 kilogrammètres peuvent être produits par l'action motrice d'une calorie.

Si on appelle Q la quantité de chaleur produite par un travail $\mathfrak{C}$, on a la formule :

$$\mathfrak{C} = 425\ Q.$$

Le *principe de Carnot* est basé sur cette observation que la production de la puissance motrice d'une machine quelconque est due au transport de la chaleur d'un corps chaud sur un corps froid, et il attribua à cette chute de chaleur la cause du travail produit. Toutefois, le *principe de l'équivalence* modifia l'observation qui a donné lieu à l'énoncé du principe de Carnot et a montré que le travail est dû à la transformation directe de l'énergie calorifique.

Carnot a étudié spécialement le cas où un corps considéré subit sa transformation selon un *cycle*, c'est-à-dire selon une série d'opérations qui se reproduisent périodiquement, et qui ramènent le corps en question à son état initial

Un cycle très simple, qui donne en même temps le rendement maximum, a reçu le nom de cycle de Carnot ; il comporte 4 phases :

a) Si on considère un foyer ou une source de chaleur de capacité infinie, à une température t, le fluide moteur, au contact de cette source de chaleur, prendra cette température. En maintenant le fluide dans cette situation, il se détendra : son volume augmentera, sa pression diminuera et sa température restera constante.

b) Si, maintenant, on supprime le contact du fluide avec la source de chaleur et si on l'abandonne dans une enceinte à parois non conductrices, c'est-à-dire pour lesquelles les pertes par refroidissement seront nulles, la détente continuera, la température s'abaissera jusqu'à une valeur égale à θ.

c) Si, ensuite, on met ce fluide ainsi refroidi en contact avec un réfrigérant de très haute conductibilité, et toujours de capacité infinie, à la même température θ et si l'on comprime le fluide en le laissant en contact avec ce réfrigérant, le volume va diminuer, la pression augmentera, mais la température restera toujours égale à θ.

d) Enfin, si on supprime le contact avec le réfrigérant et si l'on comprime le fluide dans une enceinte à parois non conductrices, la température va augmenter et le fluide sera ramené à la température primimitive t de son état primitif qui sera intégralement restitué.

C'est la représentation graphique du cycle de Carnot, qui a servi de base à l'étude des moteurs au moyen de diagrammes, auxquels nous reviendrons plus loin avec quelques détails.

Le théorème de Carnot-Clausius, qui est la base fondamentale de la thermo-dynamique, s'énonce de la façon suivante :

Lorsqu'un corps décrit un cycle de Carnot, la quantité de chaleur qu'il prend à la source chaude est à celle qu'il cède au réfrigérant comme la température absolue de la source chaude est à celle du réfrigérant. Il est donc indépendant du corps et du cycle suivi par lui.

Ceci revient à dire, comme l'a très bien fait observer M. Rodier, que la puissance motrice de la chaleur est indépendante des agents mis en œuvre pour l'utiliser et que cette puissance est déterminée uniquement par les températures des corps entre lesquels se fait le transport du calorique.

Le rendement de l'opération sera d'autant plus élevé que la différence entre la température de la source de chaleur et celle du réfrigérant sera plus grande : dans les moteurs à explosion, le fluide moteur n'est pas chauffé à une source extérieure de chaleur, mais c'est à l'action de l'explosion elle-même qu'il doit le développement des calories produites par la combustion du combustible qui constitue, avec le combu-

rant, le mélange explosif, et nous arrivons ainsi forcément à définir et
étudier tout d'abord le cycle du moteur à quatre temps.

Moteurs à quatre temps. — Si nous considérons le diagramme
théorique (fig. 18), nous observerons qu'il est constitué de la façon
suivante :

En abscisses, nous porterons les longueurs de déplacement du
piston, entre les points V_1 et V_2 ; en ordonnées, nous porterons les
pressions développées à chaque instant sur le piston, pendant les
différentes opérations qui se déroulent au cours du fonctionnement
du moteur.

Supposons le piston lancé par l'action de son volant ; ce piston est à

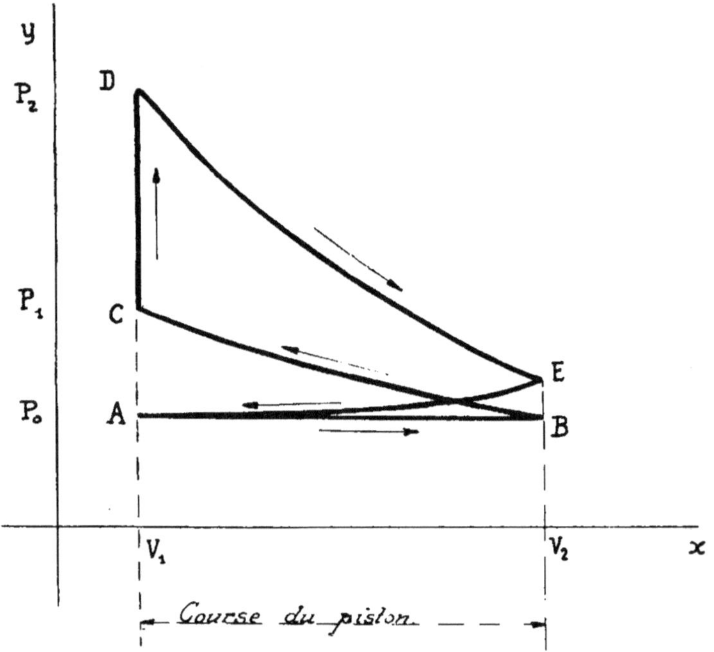

Fig. 18. — Diagramme théorique d'un moteur à quatre temps.

fond de course, du côté de la culasse, c'est-à-dire que le volume
engendré est minimum et se réduit au volume de la chambre d'explosion. Sous l'influence du déplacement du piston entre V_1 et V_2, il va
se produire une aspiration des gaz explosifs, qui se traduira par une

légère dépression entre A et B ; à ce moment, le piston va revenir en arrière et la soupape qui a permis l'introduction du gaz frais va se fermer soit automatiquement, soit par un moyen mécanique ; lorsque le piston va revenir de V_2 en V_1, il va donc comprimer cette masse de gaz qui occupait tout le volume utile de la cylindrée, et cette compression va se produire de B en C avec une élévation de pression correspondant à la différence entre P_0 et P_1.

Lorsque le piston sera revenu à son point de départ V_1 et que la pression P_1 correspondra au point C, une étincelle d'inflammation jaillira au sein du mélange, la pression sera brusquement élevée jusqu'à une valeur P_2, et le diagramme se continuera suivant la ligne théoriquement verticale CD. À ce moment, la pression des gaz est maximum et une nouvelle impulsion vient d'être donnée d'une façon brusque au piston moteur ; celui-ci, continuant sa course vers l'avant, va être poussé par les gaz accumulés qui vont se détendre suivant la courbe théorique ED et, vers la fin de la course, un organe mécanique, la soupape d'échappement, va s'ouvrir pour laisser sortir les gaz brûlés et les renvoyer dans l'atmosphère de façon à permettre au cycle de recommencer par une nouvelle période d'aspiration.

Nous définirons donc de la façon suivante les quatre temps du cycle :

Premier temps, aspiration du mélange carburé pendant la marche avant du piston ; production du mélange explosif, par suite de la dépression qui agit sur le combustible et provoque le mélange de celui-ci avec l'air dans la proportion voulue pour produire un mélange explosif.

Deuxième temps, retour du piston en arrière, tous les orifices du

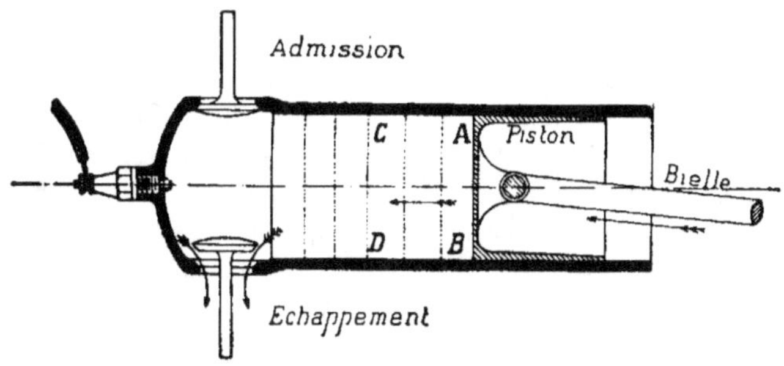

Fig. 19. — Coupe schématique du moteur pour l'étude des quatre temps.

cylindre étant fermés, compression du mélange, augmentation de ses qualités motrices par suite de l'accumulation en un petit volume de toutes les calories renfermées dans la cylindrée.

Troisième temps, explosion brusque produisant une forte élévation de pression et de température ; c'est le coup de poing moteur qui lance le piston en avant, en l'accompagnant par la détente qui s'est produite au cours de la troisième course vers l'avant.

Quatrième temps, ouverture d'un organe mécanique permettant l'expulsion des gaz brûlés et par suite l'évacuation du moteur en vue de préparer une nouvelle opération.

Nous signalerons de suite que le cycle réel diffère du cycle théorique en ce que l'explosion n'est pas instantanée et que le volume du produit de la combustion n'est pas constant pendant l'accroissement de la température.

De plus, il ne faut pas oublier que la combustion n'est jamais complète et que la compression et la détente ne sont pas rigoureusement adiabatiques ; il y a toujours une perte de chaleur par conductibilité.

L'action des parois dans les moteurs d'automobile est fort importante et a donné lieu à de très nombreux travaux. On admet, en effet, que le refroidissement par circulation d'eau soustrait au moteur jusqu'à 40 0 0 de la chaleur qui lui a été fournie sous forme de calories par le combustible ; mais cette nécessité du refroidissement des parois est absolue pour permettre la lubrification, et il faut espérer que les progrès mécaniques permettront un jour de pallier cette nécessité par des artifices de disposition et permettront ainsi d'élever le rendement thermique des moteurs à explosion d'une façon très notable. On admet, en général, que ce rendement thermique pourrait s'élever jusqu'à environ 75 0/0, tandis qu'actuellement il dépasse rarement 25 à 30 0/0.

À ce sujet, M. Letombe, en s'appuyant sur la théorie de M. Marcel Desprez relative à l'instantanéité des échanges de chaleur par contact de molécule à molécule, a démontré, par des expériences directes, que la transmission de la chaleur à travers un métal par simple conductibilité demande un temps bien supérieur à celui de l'accomplissement du cycle du moteur à explosion et que certains phénomènes empêchent que la paroi refroidie d'un moteur à quatre temps ait sur son rendement une influence aussi considérable qu'on le pense d'ordinaire. Il a montré que la pellicule interne des parois d'un cylindre de moteur a pris, à la fin du quatrième temps (échappement), la température des gaz chauds par contact direct ; toutefois, pendant la course d'aspiration qui suit immédiatement le quatrième temps, la paroi ne peut que céder de la chaleur aux gaz introduits et il en est de même pendant la compression.

Au moment de l'explosion, la pellicule interne des parois du cylindre se met instantanément en équilibre de température avec les gaz développés et un flux de chaleur tend à s'échapper vers l'extérieur des parois, mais alors, si la détente qui suit l'explosion est très rapide, les gaz reprendront, par contact direct au fur et à mesure de leur abaissement de température, la chaleur qui a été primitivement fournie à la paroi sans laisser à celle-ci le temps de s'échapper au delà de ces parois.

On pourrait donc conclure de là que la chaleur ne se perd réellement à travers les parois que pendant la période d'échappement et que cette perte de chaleur, qui à ce moment n'est plus transformable en travail, n'affecterait pas le rendement du moteur, le mouvement de chaleur vers l'extérieur s'établissant librement avec d'autant plus de rapidité que la circulation de refroidissement est plus abondante.

M. Letombe, en se basant sur les principes que nous venons d'énoncer, a pu ainsi établir une théorie nouvelle des moteurs à quatre temps, qui ne laisse pas d'être intéressante, mais que nous ne pouvons donner ici avec tous les détails que comporte une telle démonstration.

Les questions de refroidissement des moteurs d'automobiles sont parmi celles qui ont demandé le plus de recherches aux constructeurs ; notamment l'élévation de la puissance de ces moteurs n'a pu se réaliser aisément que lorsqu'on a été maître de régler, à la limite voulue, le refroidissement par des moyens puissants et sûrs.

Le refroidissement s'est d'abord effectué par ailettes, c'est-à-dire par simple conductibilité des parois du cylindre dans l'air, mais on n'a pas tardé à s'apercevoir que ce système, bon pour les moteurs de faible puissance placés sur des machines rapides, ne pouvait convenir en aucune façon aux cylindres dont le volume dépasse un demi-litre et c'est alors qu'on est arrivé au refroidissement par circulation d'eau.

Certains prétendent que le refroidissement par l'air pourra retrouver une nouvelle faveur, grâce aux études récemment faites sur la nature des métaux, et que cette action de refroidissement par conductibilité pourra être complétée et améliorée par l'action d'une injection d'eau à l'intérieur du cylindre, question neuve encore, mais pour laquelle des horizons intéressants s'ouvrent déjà à l'étude des chercheurs.

Autres moteurs. — Nous dirons quelques mots des moteurs autres que ceux de cycle à quatre temps dont l'adaptation a pu être étudiée pour les automobiles.

Les moteurs à deux temps sont disposés pour ne pas produire la

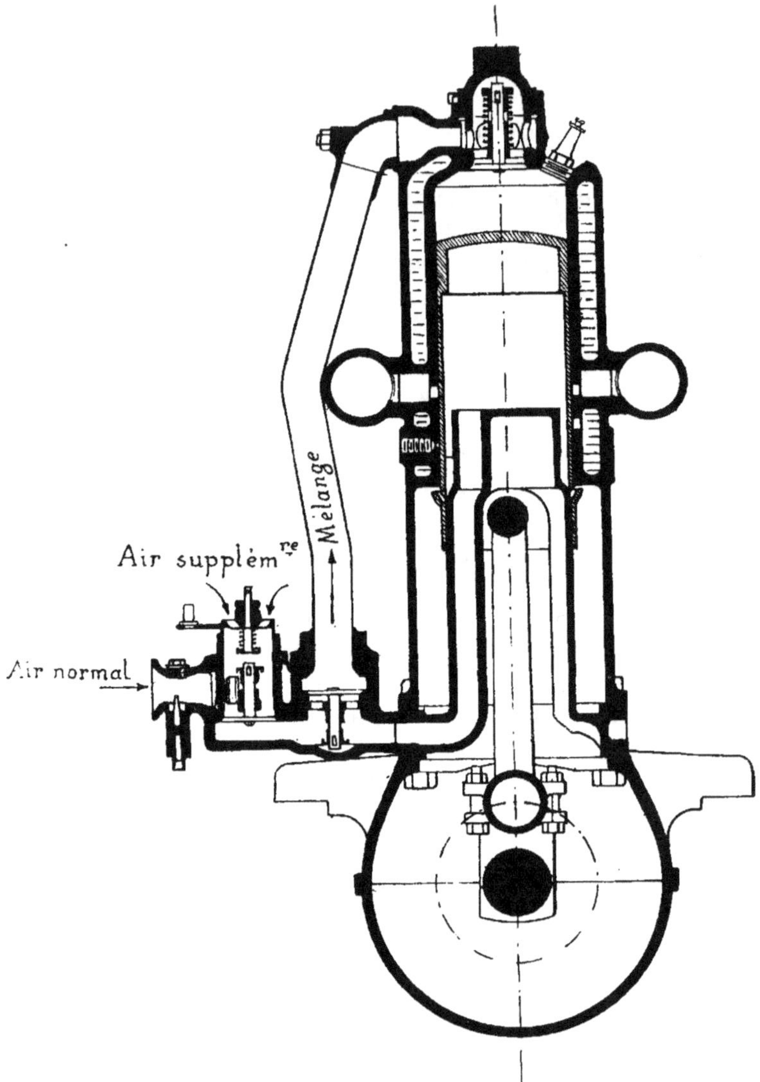

Fig. 20. — Moteur à deux temps (R. Legros).

Dans ce moteur le piston reçoit l'impulsion motrice sur sa face supérieure et produit la **compression** préalable du mélange sur sa face inférieure. L'admission se fait soit par un jeu de **soupapes** soit par un distributeur rotatif; l'échappement se fait par les orifices latéraux découverts par le piston au bas de sa course.

compression à l'intérieur du cylindre moteur, mais opérer celle-ci dans un organe mécanique séparé.

Pendant la course montante, l'admission du gaz a lieu, accompagnée parfois de l'achèvement de la compression. Lorsque le piston est à bout de course, l'explosion se produit, et la détente suit immédiatement celle-ci : à fin de course descendante, des orifices s'ouvrent brusquement pour expulser très rapidement les gaz chauds et permettre ainsi à l'admission de se produire à nouveau. Pendant le premier de ces deux temps, l'organe auxiliaire a aspiré le mélange tonnant qu'il comprime pendant le deuxième et refoule au cylindre moteur.

Le moteur construit par M. René Legros de Fécamp a montré sur la route qu'il était susceptible d'un fonctionnement aussi régulier que les moteurs à quatre temps.

Quant aux moteurs à combustion interne, ils sont dérivés du cycle à quatre temps, et notamment le moteur Diesel agit de la façon suivante : le premier temps consiste à aspirer de l'air pur ; au second temps, compression de cet air à très haute pression ; ensuite injection brusque du combustible, inflammation du mélange formé et détente des gaz chauds, tel est le troisième temps du cycle ; le quatrième temps étant constitué par l'évacuation des produits de la combustion comme dans le cycle à quatre temps ordinaire.

Etude des diagrammes. — Les diagrammes réels, c'est-à-dire ceux qui sont fournis par les appareils de mesure, ne ressemblent évidemment pas aux diagrammes théoriques dont nous avons donné un spécimen (fig. 18) ; mais, quels que soient les diagrammes, il ne faut pas oublier que chaque opération du cycle produit un travail ou absorbe un travail qui est représenté par la surface de la courbe limitée par la ligne horizontale marquant la pression atmosphérique ; c'est ainsi que le travail d'aspiration est à peu près nul, tandis que le travail absorbé par la compression est égal à la surface ABC et que le travail absorbé par l'échappement est représenté par la surface EAB ; quant au travail produit par l'explosion et la détente, il est égal au quadrilatère ACDEB. Pour avoir le travail utile moteur, il suffit de retrancher de la surface positive les deux surfaces négatives et c'est ce qu'on réalise en mesurant, au moyen du planimètre, les surfaces des diagrammes donnés par les indicateurs ; on a ainsi la valeur du travail indiqué. Cette valeur, qui sert, du reste, de base à un certain nombre de mesures dans les moteurs à vapeur, est bien moins employée en ce qui concerne les moteurs à explosion, principalement les moteurs d'automobiles, et

ceci tient, il faut le dire, à ce que l'exactitude de ces mesures dans les
moteurs à grande vitesse actuels, n'est pas arrivée à un degré de perfection aussi grand que pour les machines à vapeur, où la solution du
problème était du reste plus facile.

Pour que le diagramme réel se rapproche le plus possible du diagramme théorique, il faut que, aux différents temps du cycle, les lignes tendent à se confondre et, pour cela, on a été amené à tenir compte de l'inertie
des pièces mécaniques qui commandent les dif-férents temps, ainsi que de la durée nécessaire aux opérations elles-mêmes. C'est ainsi qu'on est ar-rivé à régler les moteurs avec du retard à l'admis-sion, du retard à l'échap-pement, de l'avance à l'allumage.

En effet, lorsqu'on donne à la soupape d'ad-mission un léger retard à son ouverture et à sa fer-meture, les gaz sont ad-mis dans le cylindre lors-que le piston a déjà parcouru quelques milli-mètres de sa course, et la fermeture de la sou-pape se fait lorsque le piston a dépassé légère-ment le point mort avant de la course ; on provo-que ainsi une aspiration

Fig. 21. — Type de moteur vertical monocylindrique à soupape d'admission automatique et à
levée variable (Renault frères).

plus rapide au début et on profite de la lancée du piston en avant
pour permettre au cylindre de se remplir complètement à une pression assez voisine de la pression atmosphérique. C'est en faisant
varier la levée de la soupape d'admission automatique que MM. Re-

nault frères (fig. 21) font varier la puissance de leurs moteurs mono-cylindrique.

En ce qui concerne l'échappement, on n'a pas été sans remarquer également que le cylindre ne pouvait se vider instantanément au moment où la soupape s'ouvre à la fin de la course avant et c'est pourquoi le travail absorbé à l'échappement est toujours représenté par une petite surface négative. Pour réduire celle-ci, on a été amené à provoquer un échappement anticipé avant la fin de la course de détente en vue de diminuer la contre-pression des gaz brûlés qui ne tarde pas à se produire pendant l'échappement ; mais on est limité par ce fait que, si on échappait trop tôt, on perdrait une partie de la puissance vive des gaz de l'échappement : on est donc tenu à un certain tâtonnement, et c'est à ce sujet que l'ingéniosité des constructeurs d'automobiles a dû se développer pour présenter au public des moteurs très souples et très silencieux.

Quant à la fermeture de la soupape d'échappement, les avis sont assez partagés ; mais, en général, on provoque la fermeture de la soupape au moment où la dépression dans le cylindre, par suite de la marche avant, commence à soulever la soupape d'aspiration lorsque celle-ci est automatique.

Enfin, en ce qui concerne l'allumage, on n'a pas été sans remarquer également que la propagation de l'explosion demandait un certain temps et qu'il fallait, pour réaliser toute la puissance possible, provoquer l'explosion quelques millimètres avant que le piston ne se trouve au fond de course de la compression. A ce moment, la vitesse du piston est presque nulle et on peut allumer le mélange au moment où le piston n'est pas encore arrivé entièrement à la vitesse zéro, parce que pendant que la propagation se produit, le piston a déjà dépassé le point mort ; si on augmente trop l'avance à l'allumage on provoque une contre-pression nuisible qui se traduit par un claquement dans le cylindre : on dit alors que le moteur cogne.

Dans un moteur bien réglé, les points d'avance à l'allumage ou de retard à l'admission ou à l'échappement peuvent varier légèrement.

Dans les diagrammes que nous avons donnés dans les figures ci-après, nous avons indiqué dans la première figure l'allumage produit à fond de course, c'est-à-dire sans aucune avance à l'admission ; on s'aperçoit que la propagation de l'explosion entre *c* et *d* correspond à une marche du piston de quelques millimètres et se traduit par une surface perdue, par conséquent à un travail moindre que si l'explosion se produisait assez verticalement.

Lorsque, au contraire, dans la figure suivante, nous avons donné une petite avance à l'allumage, le diagramme présente une meilleure courbe de détente en raison même de la bonne disposition prise pour permettre la propagation de l'explosion dans toute la masse.

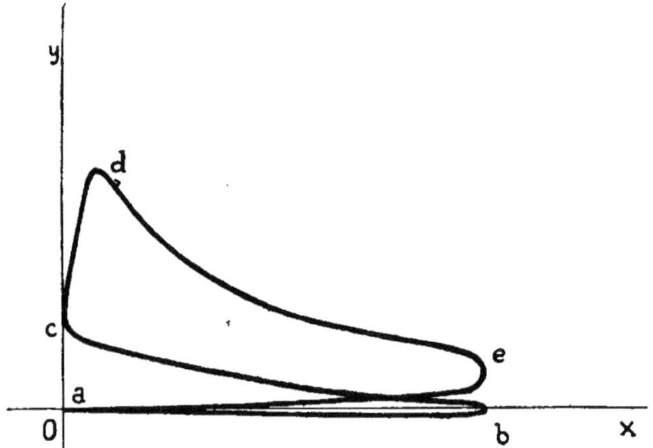

Fig. 22. — Diagramme sans avance à l'allumage.

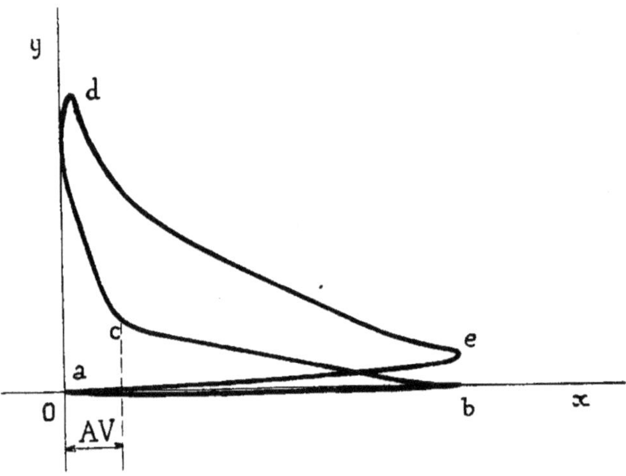

Fig. 23. — Diagramme avec avance à l'allumage normale.

Dans la figure 24, l'avance a été exagérée à dessein et, dès lors, la surface utile diminue ; il se produisait évidemment un claquement caractéristique du piston, lorsque le diagramme a été relevé.

Enfin, la quatrième figure indique, non pas de l'avance à l'allumage, mais du retard à cet allumage, retard qu'il est utile de donner dans certains cas, au moment de la mise en marche par exemple. On voit par ce

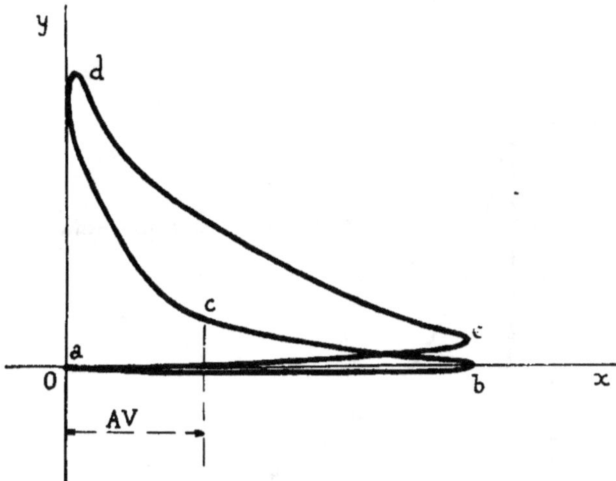

Fig. 24. — Diagramme avec avance à l'allumage exagérée

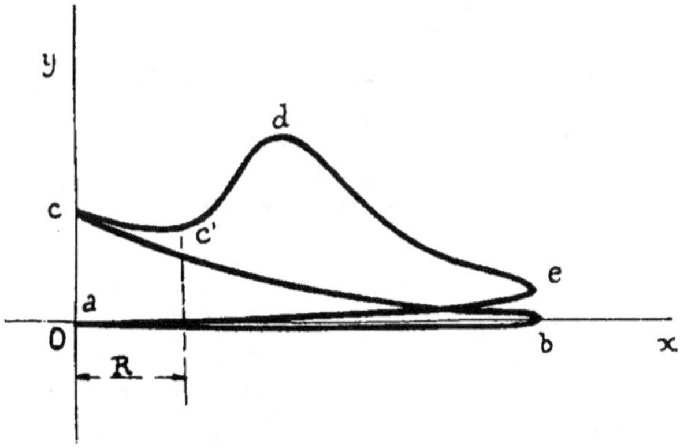

Fig. 25. — Diagramme avec retard à l'allumage.

diagramme que le travail est tout à fait réduit, parce que, justement, une partie du travail de compression s'est trouvée absorbée en pure perte et que la propagation de l'explosion n'a matériellement pas le temps de se produire dans de bonnes conditions ; dans ce cas, la propagation de l'onde explosive se trouve arrêtée par l'action du refroidissement des parois et elle ne produit plus une véritable détonation, mais une simple

combustion qui diminue beaucoup le travail utile. C'est, du reste, pour
utiliser mieux le mélange explosif que certains constructeurs ont proposé de faire jaillir une seconde étincelle quelques instants après la

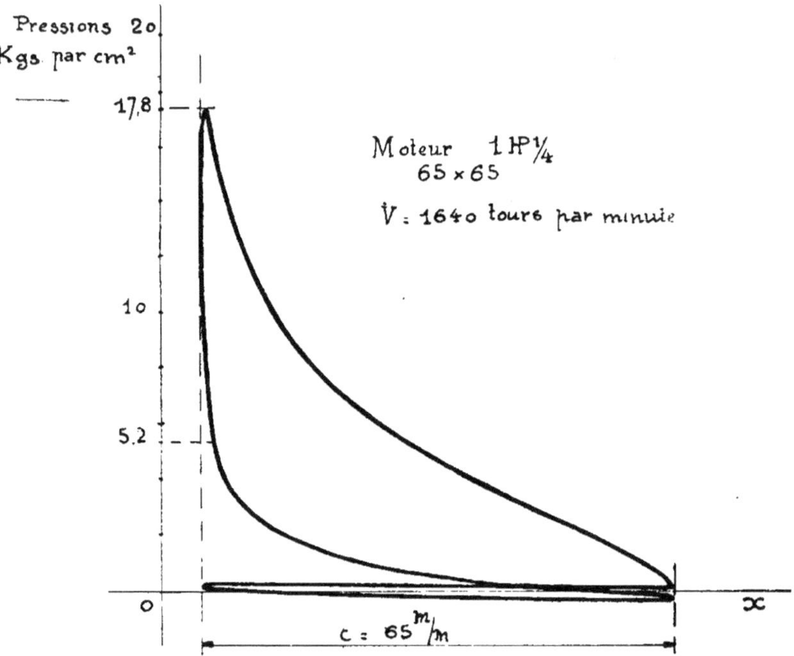

Fig. 26. — Diagramme tracé par un indicateur ; moteur à grande vitesse
et à forte compression.

première de façon à être assuré que, sous le brassage produit par la
déflagration des gaz, toutes les parties combustibles auront bien été
enflammées comme il convient.

Une autre question, qui intervient plus qu'on ne pense dans l'étude
du rendement du moteur à explosion, est le rapport entre la course et
le diamètre et aussi le rapport entre la course et la longueur des
bielles. En effet, l'obliquité plus ou moins grande de ces bielles produit
dans la transmission du mouvement une action différente et il semble
ressortir des études qui ont été faites à ce sujet au Laboratoire de
l'Automobile-Club de France que, plus l'explosif est brisant, plus cette
obliquité doit être faible ; mais ce sont là évidemment des questions
encore mal déterminées, que la pratique de la construction fera connaître seulement peu à peu.

Caractéristiques de la construction d'un moteur. — Il nous a paru intéressant de donner les caractéristiques d'un moteur bien connu pour ses qualités de souplesse et de puissance, en indiquant les différentes caractéristiques de sa construction. Il s'agit du moteur Brasier de 130 mm. d'alésage et 140 mm. de course.

La soupape d'aspiration commence à s'ouvrir 2 degrés après le point mort du haut et la fermeture de cette soupape, commandée bien entendu, se fait 34 degrés après le point mort du bas ; et cette valeur de 34 degrés n'a pas été choisie d'une façon arbitraire, mais elle représente exactement la position dans laquelle il y a équilibre entre la pression intérieure du cylindre et la pression extérieure de la conduite qui vient du carburateur. Quant à l'échappement, l'ouverture de la soupape se fait 37 degrés avant le point mort du bas, la fermeture ayant lieu 1 degré après le point mort du haut.

L'avance à l'allumage normal représente un peu plus de 0,10 de la course du piston.

Observons que, dans ce moteur, le volume de la cylindrée est de 1.860 centimètres cubes ; que le volume de la chambre de compression est de 632 centimètres cubes et que la longueur de la bielle est de 315 mm.

Le rapport entre la course et l'alésage est de 1,06 et le rapport de la longueur de bielle à la course est de 2,25.

C'est dans ce moteur que M. Brasier a appliqué en 1905 la méthode de désaxement du piston, analogue à celle qui a été établie par la maison Mors dans ses moteurs de course de 1904.

Ce dispositif consiste à reporter l'arbre moteur sur le côté de l'axe du piston, et M. Brasier a trouvé que la proportion la plus favorable est celle qui correspond à un quart de la course, c'est-à-dire à 35 mm. dans le cas présent.

Ce désaxement de l'axe du cylindre, par rapport à l'arbre moteur, a pour effet de diminuer, dans une très grande proportion, les vibrations transversales dues aux obliquités de la bielle, tout en augmentant la course angulaire motrice de l'arbre manivelle ; c'est une action analogue qui se produit lorsqu'un cycliste pédale en arrière, opération désignée par son créateur, M. Perrache, sous le nom de rétro-pédalage.

Pour se rendre compte de la valeur de ce désaxement, on est amené à calculer, pour chaque position du piston, la pression totale effective pendant la détente et la compression totale effective au deuxième temps. Pour cela, il suffit de déterminer, pour chacun des points de la course, l'angle que fait la bielle avec la verticale, et l'on obtient ainsi

un tracé graphique qui permet aisément l'étude du fonctionnement.
Pendant la course d'aspiration, la courbe se confond, sensiblement
avec la ligne atmosphérique ; les composantes transversales sont
considérées comme nulles ; pendant le deuxième temps, des résistances
devront être vaincues et la valeur de celles-ci augmentera avec la compression.

Si a est l'angle que fait la bielle avec la verticale et P la pression à
vaincre, la composante transversale aura la valeur :

$$C = P . \text{tg } a.$$

On peut donc ainsi tracer point par point le diagramme de ces efforts
pendant la course correspondante au troisième temps ; la composante
transversale de la pression motrice P sera :

$$C_1 = R . \sin a ;$$

la courbe coupera l'axe une première fois quand la bielle sera verticale
et une seconde fois pour la seconde position verticale de la bielle. Enfin,
pendant le quatrième temps, celui de l'échappement, on procédera de
la même façon pour obtenir la fermeture de la courbe des efforts. De
ce diagramme, on tirera la courbe tracée avec des ordonnées qui représentent les sommes algébriques, par rapport à l'axe, des surfaces
déterminées par les courbes du diagramme précédent, et l'effort transversal cherché, ainsi que sa direction, se trouvera en calculant au
moyen du planimètre l'ordonnée moyenne de cette courbe par rapport
à l'axe.

C'est par cette méthode (que nous n'avons fait évidemment qu'indiquer très sommairement) que M. Brasier a pu se rendre compte que les
vibrations transversales dues aux obliquités de la bielle sont presque
nulles avec le désaxage de 1/4 et il suffit de regarder le diagramme
pour se rendre compte de la proportion dans laquelle la course angulaire motrice de l'arbre se trouve augmentée par ce dispositif.

**Courbes caractéristiques de puissance et de consom-
mation.** — Lorsqu'un moteur a été créé, il est nécessaire de se
rendre compte dans quelle proportion son utilisation est possible et,
pour cela, la meilleure caractéristique à rechercher est celle qui se
rapporte à la puissance en même temps qu'à la consommation. La
courbe caractéristique de puissance s'obtient en portant en abscisses les
vitesses angulaires du moteur et en ordonnées la puissance développée
pour chacune de ces vitesses.

La figure ci-dessous est relative à un des plus anciens moteurs du laboratoire de l'Automobile-Club de France, le petit moteur de Dion-Bouton, 6 chevaux, qui est monté en groupe électrogène et pour lequel la courbe caractéristique des puissances A a été tracée. On voit que la puissance de ce moteur augmente jusqu'à atteindre 7 che-

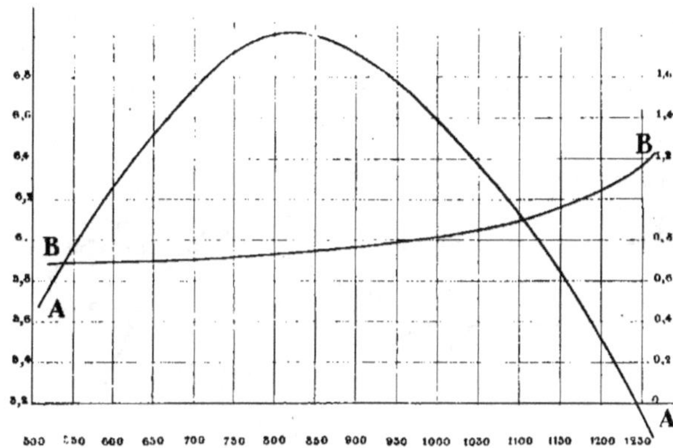

Fig. 27. — Courbes caractéristiques de puissance (A) et de consommation (B) d'un moteur de Dion-Bouton de 6 chevaux.

vaux à 825 tours ; au delà, la puissance diminue et, de même qu'à 600 tours cette puissance n'est que de 6 chevaux 1/4, cette même puissance se retrouvera à 1.075 tours.

La courbe caractéristique de la consommation B se rapporte à l'échelle de droite, et on voit que celle-ci augmente progressivement depuis 700 tours, 0 l. 7 par cheval-heure, jusqu'à 1.200 tours et au delà, un litre et plus.

M. Arnoux a recherché quelle a été la cause du déficit important de la puissance qu'on constate avec des vitesses angulaires élevées.

L'étude de la courbe caractéristique de puissance d'un moteur a permis de se rendre compte d'une façon exacte des avantages que présentent les moteurs à soupapes d'admission commandées sur les moteurs à soupapes automatiques. Dans ces dernières, on constate, aux grandes vitesses angulaires, un énorme déficit de puissance qui est mis en évidence par les diagrammes relevés aux différentes vitesses du moteur au moyen d'indicateurs perfectionnés. On a constaté, en effet, que les cylindrées sont d'autant moins copieuses que le moteur tourne plus vite, et ceci s'explique par ce fait que le remplissage du cylindre ayant lieu, d'une part, sous la seule dépression produite par le déplacement du piston, et, d'autre part, étant gêné par la résistance qu'offre la soupape d'aspiration dont le ressort tend à coller le clapet sur son siège, ce remplissage est d'autant moins parfait que l'écoulement de la veine gazeuse est plus rapide et par conséquent que le moteur tourne plus vite.

De plus, la soupape automatique se ferme forcément avec un retard assez appréciable, en raison de l'inertie qu'elle oppose au mouvement et on a constaté sur certains moteurs, que ce retard pouvait être de 5 à 6 degrés, tandis que le réglage des soupapes d'admission comman-

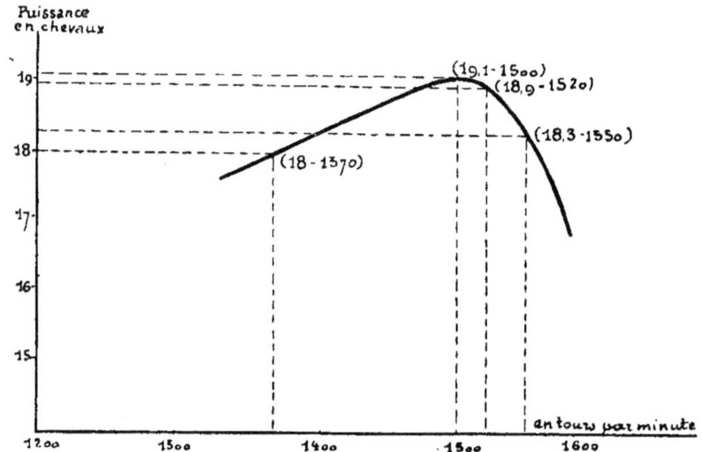

Fig. 28. — Courbe caractéristique d'un moteur à soupapes automatiques.

dées a montré comme dans l'exemple ci-dessus, qu'un retard de 1 à 2 degrés était suffisant pour assurer la fermeture convenable.

Certaines expériences auxquelles s'est livré M. Arnoux lui ont même permis de démontrer que le retard de la fermeture de la soupape automatique d'aspiration par rapport au déplacement du piston croissait avec la vitesse de ce dernier et a pu même atteindre, dans certains cas, la moitié de la course de compression ; dans ce cas, on rejetait donc en pure perte, dans l'atmosphère, à travers le carburateur, une portion très notable du mélange explosif, et c'est ce qui fait qu'on constate souvent une sorte de coup de bélier gazeux dans les orifices d'aspiration du carburateur.

Nous avons fait cette remarque que les soupapes d'admission commandées empêchaient, dans une très grande proportion, ces coups de bélier gazeux, et l'étude des courbes caractéristiques de puissance permet de montrer que le grave défaut des soupapes automatiques d'aspiration, aux grandes vitesses, se trouve entièrement supprimé par les commandes mécaniques de la soupape d'admission.

Celle-ci vient, en effet, fermer la porte au gaz aspiré à l'instant précis où le constructeur veut que sa fermeture se fasse ; on n'a presque pas à tenir compte de l'inertie des pièces en mouvement, et l'on peut négliger totalement l'action du ressort qui n'agit, dans ce travail, que comme simple rappel.

Par exemple, la puissance développée par un moteur qui donnait avec des soupapes automatiques 18 chevaux à 1.370 tours passe par un maximum de 19,1 chevaux à 1.500 tours, mais retombe à 18,3 chevaux à 1.550 tours (fig. 28). Avec les soupapes commandées, le même moteur a donné une augmentation de 2 chevaux environ sur la puissance accusée avec les soupapes automatiques. Enfin, à 1.600 tours, le moteur à soupapes commandées a donné une puissance de plus de 20 chevaux, nettement supérieure à celle obtenue sur les soupapes automatiques.

Les courbes caractéristiques de consommation en grammes d'essence, rapportées à l'unité de travail décimale, le poncelet-heure, indiquent que la consommation du moteur muni de soupapes automatiques passe de 400 à 950 grammes par poncelet-heure avec une valeur d'environ 550 grammes pour le maximum de puissance.

La courbe de la consommation avec les soupapes commandées montre que celle-ci est notablement inférieure à la précédente, puisque, à la vitesse maxima, cette consommation ne dépasse pas 650 grammes et qu'elle correspond, pour le maximum de puissance, à une valeur inférieure à 500 grammes. L'accroissement de la consommation est très net avec la vitesse, quel que soit le système de commande des soupapes, et ceci tient au carburateur à giclage employé, dans lequel l'aspiration du moteur doit s'effectuer en agissant sur deux corps de densité et par suite d'inertie très différente : l'air, d'une part, et le liquide combustible de l'autre ; ce dernier jaillit d'une façon sensiblement continue de l'orifice du giclage, en raison même de l'action répétée de la succion et il y a, par suite, en grande vitesse, une légère dépense faite en pure perte ; c'est pour cela, du reste, qu'on a créé les carburateurs automatiques, dans lesquels le moteur agit sur l'entrée d'air supplémentaire, pour obliger le mélange à avoir toujours à peu près la même richesse, quelle que soit la vitesse angulaire (voir chapitre III). En ce qui concerne la consommation, il faut bien dire qu'il a été reconnu par tout le monde, et que c'est logique, que, de deux moteurs qui fournissent la même puissance mécanique à deux vitesses angulaires différentes, c'est celui dont la vitesse est la plus faible qui a la plus faible consommation.

Courbes des efforts. — Il est intéressant, enfin, de déduire de la courbe de puissance, par une construction graphique simple, la courbe de l'effort moyen que le moteur est susceptible de développer aux différentes vitesses.

M. Arnoux a fort bien expliqué pourquoi le moteur ralentit dès que l'effort résistant qui lui est opposé, par l'embrayage d'une voiture par exemple, vient à augmenter dans une notable proportion ; ce ralentissement se produit jusqu'à ce qu'il y ait égalité entre les efforts moteur et résistant et, si celui-ci est plus grand que le maximum indiqué par la courbe des efforts, le moteur cale, si le conducteur n'intervient pas.

Nous faisons ressortir ainsi un des inconvénients des plus importants du moteur à explosion, par rapport au moteur à vapeur : c'est le manque d'élasticité de l'effort à développer.

Trépidation. — Les véhicules automobiles sont sujets à des trépidations qu'il est utile de réduire au minimum, tant pour l'agrément des voyageurs que pour la conservation des divers organes mécaniques.

Ces trépidations proviennent de deux causes bien différentes : d'une part, celles qui sont dues aux inégalités de la route, qui sont par suite communes à toutes les voitures et qu'on atténue par les dispositifs de suspension que nous étudierons ci-après. La seconde catégorie de trépidations a son origine dans le moteur et certaines parties du mécanisme ; elles sont ressenties particulièrement dans la marche à vide parce qu'à ce moment la vitesse du moteur s'accélère et que, par suite, les effets trépidants augmentent.

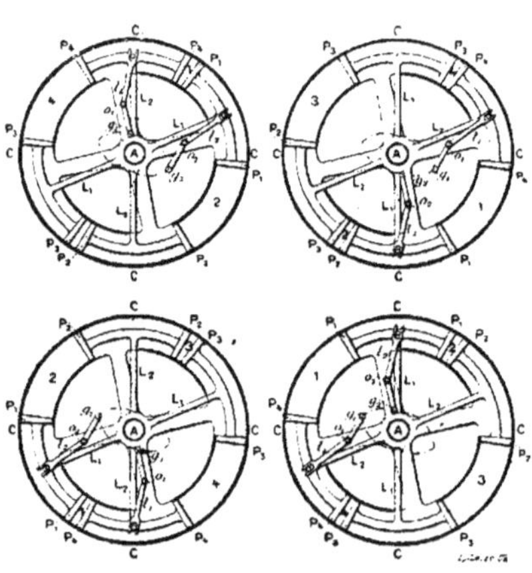

Fig. 29. — Moteur rotatif à pistons circulaires système H. Maillard.

En attendant les moteurs rotatifs à explosion dont quelques types intéressants et bien étudiés ont depuis peu été créés, les moteurs à explosion utilisés par l'industrie automobile sont à 4 temps et à simple effet, et l'équilibrage des pièces ne s'obtient qu'au prix d'une étude approfondie des conditions de fonctionnement. Dans ces moteurs, les trépidations sont dues, en effet, à des efforts d'inertie provenant du mouvement des pièces à mouvement rectiligne, telles que les pistons ou de celles à mouvement circulaire comme les arbres et les manivelles ; elles sont dues également à la réaction des forces qui s'exercent dans l'ensemble des organes de transmission.

On peut classer dans les catégories suivantes les *efforts d'inertie* observés dans les moteurs d'automobiles :

1° **Efforts** dus au piston et aux pièces solidaires du piston qui se produisent dans la direction du mouvement du piston ;

2° **Efforts** normaux aux précédents et à l'arbre moteur qui sont dus à l'action oblique des bielles ;

3° **Efforts** dus aux actions de la force centrifuge se produisant sur les manivelles et les pièces animées d'un mouvement circulaire ;

4° **Enfin**, il faut tenir compte du couple dû aux efforts précédents et à ceux qui sont dus à l'inertie des volants.

Le calcul montre que la formule suivante donne, avec une approximation suffisante, la valeur de la force d'inertie :

$$F = M\omega^2 r \left(\cos\varphi + \frac{1}{m} \cos 2\varphi \right)$$

formule dans laquelle **M** est la masse du piston et des pièces qui en sont solidaires, r le rayon de la manivelle, φ l'angle de la manivelle et de la tige du piston, ω la vitesse angulaire du moteur, m le rapport entre la longueur de la bielle et le rayon de la manivelle.

Les efforts dus à l'*inertie des pièces en mouvement* se font particulièrement sentir dans les moteurs verticaux où ils s'exercent dans le sens de l'élasticité des ressorts de la voiture et non pas dans le plan du châssis propre à les absorber. Aussi, pour atténuer les effets de l'inertie dans les moteurs verticaux, a-t-on dû recourir à une série d'artifices de construction dont nous allons indiquer les principaux :

Pour équilibrer les forces d'inertie des pistons, on leur oppose, à chaque instant, des forces de même grandeur en sens opposé et c'est pour cela qu'on emploie soit les contre-poids ordinaires, bien qu'ils donnent lieu à des composantes normales souvent nuisibles (fig. 30), soit des dispositifs à pistons multiples dans lesquels la somme des forces d'inertie à chaque instant et les forces elles-mêmes sont réduites au minimum (fig. 32).

Il faut également signaler les forces d'inertie qui s'exercent normalement à l'axe des pistons, forces horizontales dans le cas des moteurs verticaux, bien que celles-ci aient une importance bien moins grande que les précédentes. Elles sont dues aux bielles qui pourraient être souvent allégées par des formes mieux étudiées ou pourraient même être constituées par des organes creux, présentant des qualités de solidité sensiblement égales aux organes à section pleine de mêmes dimensions extérieures.

L'influence de la longueur des bielles n'est pas non plus sans se faire sentir dans l'étude de l'équilibrage, et cette influence est même trop souvent négligée dans l'étude de l'établissement d'un moteur car elle diffère suivant les puissances explosives des mélanges employés.

En ce qui concerne *les efforts centrifuges* dus aux effets d'une masse M tournant à l'extrémité d'un rayon r, on sait que l'effort est proportionnel à Mr ; il suffit donc d'équilibrer les pièces de masse M par une autre masse M' placée à une distance r' telle que :

$$Mr = M'r',$$

et le moyen le plus simple pour réaliser pratiquement cette disposition est de faire r' égal à r et, par suite, d'employer des masses égales.

Une autre cause de trépidation des moteurs, et non des moindres, est celle qui est due à *l'inertie des volants* ; en effet, au moment du temps moteur du cylindre à explosion, une quantité d'énergie assez importante est absorbée par le volant, quantité égale à l'excès de l'effort

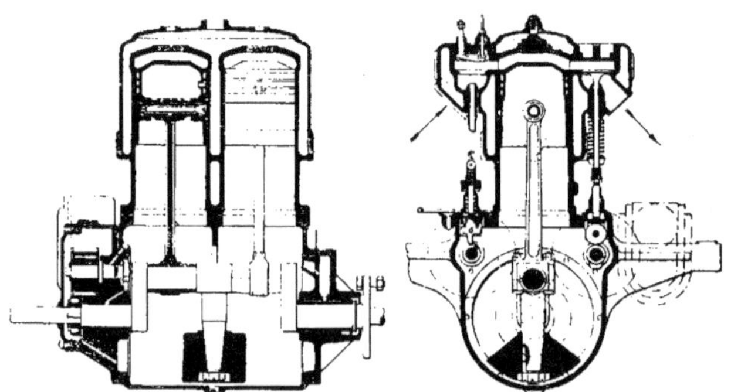

Fig. 36. — Moteur à pistons équilibrés par contre-poids.

moteur sur l'effort résistant ; il se produit donc une réaction en sens inverse de l'effort moteur, réaction qui provoque la trépidation. On y remédie par l'emploi de volants tournant en sens inverses (fig. 36). A l'arrêt, l'effet de l'inertie des volants se fait bien plus sentir qu'en marche car la totalité de l'énergie produite (sauf la correction due au rendement mécanique) est transmise aux volants et c'est pourquoi on a dû employer les régulateurs automatiques qui empêchent l'emballement à vide, préjudiciable à tous points de vue.

La trépidation se fait sentir dans un moteur monocylindrique plus que dans tout autre, à qualités égales de construction et d'établissement. En effet, dans les moteurs à une seule manivelle, il est impossible d'équilibrer les parties animées d'un mouvement rectiligne alternatif sans addition de contrepoids, ceux-ci étant constitués soit par une masse animée d'un mouvement rectiligne alternatif, soit par une masse animée d'un mouvement de rotation autour de l'arbre.

On se contente, en général, d'équilibrer, d'une part, le piston et une partie de la bielle et, d'autre part, la manivelle et l'autre partie de la bielle, les deux parties de celle-ci étant supposées animées respectivement des mêmes mouvements que le piston et la manivelle.

Dans les petits moteurs à grande vitesse, on emploie deux contrepoids dont le centre de gravité se trouve dans le plan de rotation du rayon de manivelle et qui sont constitués par les volants, plateaux dont la forme a été étudiée en vue d'obtenir ce résultat.

Pour remédier aux inconvénients multiples du moteur monocylindrique au point de vue de la trépidation, les constructeurs d'automobiles ont été amenés à étudier des moteurs à cylindres multiples et, dès 1895, les moteurs Daimler, inclinés en V, les moteurs Phœnix, verticaux, les moteurs Peugeot, horizontaux, présentaient déjà la disposition à deux cylindres.

Nous allons donc passer en revue les moteurs à axe de rotation unique et à cylindres parallèles, ainsi que les dispositifs spéciaux étudiés en vue d'amener l'équilibrage.

1o **Moteurs à deux cylindres.** — Au début de l'industrie automobile, les moteurs à deux cylindres étaient montés sur un arbre à un seul coude, ce qui supprimait le troisième palier et faisait fonctionner les cylindres de la façon suivante :

		1er Cylindre :	2e Cylindre :
Demi-course avant . Demi-course arrière.	1er tour.	1. Aspiration. 2. Compression.	3. Explosion. 4. Echappement.
Demi-course avant . Demi-course arrière.	2e tour.	3. Explosion. 4. Echappement.	1. Aspiration. 2. Compression.

Les moteurs Panhard et Peugeot de 1895-1896 étaient de ce type.

La maison Delahaye de Tours a, croyons-nous, été la première à
construire, pour les automobiles, des moteurs dont les pistons étaient

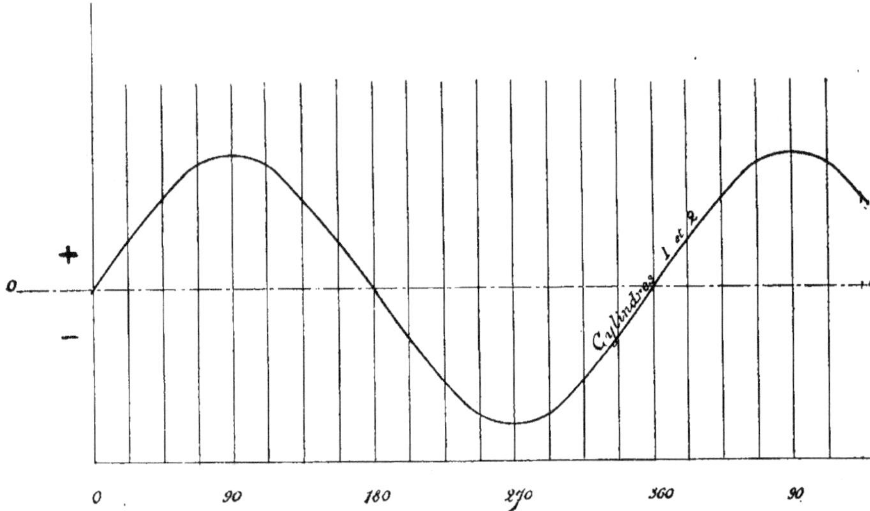

Fig. 31. — Courbe des efforts dans un moteur à deux cylindres et à manivelle unique.

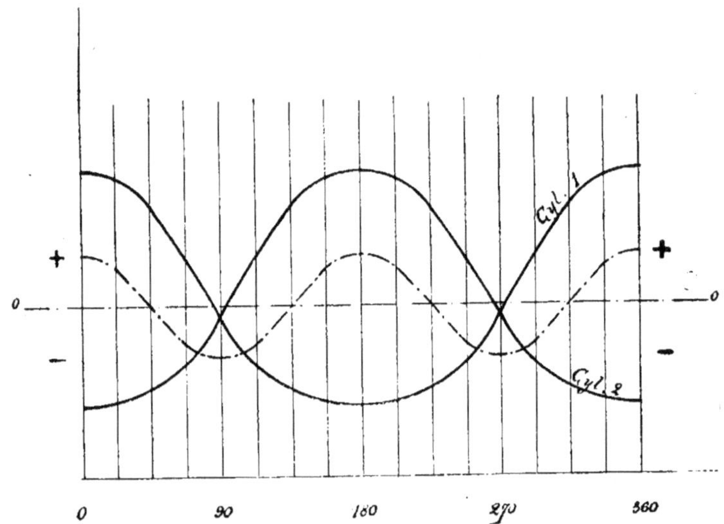

Fig. 32. — Courbe des efforts dans un moteur à deux cylindres calés à 180°.

calés à 180° : on pensait obtenir ainsi un meilleur équilibrage, et
une plus grande rigidité de l'arbre, puisqu'il était facile de disposer

entre les deux coudes un palier intermédiaire. La marche des cylindres se faisait de la façon suivante :

		1er Cylindre :	2e Cylindre :
Demi-course avant .	} 1er tour. {	1. Aspiration.	2. Compression.
Demi-course arrière.		2. Compression.	3. Explosion.
Demi-course avant .	} 2e tour . {	3. Explosion.	4. Echappement.
Demi-course arrière.		4. Echappement.	1. Aspiration.

Dans ce type de moteur construit également par Georges Richard, les explosions dans les deux cylindres se suivent comme on le voit à un demi-tour d'intervalle, puis il se passe un tour entier sans explosion ; il est donc nécessaire, pour obtenir le même coefficient de régularité qu'avec le système calé à 360°, d'avoir un volant plus lourd et un équilibrage général plus soigné ; on a remarqué de plus que les deux forces qui doivent s'équilibrer ne sont pas sur le même axe et que, par suite, on a intérêt à réduire le couple de ces deux forces en diminuant la distance qui les sépare. On a donc été amené dans certains cas à supprimer le palier central, et une partie des avantages du système des manivelles à 180° tombe du fait de cette suppression.

Certains constructeurs ont cherché à diminuer le couple des forces en question, par l'emploi de trois cylindres, dont deux seulement sont moteurs et dont le troisième, le cylindre central, présente un poids double des deux autres et sert à la détente des gaz ; cette disposition a été réalisée dans le moteur Roser-Mazurier et n'a pas été sans être appréciée dans les concours de 1898 auxquels il a pris part ; la Société Milanaise de construction mécanique a également adopté ce principe dans la construction de ses moteurs.

2° Moteurs à trois cylindres. — Pour obtenir l'équilibrage des forces, on a eu recours à trois pistons calés sur trois manivelles, toujours calées à 120° l'une de l'autre, mais il y a également une distinction à faire dans ce dispositif, car on peut disposer différemment le cycle des cylindres.

Dans certains moteurs, on provoque l'explosion dans l'un des cylindres au moment où cette explosion n'est pas encore terminée dans le cylindre voisin, et on a ainsi une action motrice ininterrompue passant par deux maximum pendant la première moitié du tour, tandis que cette action motrice se trouve complètement annulée pendant la deuxième partie du tour. Au contraire, on peut s'arranger, et cette disposition semble meilleure, pour que les trois temps d'explosion se produisent de la façon suivante :

	1er Cylindre :	2e Cylindre :	3e Cylindre :
1er tour.	1. Aspiration.	2. Compression.	4. Echappement.
	2. Compression.	3. *Explosion*.	1. Aspiration.
2e tour.	3. *Explosion*.	4. Echappement.	2. Compression.
	4. Echappement.	1. Aspiration.	3. *Explosion*.

Le tableau précédent n'indique du reste qu'imparfaitement le dispositif adopté par M. Louet dans la construction de ses moteurs à trois cylindres, car les temps moteurs ne sont séparés les uns des autres que par des zones d'environ 30° ; on a ainsi :

Explosion dans le premier cylindre . .	90°
Zone non motrice	30°
Explosion dans le deuxième cylindre . .	90°
Zone non motrice	30°
Explosion dans le troisième cylindre . .	90°
Zone non motrice	30°
Total	360°

Si on trace les courbes comparatives des pressions et celles des masses en mouvement des moteurs à deux et à trois cylindres, on voit que ces courbes indiquent des avantages très nets pour ces derniers ; malheureusement, on objecte aux moteurs à trois cylindres qui, cependant, sont connus depuis longtemps, des difficultés de fabrication ; notamment on a dit que la construction d'un arbre à trois manivelles était beaucoup plus difficile qu'un arbre à manivelles à 180°. Quoi qu'il en soit, ce n'est pas une raison bien sérieuse, et il faut plutôt rechercher le peu de succès jusqu'ici de ces moteurs dans une prévention injustifiée du public, plutôt que dans des raisons techniques.

3° **Moteurs à quatre cylindres.** — Le moteur à quatre cylindres a permis à l'industrie automobile de présenter sous de très petits volumes une puissance considérable et un équilibrage presque parfait. Depuis l'apparition des célèbres Panhard-Levassor 8 chevaux, « Paris-Amsterdam » on peut dire que le moteur à quatre cylindres a fait chaque année des progrès énormes ; on le rencontre maintenant chez tous les constructeurs.

Dans ce moteur, les manivelles peuvent être calées de deux façons différentes, groupées dans les deux tableaux suivants :

			1er cyl	2e cyl	3e cyl	4e cyl
Demi-course avant.		1er tour	1—A	2—C	3—Ex	4—E
id.	arrière.		2—C	3—Ex	4—E	1—A
id.	avant.	2e tour	3—Ex	4—E	1—A	2—C
id.	arrière.		4—E	1—A	2—C	3—Ex

Dans ce cas, les manivelles consécutives sont à 180° l'une de l'autre, mais il se produit autour de l'axe transversal du moteur des effets de torsion qui ont tendance à produire un mouvement de galop du moteur. Aussi l'autre dispositif, dans lequel les manivelles extrêmes sont à 360° l'une de l'autre, les deux intérieures étant à 180° des précédentes, est-il le plus souvent employé.

			1ᵉʳ cyl	2ᵉ cyl	3ᵉ cyl	4ᵉ cyl
Demi course avant.	} 1ᵉʳ tour {		1—A	2—C	4—E	3—Ex
id. arrière.			2—C	3—Ex	1—A	4—E
id. avant.	} 2ᵉ tour {		3—Ex	4—E	2—C	1—A
id. arrière.			4—E	1—A	1—Ex	2—C

Les efforts d'inertie sont les mêmes que dans le cas du moteur à deux cylindres avec manivelles à 180°, sauf multiplication par 2.

4° Autres moteurs. — Nous ne parlerons pas des moteurs à cinq cylindres qui ne semblent pas avoir jamais été mis en pratique ; en tous cas, dans ce système, il serait nécessaire que le cylindre central fût le double en poids de chacun des deux autres. On arriverait ainsi à **supprimer** complètement le couple qui subsiste encore dans les moteurs à trois et quatre cylindres.

On arrive également au même résultat avec des moteurs à six cylindres, qui ont été établis par plusieurs constructeurs mais dont les avantages ne nous semblent pas suffisants pour justifier la complication des mécanismes qui résultent de ce dispositif complexe.

Il en a été de même de quelques tentatives de moteurs à huit cylindres, composés de deux moteurs à quatre cylindres juxtaposés, qui ont l'inconvénient de nécessiter, pour la recherche de la moindre défectuosité de marche, un temps considérable qui, somme toute, abaisse dans une énorme proportion le rendement de la voiture, sans procurer par contre un meilleur équilibrage que les six cylindres.

5° Dispositifs spéciaux. — Un certain nombre de dispositifs ont enfin été créés pour favoriser l'équilibrage des pièces en mouvement, et nous allons les passer très rapidement en revue.

A. *Moteurs à arbre unique.* — Certains moteurs Benz, employés par quelques constructeurs français en 1896-1897, étaient à cylindres opposés agissant sur un même arbre ; mais, dans ce système, il est indispensable de désaxer l'un des cylindres par rapport à l'autre, de la quantité très faible qui sépare les deux manetons de manivelle. Toutefois, M. Boudreaux a présenté une heureuse solution avec son moteur Quadruplex à double chambre d'explosion.

Un dispositif qui a donné naissance à plusieurs types de moteurs est celui qui consiste à faire jaillir l'étincelle entre les deux pistons placés

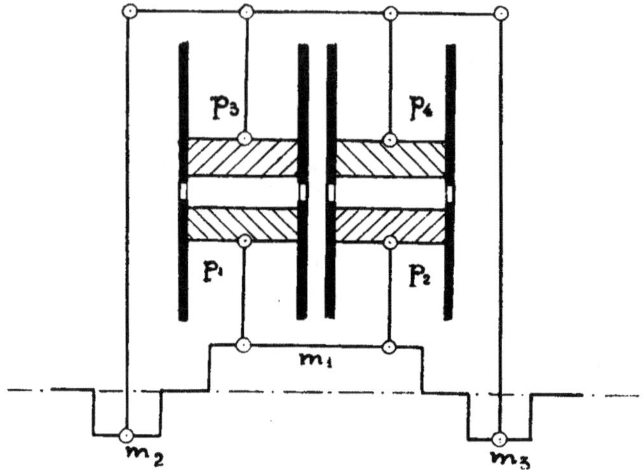

Fig. 33. — Schéma d'un moteur Gobron-Brillié à pistons opposés avec bielles de retour.

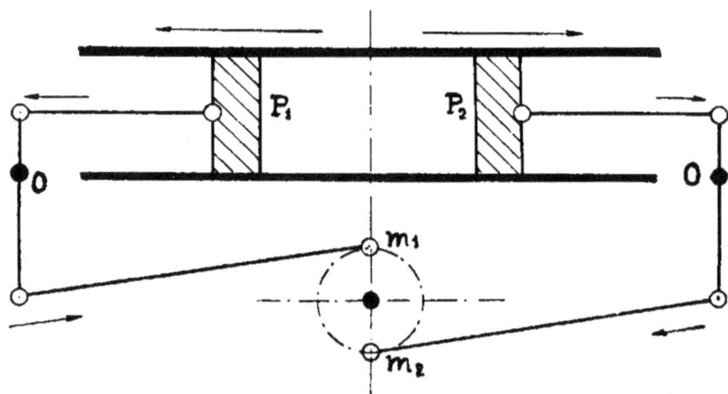

Fig. 34. — Schéma d'un moteur à pistons opposés avec arbre unique.

dos à dos dans un cylindre unique : le moteur Gobron-Brillié (fig. 33) à deux cylindres et quatre pistons attaquant un arbre unique par deux bielles directes et deux bielles de retour est le plus connu de ce type. Plusieurs constructeurs, notamment Forest, ont employé le système à balanciers qui commandent un arbre unique placé sous le cylindre (fig. 34), mais ce dispositif comprend de nombreuses articulations par cylindre, d'où des difficultés de graissage inévitables.

B. *Moteurs à arbres multiples.* — Le type Bardon (fig. 35) comporte deux pistons glissant dans un cylindre unique et attaquant chacun

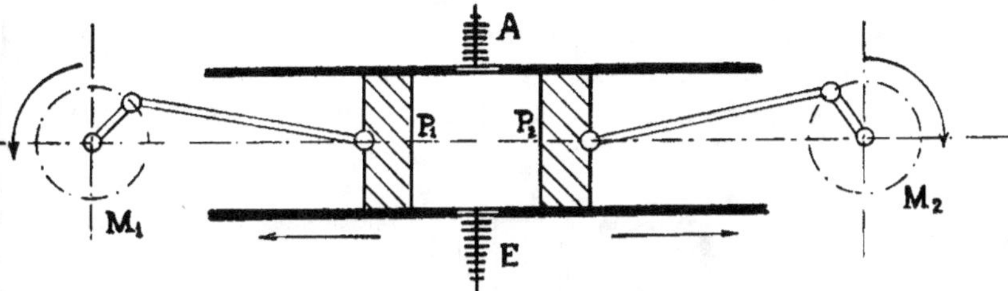

Fig. 35. — Schéma d'un moteur à pistons opposés et à arbre moteur double.

un arbre distinct ; ces deux arbres sont réunis par des engrenages coniques et tournent en sens inverses. Ils présentent des avantages d'équilibrage très réels.

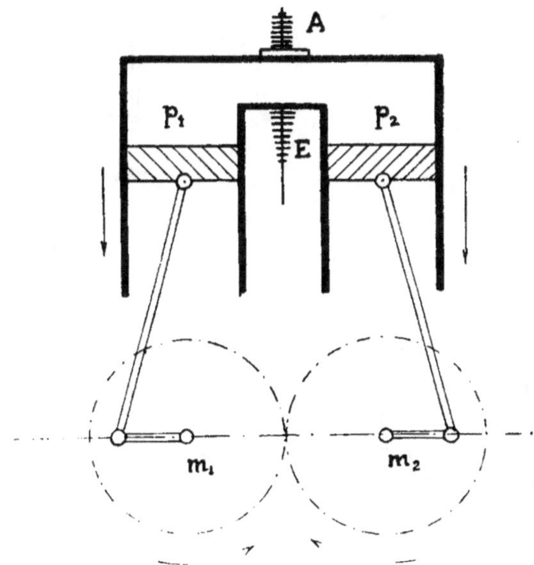

Fig. 36. — Dispositif de moteur à pistons conjugués.

Le moteur Crozet a été combiné pour absorber les efforts centrifuges dus à l'inertie des volants qui sont un des facteurs importants des trépidations, ainsi que nous l'avons vu plus haut ; il comporte deux arbres manivelles tournant en sens inverse et rendus solidaires par des engrenages (fig. 36) : pour absorber les effets de l'inertie dans les volants, on oppose ainsi l'un à l'autre deux couples égaux et de sens contraires ; malheureusement, les engrenages ayant forcément une vitesse tangentielle assez grande sont une cause de bruit et d'usure qui a fait abandonner ce système.

Dans le même ordre d'idées, M. Edler a construit un moteur avec un

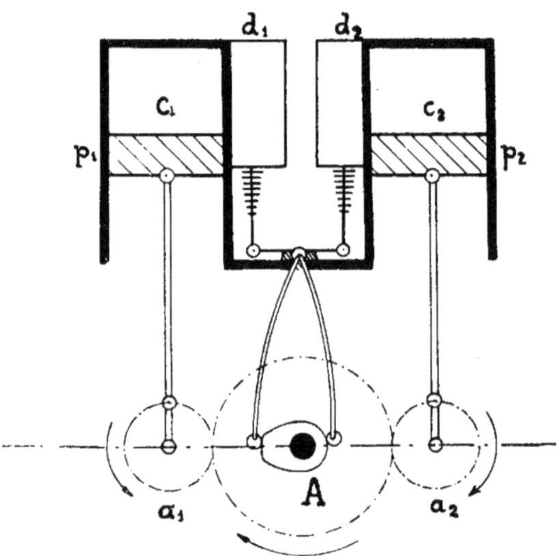

Fig. 37. — Dispositif de moteur à pistons conjugués.

arbre unique recevant son mouvement de deux arbres manivelles séparés par l'intermédiaire d'un harnais de trois pignons (fig. 37) ; l'arbre moteur étant démultiplié de moitié sert en même temps d'arbre de distribution, dispositif qu'on retrouve, du reste, dans l'ancien moteur Gillet-Forest horizontal. Malgré la complication de trois arbres moteurs on trouve dans le dispositif ci-dessus l'avantage d'avoir deux explosions par tour de l'arbre moteur A, ce qui augmente la souplesse du moteur à deux cylindres dans une proportion assez sensible.

CHAPITRE II

CONSTRUCTION DU MOTEUR

Dans tous les moteurs à explosion, il faut étudier séparément, d'une part, les éléments constitutifs de ces moteurs et, d'autre part, la disposition respective de ces éléments les uns à l'égard des autres.

Nous allons donc examiner sommairement tout d'abord chacun des organes constitutifs du moteur et rechercher, ensuite, de quelle façon il y a lieu de les grouper pour obtenir les meilleurs résultats tant au point de vue de la puissance motrice qu'au point de vue de la facilité d'accès des organes et du prix de revient de la construction.

Les organes constitutifs d'un moteur sont les cylindres, les pistons, les bielles, les arbres manivelles, les arbres et les soupapes de distribution, les carters.

Nous étudierons ensuite séparément, dans des chapitres spéciaux, la carburation, la régulation et l'équilibrage, le refroidissement, l'allumage et l'échappement.

Cylindres. — Les cylindres sont en fonte et comportent en général une enveloppe d'eau entourant la chambre d'explosion et ses organes annexes, comme les soupapes, cette double enveloppe étant presque toujours venue de fonte d'une seule pièce avec le cylindre proprement dit.

On a constitué également des moteurs dont les culasses à double enveloppe sont rapportées et dont le corps du cylindre est constitué par de la fonte munie d'ailettes ; d'autres moteurs spéciaux ont été faits de tubes en acier foré minces, avec double enveloppe rapportée en laiton ou en aluminium. Le système de cylindres en une seule pièce s'est actuellement généralisé d'une telle façon que c'est de ce système seul que nous nous occuperons actuellement.

L'épaisseur des parois E, en centimètres, peut être calculée par la formule qu'on emploie pour les machines à vapeur :

$$E = 0,00383\,PD,$$

P étant la pression maximum en kilogrammes par centimètre carré, D le diamètre du cylindre en centimètres.

Toutefois, dans le calcul de la pression développée, il faut tenir compte de l'élévation importante de température qui a pour effet, non

Fig. 38. — Moteur Renault 10/14 ch. à quatre cylindres.

seulement d'augmenter cette pression, mais encore de modifier légèrement l'état de résistance du métal qui sert à constituer la pièce.

La disposition de la double enveloppe peut se faire de différentes façons ; certains constructeurs disposent la double enveloppe de façon que l'eau la plus froide arrive sur les soupapes d'échappement, passe autour du corps du cylindre et vienne refroidir ensuite les soupapes d'admission, pour lesquelles la circulation des gaz frais suffirait, à la rigueur, à empêcher toute déformation ; enfin, d'une façon générale, l'eau chaude sort de la partie supérieure du cylindre pour utiliser la faible densité de l'eau la plus chaude et également de façon à y rassembler les bulles de vapeur qui ont pu se produire dans le parcours de la circulation d'eau.

Quelques constructeurs ont même été jusqu'à prévoir une cloison horizontale venue de fonte dans la double enveloppe du cylindre, pour séparer la partie culasse de la partie cylindre proprement dite ; ce dispositif a pour but de s'assurer que l'eau sera bien obligée de venir baigner cette seconde partie sans passer directement par le chemin le plus court de la soupape la plus chaude à la sortie d'évacuation. Évidemment, c'est là une légère complication de fonderie, mais dont on conçoit l'avantage si l'on considère l'importance d'un refroidissement égal qui empêche toute déformation du cylindre, par conséquent tout coincement des pièces mécaniques.

Les progrès de la métallurgie actuelle et les méthodes de moulage mécanique qui sont employées par presque tous les fondeurs de cylindres permettent de réduire l'épaisseur du métal dans une notable proportion, en raison même des qualités très homogènes que ce métal présente maintenant : en général, cette épaisseur ne dépasse pas 7 à 8 millimètres.

On a du reste intérêt à tenir, au moment où le travail d'alésage est terminé, cette épaisseur légèrement supérieure, d'un ou deux millimètres, à ce qui est utile, parce qu'on a ainsi une marge d'alésage permettant, avec les mêmes fontes, de faire des moteurs légèrement plus puissants lorsque cette augmentation de puissance est demandée soit pour des types spéciaux, soit pour une variation de la mode d'une année à l'autre. On est arrivé à faire ainsi soit les cylindres jumelés par paire (fig. 30), soit les quatre cylindres venus de fonte d'une seule pièce (fig. 38).

Pistons. — Le piston est constitué par un cylindre creux, fermé à une de ses extrémités, qui constitue le fond de piston ; il est fait en fonte ou en métal embouti et porte vers son centre de gravité un axe, qui sert à l'assemblage de la bielle et qui est dit *tige de piston* ou *pied de bielle*.

Le piston doit être tourné exactement à la dimension voulue, inférieure de 4 à 5 dixièmes de millimètre au diamètre intérieur du cylindre ; pour assurer l'étanchéité aux gaz au moment de l'explosion et de la compression, le piston porte un certain nombre de cancelures dans lesquelles sont disposés des *segments* (fig. 39 et 40). Ces segments sont des anneaux de fonte douce qu'on introduit dans les rainures grâce à leur élasticité ; ils sont en général fendus en biseaux ou en créneaux, de façon que l'étanchéité soit sensiblement obtenue par le seul fait du chevauchement des coupures ou *tierçage* des différents segments les uns par rapport aux autres.

En ce qui concerne la tige de piston, M. Georges Moreau a indiqué qu'on pouvait déterminer par le calcul la relation entre le diamètre de

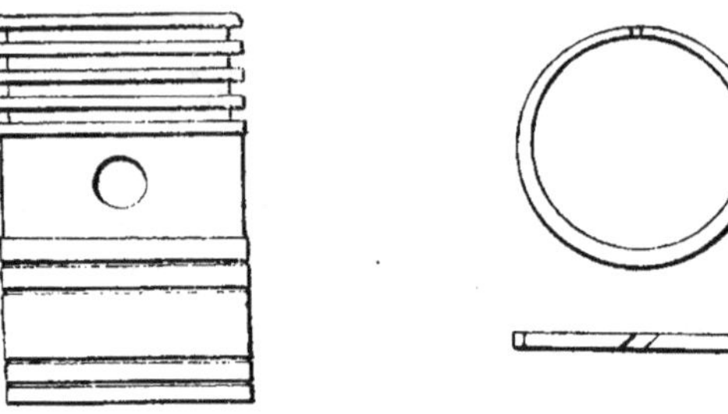

Fig. 39. — Piston.   Fig. 40. — Segment.

cette tige et le diamètre du piston sur lequel elle est fixée ; il a donné la formule :

$$\frac{d}{D} = 0,0810 \sqrt[4]{P\sqrt{\frac{C}{D}}},$$

dans laquelle d est le diamètre de la tige, D le diamètre du piston, C la course de celui-ci et P la pression maxima de l'explosion.

Si on admet que cette pression maxima dépasse très rarement

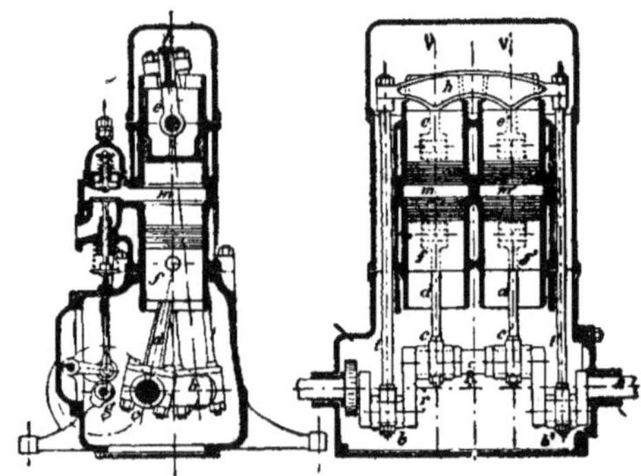

Fig. 41. — Moteur Gobron-Brillié à 2 cylindres et 4 pistons.

25 kilos par centimètre carré dans les moteurs d'automobiles, on a, selon que la course c est égale au diamètre ou qu'elle est égale à une fois et demie le diamètre, les deux formules :

$$\frac{d}{D} = 0,18, \qquad \frac{d}{D} = 0,22.$$

M. G. Moreau, propose d'augmenter de 4 dixièmes le diamètre de la tige pour tenir compte des chocs qui se produisent.

Quoi qu'il en soit, avec les métaux qu'on emploie actuellement dans la construction automobile, on peut prendre pratiquement pour valeur moyenne du rapport en question le chiffre de 0,2, et l'on a ainsi :

$$\frac{d}{D} = 0,2.$$

Bielles. — La bielle est l'organe qui transforme le mouvement alternatif du piston en un mouvement rotatif de l'arbre moteur ; elle est constituée par une simple tige résistant alternativement à la compression et à la traction et est articulée d'un côté sur la tige de piston et de l'autre sur le manneton de manivelle ; cette dernière articulation est constituée par des coussinets démontables, qui permettent d'isoler la bielle et le piston de l'arbre moteur, tandis que le démontage de la tige de piston ne peut se faire en général qu'après avoir enlevé celui-ci du cylindre par une sortie latérale de cette tige.

Disons de suite, en ce qui concerne cette tige de piston, qu'elle doit être établie de façon à permettre un réglage absolu et, qu'à ce point de vue, la construction par cône de bloquage est parmi les meilleures à réaliser ; c'est une de celles qui donnent évidemment le maximum de sécurité et elle est un gage de bonne construction.

En ce qui concerne la section de cette bielle, elle va, en général, en augmentant depuis le pied de bielle jusqu'à la tête de bielle, et sa section peut être soit circulaire ou ovale, soit rectangulaire, soit en forme de double T (fig. 42 et 43).

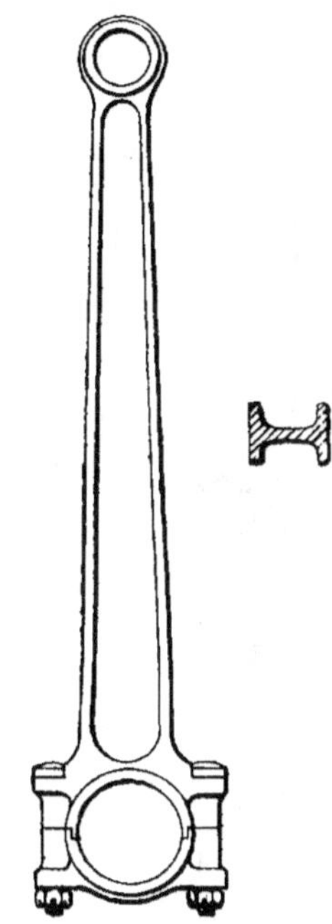

Fig. 42. — Bielle évidée.

On peut calculer la bielle par les formules suivantes dans lesquelles :

l est la longueur de la bielle,

P l'effort transmis en kilogr.,

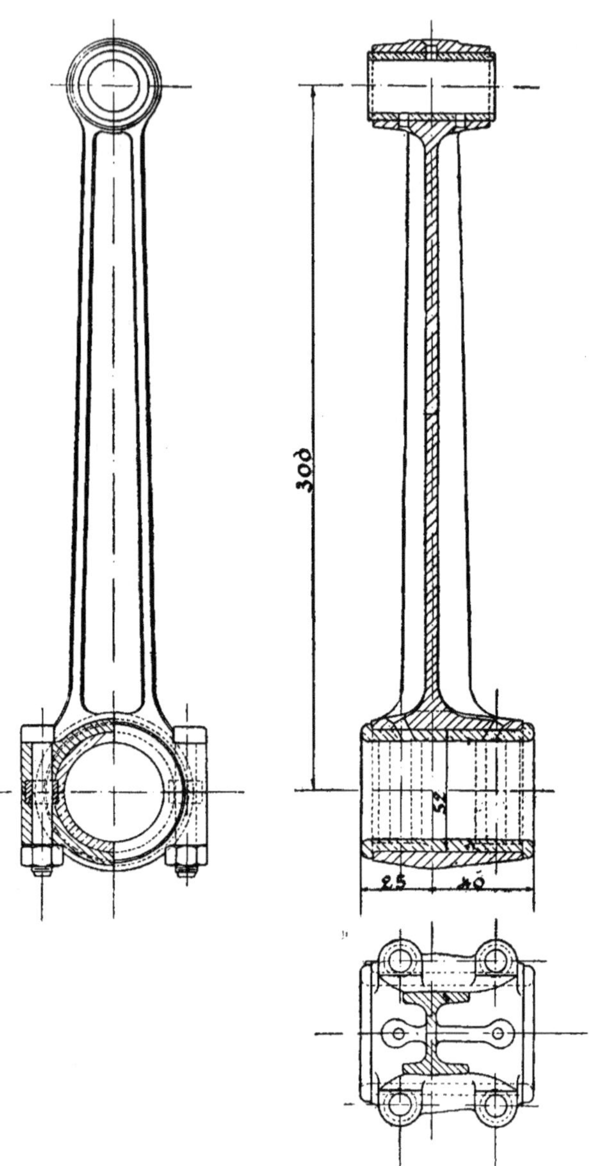

Fig. 43. — Bielle à section double T de 300 mm. de longueur entre **axes**
(Lemoine).

m un coefficient variable avec la vitesse du moteur,
d le diamètre maximum de la bielle circulaire ou ovale,
a et *b* les dimensions de la bielle rectangulaire ou *évidée*.
Dans le premier cas, on a la formule :

$$d = 1,187 \sqrt[4]{\frac{Pl^2}{m}} \; ;$$

on admet, en général, que, du côté du pied de bielle, le diamètre peut
être réduit dans la proportion de 0,7.

Une formule approchée, relative aux bielles circulaires, est la suivante :

$$d = 0,2 \sqrt{l \sqrt{P}}.$$

Pour les bielles de section rectangulaire évidée, on admet, en général,
que les côtés *a* et *b* du rectangle sont dans la proportion de 1 à 2, et :

$$a = 0,88 \sqrt[4]{\frac{Pl^2}{m}}, \qquad b = 1,76 \sqrt[4]{\frac{Pl^2}{m}}.$$

C'est évidemment la détermination de *m* qui est la plus difficile, et
on ne peut en donner une valeur exacte, car tout dépend, dans ce
coefficient, de la vitesse linéaire du piston et des efforts transmis ;
dans certains moteurs fixes à faible vitesse, ce coefficient peut être à
peu près égal à 50 et, au contraire, dans certains petits moteurs
extra-rapides, comme les moteurs de motocyclettes, la sécurité exige
une valeur peut-être cent fois moins élevée.

Arbre manivelle. — Les arbres manivelles varient de dimensions, de forme et de dispositifs accessoires, suivant les types de
moteurs. Ils sont généralement d'une seule pièce, prise dans la masse
forgée, et leur diversité est très grande puisque à chaque moteur correspond un arbre manivelle différent.

Dans les petits moteurs monocylindriques à grande vitesse, comme
les de Dion-Bouton, l'arbre manivelle n'existe pas ; les deux volants
intérieurs au carter du moteur constituent des plateaux entre lesquels
sont disposés un manneton emmanché dans chacun d'eux. On a ainsi
des pièces très résistantes sous un faible poids et un faible volume.
Ils sont appelés pour cette raison *volant-manivelle*.

Dans les moteurs à deux cylindres, on est évidemment amené à
employer des arbres coudés, et ceux-ci peuvent être à simple coude ou
à double coude. Dans certains cas, même, on a disposé un palier inter-

médiaire entre les deux coudes, lorsque les pistons sont calés, l'un par rapport à l'autre, à 180°.

Dans les arbres de moteurs à quatre et six cylindres, nous nous trouvons en présence de deux systèmes bien définis, suivant que

Fig. 44. — Arbre manivelle à quatre coudes et cinq paliers, roulements à billes (Hotchkiss).

l'arbre est supporté par trois ou par cinq paliers ou bien par quatre ou sept paliers.

L'arbre à trois ou quatre paliers comporte deux coudes côte à côte et correspond presque toujours à la construction par cylindres accolés deux à deux (fig. 45 et 46).

Au contraire, le système à cinq ou sept paliers (fig. 44) correspond à la construction des moteurs par cylindres séparés. C'est dans ce cas que la longueur des arbres est la plus grande, et certains types de moteurs comportent des arbres atteignant 1 m. 65 de longueur ; on comprend combien ces pièces de forge sont souvent difficiles à exécuter. On emploie en général des aciers durs, résistant à 70 kgs par millimètre carré et présentant un allongement de 18 à 20 0/0. Quelques constructeurs ont fait des arbres forés pour en diminuer le poids sans modifier la résistance.

Enfin, les dispositions et les dimensions des arbres sont différentes, suivant qu'on emploie les paliers lisses ou les paliers à billes. L'emploi de ceux-ci ne s'est pas encore généralisé pour les moteurs à explosion, parce que les chocs reçus par les paliers nécessitent certaines précautions de construction ; d'autre part, les roulements à billes étant essentiellement constitués par des cercles de roulement fermés, il importe de prévoir des dispositifs tels que les paliers à billes puissent

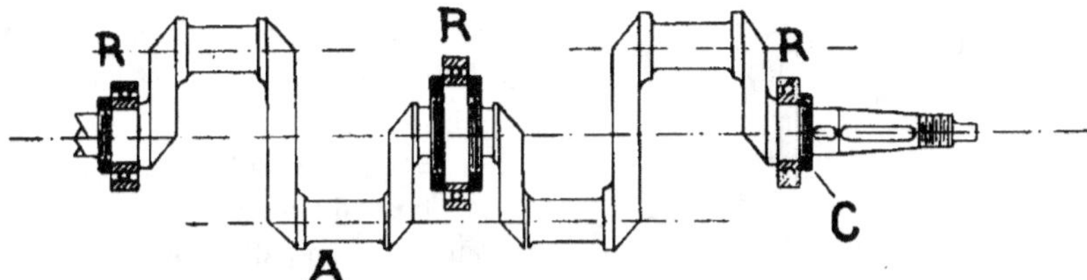

Fig. 45. — Arbre manivelle à quatre coudes et trois paliers ;
R, roulements à billes ; A, manneton de manivelle ; C, rondelle de butée.

être enfilés dans l'arbre manivelle pour le montage et le démontage de celui-ci, et c'est évidemment un impedimentum de plus que d'être obligé de démonter complètement l'arbre manivelle pour en vérifier les paliers centraux. Au surplus, le gain qui résulte de l'emploi des billes sur un organe bien graissé et rigoureusement équilibré comme l'arbre manivelle est relativement faible. Quelques constructeurs n'ont pas hésité cependant à munir leurs moteurs de roulements à billes aux têtes de bielle : mais la même observation que ci-dessus s'applique ici d'autant mieux qu'il s'agit de pièces recevant périodiquement des chocs nombreux et violents. Dans la construction actuelle des arbres manivelles à roulements lisses, on a trouvé souvent avantage (Aster. Panhard, etc.) à disposer les paliers de telle sorte qu'ils ne soient pas

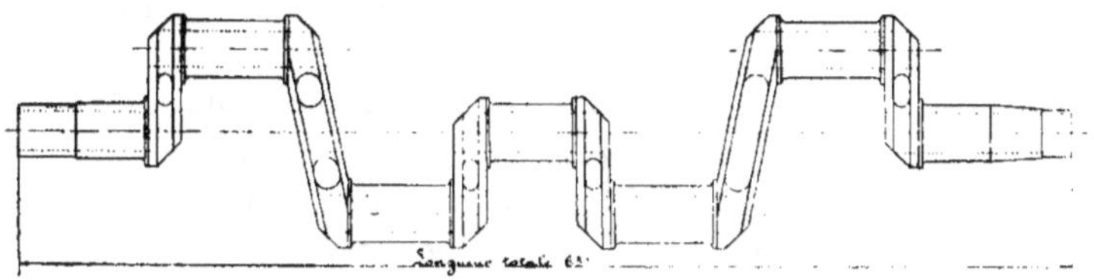

Fig. 46. — Arbre manivelle à quatre coudes et trois paliers
roulements lisses (Lemoine).

supportés sur le carter inférieur, mais qu'ils soient rattachés, au moyen de bielles de suspension réglables en hauteur, à la partie supérieure du carter, ce qui empêche toute la partie d'aluminium de subir les efforts importants de flexion que les chocs occasionnent. Quelques

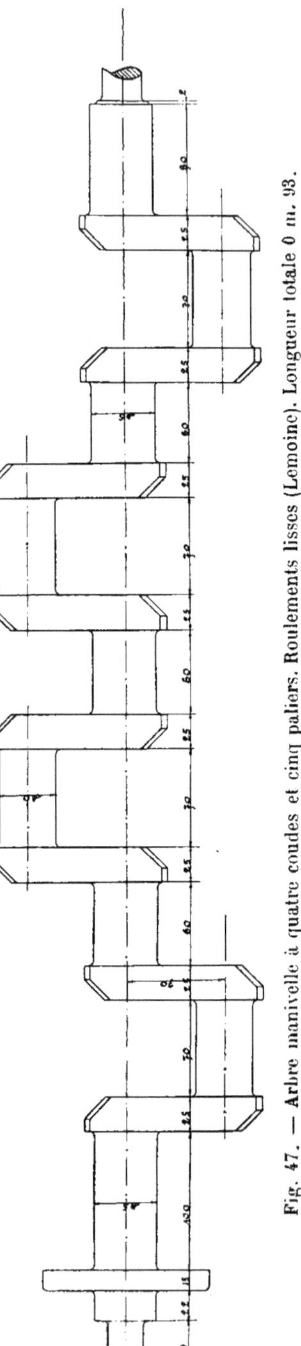

Fig. 47. — Arbre manivelle à quatre coudes et cinq paliers. Roulements lisses (Lemoine). Longueur totale 0 m. 93.

constructeurs pour avoir une plus grande sécurité combinent même les deux systèmes.

En ce qui concerne le calcul des arbres manivelles, on emploie, en général, la formule suivante pour calculer le diamètre du manneton d et celui de l'arbre dans les paliers D. Soient :

r le rayon de la manivelle,

e la distance du centre du manneton au centre du palier voisin,

P l'effort exercé en kilog.

On a alors :

$$d = 0{,}23 \sqrt[3]{\overline{Pe}}$$

et

$$\frac{D}{d} = \sqrt[3]{\frac{3e + 3\sqrt[2]{e^2 + 4r^2}}{8e}}.$$

Il existe presque toujours une règle proportionnelle entre le rayon de la manivelle et la distance e ; par exemple quand :

$$\frac{r}{e} = 0{,}4 \text{ à } 0{,}8,$$

on a

$$\frac{D}{d} = 1{,}5 \text{ à } 1{,}16.$$

Quant à l'arbre proprement dit, il ne faut pas oublier qu'il est soumis à la fois à des efforts de flexion et à des efforts de torsion qui sont parfois simultanés ; mais, dans la construction automobile, on a été amené presque toujours à employer des métaux spéciaux qui donnent un coefficient de sécurité élevé. Dans les avant projets, on peut calculer les arbres par la formule approchée suivante :

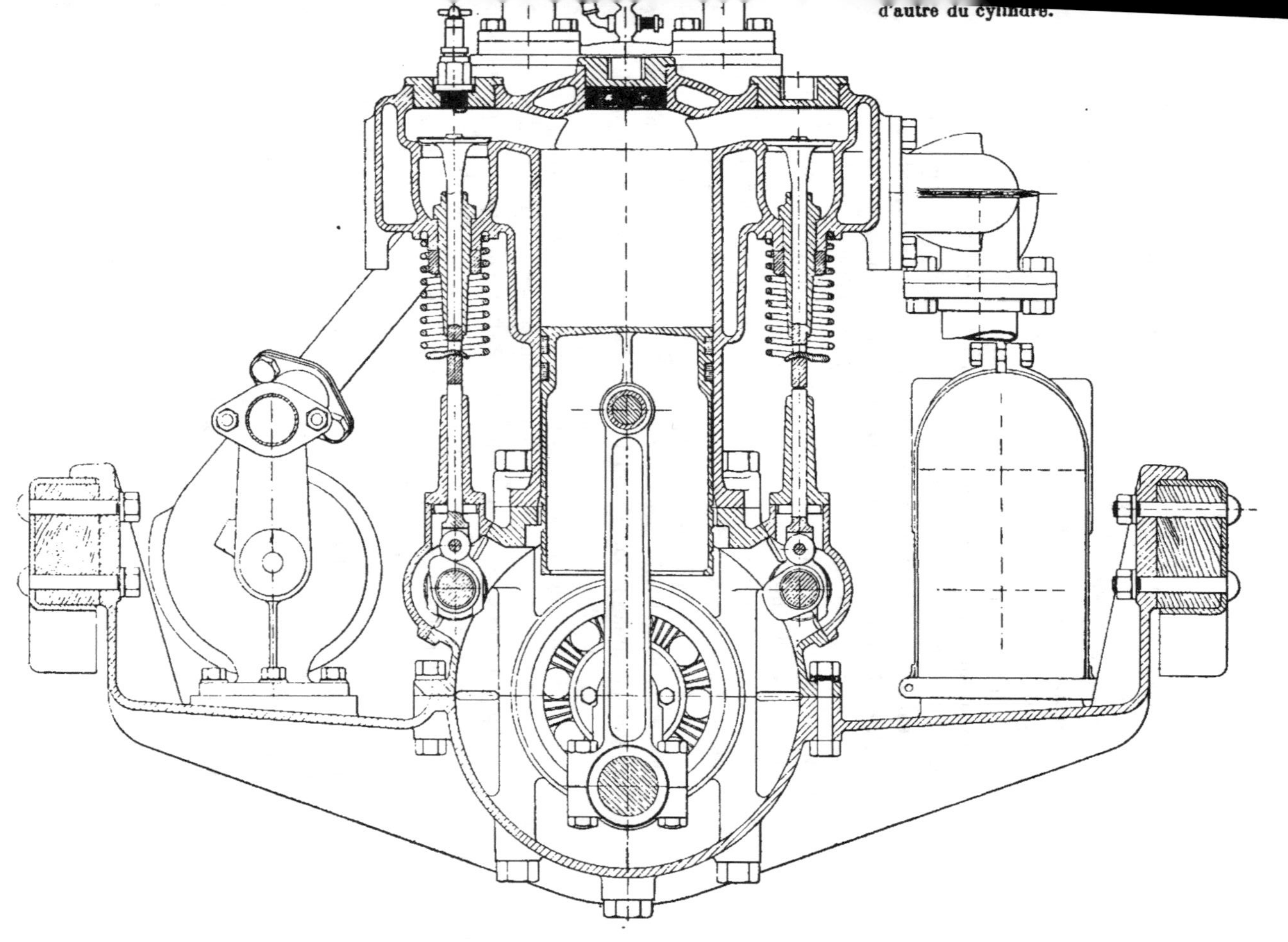

d'autre du cylindre.

$$D = 120 \sqrt[3]{\frac{\mathcal{P}}{n}},$$

D étant le diamètre en millimètres, $\mathcal{P}$ la puissance en chevaux et *n* le nombre de tours du moteur.

Il est parfois également utile de calculer les arbres spéciaux en déterminant le moment fléchissant dans la section la plus fatiguée en fonction du couple de torsion.

Quoi qu'il en soit, de nombreuses ruptures d'arbres manivelles se sont produites dans les moteurs d'automobiles, sans qu'il soit possible d'expliquer en quoi, théoriquement, ces arbres étaient trop faibles ; ceci tient à ce que les arbres des moteurs à explosion travaillent d'une manière très différente des arbres de moteurs à vapeur.

La nature même du fluide moteur et l'action successive des quatre temps du cycle exercent sur les arbres une série de petits effets de torsion et de tension qui se répètent périodiquement, et c'est par l'étude des ondes vibratoires qui en résultent que des savants anglais ont été amenés à proposer une théorie nouvelle. Ils ont admis que les tensions et torsions élémentaires qui résultent des impulsions successives données à l'arbre peuvent s'ajouter l'une à l'autre pour passer par des maxima qui déterminent la rupture. La réalisation accidentelle de ces efforts résultants maxima permet seule d'expliquer la rupture brusque qu'on constate après un long usage et sans fausse manœuvre déterminante, dans des arbres manivelles d'automobiles.

Les paliers des arbres manivelles sont constitués par du bronze phosphoreux chez la plupart des constructeurs ; cependant les partisans des paliers régulés sont nombreux : le métal antifriction donne, avec un bon graissage indispensable, des avantages très réels de rendement, de faible usure et de réparation facile ; son emploi est donc essentiellement économique. MM. de Dion-Bouton ont essayé, dans le même ordre d'idées, des alliages de bronze contenant une forte proportion de plomb, qui donnent un métal assez analogue à l'antifriction.

Ajoutons, en terminant, que, dans le langage d'atelier, l'arbre manivelle est désigné très fréquemment par le nom simplifié de *vilebrequin*.

Distribution. — Ainsi que nous le verrons plus loin, les moteurs d'automobiles comportent soit un arbre de distribution simple, soit deux arbres de distribution.

Dans les moteurs à soupapes automatiques, l'arbre de distribution est toujours simple, puisqu'il n'a qu'à commander les soupapes d'échap-

pement ; dans les moteurs à soupapes commandées, on peut soit se
servir du même arbre en disposant sur celui-ci les cames d'admission et les cames d'échappement, soit, placer les soupapes d'admis-

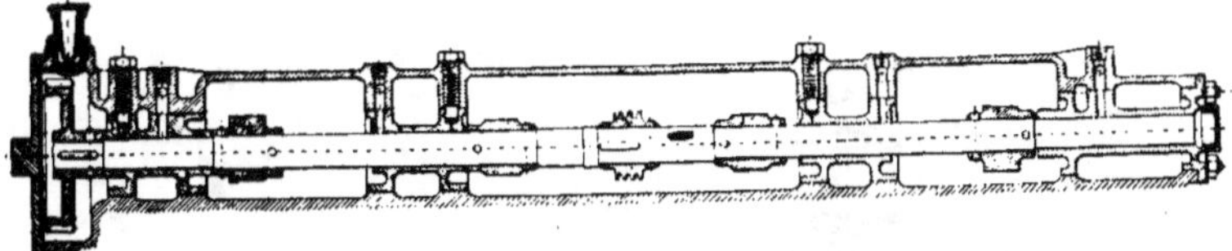

Fig. 49. — Arbre de distribution (de Dion-Bouton).

sion d'un côté du cylindre et les soupapes d'échappement du côté
opposé ; dans ce cas, l'emploi de deux arbres de distribution s'impose. Enfin, avec les allumages par rupteurs à basse tension, on
emploie souvent un arbre de distribution pour soulever les cames qui
agissent sur les rupteurs : par contre, on trouve ici la même distinction que précédemment, et certains arbres de distribution comportent
même les trois catégories de cames d'échappement, d'admission et de
rupture.

Les partisans de l'arbre de distribution unique donnent comme
raison de leur choix une plus grande simplification, une diminution
des espaces morts et un meilleur refroidissement.

Une variante consiste à mettre les soupapes d'admission à la partie
supérieure de la culasse et à les commander par un renvoi de sonnette ; ce système doit, malheureusement, prendre du jeu et se dérégler

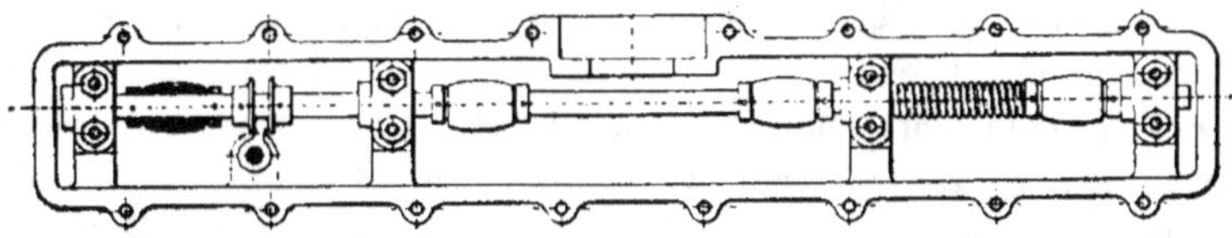

Fig. 50. — Déplacement de l'arbre de distribution pour la décompression
(de Dion-Bouton).

à l'usage : la Société Motobloc, de Bordeaux, a créé un dispositif de
rattrapage d'usure des axes, ingénieusement disposé du reste. Dans
le cas de soupapes par dessus, on donne en général à la chambre d'explosion la forme hémisphérique, qui a l'avantage, pour un
volume donné, de présenter le minimum de surface de refroidissement.

Au surplus, la forme de la chambre d'explosion n'est pas indifférente et, sur ce point, de grands progrès sont encore à réaliser, car aucune règle n'a encore pu être déterminée.

Quoi qu'il en soit, la construction automobile semble s'orienter actuellement vers la disposition des soupapes placées de part et d'autre

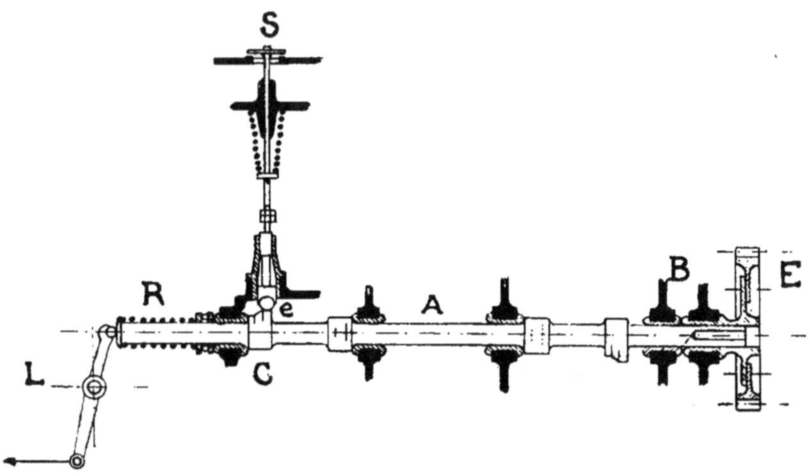

Fig. 51. — Schéma d'un arbre de distribution, réglage par levée variable des soupapes.

A arbre secondaire ; B paliers ; E engrenage de distribution ; C cames ; L levier du régulateur et ressort de rappel R ; S soupapes ; *e* galet de poussoir.

du cylindre, et on trouve plus faciles de construction et d'entretien deux arbres de distribution que le report de tous les efforts sur un arbre unique. L'arbre double exige, bien entendu, deux trains d'engrenages réducteurs pour la commande, et ces engrenages réducteurs se placent, en général, vers l'avant du moteur. Toutefois, dans quelques types, on dispose les arbres de distribution, soit à la partie arrière du moteur, soit même entre les groupes des cylindres jumelés.

Signalons également que, pour la mise en marche des moteurs, on dispose sur l'arbre de distribution un organe annexe, dit *décompresseur*, qui sert à soulever légèrement les soupapes par un léger déplacement des cames (fig. 49 et 50).

On constate, dans la construction des arbres de distribution, des différences notables, selon les systèmes, les cames pouvant être prises dans la masse de l'arbre, ou rapportées et fixées par des clavettes. Dans certains moteurs, l'arbre de distribution est à gradins ou à cames de forme étudiée qui permettent la levée progressive des sou-

papes, et il faut bien dire que ce sont presque toujours des méthodes
empiriques qui, jusqu'à présent,
permettent à chacun des constructeurs de déterminer la forme de
ses cames. Le profil de celles-ci
varie suivant la vitesse linéaire de
piston, les cames pointues conve-
nant spécialement aux moteurs à
allure vive. Dans certains cas, on
désaxe même légèrement l'axe des
soupapes pour diminuer l'usure des
guides et l'effort supporté par l'arbre de distribution.

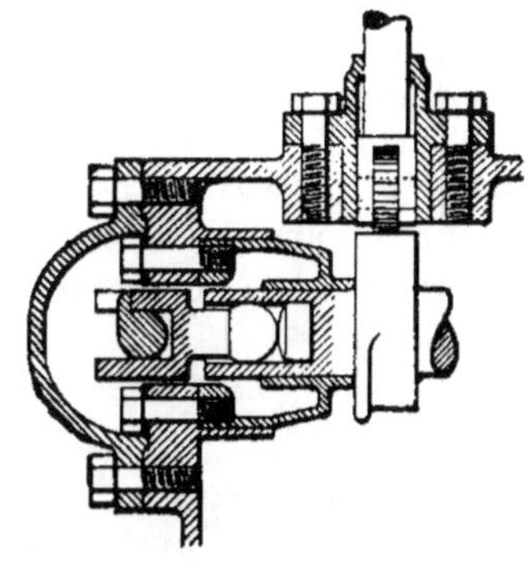

Fig. 52. — Vue transversale du
mécanisme de décompression (de
Dion-Bouton).

Réglage de la distribution.

— Dans les moteurs à soupapes
commandées et aux régimes habituels de 1.000 à 1.200 tours, on
règle, suivant les constructeurs, la distribution de la façon suivante :

Retard à l'admission, ouverture	2 à 8°
— fermeture	10 à 34°
Avance à l'ouverture de l'échappement . . .	36°
Retard à la fermeture de l'échappement. . .	1 à 4°

On voit que les constructeurs, et non des moindres, ne sont pas
d'accord sur ce qu'il convient d'adopter comme retard à la fermeture
de l'admission ; c'est sur ce point qu'on manque encore de données
pratiques ; toutefois, les deux opinions peuvent se soutenir, bien que
34 degrés représentent plus des 3 4 de la course de piston, ce qui
paraît excessif pour une voiture de tourisme destinée à de fréquents
changements d'allure.

Ces chiffres démontrent que les moteurs de bateau et de groupes
électrogènes, qui développent une puissance sensiblement constante,
nécessite une fabrication spéciale, ou, en tous cas, qu'ils doivent
être réglés en vue de cette fonction spéciale.

Les voitures Mors sont, en outre, munies d'un dispositif permettant
de régler la hauteur de levée des soupapes, c'est-à-dire de corriger les
usures de cames, sans rien démonter. Pour cela, le taquet de la soupape ne porte pas directement sur la came, mais il se trouve à l'extrémité d'un petit levier qui est articulé sur la paroi du carter et repose,
dans sa partie intermédiaire, sur la came par le galet ; grâce à une
partie filetée ménagée au point d'attache sur le carter, on peut, à

volonté, allonger ou raccourcir le levier et, par suite, amener le galet dans une position telle qu'il se soulève plus ou moins tôt sous l'action de la came — et tout ceci, sans aucun démontage, ce qui est fort appréciable.

Exemple de calcul d'une distribution (1). — Soit un cylindre moteur ayant une cylindrée de 1 litre et un espace mort de 320 cm³ ; la dépression, à la fin du premier temps est de 0,120 kg. par centimètre carré.

Le volume du mélange de l'air carburé introduit et des gaz inertes

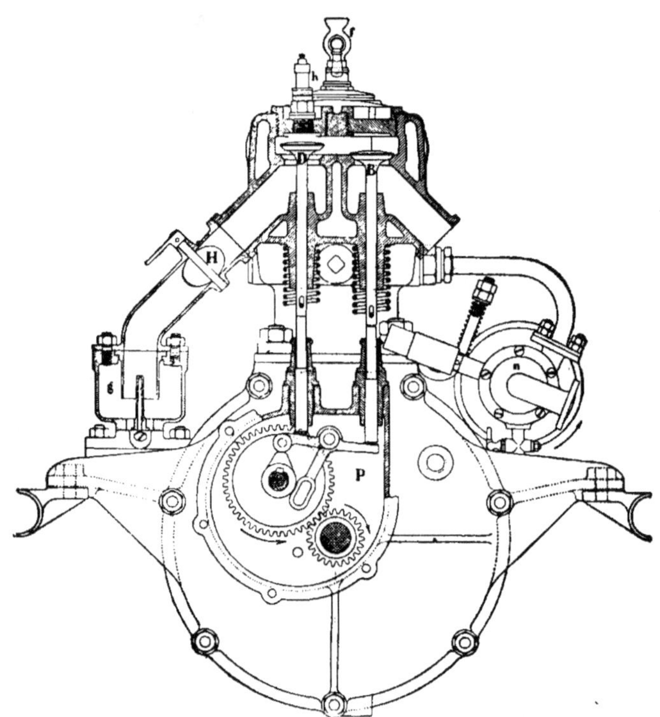

Fig. 53. — Coupe transversale d'un moteur monocylindrique.
Soupapes commandées réglables (Peugeot).

restés dans l'espace mort est de 1.320 cm³, et la pression intérieure est la différence entre la pression atmosphérique (1.033) et la dépression à la fin du premier temps ; on a donc :

(1) D'après M. L. Lacoin.

$$1,033 - 0,120 = 0,913 \text{ kg}.$$

Ramenons le volume à la pression extérieure :

$$1.320 \cdot \frac{943}{1.033} = 1.168 \text{ cm}^3$$

sur lesquels :

les gaz brûlés représentent . . . .   320 cm³
l'air carburé, par différence . . . .   848 »
                                                    ____
                                                    1.168 cm³

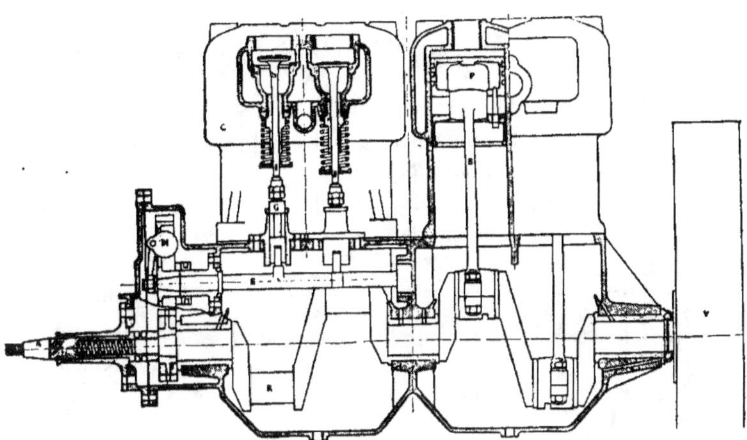

Fig. 54. — Coupes d'un moteur à 4 cylindres,
arbre de distribution double (Berliet)

d'où déficit, sur la cylindrée, de la différence entre un litre et 848 cm³.

La compression devrait être théoriquement :

$$\frac{1.320}{320} = 4,125 \text{ kg}. \;;$$

mais, en réalité, elle n'est que :

$$\frac{1.168}{320} = 3,64 \text{ kg}.$$

Or, comme on admet que la puissance d'un moteur est assez exactement proportionnelle à la compression et au volume du mélange introduit, le calcul indique, pour un moteur à deux cylindres, une perte de puissance d'environ 25 0/0.

Examinons maintenant l'influence du retard à la fermeture de l'échappement :

Au moment de cette fermeture, la pression intérieure doit être égale à la pression atmosphérique ; supposons un retard de 2 0/0, le volume de gaz enfermé est donc :

$$1.320 - 1.000 \cdot \frac{2}{100} = 1.300 \text{ cm}^3,$$

la quantité d'air aspiré est de :

$$1.300 - 320 = 980 \text{ cm}^3 ;$$

la compression sera de :

$$\frac{1.300}{330} = 4,07 \text{ kg.}$$

En appliquant la règle proportionnelle ci-dessus, on voit que cette simple modification de la fermeture de l'échappement donne un gain de un cinquième environ de la puissance.

Réduisons maintenant le volume de l'espace mort de 2 0/0 seulement ; le volume sera :

$$320 - \frac{2}{100} \cdot 320 = 313,6 \text{ cm}^3,$$

la compression sera à nouveau augmentée ; elle sera :

$$\frac{980 + 313,6}{313,6} = 4,125 \text{ kg.}$$

Le retard à la fermeture de l'échappement doit être proportionnel aux volumes et au retard à la fermeture de l'admission ; si celle-ci est de 2 0/0, soit 16° au delà du point mort, on a :

$$16 \cdot \frac{320}{1.320} = 4°.$$

Calcul d'un ressort de soupape. — Le ressort doit avoir une puissance égale au poids minimum des pièces en mouvement multiplié par $0,24 \dfrac{L}{T^2}$, formule dans laquelle L est la levée de la soupape (en mètre) et T la durée de la fermeture (en seconde).

Soit 400 grammes le poids du clapet, de son

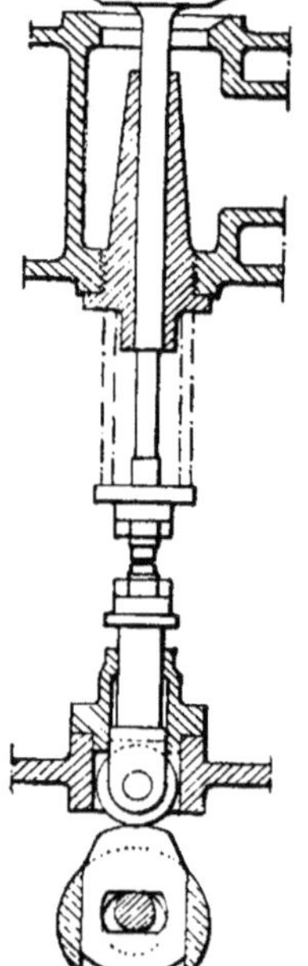

Fig. 55.— Distribution et commande des soupapes (Cornilleau et Sainte Beuve).

poussoir et du galet, la levée étant de 1 centimètre ; si le moteur fait 1.200 tours à la minute, la course du piston dure 0,025 de seconde et le temps de fermeture de la soupape 0,0083 seconde.

En appliquant la formule ci-dessus, on a :

$$0,400 . 0,24 \frac{0,010}{0,0083^2} = 14 \text{ kg.}$$

Levée variable des soupapes d'admission. — Dans les moteurs Renault à un et deux cylindres, un système le leviers agissait sur le ressort de la soupape d'admission automatique et en modifiait la levée (fig. 21). Ce système a donné toute satisfaction.

De même, dans le moteur Decauville, une commande agit sur le siège de la soupape d'admission pour en modifier la hauteur et faire venir en concordance avec l'action de l'arbre de distribution le volume de gaz aspiré ; ce système a l'inconvénient, toutefois, de créer un organe supplémentaire dont la mauvaise marche peut, en empêchant la compression, mettre hors de service le moteur.

Carter. — Le carter est un organe d'enveloppement et de protection ; il est presque toujours fait maintenant en alliage d'aluminium, on peut le faire également en bronze ou en fonte malléable ; il sert à empêcher les poussières et la boue d'atteindre les organes en mouvement et assure la lubrification de ceux-ci en recueillant et retenant ou les matières de graissage.

La construction automobile a réalisé, depuis quelques années, dans la construction des carters des progrès très sensibles, et on est arrivé à réduire l'épaisseur de ceux-ci dans une très grande proportion, tout en assurant une résistance donnant pleine sécurité.

Par exemple, le système de suspension des paliers, qui empêche toute fatigue du carter, permet d'alléger beaucoup celui-ci : ce système s'est beaucoup généralisé depuis quelques années (de Dion-Bouton, Renault, etc.).

Les carters de moteurs se composent, en général, de deux parties s'assemblant par un joint horizontal au niveau de l'axe de l'arbre vilebrequin ; la partie inférieure qui porte un trou de vidange pour le graissage peut être enlevée pour la visite des têtes de bielles ; la partie supérieure porte, en général, les bras d'attache du moteur sur le châssis ou le faux châssis, et ceux-ci sont constitués généralement par des parties d'aluminium creux, avec des formes d'égale résistance. Un constructeur étranger fait son carter d'une seule pièce : on enfile l'arbre par une des ouvertures circulaires latérales et on fixe ensuite les coussinets. Un autre fait ouvrir son carter latéralement.

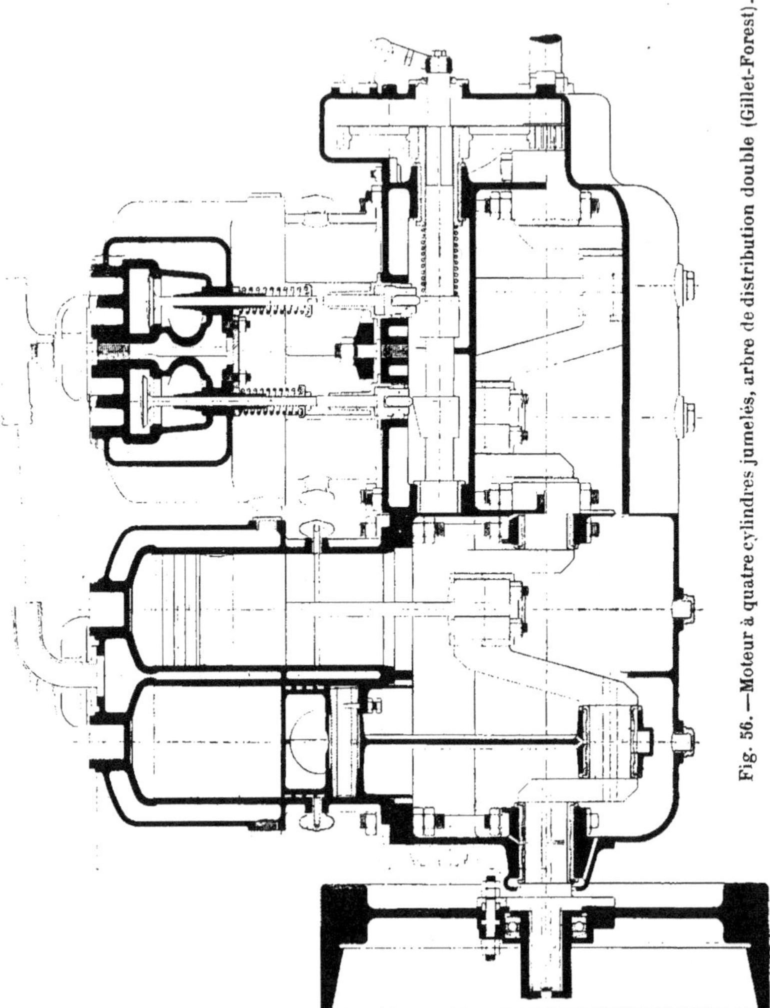

Fig. 56. —Moteur à quatre cylindres jumelés, arbre de distribution double (Gillet-Forest).

Disposition des cylindres. — Les moteurs d'automobiles comportent, comme nous l'avons vu, un seul cylindre ou plusieurs cylindres agissant sur le même arbre.

Les moteurs monocylindriques, qui ont été faits autrefois du type horizontal, n'ont plus la faveur du public, mais ils présentent,

pour les voitures industrielles, des avantages incontestables. On a
raconté, notamment, que ces cylindres s'ovalisaient : c'est une raison qui ne se soutient pas un seul instant, car l'ovalisation, dans
une construction bien faite, ne se remarque que bien après que tous les
paliers sont usés et les segments à changer. Cet inconvénient est donc
négligeable. Le moteur horizontal monocylindrique Gillet-Forest est
en France le type survivant de cette classe de moteurs.

Depuis le début de l'automobile, on a fait également des moteurs
monocylindriques verticaux, et il suffit de citer, comme prototype de
cette catégorie, le petit moteur de tricycle de Dion-Bouton qui a été

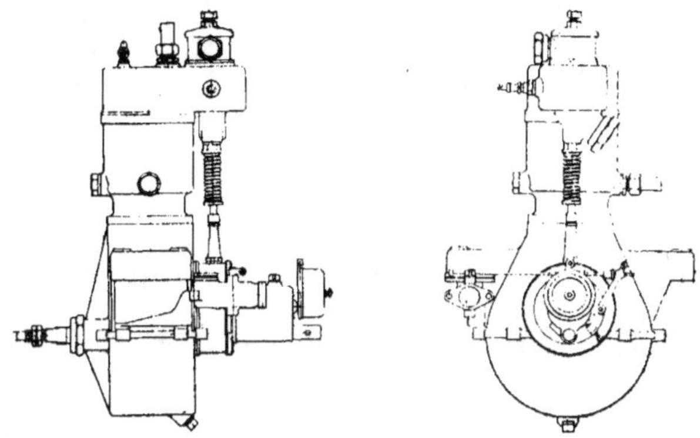

Fig. 57. — Moteur Aster monocylindrique.
Soupape d'admission automatique (105 $\times$ 120).

évidemment un facteur important de la diffusion de l'idée automobile ;
ce type de moteur a passé successivement par les puissances de
3/4 cheval, 1 cheval 1/4, 1 cheval 3/4, 2 chevaux 1/4, 2 chevaux 3/4,
3 chevaux 1/2, 4 1/2, 6, 8 chevaux et même 9 chevaux.

Le moteur vertical monocylindrique est économique à construire,
facile à installer et présente de grandes qualités de simplicité et de
robustesse. Il a l'inconvénient de produire inévitablement des trépidations qui peuvent être gênantes dans certains cas, notamment lorsqu'il
est adapté sur des châssis qui portent des carrosseries fermées.

C'est pour cela, du reste, que la maison Renault, qui avait créé un
type monocylindrique, l'a abandonné pour construire exclusivement
des types à deux et quatre cylindres.

Le moteur à deux cylindres verticaux a également de nombreux
partisans ; beaucoup de constructeurs se servent des pièces qui constituent les moteurs à quatre cylindres pour combiner leurs types à deux
cylindres.

Les usines Delahaye ont créé dès le début de leur fabrication un moteur horizontal à deux cylindres qui a donné d'excellents résultats économiques ; c'est un moteur de ce type qui a donné, en 1900, une

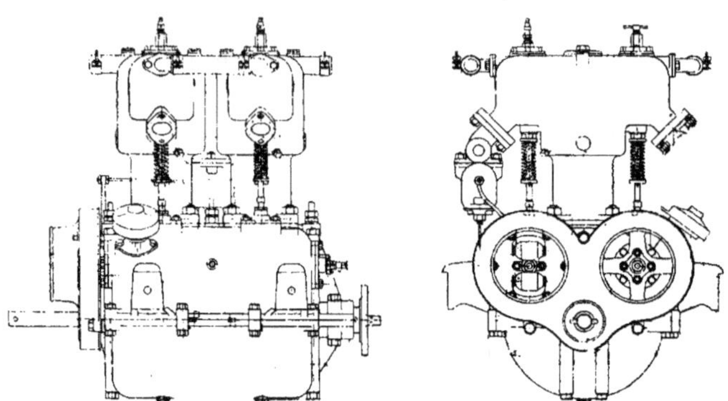

Fig. 58. — Moteur Aster 2 cylindres séparés. Soupapes commandées (95 × 140).

consommation de 0 l. 07 par tonne kilométrique, ce qui est très remarquable.

On a fait également des moteurs à trois cylindres, et les plus connus

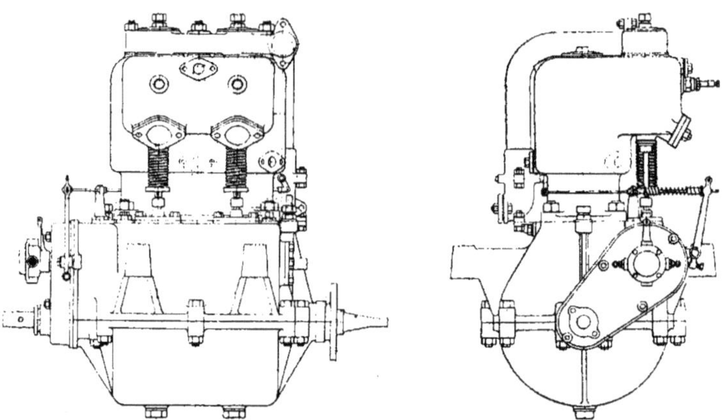

Fig. 59. — Moteur Aster 2 cylindres jumelés.
Soupapes d'admission automatiques (103 × 130).

sont ceux de la maison Panhard-Levassor, établis pour ses voitures de ville ; on y trouve l'avantage d'un équilibrage aussi parfait que pour les quatre cylindres, avec un emplacement réduit et une consommation moindre.

Enfin, la grande majorité des constructeurs a établi toute une série de types à quatre cylindres qui présentent toutes les gammes de puissance, depuis le moteur Renault monobloc, 10/14 chevaux, jusqu'au moteur pour voiture de course qui développe plus de 100 chevaux.

Signalons, en terminant, qu'un assez grand nombre de constructeurs ont établi des types de moteurs à six cylindres. Charron-Girardot

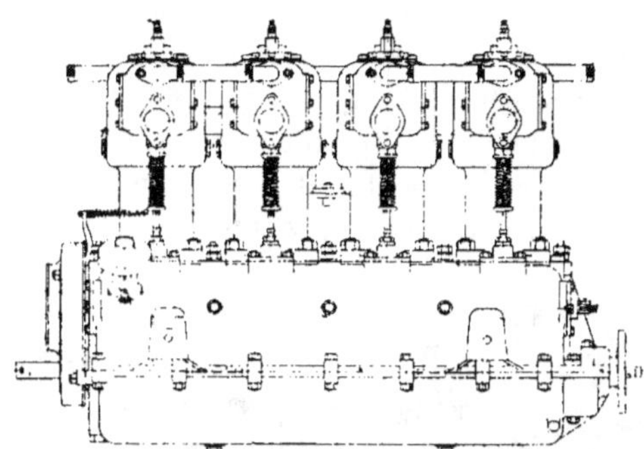

Fig. 60. — Moteur Aster 4 cylindres séparés (105 × 140).
Soupapes commandées ; deux arbres de distributeur.

et Voigt exposaient il y a quelques années un moteur à huit cylindres. Enfin, M. Levavasseur a établi, pour certaines catégories de bateaux de course, des moteurs type automobile à seize cylindres inclinés.

Quel que soit le nombre de cylindres, il importe de faire connaître la

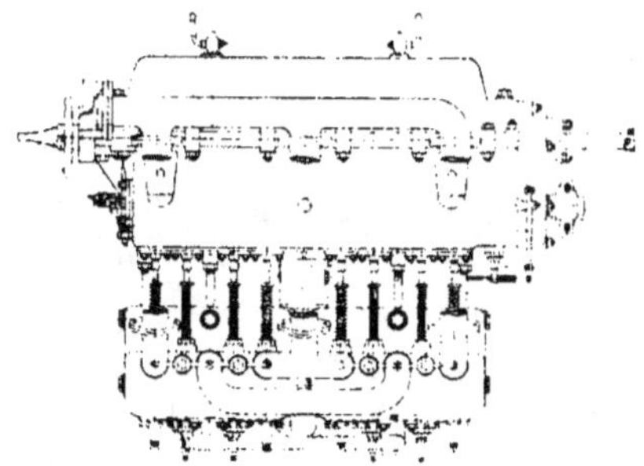

Fig. 61. — Moteur Aster 4 cylindres jumelés deux par deux.
arbre de distribution unique (88 × 130).

disposition de ces cylindres entre eux et de faire ressortir les avantages et les inconvénients des dispositifs employés.

Les cylindres peuvent être séparés, accolés deux à deux ou fondus d'un seul bloc.

Les cylindres séparés que construisent Panhard-Levassor et de Dion-Bouton, par exemple, ont l'avantage de supporter l'arbre vilebrequin sur cinq paliers, ce qui est une nécessité pour les grosses puissances. On leur trouve aussi l'avantage de permettre une construction plus rapide des moteurs, parce que la fonte des cylindres et surtout le désablage sont plus faciles ; pour celui-ci, on ménage des trous qu'on ferme ensuite par une pièce vissée, ou par des volets autoclaves.

Au contraire, la Société lorraine de Dietrich est le champion des constructeurs qui ont adopté la disposition par cylindres accolés deux à deux, et on trouve à ceux-ci les avantages suivants : ils tiennent moins de place en longueur, les tuyauteries sont plus simples, le montage d'un

Fig. 62. — Collecteur d'admission à 4 tubulures (Mors).

arbre sur trois paliers est plus facile que sur cinq paliers ; mais, par contre, il est nécessaire de soigner beaucoup la fonte de ces cylindres accolés, dont le nettoyage et le désablage sont difficiles et pour lesquels il importe d'assurer une très bonne circulation d'eau. Les constructeurs qui emploient le système des cylindres accolés sont en majorité très nette, et la question du prix de revient de construction du moteur n'est pas étrangère, du reste, à cette faveur.

Nous ajouterons que la commande par arbres de distribution uniques ou doubles et la disposition des soupapes sont indépendantes du mode de construction des cylindres et qu'on retrouve toutes ces dispositions avec les cylindres séparés et avec les cylindres accolés.

Régime de marche. — Il est une dernière question dont il importe de dire quelques mots : c'est la vitesse de rotation du moteur.

Dans les moteurs légers de motocyclettes, on a intérêt à donner une grande vitesse angulaire à l'arbre moteur pour en réduire les dimensions et, du reste, les petits moteurs de Dion, qui tournaient à 1.600 et 1.800 tours, ont montré que la bonne construction permet de réaliser avec sécurité de tels dispositifs.

Avec les quatre cylindres, on a été amené à réduire quelque peu la vitesse angulaire et, actuellement, on peut dire que celle ci varie entre 900 et 1.200 tours ; dans la plupart des moteurs, on ménage ainsi les paliers et les têtes de bielles, et l'augmentation de poids qui résulte de cette diminution de vitesse n'est pas sensible par rapport au poids total des châssis et des carrosseries.

Dans les véhicules industriels, on doit se tenir dans une faible limite de vitesse, de façon à réduire les usures et l'entretien au minimum, cette faible vitesse angulaire du moteur ayant également pour effet de diminuer assez sensiblement la consommation par tonne kilomètre, parce qu'elle est souvent complétée par une haute compression.

Dimensions caractéristiques. — Elles varient dans de très larges proportions avec les constructeurs et ceux-ci ont créé des moteurs de toutes catégories ; le rapport entre la course et le diamètre, qu'il est intéressant de faire ressortir, peut être inférieur à l'unité, comme dans le moteur Prima, égal à l'unité dans le Peugeot, ou très supérieur à celle-ci dans le moteur Gobron-Brillié.

Nous avons réuni, dans les tableaux ci-après, les dimensions des moteurs dont nous avons indiqué la puissance nominale, c'est-à-dire la puissance sous laquelle le moteur est désigné commercialement par le constructeur.

**Tableau 14. — Caractéristiques des moteurs de course
Panhard-Levassor**

1895	4 chevaux	2 cylindres	Alésage	80 m/m	Course	120 m/m
1896	6 »	2 »	»	90 »	»	130 »
1897	8 »	4 »	»	80 »	»	120 »
1899	12 »	4 »	»	90 »	»	130 »
1900	16 »	4 »	»	100 »	»	140 »
1901	40 »	4 »	»	130 »	»	140 »
1902	60 »	4 »	»	160 »	»	170 »
1905	90 »	4 »	»	170 »	»	170 »
1906	100 »	4 »	»	185 »	»	170 »

Tableau 15.
Caractéristiques principales des moteurs « de Dion-Bouton »

Désignation des types		Alésage mm.	Course mm.	Nombre de tours par minute	Poids kgs
1 cylindre.	1 3/4 chx	66	70	1.800	26
»	4 1/2 »	84	90	1.700	50
»	6 »	90	110	1.600	61
»	8 »	100	120	1.500	82
»	9 »	110	130	1.500	90
2 cylindres	10 »	90	110	1.350	102 (1)
»	12 »	100	110	1.350	105 (1)
4 cylindres	15 »	94	100	1.350	187 (1)
»	24 »	104	130	1.350	240 (1)

(1) Le poids est compté sans le volant extérieur.

Tableau 16. — Caractéristiques principales des moteurs « Aster »

Désignation des types		Alésage mm.	Course mm.	Nombre de tours par minute	Poids kgs
1 cylindre	2 J	80	90	1.550	39
»	K 3	88	110	1.550	65
»	4 N	105	120	1.550	85
2 cyl. soup. automat	23 K	88	110	1.550	115
» »	24 K	88	120	1.550	80
» »	26 K	88	140	1.200	—
» »	25 N	105	130	1.000	115
» soup. commandées.	26 L	95	140	1.200	—
» »	26 K	105	140	1.200	—
4 cyl. soup. automatiques . .	43 K	88	110	1.000	133
» soup. commandées du même côté.	45 K	88	130	1.200	—
» soup. commandées du même côté	46 L	95	140	1.000	—
» soup. comm. de part et d'autre	43 J	84	110	1.000	—
» soup. comm. de part et d'autre	45 L	95	130	1.000	—
» soup. comm. de part et d'autre	46 N	105	140	1.000	—

Tableau 17. — **Caractéristiques des moteurs à 1, 2 et 3 cylindres.**

Noms des constructeurs	Puissance nominale en chevaux	Alésage m/m	Course m/m	Nombre de tours par minute
Darracq . . . . . . 1 cyl.	8	112	130	
Autom. Peugeot . »	7-8	105	102	
Peugeot frères . . »	8	100	100	
Prima . . . . . . »	7-9	120	100	1.500
Bayard-Clément . . 2 cyl.	8-10	85	110	
Bolide . . . . »	12	100	120	
Gnôme . . . . . . »	7-8	85	110	
» . . . . . . »	9-12	98	130	
» . . . . . . »	12-14	110	130	
Brasier . . . . . . »	10-11	90	100	1.300
Brillié . . . . . . »	10-12	100	120	
Darracq . . . . . . »	10	100	120	
» . . . . . . »	12	112	120	
Decauville . . . . . »	12-14	115	115	
Delahaye . . . . . »	8	90	110	
» . . . . . »	12	100	140	
Gillet-Forest . . . . »	14-16	115	130	1.250
Gladiator . . . . . »	12	105	140	
Henriod . . . . . . »	10-12	100	130	
Prosper Lambert . »	12	100	120	
Motobloc . . . . . »	8-12	110	120	
» . . . . . . »	10-14	120	120	
Automob. Peugeot . »	10-12	105	105	
Renault . . . . . . »	8	75	120	1.400
» . . . . . . »	10-14	100	120	1.400
Brillié . . . . . . 3 cyl.	24-30	125	140	1.200
Cottereau . . . . . »	10-12	85	105	1.350
» . . . . . . »	15-18	95	120	—
Panhard-Levassor . »	8	81	120	1.100

Tableau 18. — Caractéristiques des moteurs à 4 cylindres.

Noms des constructeurs	Puissance nominale en chevaux	Alésage m/m	Course m/m	Nombre de tours par minute
Ariès.	12-15	84	110	1.200
Cotlin-Desgouttes	12	80	120	—
Panhard-Levassor	10	81	120	—
Vinot-Deguingaud	10-14	80	120	—
Ader	16-20	92	110	—
Bayard-Clément	14-18	85	120	—
Bolide	14-16	90	120	1.100
Brasier.	12-18	85	110	1.100
Brouhot	12	95	100	—
La Buire	15	95	120	—
Chenard-Walker	14-16	86	130	—
Darracq	15	90	120	1.400
Decauville	12-16	90	105	—
»	16-20	100	105	1.500
Delahaye.	16	90	110	—
Delaunay-Belleville. . . .	16	90	130	950
Hérald	16	96	115	—
Mieusset	16	90	100	—
Mors	17	87	124	1.150
Mutel.	12-18	90	110	1.200
Panhard-Levassor	15	91	130	950
Automobiles Peugeot. . .	12-16	86	95	—
Prunel	16	95	120	—
Radia.	12-14	90	106	—
Sage	16-18	90	110	—
Tourand.	14-16	90	110	—
G. Richard Unic	14-16	87	110	—
Vinot-Deguingaud	14-20	90	130	1.000
Ader.	20-24	100	120	—
Berliet	22	100	120	—
Brasier.	15-25	90	120	1.000
Brillié	18-24	100	120	—

Moteurs à 4 cylindres (suite)	Puissance nominale	Alésage m/m	Course m/m	Nombre de tours par minute
Brouhot	16	105	110	—
La Buire	24	110	130	1.350
C.G.V.	14-20	95	120	—
Darracq	20	112	120	—
De Diétrich.	16	104	120	1.500
Delahaye.	24	100	140	1.250
»	25	110	130	1.350
Delaunay-Belleville. . . .	24	105	130	—
» »	20	106	130	—
Gillet-Forest	18-24	100	120	1.200
Gladiator.	24	105	130	—
Gobron-Brillié	24	95	86 + 104	1.200
Hotchkiss	20	105	120	—
Mutel	16-26	100	125	1.200
Panhard-Levassor	18	100	130	950
Automobiles Peugeot . .	18-24	105	105	1.400
Radia	18-22	106	136	—
Renault	14-20	90	120	1.400
Rochet-Schneider	18	100	140	1.250
Tourand.	18-24	100	120	1.300
Bayard-Clément	24-30	100	140	1.250
L. Bollée	25-30	106	150	—
Brasier	20-30	104	120	1.100
Brouhot	24	120	130	1.300
Cornilleau-Sainte-Beuve .	20-30	110	130	1.350
Cottereau.	22-26	105	120	—
Decauville	24-28	115	115	1.550
Delaunay-Belleville . . .	24	116	130	—
De Diétrich	24	120	120	1.350
Gillet-Forest.	25-32	115	130	1.200
Hotchkiss.	25	112	120	—
»	30	115	120	—

Moteurs à 4 cylindres (suite)	Puissance nominale en chevaux	Alésage m/m	Course m/m	Nombre de tours par minute
Mieusset.	24-30	128	140	—
Mors	28	108	150	1.000
Mutel.	26-35	110	130	1.350
Panhard-Levassor	24	110	140	1.150
Renault	20-30	100	140	1.250
Rochet-Schneider	24-30	120	140	1.350
Sage	24-28	100	125	—
Vinot-Deguingand	20-30	103	130	1.350
Berliet.	40	120	140	1.250
Brillié	32-40	125	140	1.200
La Buire	35	135	140	1.350
C.G.V.	20-30	110	130	—
Chenard-Walker	30-40	120	130	1.300
Darracq	40	130	130	1.350
Decauville	30-35	128	130	—
Delaunay-Belleville. . . .	40	130	140	—
Cottin-Desgouttes	24-40	120	140	—
De Diétrich.	40	130	160	—
Brasier.	25-36	112	130	1.000
Gobron-Brillié	35	110	200	1.200
Henriod	30-32	120	130	1.300
Hotchkiss	40	120	150	—
Gillet-Forest	35-50	122	140	1.150
Panhard-Levassor	35	125	150	1.150
Automobiles Peugeot. . .	30-40	130	120	1.350
Radia.	30-36	122	136	—
Rochet Schneider.	35	140	160	1.150
»	40	140	140	—
Rossel.	28-35	120	120	—
Sage	30-35	110	138	—
Tourand.	30-40	130	140	—
Vautour.	35-40	120	140	—

Moteurs à 4 cylindres (suite)	Puissance nominale en chevaux	Alésage mm.	Course mm.	Nombre de tours par minute
Vinot-Deguingaud	30-40	115	140	—
»	30-40	113	140	—
Westinghouse.	30-40	120	140	—
Bayard-Clément.	50 60	140	150	1.250
Berliet.	60	140	140	1.380
L. Bollée.	45-50	130	150	—
Brasier.	50-60	130	140	900
Brillié.	40-50	140	160	1.150
Brouhot	40	140	150	1.260
»	60	150	150	—
C.G.V.	50	140	160	1.150
Decauville	45-60	145	145	—
Delahaye.	45	135	130	—
Delaunay-Belleville. . . .	40	130	140	—
De Diétrich.	60	146	180	—
Mors.	45	125	150	1.150
Mutel.	40-50	125	140	1.100
Panhard-Levassor	50	145	160	1.000
Automobiles Peugeot . .	50-60	150	140	1.400
Radia.	40-45	140	160	1.150
Renault.	35-45	130	140	1.350
Rochet-Schneider	40	140	140	—
Sage	40-50	125	140	—
Aster.	80	160	186	—
Berliet	80	160	140	1.350
La Buire.	80-100	175	160	1.300
C.G.V.	75	160	160	1.350
Delahaye.	100	185	140	1.300
»	300	330	250	—
Rochet-Schneider	70	160	160	—

Régulation et équilibrage. — La régulation et l'équilibrage
des moteurs à explosion a fait l'objet d'études très complètes et d'un
très grand intérêt, mais de tels développements ne peuvent pas trouver leur place ici.

Le traité sur les moteurs à essence pour automobiles de **M. Marchis**
a donné un développement tout à fait particulier à cette question, et
nous ne pouvons faire mieux que d'y renvoyer le lecteur.

Nous rappellerons ici que l'équilibrage est nécessaire dans les moteurs
d'automobiles pour vaincre les effets de la force centrifuge et ceux des

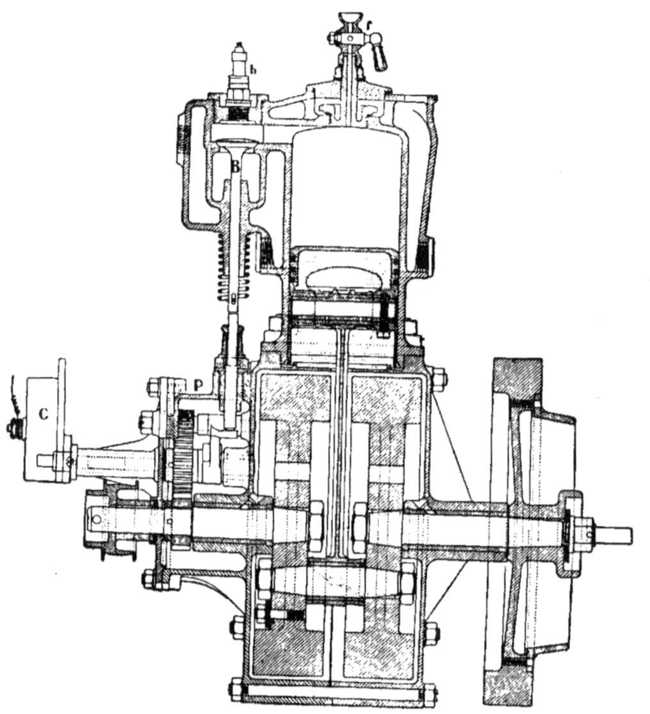

Fig. 63. — Coupe longitudinale d'un moteur à un cylindre ; équilibrage par
volants intérieurs (Peugeot).

mouvements alternatifs des pistons. L'équilibrage peut se faire d'un
très grand nombre de façons, et la disposition des contrepoids et des
volants varie avec chaque constructeur d'automobiles.

Les moyens les plus employés sont les contrepoids placés à l'opposé des manivelles sur l'arbre vilebrequin. Ces contrepoids doivent avoir leur centre de gravité dans le plan de rotation du rayon de la manivelle ou le plus près possible de ce plan ; quant aux volants, ils sont placés soit au bout de l'arbre dans les quatre cylindres, soit dans le carter et symétriquement à l'axe du moteur, comme dans les monocylindriques (fig. 63).

Fig. 64. — Moteur 4 cylindres, côté admission (Delahaye).

Les données d'un calcul d'équilibrage doivent être les suivantes :

1º Course des pièces en mouvement, pistons, bielles et manivelles ;

2º Distance entre axes des cylindres ;

3º Poids des masses correspondant à chacune des pièces en mouvement ;

4º Calage des manivelles entre elles.

Au surplus, on s'est servi, pour l'étude théorique des moteurs à explosion, des travaux très remarquables faits antérieurement sur l'équilibrage des masses en mouvement dans les locomotives à grande vitesse.

Les constructeurs d'automobiles ont cherché également à faire l'équilibrage des pièces en mouvement par des dispositions spéciales des cylindres entre eux. Dans le chapitre précédent, nous avons passé en revue ces dispositions spéciales, nous n'y reviendrons donc pas ici. Disons seulement que la disposition le plus généralement adoptée est le calage des manivelles extrêmes à 360°, les deux intermédiaires étant à 180° l'une de l'autre. Toutes les dispositions précédemment adoptées par les constructeurs d'automobiles ont disparu en présence des avantages que présente cette disposition et des facilités de construction qu'on a maintenant pour la réaliser.

Quand on étudie le calage des pistons de moteurs d'automobiles, on est amené, tout naturellement, à employer les représentations graphiques que nous avons données (fig. 31 et 32) pour se rendre compte des avantages que présente chacun des systèmes.

On a vu précédemment (pages 97 et suiv. comment on peut construire une courbe qui représente les forces d'inertie alternatives, et celles-ci varient beaucoup suivant la disposition des cylindres. Dans la figure 32,

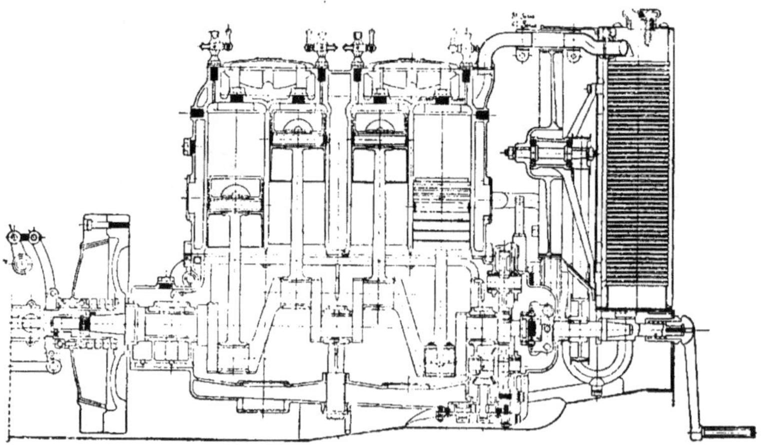

Fig. 65. — Coupe longitudinale d'un moteur à quatre cylindres avec son radiateur et son système de distribution (Cornilleau-Sainte-Beuve).

par exemple. les courbes en traits pleins, indiquent, pour chacun des deux cylindres, les variations de ces forces. La courbe en traits mixtes représente les variations de la résultante des forces d'inertie alternatives par tour de manivelle, et on voit que cette résultante passe par des valeurs positives et négatives assez importantes. La figure en question est relative à un moteur à deux cylindres, dans lequel les pistons sont calés à 180° l'un de l'autre.

A cette question d'équilibrage des moteurs se lie très étroitement la question du régulateur. Les constructeurs de la première heure ont estimé, avec juste raison, qu'il était indispensable de disposer un régulateur pour empêcher l'emballement du moteur, et on a créé toute une série de dispositifs à force centrifuge, de sensibilité extrême et d'encom-

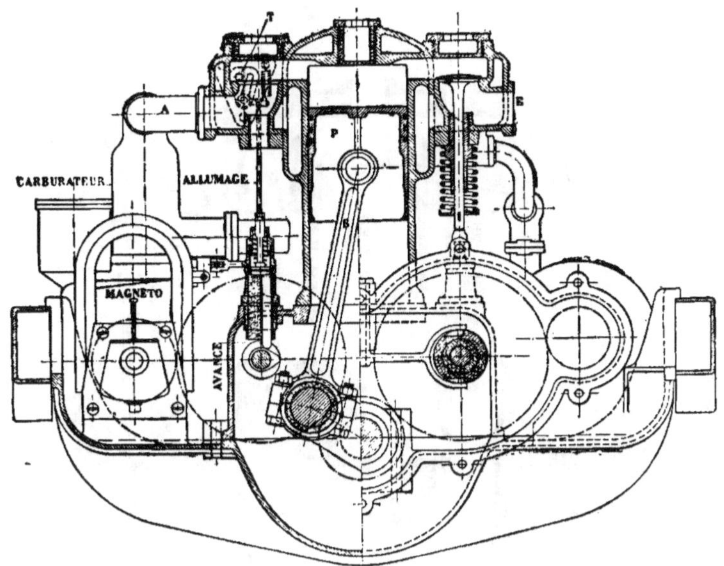

Fig. 66. — Moteur à 4 cylindres, allumage par rupteurs (Berliet).

brement réduit, remplissant parfaitement leur office. Actuellement, la majorité des constructeurs estiment que le régulateur automatique n'est pas indispensable et qu'il suffit d'un bon organe, bien combiné, manœuvré au pied ou à la main, pour empêcher l'emballement intempestif du moteur.

Quoi qu'il en soit, il importe de faire connaître quels sont les dispositifs qu'on emploie pour agir sur la vitesse du moteur.

La disposition la plus courante est celle qui provoque le réglage de la quantité des gaz carburés à admettre dans les cylindres ; pour cela, on dispose un registre d'admission sur la tubulure qui va du carburateur au cylindre, et on ferme plus ou moins ce registre soit à la main, soit au moyen d'une action automatique. Ce dispositif donne une assez grande souplesse au moteur, mais il a le défaut assez grave de diminuer la cylindrée utile, par suite de modifier la compression chaque fois que l'on change la valeur de cette cylindrée. Il diminue ainsi le rendement thermique du moteur et en modifie assez sensiblement la consommation. C'est pour cela que certains constructeurs (de Dion-Bouton, Gillet-Forest) ont préféré agir sur les soupapes d'échappement ; on modifie la levée de celles-ci au moment de leur ouverture et de leur fermeture, en faisant varier la hauteur de soulèvement,

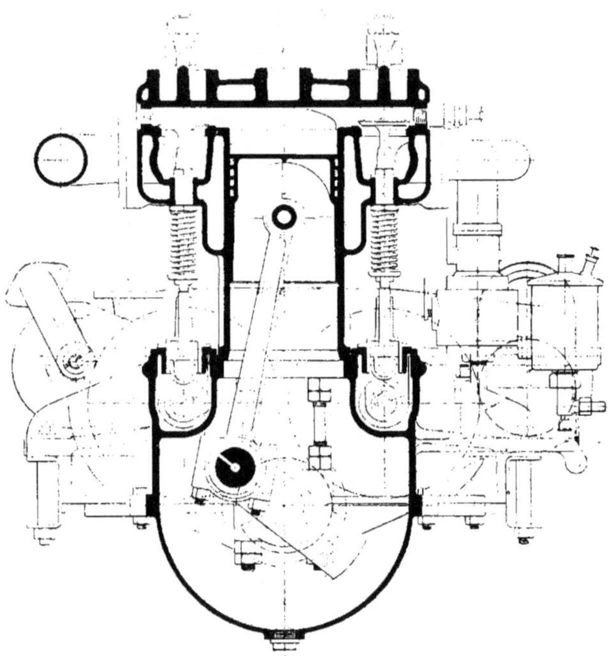

Fig. 67.— Moteur, arbre manivelle équilibré par contrepoids (Gillet Forest).

ou le temps de la levée ou encore le moment où la levée commence. On arrive, assez facilement, par l'un de ces moyens à obtenir des cylindrées sensiblement de même valeur comme compression, en abandonnant dans le cylindre, au moment de l'échappement, une partie des gaz brûlés. On a admis très longtemps que, par stratification, les gaz usés sont refoulés contre le piston, tandis que les gaz frais viennent remplir la culasse et, par suite, on pensait que les gaz usés formaient une sorte de matelas chaud entre les gaz de l'explosion et le piston : on supposait avoir ainsi un rendement thermique élevé, par suite des calories emmagasinées lors de la stratification. Cette théorie ne semble plus devoir être admise sans quelques restrictions, et les expériences qui ont été faites dans les laboratoires spéciaux ont montré que les phénomènes observés dans les moteurs étaient dus à ce que la vitesse de propagation de l'onde explosive se faisait avec plus ou moins de rapidité lorsque le cylindre contenait une proportion plus ou moins grande de gaz non combustibles.

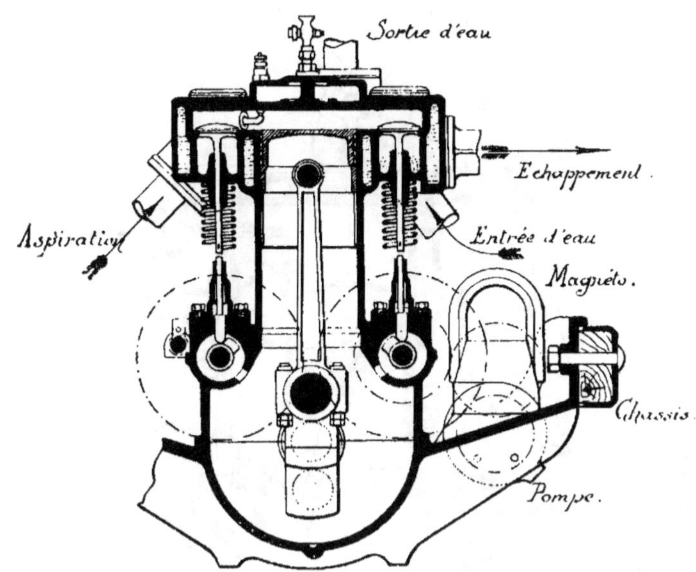

Fig. 68. — Moteur 2 cylindres, équilibrage par contrepoids.

D'autres constructeurs ont pensé préférable d'agir sur les levées des soupapes d'admission quand elles sont commandées ; cette levée plus ou moins grande donne un réglage très parfait, et MM. Renault ont été des premiers à adopter ce système qui n'a pas été étranger à la grande souplesse de leurs moteurs et à leur fonctionnement remarquablement silencieux.

Quoi qu'il en soit, et c'est peut-être à tort dans certains cas, la régulation par étranglement des gaz est actuellement adoptée, et ce dispositif a eu pour effet de faire étudier des carburateurs tout spéciaux.

L'étranglement ayant pour effet immédiat de diminuer le volume du mélange introduit dans les cylindres, il a fallu créer des carburateurs donnant un gaz de composition semblable en tous cas, c'est-à-dire dans lequel la proportion en poids du liquide combustible et de l'air comburant soit à peu près constante, quel que soit le volume du mélange introduit, et c'est pourquoi les carburateurs à admission d'air automatique ont pris, depuis quelques années, une telle importance. Ce mode de régulation sur l'admission n'a, du reste, été possible que grâce au mode d'allumage perfectionné à haute puissance qu'on emploie maintenant, car il est très curieux de remarquer qu'un mélange à pression constante, c'est-à-dire contenant une proportion de gaz brûlé, s'allume plus facilement qu'une cylindrée à volume constant dans lequel la

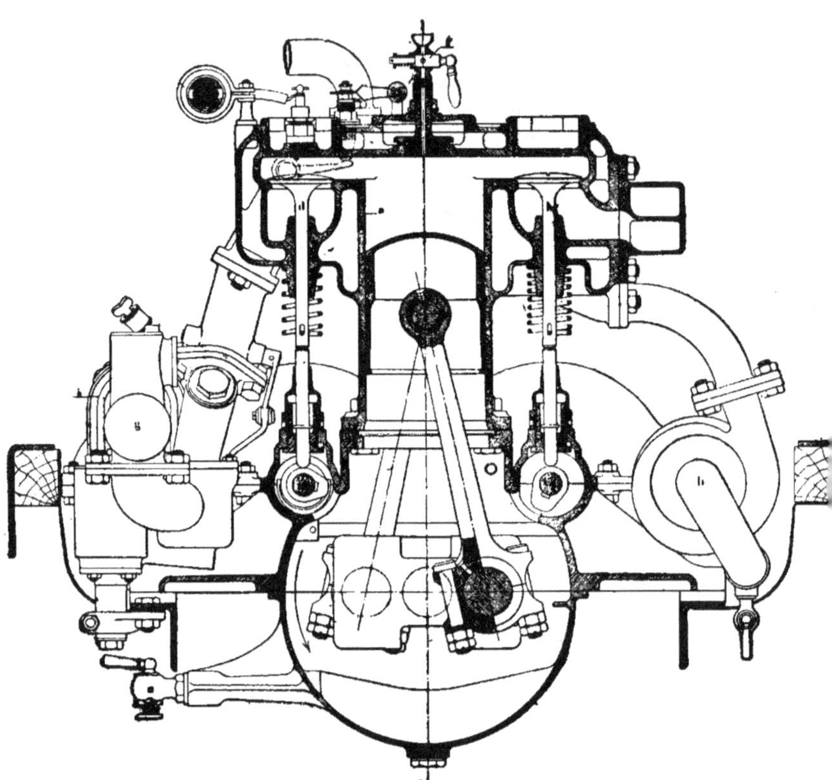

Fig. 69. — Moteur à 4 cylindres, allumage par rupteurs (Peugeot).

quantité des éléments du mélange explosif varie pour ainsi dire à chaque cylindrée.

Signalons, enfin, que la Société Panhard-Levassor agit automatiquement sur le papillon régulateur de la quantité des gaz, non pas au moyen d'organes mécaniques, utilisant la force centrifuge, mais par une transmission hydraulique (fig. 82). La pression de l'eau de circulation étant proportionnelle à la vitesse du moteur, on fait agir cette pression sur un diaphragme qui commande directement le piston régulateur. Par suite, dès que le moteur ralentit, la quantité de gaz à admettre dans le cylindre augmente automatiquement dans la même proportion et réciproquement.

On a proposé également des régulateurs agissant automatiquement sur l'avance à l'allumage, et M. Crouan, sur ses voitures, avait créé un système ingénieux qui utilisait ce principe, mais, bien entendu, il n'était pratiquement applicable qu'aux moteurs munis de l'allumage par accumulateurs.

Echappement. — La dernière phase du cycle du moteur est l'échappement dans l'atmosphère des gaz brûlés provenant de l'explosion. Cet échappement se fait sous l'effet alternatif d'une soupape spéciale, commandée par la distribution, qui vient mettre en communication les cylindres avec l'atmosphère vers la fin du troisième temps.

Toutefois, si on se contentait de ce système primitif, on provoquerait un bruit insupportable, incompatible avec la circulation sur les routes, et c'est pourquoi on a été amené à envoyer les gaz d'échappement, non pas directement dans l'atmosphère, mais dans un organe accessoire fort utile, dit pot d'échappement ou *silencieux*, et cette dénomination, elle-même, indique bien quel doit être son rôle.

Un pot d'échappement convenablement établi doit remplir les deux conditions suivantes : il doit fournir le maximum de silence et présenter le minimum de résistance à l'échappement.

Cette résistance ne doit pas avoir une valeur suffisante pour nuire au fonctionnement du moteur lorsque le pot d'échappement est bien établi ; mais, comme on s'exagère souvent à tort cette influence nuisible, on a été amené à créer des pots d'échappement à volets qui permettent d'échapper directement à l'air lorsqu'on n'est pas dans les villes. C'est ce dispositif qu'on a adopté principalement dans les voitures de course, mais auquel nous ne trouvons du reste aucun avantage, tandis que les inconvénients du bruit et la gène qui en résulte pour les populations qu'on traverse est un inconvénient si grave qu'on devrait défendre absolument l'usage de ces pots d'échappement à ouverture facultative.

Pour se rendre compte des qualités des appareils silencieux, l'Automobile-Club a créé des concours périodiques au cours desquels M. G. Lumet a fait des constatations intéressantes. Il a pris, par exemple, un silencieux étudié spécialement pour un moteur monocylindrique de 8 chevaux qui évacue à la minute 400 cylindrées de

2 litres 1/2, et il a constaté que l'appareil expérimenté absorbait 0,10 environ de la puissance du moteur.

Il a monté ensuite le même appareil sur un moteur à quatre cylindres d'environ 20 chevaux, évacuant 2.600 cylindrées de 90 centilitres à la minute ; l'appareil fait donc un travail double du précédent et, cependant, on constate que la puissance absorbée n'est que de 0,05 de la puissance utile. Cette expérience intéressante s'explique si on consi-

Fig. 70. — Moteur 4 cylindres, avec collecteur d'échappement refroidi par l'eau de circulation (Delahaye).

dère que le but à atteindre dans l'établissement d'un silencieux est de diminuer la vitesse d'écoulement des gaz jusqu'à une limite telle que ceux-ci, sortant de l'appareil, aient une vitesse uniforme très faible, ne produisant par suite aucun choc.

Il est certain également que le problème est beaucoup plus facile avec un quatre cylindres qu'avec un moteur monocylindrique, parce qu'à puissance égale les cylindrées évacuées par le quatre cylindres sont plus petites et plus fréquentes et que, par suite, la vitesse des gaz à la sortie sera évidemment plus faible que dans un moteur monocylindrique qui provoque à chaque échappement des coups de bélier bien distincts. C'est pour ces raisons qu'on a été amené à conclure que les dispositifs intérieurs de l'appareil silencieux doivent varier suivant les moteurs auxquels ils sont appliqués. Certains de ces appareils opposent aux gaz une barrière immédiate qui aura pour effet de créer une contre-pression et, par suite, une diminution de puissance d'autant plus grande que la cylindrée sera plus importante et moins fréquente. Mais, si ce même appareil est placé sur un quatre cylindres, des effets tout différents se produiront, et l'on pourra en obtenir, comme nous l'avons indiqué ci-dessus, des effets bien meilleurs, au point de vue de la construction. On peut donc classer les silencieux en trois catégories :

1° Les appareils basés sur des chicanes avec trous de petits diamètres laminant les gaz et les forçant à changer de direction continuellement, pour diminuer la vitesse et les effets de leur choc ;

2° Les appareils basés sur le principe d'une détente progressive dans une série de chambres de volume de plus en plus grand, ce volume variant d'une façon inverse avec la pression et la température des gaz ;

3° Certains appareils, enfin, établis sur le principe du tourbillonnement qui consiste à précipiter les uns contre les autres les jets de gaz avant de les conduire dans l'atmosphère.

Il est assez difficile de dire actuellement quel est celui des systèmes qui doit être préféré. Comme nous l'avons indiqué plus haut, chaque appareil doit être adapté au moteur qui lui convient, mais il ne faut pas oublier qu'on a toujours grand intérêt à réaliser l'absorption de l'énergie des gaz d'échappement par une diminution de pression provoquée par un refroidissement de ces gaz.

C'est pourquoi il est utile et même indispensable de disposer l'appareil silencieux dans une partie de la voiture où le courant d'air se fasse nettement sentir, et c'est ce qui a permis d'expliquer l'influence remarquablement intéressante de la longueur de la canalisation d'échappement, dispositif qu'un constructeur a même réalisé par la torsion du tuyau en une spirale régulière.

Il ne faut pas oublier, en outre, qu'au moment de la mise en marche les excès d'huile et les fumées résultant de la mauvaise carburation se condensent dans l'appareil silencieux et que le nettoyage périodique de ces appareils s'impose pour assurer leur effet normal.

CHAPITRE III

CARBURATION

Depuis que le moteur à explosion existe (et il y a fort longtemps que Lenoir a créé son premier moteur « à air dilaté par la combustion des gaz »), on a été dans la nécessité de fournir aux cylindres moteurs un mélange explosif composé, d'une façon exacte et précise, d'une proportion donnée du combustible liquide ou gazeux et de l'air comburant, de façon à obtenir les effets dynamiques de l'explosion avec leur maximum d'intensité.

Quand on emploie un combustible liquide, il est nécessaire de faire passer le pétrole ou l'alcool de l'état liquide à un état intermédiaire entre le liquide et le gazeux, qui est l'état de brouillard, dans lequel les vésicules liquides, tout en n'ayant pas perdu leurs qualités physiques, sont en un état de division suffisant pour que chaque molécule du combustible se trouve englobée dans la quantité de molécules d'air qui sont nécessaires pour engendrer le mélange explosif.

L'appareil qui sert à produire ce mélange du combustible liquide avec l'air a été appelé *carburateur*, parce qu'il sert à produire la carburation de l'air ou à fabriquer de l'air carburé, et il convient de dire tout de suite que la carburation n'est pas une combinaison, mais un simple mélange préparant la combinaison du carbone et de l'hydrogène de l'hydrocarbure avec l'oxygène, au moment où l'étincelle d'allumage vient provoquer l'explosion du mélange détonant.

L'histoire des carburateurs remonte donc aussi haut que celle des premiers moteurs utilisant comme force motrice la détonation d'un mélange d'air et de combustible gazeux ou liquide, et cette histoire des carburateurs se trouve mêlée intimement au développement de l'industrie automobile, puisque c'est en somme ce petit appareil qui a permis à Daimler et à Benz d'appliquer à des véhicules légers les moteurs à explosion déjà connus pour les installations fixes, où on employait le plus souvent, il est vrai, le gaz d'éclairage comme combustible.

Composition du combustible. — L'étude de la carburation nous amène de suite à parler de la *composition des combustibles* liquides qui servent à alimenter les carburateurs. Depuis quelques années, les travaux de Ringelmann et de Sorel nous ont fait connaître la composition des mélanges hydrocarburés utilisés dans les moteurs d'automobiles, et ceci dans des conditions toutes nouvelles qui ont permis d'améliorer la fabrication et d'obtenir des combustibles très homogènes, c'est-à-dire composés d'éléments s'enflammant à des températures voisines, et de qualité très constante permettant par suite la marche des moteurs à explosion dans des conditions identiques, quel que soit l'endroit où le combustible a été acheté.

La composition chimique des essences de pétrole (1) est en général la suivante :

Carbone. . . .	0,81
Hydrogène . . .	0,15
Oxygène et azote .	0,4

La densité varie beaucoup suivant la provenance des *naphtes* ou pétroles bruts qui servent à la fabrication des essences.

Le pétrole ordinaire, qui est du naphte raffiné, pèse en général 790 à 815 grammes au litre ; son point d'éclair, qui est la température nécessaire pour que l'explosion se produise sous l'influence d'une étincelle ou d'une flamme, doit être en France supérieur à 35°, et, en général, ce point d'éclair varie entre 45 et 50°. Son point d'inflammation, ou température à laquelle il faut le porter pour qu'il continue à brûler après avoir pris feu au contact d'un corps en combustion, est voisin de 50°. Pour les essences, dont la densité varie de 680 à 720 grammes, le point d'éclair, généralement voisin de — 50°, peut s'abaisser à — 70° ; leur point d'inflammation est un peu supérieur. On peut juger par là des avantages des pétroles au point de vue de la sécurité.

Voici quelques chiffres relatifs à la composition de ces produits :

(1) Nous avons laissé à dessein de côté l'étude des alcools purs et carburés dont l'emploi, à cause de raisons purement économiques, n'a pas jusqu'à présent été généralisé dans les automobiles.

Tableau 19. — Caractéristiques des pétroles.

	Composition chimique			Puissance calorifique par kilogramme
	C	H	O et Az	
1. Pétrole brut d'Amérique	83,0	13,9	3,1	11.094
2. Pétrole raffiné	85,5	14,2	0,3	11.045
3. Pétrole Russe	84,9	11,6	3,5	10.328
6. Essence raffinée d'automobile . .	84,3	15,0	0,7	11.359
5. Essence ordinaire	80,6	15,1	4,3	11.086
4. Pétrole du concours de Meaux . .	84,2	15,4	0,3	11.040

Les essences de pétroles rectifiées, qu'on utilise dans les moteurs actuels, se composent d'une série d'hydrocarbures qu'on isole par distillation fractionnée et qui peuvent se réunir sous les dénominations suivantes :

$$\begin{aligned}
&\text{Hexane} & & C^6H^{14} \\
&\text{Heptane} & & C^7H^{16} \\
&\text{Octane} & & C^8H^{18} \\
&\text{Nonane} & & C^9H^{20}
\end{aligned}$$

Ce dernier produit, qui se divise en « nonane normal », « nonane α » et « nonane β », se trouve principalement dans les pétroles raffinés ; mais on constate qu'il passe à la distillation de certaines essences entre 101° et 127°. La densité des essences employées varie de 0,690 à 0,720 ; on a reconnu en effet que, dans les carburateurs actuels, on a économie à utiliser des essences dites lourdes, tandis que, au début de l'automobilisme, l'emploi des carburateurs à barbotage exigeait l'emploi d'essences extra-légères.

Pour se rendre compte de la composition d'un combustible, il importe de l'étudier par la distillation, c'est-à-dire d'isoler les éléments qui passent successivement aux différentes températures sous l'influence de la chaleur.

Par exemple, une des essences d'automobile les plus connues, dont la densité à 15° est en général de 0,699, donne à la distillation fractionnée : entre 68 et 72° de l'hexane et de l'heptane ; entre 81° et 87°

de l'heptane seulement ; entre 95° et 101° de l'octane et enfin du nonane dans les dernières parties de la distillation, entre 101 et 127°.

Éléments de la combustion. — On comprend combien il était nécessaire de se rendre compte de la quantité d'air à introduire dans le moteur pour produire la combustion complète de ces produits. Pour déterminer théoriquement cette quantité d'air, il suffit d'écrire la formule relative à l'heptane, c'est-à-dire du produit dont on trouve la plus grande quantité à la distillation. On a ainsi :

$$C^7H^{16} + O^{22} = 7CO^2 + 8H^2O.$$

On a pu également donner une formule de combustion de l'essence, en additionnant tous les poids de C et de H des divers éléments de la distillation ; on a ainsi une formule plus générale sinon plus exacte :

$$C^{82}H^{170} + O^{355} = (CO^2)^{301} + (H^2O)^{153}.$$

Si on fait le calcul de la quantité d'oxygène nécessaire pour brûler le carbone et l'hydrogène en partant des poids atomiques de la première formule, on trouve que, la molécule d'heptane étant brûlée par 3,52 molécules d'oxygène, il sera nécessaire de fournir, par chaque kilogramme du combustible considéré (gazoline ou essence de pétrole), un poids d'air d'environ 15,4 kg. correspondant à un volume de 11,9 mètres cubes d'air.

En reprenant la deuxième formule et en faisant intervenir le poids d'azote introduit dans l'air, on a :

$$C^{82}H^{170}O^4 + O^{355} + Az^{1187} = (CO^2)^{301} + (H^2O)^{153} + Az^{1187}$$

L'expérience a montré que cette quantité théorique n'était pas suffisante pour produire la combustion absolument complète des molécules du combustible, et qu'en pratique il était nécessaire de compter sur un volume de 15 à 16 mètres cubes d'air, pour obtenir un mélange explosif présentant des qualités détonantes compatibles avec un bon rendement.

Pouvoir calorifique et effets dynamiques. — Le pouvoir calorifique des pétroles et des essences a été déterminé expérimentalement dans nombre de cas : il est d'environ 11.000 calories pour le pétrole, et il varie peu, qu'il s'agisse des pétroles bruts, des pétroles raffinés ou d'essences (Voir tableau 19).

On peut du reste déterminer ce pouvoir d'une façon théorique. En effet, la quantité de chaleur constituant le pouvoir calorifique est approximativement égale à la somme des quantités de chaleur dégagées par la combustion des divers éléments, moins celle de la quantité d'hydrogène nécessaire à la formation de l'eau résultant de sa combinaison avec l'oxygène, quand il en existe. On peut encore déduire la chaleur de vaporisation de l'eau résultant de la combustion.

C'est ainsi qu'est établie la formule :

$$P = 8080\,C + 29000 \left(H - \frac{O}{2} \right),$$

dans laquelle la réduction du coefficient de **H** (**29.000 au lieu de 34.500**) tient compte de la chaleur latente de vaporisation.

Un peu différemment est établie la formule de Redembacher, qui semble donner des résultats plus approchés. La chaleur **dégagée** serait :

$$7.050\ C + 34.500\ H$$

et l'on en déduirait la chaleur de vaporisation de l'eau, ce qui donne :

$$7.050\ C + 34.500\ H - 650\ \text{eau}.$$

Pour appliquer cette formule à un kilogramme de pétrole, il faut remplacer C par 0,820, H par 0,169 et eau par 1,530, et l'on obtient 10.617 calories, chiffre voisin des 11.000 calories indiquées ci-dessus.

L'équivalent mécanique de la chaleur étant de 425 kilogrammètres par calorie, l'effet dynamique de l'essence de pétrole correspond à $11.000 \times 425 = 4.675.000$ kilogrammètres par kilogramme.

Quant à la température de la combustion, c'est la température à laquelle s'élèvent les produits de la combustion, sous pression constante, en supposant qu'il n'y ait aucune perte par rayonnement :

$$T = \frac{N}{p_1 c_1 + p_2 c_2 + \ldots + p_n c_n},$$

T étant la température cherchée, N la chaleur dégagée par la combustion en petites calories, $p_1, p_2, \ldots p_n$ le poids des produits gazeux et $c_1, c_2, \ldots c_n$ leurs chaleurs spécifiques respectives.

En appliquant cette formule au pétrole et en désignant comme ci-dessus par C et H les proportions de carbone et d'hydrogène employées par la combustion, on a :

$$T = \frac{N}{3.111\,C + 17.288\,H - 0,813\ \text{Eau}}.$$

On obtient ainsi des chiffres variant entre 3.020 et 4.460 degrés, selon la composition du pétrole.

Étude physique des pétroles. — Les combustibles liquides ont donné lieu à d'autres études que celles dont nous venons d'indiquer très brièvement les résultats, et on trouvera dans les travaux de Sorel des indications très précises sur les tensions de vapeur des principaux corps entrant dans la composition des essences à toutes les températures entre 0 et 80°.

Cette tension de vapeur varie dans de très grandes proportions avec les combustibles et avec les températures. Par exemple, elle est de 12,7 mm. de mercure à 0° avec l'alcool pur, et elle s'élève à 160 mm. dans la plupart des essences à 0°. pour atteindre à 50° des tensions de 500 à 700 mm.

En ce qui concerne les chaleurs spécifiques et les chaleurs latentes de vaporisation, des chiffres très nombreux ont également été donnés, et il nous suffira de retenir ici que la chaleur spécifique de l'hexane C^7H^{16} est de 0,500, tandis qu'elle s'élève à 0,776 pour l'alcool dénaturé; la chaleur latente de vaporisation de l'hexane est de 117, se rapprochant assez près du chiffre de 109 indiqué pour la benzine de houille ou benzol, tandis qu'elle atteint 288 avec l'alcool dénaturé.

On a pu tirer ainsi quelques conclusions intéressantes des travaux effectués ces dernières années sur ces questions jusque là très peu connues, et on a constaté, notamment, que certains combustibles présentant presque exactement les mêmes courbes de tension de vapeurs se comportent très différemment dans un carburateur au point de vue de la vitesse de vaporisation, vitesse dont il est important de tenir compte dans l'établissement des dimensions caractéristiques de ces appareils.

Ces considérations ont confirmé, ce que la pratique avait déjà indiqué, qu'il est bon que la masse du carburateur constitue un volant de chaleur suffisant, chaque fois que les quantités d'hydrocarbures légers sont faibles dans les combustibles, et c'est ce qui fait qu'on a été amené, pour aider cette évaporation et contre-balancer les effets réfrigérants qui en résultent, d'entourer le corps des carburateurs d'une enveloppe réchauffée modérément par l'eau de circulation ou les gaz de l'échappement. Les constructeurs se sont, en effet, rendu compte que la constance de la température pendant la durée du travail demandé à l'appareil est une des meilleures garanties de bon fonctionnement du carburateur.

Éléments d'une carburation constante. — Depuis la création des moteurs à quatre cylindres à soupapes commandées, on s'est attaché à déterminer théoriquement les conditions dans lesquelles doit être établi un carburateur pour obtenir une carburation constante, quelles que soient les allures du cylindre moteur, c'est-à-dire quelles que soient les vitesses de l'air passant pour se carburer dans cet appareil.

En appelant δ la densité de l'air, d la densité du combustible, S la section de l'orifice d'air et s la section de l'orifice du liquide, H la dépression produite par l'aspiration dans la chambre de mélange exprimée en millimètres d'eau en tenant compte des effets de capillarité qui produisent un frottement relativement appréciable contre les parois intérieures du conduit d'essence, h étant enfin la valeur de la dépression sur le liquide, M. Krebs, dans un travail très complet présenté à l'Académie des Sciences, a donné une formule qui permet de calculer la section d'air en fonction des éléments ci-dessus indiqués et d'une constante dont il a déterminé la valeur théorique. Cette formule est la suivante :

$$ S = sC \sqrt{\frac{d}{\delta}} \sqrt{\frac{H - h}{H}} . $$

C'est grâce à ses travaux théoriques que M. Krebs a pu déterminer graphiquement la forme à donner aux orifices d'entrée d'air de son carburateur, pour assurer dans des conditions pratiques la composition constante du mélange d'air et de vapeurs combustibles.

Les conditions d'établissement des carburateurs ont pris une importance toute particulière depuis l'adoption presque générale des moteurs à soupapes commandées, et il faut bien reconnaître que c'est au développement de ces dernières que le carburateur, si souvent négligé auparavant par les constructeurs, a dû d'être étudié spécialement et perfectionné.

On constate, en effet, avec les anciens types de carburateurs, que, l'aspiration du moteur ou la dépression croissant avec la vitesse linéaire du piston, il se produit aux allures vives un giclage exagéré, tandis qu'aux allures extra-lentes ce giclage est souvent insuffisant, de sorte que le gicleur réglé pour une allure moyenne a un fonctionnement défectueux chaque fois que le moteur accélère ou ralentit cette allure et, dans ces appareils, le mélange, qui est trop riche aux grandes vitesses, produit alors une consommation exagérée et donne au piston une tendance à cogner, tandis qu'aux allures très lentes le débit est insuffisant pour maintenir le moteur à vitesse ralentie.

C'est ce qui amena quelques constructeurs à établir, en 1902, une deuxième entrée d'air, la première débitant constamment et étant exactement suffisante pour l'allure lente du moteur, tandis que l'autre, dite entrée d'air additionnel, diminue automatiquement la dépression par une rentrée d'air, dès que, l'allure augmentant, cette dépression s'élève et que, par suite, le giclage augmente d'une façon trop importante (fig. 71).

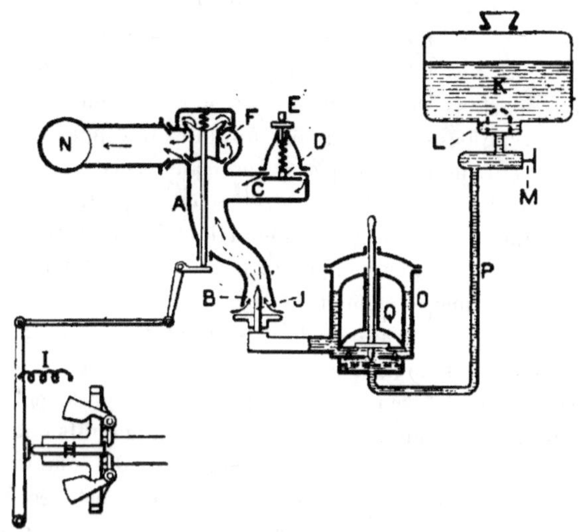

Fig. 71. — Schéma d'un carburateur avec entrée d'air additionnel automatique (Brillié, moteurs des automobiles).

K réservoir d'essence avec son filtre et son robinet d'arrêt, **O** réservoir à niveau constant, **Q** flotteur, **J** ajutage du gicleur, **B** entrée d'air normale, **C** entrée d'air supplémentaire par soupape automatique, **H** régulateur automatique agissant sur le boisseau de réglage **F**, **N** conduit d'admission.

On en est ainsi arrivé obligatoirement à créer des organes spéciaux réglant la quantité des gaz et, dans un grand nombre d'appareils (Delahaye, de Dietrich, de Dion-Bouton, Vaurs, etc.), on a même disposé des registres mécaniques agissant à la fois sur la quantité d'air admise dans le carburateur et sur la quantité de gaz envoyé au moteur, l'une devant être à tout instant proportionnelle à l'autre. Toutefois, les dispositifs de réglage sur les quantités de gaz, soit par papillon ordinaire, soit par tiroirs perfectionnés, ont l'inconvénient de modifier la compression de la cylindrée et, par suite, d'abaisser le rendement thermique du moteur, d'où il résulte parfois un gros déficit de consommation. C'est pourquoi on a recherché d'autres solutions : l'une des plus intéressantes à signaler est celle qui consiste à faire varier la quantité d'essence dans la chambre de mélange de façon à appauvrir celui-ci sans modifier sensiblement son volume.

Classification des carburateurs. — Nous avons classé les carburateurs en deux catégories bien distinctes :

1° Les *carburateurs-diffuseurs* ordinaires. c'est-à-dire ceux dans lesquels le mélange explosif est formé sans intervention d'une source de chaleur. Quand nous parlons de source de chaleur, nous entendons laisser de côté les enveloppes de réchauffage qui, ainsi que nous l'avons indiqué, ont pour but, non pas d'opérer une transformation, mais seulement d'apporter les calories nécessaires pour empêcher des déperditions provenant de l'évaporation et de maintenir simplement la chambre de carburation à une température sensiblement constante, très favorable au bon fonctionnement de l'appareil ;

2° La deuxième catégorie est celle des *carburateurs-vaporisateurs*, qui ont pour but d'utiliser dans les moteurs d'automobiles des combustibles moins volatiles que l'essence. tels que les alcools ou le pétrole ordinaire, et on les a dénommés vaporisateurs parce qu'ils ont pour but de réduire en vapeur les éléments constitutifs du combustible. La source extérieure de chaleur généralement utilisée est l'échappement même du moteur qui porte le carburateur ; dans certain cas cette source n'est autre que le bruleur d'allumage.

Quoi qu'il en soit. la construction des carburateurs présente de grandes similitudes. quel que soit le type adopté ; c'est pourquoi il nous a paru utile de donner plutôt des indications générales qui sont essentiellement du domaine de la pratique que des descriptions générales des divers types d'appareils.

Construction des carburateurs. — Au début de l'industrie automobile, on a eu l'idée très simple d'employer comme carburateur un réservoir à demi plein d'essence dont, la surface se trouvant léchée par le courant d'air, le combustible abandonnait ses produits volatiles qui se trouvaient ainsi mêlés intimement avec l'air qui provoquait leur dispersion. Un autre système analogue consistait en un véritable barbotage, l'air étant amené par un tube plongeant au sein du liquide et la dépression du moteur, se faisant sentir à la surface de ce dernier, provoquait le passage de l'air par grosses bulles successives à travers la couche du combustible. Ce sont les carburateurs à *léchage* ou à *barbotage*.

Malheureusement, ces systèmes présentaient le grave inconvénient de produire une évaporation non homogène, c'est-à-dire dans laquelle les produits les plus volatils de l'essence de pétrole se trouvaient entraînés les premiers, les produits lourds, inutilisables pour le mélange explosif, ne tardant pas à se concentrer en modifiant le fonctionnement de la carburation.

On est donc arrivé à reconnaître que la pulvérisation de l'essence à

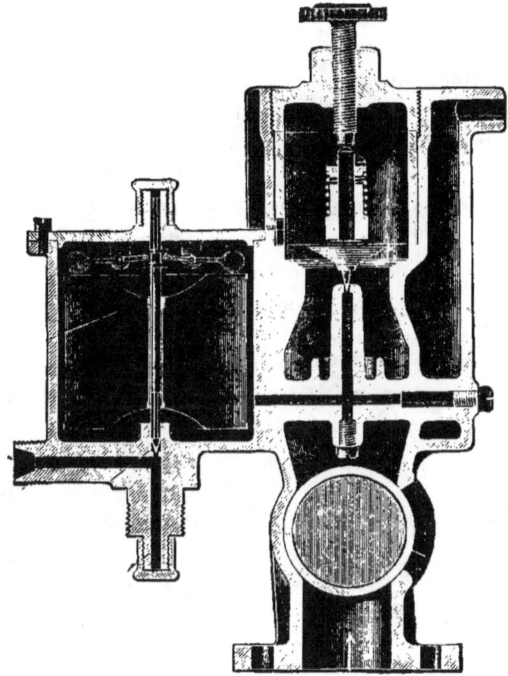

Fig. 72. — Carburateur à réglage de la quantité d'essence par champignon diffuseur automatique (Gillet-Forest).

travers des orifices étroits permettait mieux que tout autre système le mélange intime de toutes les parties de l'essence avec l'air, condition indispensable à la combustion du mélange ; cette pulvérisation se faisant par des orifices de très faible diamètre, ou *gicleurs*, on a dénommé carburateurs à giclage ceux qui procèdent de cette manière d'opérer (1).

Le gicleur est donc un petit ajutage en général vertical, quelque-

(1) On trouve également quelques appareils distributeurs d'essence comme le carburateur de Clercq ou l'auto-carburateur Hennebutte.

fois incliné (Léon Bollée, Grouvelle-Arquembourg), dans lequel le niveau d'essence doit être maintenu à 3 ou 4 millimètres de l'orifice, de façon que, sous la dépression produite par le piston, l'essence se trouve attirée vers l'orifice supérieur et projetée à l'état de fines gouttelettes dans le courant d'air résultant également de la dépression du piston. L'air qui entre dans la composition du mélange explosif vient en contact avec le gicleur, soit parallèlement à la direction et dans le sens du giclage (par exemple de Dion-Bouton), soit parallèlement à sa direction, mais en sens inverse (par exemple Delahaye), soit perpendiculairement à la direction du gicleur (Krebs), soit, enfin, dans une direction inclinée (Longuemarre, Georges Richard).

C'est là une première classification générale, qu'on peut faire dans la construction des carburateurs à giclage.

Nous allons étudier maintenant les divers organes accessoires des carburateurs et en particulier les réservoirs à flotteurs, gicleurs, chambres de carburation, entrées d'air automatiques, dispositifs de réchauffage et de réglage des gaz, etc., etc.

Réservoirs à niveau constant. — Pour maintenir constant, quelques millimètres en dessous de l'orifice, le niveau de l'essence venant du réservoir de la voiture, il a été nécessaire de munir les carburateurs d'un organe très simple, mais quelquefois délicat dans sa fabrication, qu'on a appelé le *réservoir à niveau constant* et qui se compose d'une petite capacité communiquant librement avec le gicleur, dans laquelle on dispose un flotteur qui agit sur un pointeau ou un autre dispositif analogue, fermant l'arrivée de l'essence qui vient du réservoir général lorsque le niveau du liquide tend à s'élever au-dessus de la ligne pour laquelle le réglage du flotteur a été établi ; on profite en général de ce réservoir à niveau constant

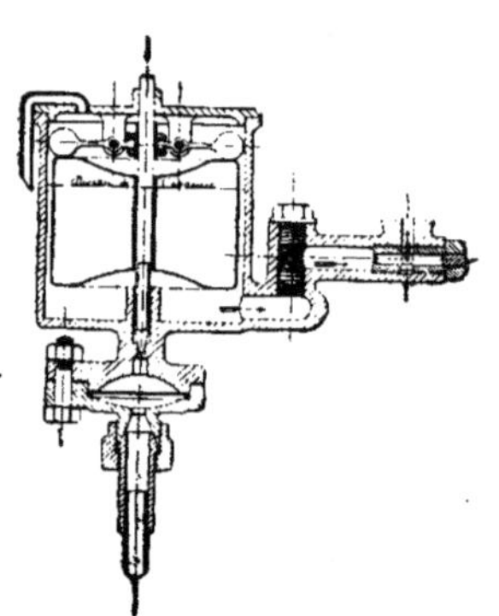

Fig. 73. — Réservoir à niveau constant avec filtre, flotteur à trou central et balanciers supérieurs.

pour disposer, avant l'arrivée de l'essence, des filtres métalliques très bien étudiés (Renault, Peugeot, de Dion-Bouton) destinés à empêcher les impuretés de l'essence de venir jusqu'au pointeau de réglage et de là au gicleur, ce qui empêcherait le fonctionnement régulier de ce dernier. Il est utile de dire ici que la construction des carburateurs a fait depuis quelques années de très réels progrès et que la « panne » de carburateur n'est plus qu'un accident très rare, que les chauffeurs soigneux ignorent maintenant toute leur existence. Il n'en a pas toujours été ainsi.

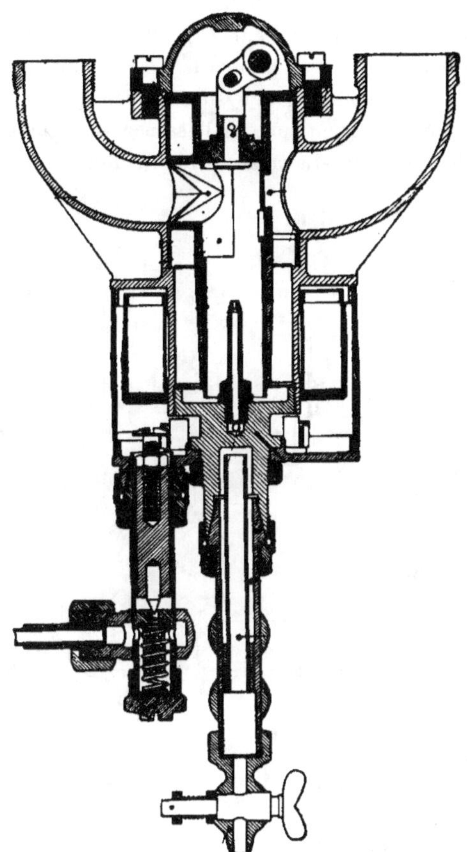

Fig. 74. — Carburateur à réservoir annulaire, réchauffage à la
partie inférieure (de Dion-Bouton).

Le réservoir à niveau constant est constitué en général en métal fondu ou embouti à base de cuivre ; il est muni d'un couvercle fermé par des vis ou de petits boulons qui permettent de visiter ou de remplacer le flotteur lorsque le besoin s'en fait sentir.

Ce dernier se rattache à de très nombreuses sortes, depuis le flotteur en liège, tout d'abord employé (G. Richard, de Dietrich) jusqu'au flotteur en laiton mince de forme annulaire, destiné à empêcher toute variation de fonctionnement, quelle que soit l'inclinaison longitudinale ou transversale du véhicule qu'il s'agit d'actionner (Le Blon, de Dion-Bouton).

Certains constructeurs, comme Renault et Panhard-Levassor, préfèrent les flotteurs présentant une seule capacité ; d'autres sont partisans d'un flotteur à trou central qui permet le passage d'une tige assurant, peut-être plus exactement que le système précédent, le bon fonctionnement du pointeau de fermeture de l'essence (Longuemare, Georges Richard, Brasier, Panhard-Levassor, Gobron, Berliet, Mors, etc.).

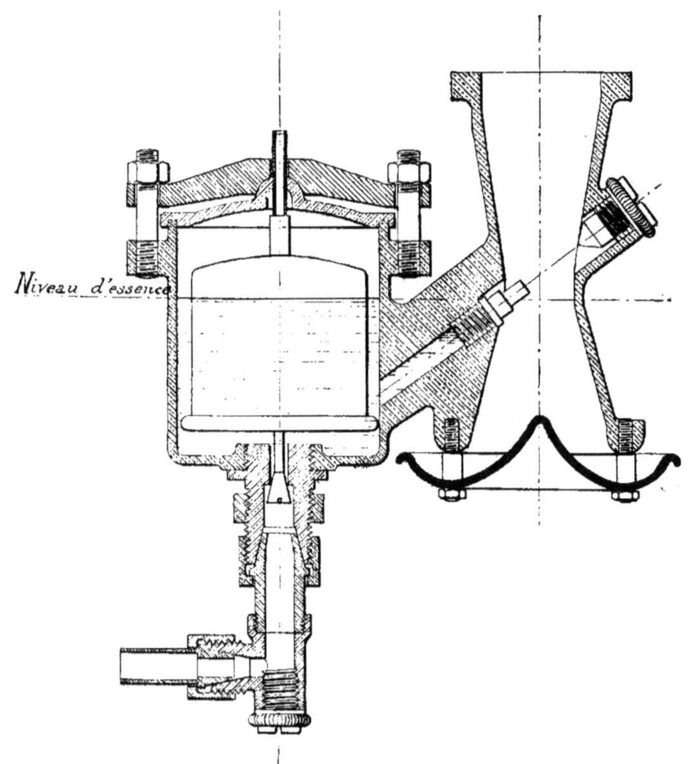

Fig. 75. — Carburateur à gicleur incliné et à double cône
(Grouvelle-Arquembourg).

MM. Grouvelle et Arquembourg munissent le flotteur d'une légère collerette circulaire ne laissant entre sa circonférence extérieure et la paroi

intérieure du réservoir à niveau constant qu'un faible jeu, qui a pour
effet de diminuer l'amplitude des oscillations du flotteur ; on constitue
ainsi une sorte de frein liquide, par suite de la résistance opposée au
passage de l'essence dans la partie annulaire qui existe entre la partie
extérieure de la collerette et le bord du réservoir. Dans le carburateur
Hennebutte, le poids du flotteur étant équilibré par un ressort, ce flotteur peut être d'une densité plus grande que celle du liquide dont il
est chargé de régler le niveau ; on a ainsi un appareil moins fragile et
moins sensible aux trépidations de la route.

L'appareil d'obturation d'arrivée d'essence peut être constitué par
des organes très différents : les uns emploient le pointeau conique,
agissant sur un siège également conique, placé soit à la partie supérieure du réservoir (Richard-Brasier), soit à la partie inférieure
(Longuemare) ; d'autres préfèrent de véritables petites soupapes à
ressort (Panhard-Levassor, Mors, Grouvelle-Arquembourg, Bariquand-
Marre) ; d'autres, enfin, considèrent que la fermeture par une sphère
est suffisante pour donner un fonctionnement régulier (Delahaye).

A ce point de vue, il est intéressant de signaler le système préconisé
depuis longtemps dans les carburateurs Georges Richard, dans lesquels,
l'arrivée d'essence dans le réservoir à niveau constant se faisant par le
dessus, il a été possible de disposer le siège du pointeau sur un écrou ;
en faisant varier la hauteur de ce siège, on peut régler exactement la
ligne de niveau du flotteur, suivant la densité du liquide dans lequel
il doit surnager.

Gicleurs. — En ce qui concerne la forme des gicleurs, chaque
maison de construction a, pour ainsi dire, un dispositif spécial ; il
est indispensable, en tous cas, de ne pas terminer le gicleur par un
rétrécissement d'orifice comme on l'a fait parfois à tort, mais, au contraire, de laisser un libre accès à l'action de la dépression sans créer
de résistance à la sortie de l'essence ; il importe, en outre, de ne pas
exagérer la capillarité du trou qui aurait pour effet de produire une
grande résistance au démarrage et, par suite, un amorçage difficile.

Le gicleur doit être disposé de façon qu'il puisse facilement être
démonté et changé, si on s'aperçoit, lors de la mise au point du
moteur, que le diamètre de son orifice n'est pas celui qui convient à
l'allure de la machine ; pour cela, on le dispose souvent en dessous
d'un bouchon démontable qui permet sa visite, son changement facile
avec une clé à douille et son nettoyage lorsqu'on a lieu de craindre
que, malgré les filtres, le débit du gicleur ne soit modifié par la présence d'impuretés.

Les gicleurs peuvent être simples ou multiples et, dans ce dernier cas, les orifices sont quelquefois divergents (Longuemare, Ariès) ; certains types (Richard-Brasier) ont des orifices convergents afin de briser les jets d'essence les uns sur les autres, la force de projection des molé-

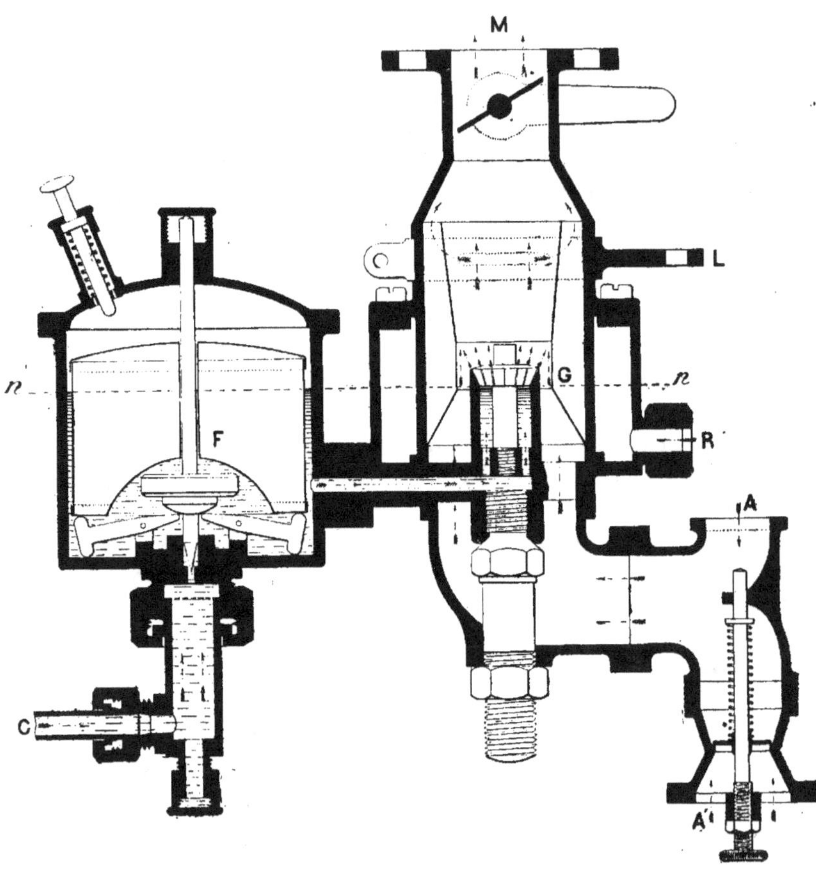

Fig. 76. — Carburateur à jets multiples Longuemare et à prise d'air automatique.

F flotteur ; G chalumeau de giclage ; M régulateur de gaz ; A entrée d'air normale ; A' entrée d'air automatique ; R réchauffage.

cules liquides les unes contre les autres étant proportionnelle à l'aspiration du moteur, c'est-à-dire à la quantité de gaz qu'il est nécessaire de fournir au piston, et on a ainsi une carburation assez constante.

Enfin, on dispose dans certains carburateurs deux gicleurs indé-

pendants (L. Bollée, Grégoire, C. G. V.) qui assurent des avantages
très réels, pour le fonctionnement aux diverses allures ; quand le moteur
tourne à allure ralentie, le petit gicleur agit seul, puis, lorsque la
dépression augmente, un organe automatique se soulève et met en
action le second gicleur plus important que le précédent, à l'action
duquel il s'ajoute.

Quelques constructeurs ont étudié, dans le même ordre d'idées, le

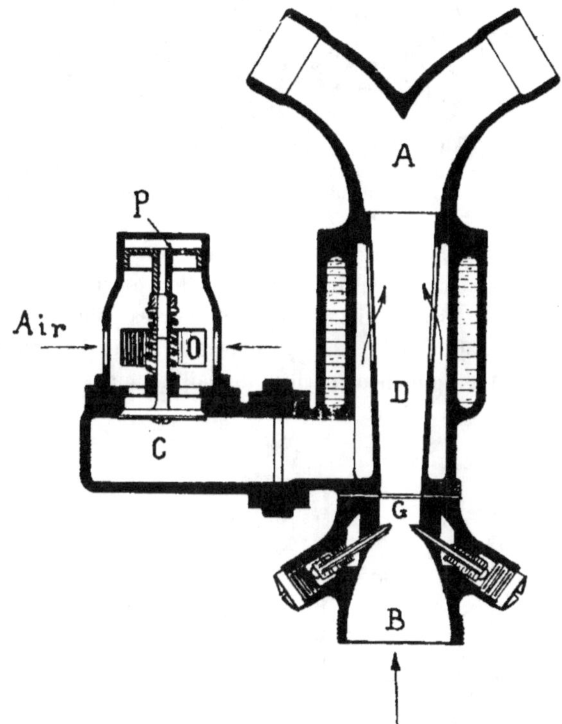

Fig. 77. — Carburateur à gicleurs inclinés, prise d'air supplémentaire
automatique (Brasier).

G gicleurs, **B** prise d'air constante, **D** cône de mélange, **A** tubulure d'admission,
O prise d'air additionnel par soupape freinée par le piston **P**.

réglage de la quantité d'essence à admettre dans le mélange en modifiant l'arrivée du combustible proportionnellement à la dépression et,
par conséquent, au volume d'air qui passe dans l'appareil (Chenard-
Walker).

La solution par le dispositif à deux gicleurs, dont nous avons parlé
plus haut, n'est pas complète, en ce que le débit d'essence ne corres-

pond qu'à deux ou trois états de marche de l'appareil. Pour y remédier, M. de Quelen a construit un gicleur à trous horizontaux multiples, qui sont découverts par un fourreau obturateur glissant verticalement sur le gicleur et démasquant les trous de giclage en plus ou moins grand

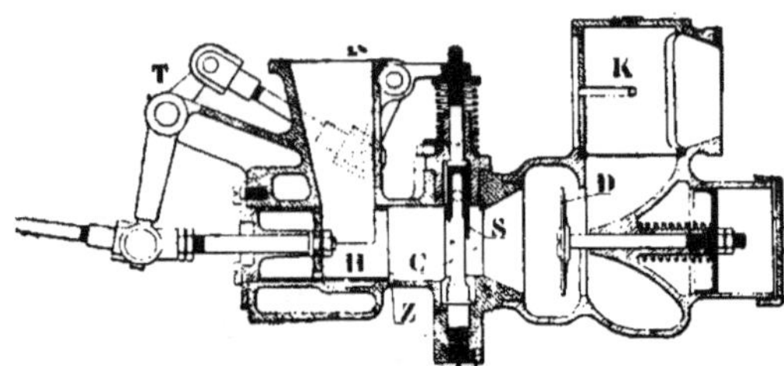

Fig. 78. — Carburateur avec réglage de la quantité d'essence (Peugeot).
S gicleur à débit variable, D prise d'air totale automatique, H boisseau de réglage des gaz, T commande du boisseau et du débit du gicleur.

nombre. La Société Peugeot emploie une variante de cet appareil qui consiste en un gicleur constitué par un cylindre fendu suivant une demi-circonférence, sur lequel se meut le fourreau obturateur coupé en double sifflet. M. Vaurs règle également le débit de l'essence en faisant varier mécaniquement l'orifice de jaillissement en fonction de l'ouverture des orifices d'air.

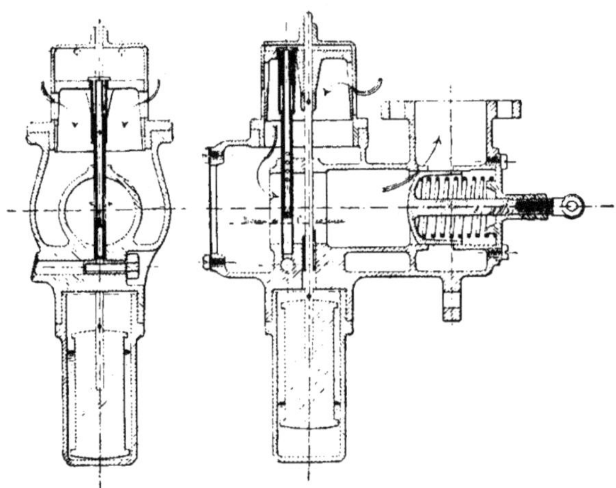

Fig. 79. — Carburateur à orifices multiples avec régulateur à mercure
(Xénia-Johnston).

MM. Renault, dans leur carburateur de 1905, employaient un système analogue dans lequel l'obturateur était un tube communiquant, à sa partie supérieure, avec l'atmosphère ; grâce à ce que chaque trou de giclage est alimenté par un conduit spécial, l'obturateur met en court-circuit avec l'atmosphère les trous qui ne sont pas employés, et on obtient ainsi de grandes qualités de souplesse et de vitesse du moteur.

Le carburateur Xénia-Johnston est un appareil automatique avec frein à mercure ; un premier gicleur est intercalé entre le réservoir à niveau constant et le distributeur d'essence, ce gicleur réglant le débit maximum de l'essence. L'admission totale de l'air est automatique ; elle se fait par un piston en aluminium percé de fenêtres, coulissant dans un cylindre également percé de fenêtres ; le piston est relié à un flotteur en bois reposant dans le mercure et surmonté d'une couche d'essence, pour empêcher les vibrations du flotteur. Au piston réglant l'entrée de l'air est relié un tube percé de trous, qui coulisse dans un autre tube également percé de trous en communication avec le réservoir d'essence. Sous l'action de la dépression, le piston réglant l'air et le tube réglant le débit d'essence s'enfoncent ensemble en entraînant le flotteur à mercure. Un piston horizontal laisse passer la quantité de gaz demandée pour l'allure du moteur ; il présente une échancrure permettant à la quantité rigoureusement suffisante pour la marche ralentie de se rendre au moteur lors de sa mise en marche.

Chambre de carburation. — La forme de cette chambre n'est pas sans intérêt ; on a reconnu, en effet, depuis les expériences de Ser sur les ventilateurs, que le cône de 7° environ est le plus favorable à la libre circulation de l'air, c'est-à-dire donne la perte de charge minima par production d'une contraction de la veine gazeuse à une hauteur égale à un tiers du diamètre de la petite base du cône ; cette propriété a été mise à profit dans le carburateur Sthénos qui présente cette disposition intérieure d'un cône de faible inclinaison (5,6°) commençant à quelques millimètres du gicleur d'essence, exactement dans la zone où la vitesse de l'air est maxima par contraction de la veine gazeuse. L'entrée de l'air, ou ajutage de pénétration, est également d'une forme étudiée, et la chambre de carburation a une hauteur d'environ cinq fois le diamètre en dessous du papillon de réglage, afin de faciliter le mélange intime de l'air et des vapeurs du combustible.

Cette disposition favorable de la chambre de carburation a été mise à profit également dans les carburateurs Richard-Brasier, Grouvelle-Arquembourg, Longuemare, etc.

Dans ce dernier, la chambre de carburation a une capacité variable, afin de permettre l'adaptation du carburateur à des moteurs de carac-

téristiques différentes ; pour faire varier cette capacité. on change une
pièce tournée en cuivre rouge que les constructeurs nomment *diffuseur*

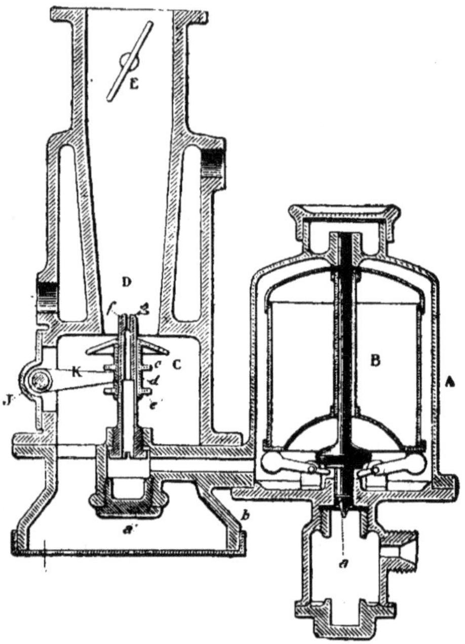

Fig. 80. — Carburateur à cône de mélange (Gobron).

B flotteur ; *g* gicleur : C cône de réglage d'air ; E papillon de réglage des gaz ;
D chambre de mélange.

et qui a pour effet de produire le passage de l'air sous une dépression
plus ou moins grande et, par suite, avec une vitesse plus ou moins
considérable selon le diamètre du diffuseur employé. Ce moyen
de faire varier la chambre de carburation se combinant avec le débit
du gicleur multiple ou *chalumeau*, qui est lui-même interchangeable
selon la quantité de ses rainures de giclage, permet de disposer les
éléments du carburateur d'une façon favorable au fonctionnement de
n'importe quel moteur.

Le diffuseur limitant la chambre de carburation a, dans le carburateur Longuemare (fig. 79), la forme d'une cheminée formée de deux
troncs de cône réunis par leurs petites bases au moyen d'une partie cylindrique ; on retrouve cette disposition du diffuseur dans certains autres
appareils tels que le carburateur D. R. Amoudruz, qui présente cette par-
ticularité de gicleurs concentriques avec réservoir à niveau constant.

Pour aider au brassage des gaz et empêcher toute projection de

gouttelettes liquides dans le cylindre, on a eu, de tous temps, l'idée de
disposer dans la chambre de carburation des toiles métalliques qui
sont une excellente solution théorique ; malheureusement, les toiles
métalliques ont l'inconvénient, d'une part, de produire une résistance

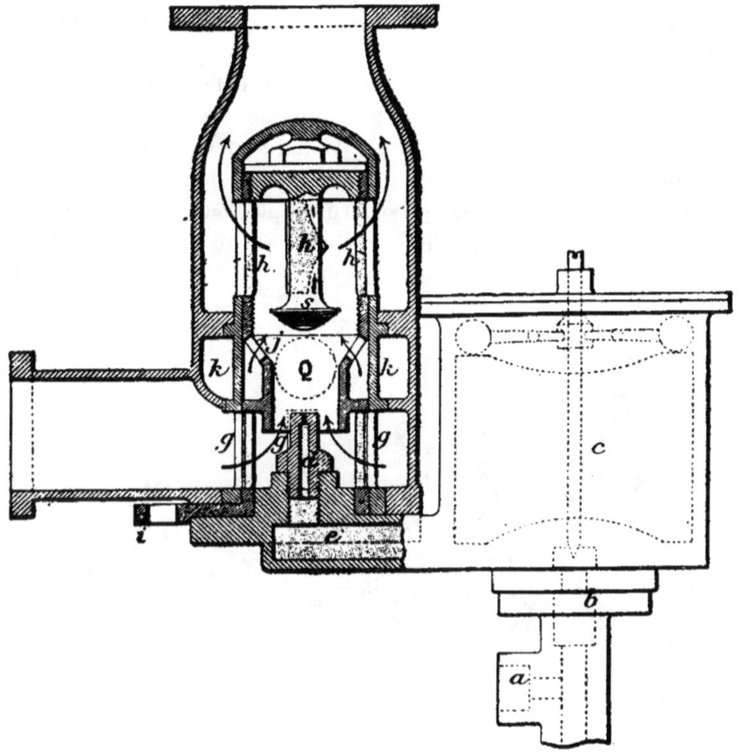

Fig. 81. — Carburateur Berliet.

d gicleur, *s* champignon diffuseur, *g* entrée d'air normale, *k* entrée d'air supplémentaire, *h* boisseau de réglage commandé par la manette *i*.

à l'aspiration, évidemment nuisible, et, d'autre part, de s'encrasser et
se détériorer très vite et, par suite, de cesser rapidement tout effet utile ;
on a donc été obligé de renoncer à ce moyen commode et efficace et de
se contenter de rechercher les meilleures proportions à donner à la
chambre de carburation pour parfaire le mélange carburé.

Entrée d'air automatique. — Les études faites en 1904 et
1905 pour donner une grande souplesse de marche aux moteurs ont
amené les constructeurs à disposer sur leurs appareils, à côté de

l'entrée de l'air nécessaire à l'aspiration de l'essence, des orifices d'entrée d'air additionnel réglables soit à la main, soit automatiquement, qui ont pour effet de venir ajouter au mélange déjà formé une certaine quantité d'air frais, afin de parfaire la vaporisation du liquide ; de plus, grâce au brassage énergique produit par ces divers courants gazeux, on donne au mélange les qualités de cohésion et d'homogénéité indispensables au bon fonctionnement.

Les dispositifs automatiques permettant soit l'introduction de l'air total, soit l'entrée de l'air additionnel, sont des plus nombreux et des plus variés. Dans le carburateur Panhard-Levassor-Krebs, l'entrée de l'air supplémentaire se fait par des fenêtres de formes exactement déterminées par la théorie, qui se ferment plus ou moins sous l'action d'un piston en cuir souple de large diamètre, au-dessous duquel agit

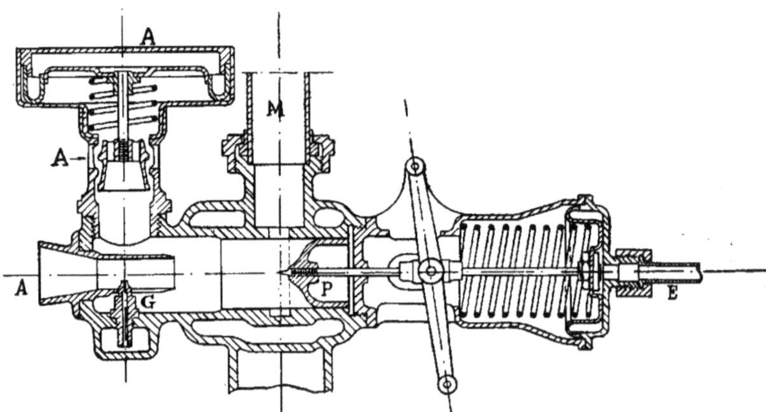

Fig. 82. — Carburateur Krebs à régulateur hydraulique (Panhard-Levassor).
G gicleur, A entrées d'air, M tubulure d'admission, E raccord de l'eau
de circulation.

la dépression du moteur ; ce piston est surmonté d'une couche d'air enfermée dans une boîte munie d'un trou dont on règle le diamètre pour former frein à l'action trop brusque du piston sous l'action de la dépression. L'entrée d'air supplémentaire au doseur d'air du carburateur Grouvelle et Arquembourg est constituée par une série de trous avec, comme clapets, des billes de différents diamètres Le carburateur employé sur la voiture Gladiator arrive à un résultat assez analogue avec des moyens contraires ; l'entrée de l'air se fait par un cylindre mobile dont la base supérieure est percée d'un trou : une pièce fixe de forme étudiée, autour de laquelle monte et descend le trou circulaire du fond de cylindre, fait varier la section de passage de l'air suivant la hauteur de cylindre et, par suite, la dépression. On emploie également une membrane en tissu élastique qui se déforme sous l'action de la dépression, en agissant sur les orifices de prise d'air (Ader, Séguin, Porthos etc.). Dans quelques appareils (Panhard-Levassor, Napier, Bavery, etc), l'eau de circulation agit par sa pression sur un diaphragme qui règle soit l'admission des gaz, soit le boisseau qui agit à la fois sur l'air et les gaz.

Le carburateur Bariquand et Marre comporte un flotteur régulateur, sorte de diaphragme mobile en hauteur, sous l'influence de la dépression ; lorsque celle-ci augmente, ce régulateur se soulève et démasque automatiquement des entrées d'air supplémentaire de la quantité correspondant à la dépression qui agit sur lui ; c'est une solution analogue, bien qu'employant des moyens différents, qu'on trouve dans le carburateur Ariès.

Dans un grand nombre de cas, on a disposé seulement des soupapes

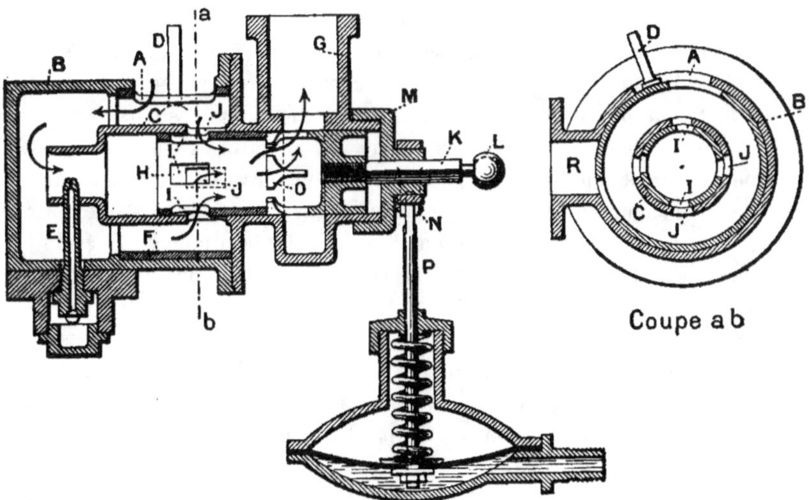

Fig. 83. — Carburateur à double réglage d'air et des gaz (Bavery).

E gicleur, A entrée d'air, G tubulure d'admission, O réglage du mélange,
P réglage par rotation du boisseau, L réglage par déplacement du boisseau.

à ressort agissant automatiquement soit sur la quantité totale d'air, soit simplement sur un orifice d'entrée d'air additonnel. Cet organe automatique n'agit que lorsque l'allure du moteur exige une quantité d'air supplémentaire à celle pour laquelle les orifices normaux ont été calculés et qui correspondent à l'allure du moteur en marche normale ou ralentie.

Bien que l'emploi des soupapes à ressorts se soit généralisé en

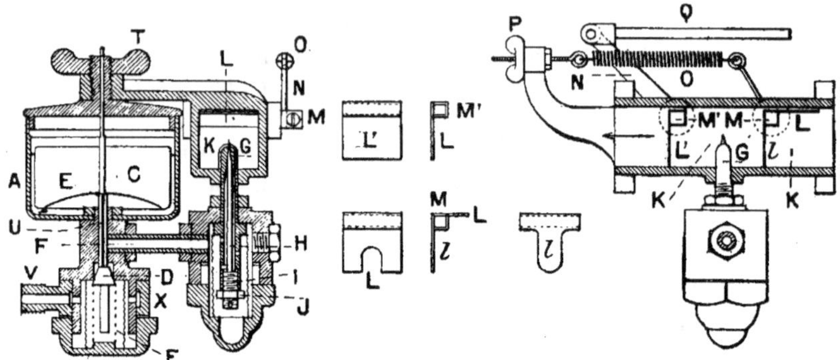

Fig. 84. — Carburateur Lepape.
G gicleur à débit variable par l'aiguille H, L L' volets doseurs d'air.

raison de leur grande simplicité, on reproche à ces dispositifs la difficulté d'un fonctionnement absolument synchrone avec les organes de distribution du moteur, notamment avec les soupapes d'aspiration.

Il ne semble pas que cet inconvénient soit de nature à en faire rejeter complètement l'emploi, si ce n'est dans les moteurs à soupapes d'admission non commandées. Dans le carburateur L. Lefèvre, l'entrée d'air est réglée par une soupape munie d'un frein hydraulique à glycérine ; deux rondelles qui se collent l'une sur l'autre à la montée obligent le liquide à passer à leur périphérie, tandis qu'à la descente elles s'éloignent automatiquement l'une de l'autre, en démasquant des trous en chicane. On obtient ainsi un retour rapide de la soupape d'air pour sa fermeture, tandis que son ouverture se fait progressivement sous l'influence de la dépression, réglée par le passage du liquide.

G. Richard freine sa soupape de prise d'air additionnel par un piston percé d'un trou, qui glisse dans un petit cylindre plein d'essence en communication avec le réservoir à flotteur.

Dans un assez grand nombre de carburateurs, on a établi une commande permettant d'agir en même temps sur les orifices d'entrée d'air et sur l'admission du mélange au moteur, de sorte que la quantité d'air se trouve réglée proportionnellement à la quantité de gaz admise au cylindre (Delahaye, Crouan, l'Automatique etc.) ; dans d'autres appareils, on règle avec une seule manette la quantité de gaz et le débit d'essence (Peugeot) ; dans le carburateur Renault, ce réglage se fait automatiquement par un large disque sur lequel agit la dépression, ce disque permettant un passage d'air d'autant plus grand qu'il est plus soulevé. Ce disque est freiné soit par une vis de pas calculé, soit par un piston glissant dans un cylindre plein d'essence.

MM. Orly et Guillon disposent sur leur carburateur deux entrées d'air automatiques, l'une correspondant à la marche ralentie et l'autre à la

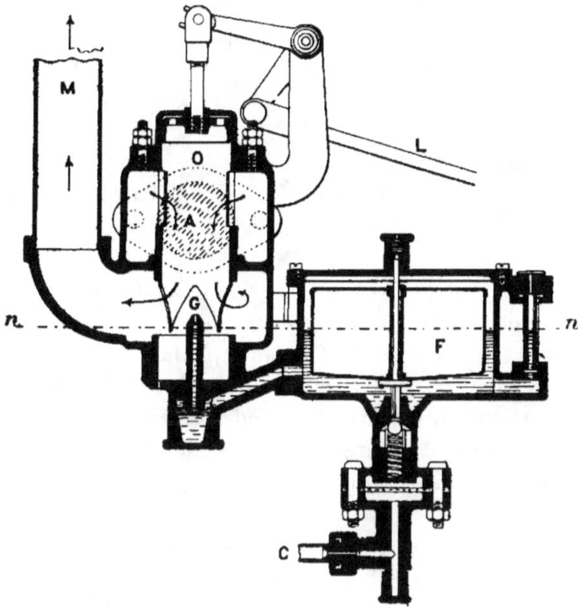

Fig. 85. — Carburateur Delahaye.

G gicleur, A entrée d'air, M tubulure d'admission, O boisseau de réglage
commandé par la tige L, F flotteur.

pleine allure, celle-ci munie, par conséquent, d'un ressort plus fort ; c'est l'inverse de la solution par deux gicleurs. Dans cet appareil, la quantité de mélange est réglée par un tiroir cylindrique analogue à ceux qui servent à l'entrée de l'air, mais présentant un dispositif ingénieux d'automaticité variable.

Réchauffage. — Le réchauffage des carburateurs diffuseurs se fait, en général, par une enveloppe d'eau empruntée à la circulation du moteur, ce qui exige une double enveloppe rigoureusement étanche. Il ne faut pas exagérer le réchauffage, ce qui produirait une évaporation prématurée de l'essence : mais un réchauffage modéré doit se faire de préférence dans les environs de la tubulure de sortie, de façon à empêcher toute formation de givre, qui aurait pour effet d'en diminuer la section utile de passage et d'empêcher l'accès des gaz explosifs au moteur.

Dans les carburateurs-vaporisateurs à pétrole lourd, une dérivation du tuyau d'échappement ou la totalité de cet échappement passe dans une capacité en fonte, qui transmet une partie de la chaleur perdue au liquide qui vient d'être pulvérisé et qui, sous l'action de la haute température, ne tarde pas à compléter sa vaporisation.

Dans le carburateur Claudel, on dispose un volet permettant de faire passer en totalité ou seulement en partie les gaz de l'échappement sur la cornue de distillation.

MM. Grouvelle et Arquembourg ont construit, dans le même but, un régulateur automatique de chaleur, qui ralentit l'action des gaz chauds dès que la chambre de giclage dépasse la température correspondante au combustible employé.

Enfin, le carburateur Eveno provoque les transformations de vapeurs de pétrole, non par la chaleur seule, mais en la combinant avec des actions catalytiques dues à de l'amiante platinée en présence de carbone ; la régulation de la température s'obtient par une injection d'eau. Ce carburateur est du reste ingénieusement disposé : on sépare à volonté le gazogène ou transformateur et le carburateur mélangeur qui fabrique le mélange explosif.

Réglage de la quantité de mélange. — On a employé un grand nombre d'appareils pour le réglage de la quantité de gaz à admettre au moteur, afin de faire varier la vitesse de celui-ci ; il faut, en effet, pour obtenir une bonne carburation, empêcher toute déperdition inutile de force vive tout en assurant un bon mélange des éléments en présence.

Le plus simple des modes de réglage sur l'admission est le papillon disposé dans les conduits d'aspiration (Mors par exemple), mais ses inconvénients sont nombreux, et l'on a cherché à y remédier, notamment par l'emploi de tiroirs cylindriques permettant des passages plus méthodiques, suivant la position du régulateur ou de la manette de commande ; il existe un très grand nombre d'appareils de cette catégorie (Delaunay-Belleville, Peugeot, etc.) ; dans les appareils de la Société Panhard-Levassor, l'action régulatrice, qui agit sur un tiroir cylindrique percé d'orifices triangulaires, a été empruntée très heureusement à la pression de l'eau de circulation, qui est évidemment proportionnelle à la vitesse du moteur, puisqu'elle est produite par une pompe centrifuge liée mécaniquement à l'arbre du moteur, et ce système, qui supprime toutes les commandes mécaniques si embarrassantes et si sujettes à des déréglages, a donné, semble-t-il, des résultats très satisfaisants. Dans le carburateur Gobron (fig. 80), un obturateur est manœuvré à la main et actionné par une came dont le profil est déterminé pour que la pro-

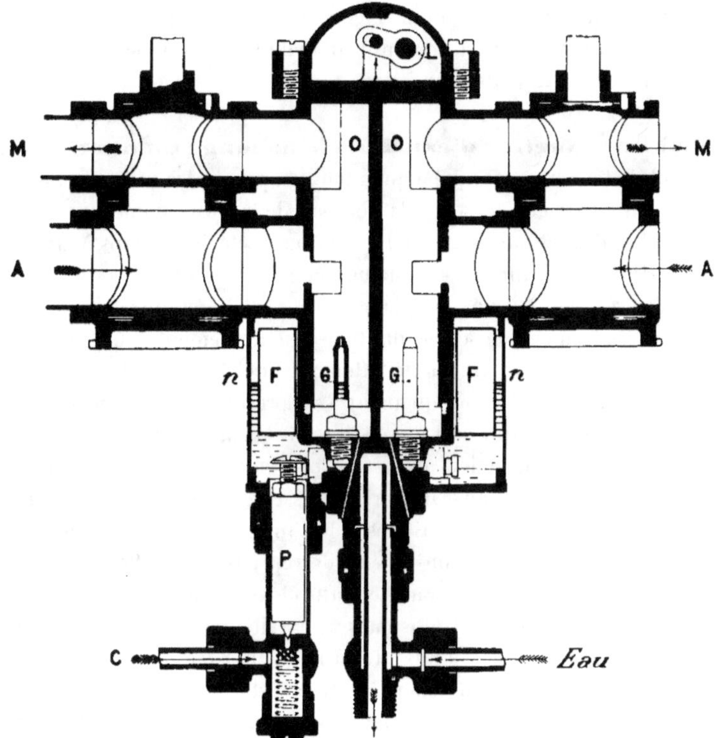

Fig. 89. — Carburateur double à réglage d'air et de gaz (de Dion-Bouton).

G gicleurs, A entrées d'air, M tubulures d'admission, F flotteur annulaire, O boisseau de réglage par rotation et déplacement, P pointeau de fermeture d'essence.

portion d'essence dans le mélange reste constante, quelle que soit la position du papillon de réglage des gaz.

On a reconnu, en outre, qu'il était préférable, principalement pour les carburateurs à essence, liquide très volatil, de disposer les réservoirs à niveau constant à une certaine distance du moteur afin d'empêcher la transmission de la chaleur de celui-ci par conductibilité. MM. Longuemare et Renault amènent au moteur séparément l'air et le gaz riche, ce qui n'empêche pas la constitution dans le moteur même d'un mélange explosif homogène, favorable au bon fonctionnement du moteur.

Signalons, enfin, qu'un constructeur américain dispose sur certaines de ses voitures un carburateur par cylindre moteur ; c'est là un dispositif compliqué, coûteux et peu sûr, car il est à peu près impossible d'obtenir un réglage identique de chacun d'eux, et les cylindres doivent, par suite, travailler d'une façon inégale. Il est vrai de dire que ce carburateur se réduit à un simple distributeur actionné par la levée plus ou moins grande des soupapes.

De l'introduction d'eau dans le mélange tonnant. — Les automobilistes ont remarqué depuis longtemps que les moteurs ont un rendement supérieur le soir à la tombée de la nuit, quand une légère humidité se dégage sans saturer l'air, et on a été longtemps à trouver l'explication de cet intéressant phénomène.

On l'a reproduit dans les laboratoires d'études mécaniques en arrosant légèrement le sol pendant le fonctionnement d'un moteur à explosion et en constatant immédiatement une élévation de puissance.

Ce phénomène est dû uniquement à la présence d'une petite quantité d'eau dans l'air qui sert à constituer le mélange explosif ; lorsque cette quantité d'eau devient excessive par suite d'un sol détrempé, le rendement diminue à cause d'un refroidissement exagéré du cylindre.

On a donc recherché s'il serait possible d'injecter de l'eau dans le cylindre d'un moteur à explosion en vue de reproduire artificiellement et d'une façon réglable les phénomènes naturels constatés par l'humidification du milieu ambiant, et plusieurs appareils ont été proposés. Dans certains essais au pétrole lampant, on a pu injecter un volume d'eau égal au volume de pétrole dépensé ; mais c'était évidemment au détriment du rendement ; on avait toutefois ainsi une très grande souplesse et une très réelle douceur dans le fonctionnement des moteurs.

Le moteur Banki, de Budapest, fonctionne normalement à très haute compression, et l'injection d'eau a pour but de prévenir les allumages spontanés qui résulteraient forcément de la pression à la fin du deuxième temps ; par exemple, pour un moteur à gaz de 17 chevaux, on dépense 406 litres de gaz par cheval-heure et on injecte dans le cylindre, par heure, un volume d'eau supérieur à 10 litres, correspondant à 0,6 kg. d'eau par cheval-heure ; le rendement calorifique est de 31 0/0.

On désigne par K le rapport entre le poids de l'eau injectée et celui de l'air introduit dans un moteur Banki, construit de telle sorte que le degré de compression (c'est-à-dire le rapport entre le volume de la

cylindrée totale et le volume du mélange comprimé) est de 10 pour 1.
Le professeur Schemaneck a dressé l'intéressant tableau ci-après en
supposant que les chaleurs spécifiques sont variables.

Tableau 20. — Rapport de l'eau injectée à l'air introduit.

Valeur de K :	0	0,036	0,08	0,12	0,177
Température avant compression.	400°	308°	308°	308°	308°
— après —	892	712	518	396	396
— après l'explosion. .	2320	2145	1966	1838	1700
— après la détente.	1370	1260	1150	1069	985
Rendement. 0/0	46,9	47,9	47,6	46,8	44,2

On voit quelle importance peut avoir la quantité d'eau injectée sur le
rendement, la proportion de 0,177 correspond à celle qui est nécessaire
pour que le moteur puisse fonctionner à l'essence : dans ce cas, la
dépense a pu descendre par cheval-heure à 207 grammes de combustible, celui-ci produisant 10.720 calories au kilogramme.

Avec la valeur de K égale à 0,12, presque toute l'eau est vaporisée à
la fin du deuxième temps ; pour $K = 0.036$, l'eau est transformée en
vapeur pendant le premier temps (aspiration).

On a proposé également cette règle que, pour l'essence, le volume de
l'eau à injecter devait, pour les moteurs à explosion ordinaires, être
égal à $\dfrac{1}{2000}$ du volume de la cylindrée, cette quantité très faible devant
agir comme simple refroidisseur du cylindre. Il est évident que l'emploi des moteurs sans circulation d'eau pourrait retrouver une faveur
qu'elle a perdue dans l'industrie automobile, le jour où une injection
d'eau viendrait aider au refroidissement des parois que les ailettes et
une circulation d'air sont insuffisantes à produire jusqu'ici pour les
moteurs dépassant quelques chevaux.

M. Costantini a proposé un petit appareil très simple et d'adaptation
facile qui permet d'injecter automatiquement la quantité d'eau voulue,
au moyen d'une soupape qui, sous l'action de la dépression, démasque
le gicleur à eau.

M. Senemaud a soutenu la thèse contraire à celle que nous avons
plus haut exposée ; il démontre que l'introduction de l'eau dans le
mélange a pour effet de diminuer la capacité explosive utile de la charge
et d'exagérer les pertes par les parois.

Nous sommes avec lui d'accord que l'action de l'eau a pour résultat de diminuer la pression maxima après l'explosion ; mais ce n'est pas seulement cette pression qu'il faut considérer, c'est la pression moyenne de diagramme ; or, sur ce point, les expériences faites au Laboratoire de l'Automobile-Club ont montré que l'ordonnée moyenne était plus élevée avec l'injection d'eau que sans celle-ci et que, par suite, le rendement était plus élevé. On a même émis cette idée que l'amélioration de rendement était due à l'action de la dissociation de l'eau introduite, mais rien ne prouve que cette opinion soit exacte.

Ces questions prennent une importance très spéciale quand on emploie le pétrole et non l'essence ; en effet, le pétrole a pour effet de provoquer une explosion brisante, très préjudiciable à la conservation des organes en mouvement, et l'action de l'eau est spécialement favorable avec son emploi, ainsi que l'ont montré les expériences faites en 1904 par M. Eveno, sur un moteur de Dion-Bouton, et surtout les essais des moteurs à pétrole pour la marine, qui ont donné lieu à un important concours en 1906 ; ces essais, effectués au laboratoire de l'A. C. F., ont montré que la quantité d'eau introduite utilement dans le moteur à pétrole Cazes pouvait être élevée jusqu'à 40 0/0 du poids de combustible consommé.

Pour remédier, du reste, aux inconvénients signalés, M. Hospitalier propose d'ajouter l'eau vers la fin du troisième temps et pendant une partie du quatrième ; mais on perd évidemment ainsi les avantages que procure, dans la pratique, la diminution de l'ordonnée maxima par une injection au deuxième temps, laquelle est favorable chaque fois que l'ordonnée moyenne du diagramme montrera qu'il n'y a pas diminution exagérée de puissance.

Nous ajouterons que cette action de détente que procure la présence de l'eau dans le mélange explosif a été mise en lumière dans les essais qui ont été faits d'un combustible, l'alcool, qui en contient toujours au moins 10 0/0 ; le rendement élevé des moteurs à alcool, leur souplesse plus grande que celle des moteurs à essence sont dus évidemment à la proportion d'eau introduite obligatoirement dans le mélange d'air carburé.

En résumé, l'introduction d'une faible quantité d'eau dans le mélange détonant augmente les qualités de détente de celui-ci ; elle empêche, de plus, les explosions prématurées provoquées par une forte compression. Enfin, le refroidissement du cylindre abaisse la température et, par suite, aide à la conservation des soupapes d'échappement ; il diminue la contre-pression de l'échappement et le bruit qui en résulte.

CHAPITRE IV

L'ALLUMAGE [1]

On distingue dans les procédés d'allumage des moteurs d'automobiles quatre grandes divisions :

(A) l'allumage par incandescence,
(B) l'allumage par étincelle d'induction,
(C) l'allumage par étincelle de rupture,
(D) l'allumage par magnéto.

A. Allumage par incandescence. — L'allumage par tube incandescent, emprunté au moteur fixe, fut tout d'abord appliqué sur les premiers moteurs d'automobiles, les Daimler, Phœnix, Peugeot, mais la transformation des véhicules supprime de jour en jour ce mode d'allumage sur les moteurs qui le possèdent encore, et l'on peut dire qu'il n'est plus employé.

Nous n'entrerons donc pas ici dans une description détaillée de ce dispositif ; il nous suffira de dire que sur la culasse du moteur est vissé un tube de platine, de nickel ou même de porcelaine, dont l'extrémité extérieure est fermée et qui communique ainsi avec la chambre d'explosion. Au dessous de ce tube est placé un brûleur, chargé de porter au rouge incandescent l'extrémité fermée du tube d'allumage. Voici comment se fait l'inflammation des gaz au temps de l'explosion :

Pendant le temps d'échappement, le tube est resté plein de gaz brûlés, détendus à la pression atmosphérique, ils y séjournent encore pendant le temps d'aspiration, mais pendant le temps de la compres-

---

(1) Je tiens à déclarer que j'ai puisé largement dans les travaux si remarquables sur l'allumage qu'ont publiés mes amis H. de La Valette et Baudry de Saunier auxquels je renvoie le lecteur désireux d'étudier la question complètement.

sion, le volume des gaz brûlés emmagasinés diminue, ils se tassent au fond du tube, refoulés par les gaz neufs qui y pénètrent alors en s'avançant vers l'extrémité incandescente ; quand la compression a atteint le degré voulu, ces gaz neufs arrivent au contact de la partie rouge, s'enflamment et propagent par une sorte de dard de feu l'explosion dans toute la chambre d'explosion, pleine de gaz comprimés.

On comprend que ce mode d'allumage ne présente aucune régularité, surtout dans les moteurs d'automobiles soumis forcément à des changements fréquents de régime ; il faut faire un réglage très minutieux pour déterminer la longueur de la partie du tube à chauffer en fonction de la température des gaz après compression, et il est impossible d'être certain de l'avance à l'allumage que l'on donne au moteur. Au surplus, cet allumage ne s'applique pas aux moteurs à haute compression et à forte cylindrée, car la mise en marche du moteur à la main serait impossible en raison de la trop grande avance du point d'allumage et de la résistance développée par la compression à l'effort de l'homme chargé de la mise en route.

De plus, l'obligation d'un petit réservoir spécial à pression pour les brûleurs et les inconvénients qui résultent du vent qui vient modifier l'intensité de ceux-ci sont des impedimenta odieux de cet allumage d'antan.

Un allumage à incandescence perfectionné, dit *auto-incandescent*, avait cependant amélioré la solution du problème, et ceci d'une façon plus simple et plus commode que le système ancien, mais cette invention, arrivée trop tard, n'a pu contre-balancer l'essor toujours grandissant de l'allumage électrique qui seul est maintenant appliqué.

Avant de parler de l'allumage électrique ordinaire, il convient toutefois de signaler l'allumeur Wydts, dit *électro-catalytique*, qui se compose d'une simple bougie d'allumage, d'une source d'électricité et d'un rhéostat ; la bougie d'allumage porte un fil d'alliage platinique tordu en spirale, que le courant porte à l'incandescence et qui sert à produire l'allumage du mélange détonant, non pas directement, mais par effet catalytique du platine sous l'action de la compression des gaz ; la source d'électricité n'a donc pour effet que d'exalter la puissance catalytique de l'alliage de platine et de faire varier le point d'allumage pour la mise en marche ; au moyen d'un rhéostat, on augmente la température du fil spirale et, plus cette température est élevée, plus l'explosion produite se propage rapidement dans la masse. On arrive ainsi à réaliser dans une certaine mesure le retard et l'avance à l'allumage nécessaires à la mise en route et à la marche normale du moteur.

B. Allumage par étincelle d'induction. — L'étincelle d'induction, indiquée par Lenoir dans la description du premier moteur à explosion en 1862, est celle qui est produite par une bobine de Ruhmkorff ; rappelons que cette bobine se compose essentiellement (fig. 90) :

1° D'un circuit dont la résistance électrique est faible, constitué par une source d'électricité à bas voltage qui envoie son courant dans un bobinage à fil court de gros diamètre, présentant par suite un petit nombre d'enroulements ;

2° D'un circuit dont la résistance électrique est considérable ; bobinage par conséquent à fil fin, long et présentant un grand nombre de spires ; ce double bobinage se fait sur le même noyau au moyen de fils convenablement isolés.

Le circuit du fil gros est dit *enroulement primaire* ou *circuit inducteur*,

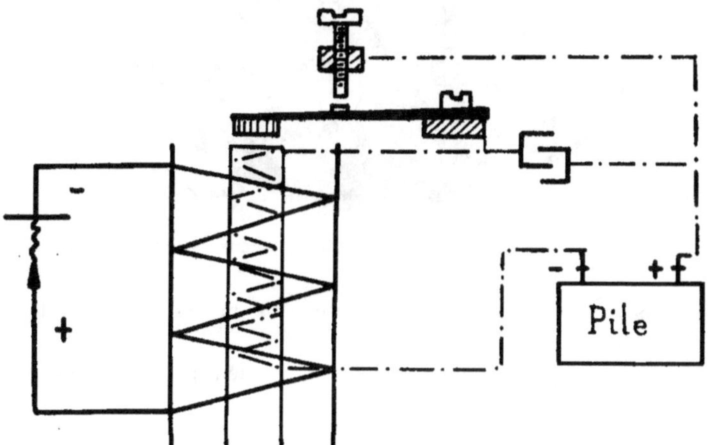

Fig. 90. — Schéma de la bobine de Ruhmkorff. En traits mixtes, circuits à basse tension. En traits pleins circuit induit.

le bobinage de fil fin constitue l'*enroulement secondaire* et produit le *circuit induit*.

A l'extrémité du noyau sur lequel les enroulements sont faits, on dispose un marteau de fer doux qui se trouvera attiré par l'aimantation du noyau sous l'influence du passage du courant primaire. Ce marteau se trouvant relié à un rupteur de platine, il se produira une série de courants successifs qui viendront automatiquement s'interrompre et se rétablir par suite des aimantations successives produites par le courant inducteur.

Si on rapproche les extrémités des deux fils constituant le circuit

induit, on constate la production d'une étincelle très nourrie, résultant
d'un courant auquel, depuis Faraday, on a donné le nom de *courant
d'induction*. On admet que la tension d'un courant de bobine de Rumh-
korff atteint 15.000 à 18.000 volts.

L'étude de ce courant a permis d'établir un certain nombre de lois
qui sont les suivantes :

1º La durée du courant d'induction est égale à celle de la variation
de l'intensité du circuit inducteur ;

2º L'intensité et la force électromotrice du courant induit sont d'au-

Fig. 91. — Bobine d'allumage pour moteurs à deux cylindres (Nilmelior).

tant plus grandes que la variation d'intensité du courant inducteur est
plus courte ;

3º La quantité d'électricité mise en mouvement par l'induction dans

Fig. 92. — Bobine d'allumage pour moteurs à quatre cylindres (Nilmelior).

le circuit secondaire dépend uniquement de la grandeur de la variation de l'intensité du courant inducteur et non pas de la **grandeur de**
cette intensité.

Il ne faut pas oublier de plus que l'aimantation du noyau de fer doux donne naissance, dans le circuit secondaire, à un courant induit qui ajoute son action à celle du courant primaire, pour augmenter la force du courant induit, et par suite améliore le rendement.

La bobine d'induction est donc un véritable transformateur à action instantanée et immédiate, qui n'agit que sur les qualités du courant, savoir : l'intensité, la force électromotrice et la fréquence.

On produit donc un courant à basse tension, qu'on transforme pour le rendre utilisable pour l'explosion ; le rapport de la force électromotrice fournie au primaire à celle qui est obtenue par le courant secondaire est approximativement celui du nombre de tours respectifs des deux enroulements : c'est le *rapport de transformation*.

En ce qui concerne la qualité de l'étincelle produite, on peut dire que, pour une bobine déterminée dont le circuit primaire est parcouru par un courant d'intensité donnée, il existe une distance des extré-

Fig. 93. — Bobine pour moteurs à un cylindre (Nilmelior).
P borne reliée à la source d'électricité (piles), M borne de masse, B borne reliée
à la bougie.

mités du fil secondaire au-dessous de laquelle l'ouverture et la fermeture du circuit primaire donne lieu à la production d'étincelles entre les deux pointes d'extrémité et au-dessus de laquelle l'ouverture du circuit primaire produit seule une étincelle entre ces deux pointes.

Cette loi tient à ce que les courants induits au moment de l'ouverture du circuit peuvent traverser des couches d'air dont la résistance est suffisante pour les rendre infranchissables quand le circuit est fermé.

On appelle *pôle positif* l'extrémité de la bobine d'où jaillit l'étincelle pour se rendre sur l'autre partie du circuit, qui constitue le *pôle négatif*.

Un dernier organe dont nous n'avons pas encore parlé est le *condensateur* de la bobine de Rhumkorff. Ce condensateur a pour effet de supprimer l'étincelle qui se produirait au moment de l'ouverture du circuit primaire, étincelle qui a pour effet de diminuer la force électro-motrice du courant induit.

Une bobine d'induction se compose donc d'un circuit à gros fil relié

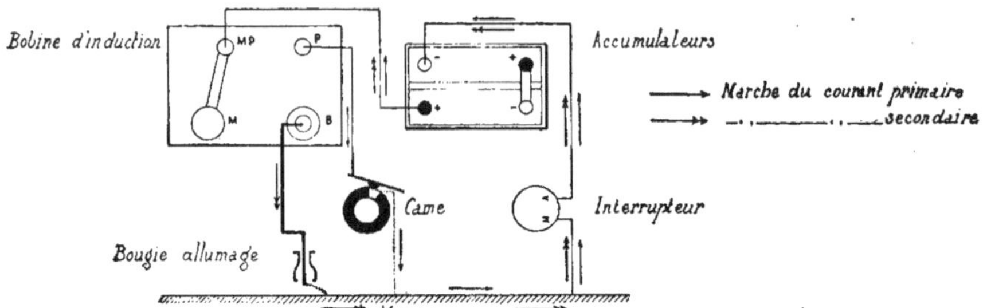

Fig. 94. — Schéma de l'allumage par accumulateurs.

à une source d'électricité et au-dessus duquel est bobiné le circuit à fil fin, combiné avec un système d'interrupteur à trembleur magnétique et interposition en dérivation d'un condenseur ordinaire (fig. 107).

Distributeur. — L'allumage électrique des moteurs à explosion a

Fig. 95. — Distributeur électrique moteur monocylindrique avec verrou de sécurité (Gillet-Forest).

été constitué d'abord par une bobine de Ruhmkorff dans le circuit pri-maire de laquelle on lance au moment opportun un courant produit

par une source d'électricité, accumulateur ou pile, au moyen d'un
appareil relié au moteur et qu'on appelle le *distributeur électrique*.

Cet appareil, à vrai dire, est un simple commutateur dont l'un des
pôles est relié à un touchau isolé et dont l'autre pôle est relié à un
doigt à contact métallique, qui vient frotter sur le disque isolé portant en un point le touchau ; le disque du commutateur étant relié
mécaniquement, c'est-à-dire d'une façon constante et indéréglable, avec
le moteur et tournant à mi-vitesse de l'arbre vilbrequin, il sera facile
de faire jaillir l'étincelle d'induction servant à allumer le mélange
explosif dans la position exacte du piston correspondant à la bonne
inflammation du mélange ; c'est le système classique qui a été très
employé, mais qui présente toutefois des inconvénients et même des
impossibilités de fonctionnement dès que la vitesse angulaire du
moteur est un peu élevée. Le réglage du trembleur magnétique de la
bobine, qui doit vibrer suivant toutes les indications du commutateur
rotatif, est en effet difficile à obtenir et à maintenir dans les moteurs à
grande vitesse.

C'est ce commutateur rotatif dont on peut changer l'angle de calage
du frotteur par rapport au touchau qui permet de réaliser le retard ou
l'avance à l'allumage indispensables pour la mise en marche et le bon
fonctionnement du moteur, et dont nous allons parler plus loin.

Trembleur mécanique. — Pour remédier à l'inconvénient du
trembleur magnétique et simplifier l'installation, on a eu l'idée de
réunir en un seul appareil le commu-
tateur rotatif permettant l'avance ou le
retard et le trembleur qui sert à envoyer
le courant dans la bobine d'induction.
Le trembleur ne reçoit plus alors son
impulsion d'un flux magnétique mais
simplement d'une action mécanique empruntée au moteur.

Ce système de trembleur, qui a été
employé pour la première fois dans les
automobiles par MM. de Dion-Bouton
sur leur premier tricycle à pétrole construit en 1894, se compose d'une lame
vibrante qui tombe brusquement dans
l'encoche d'une came, reliée à l'arbre

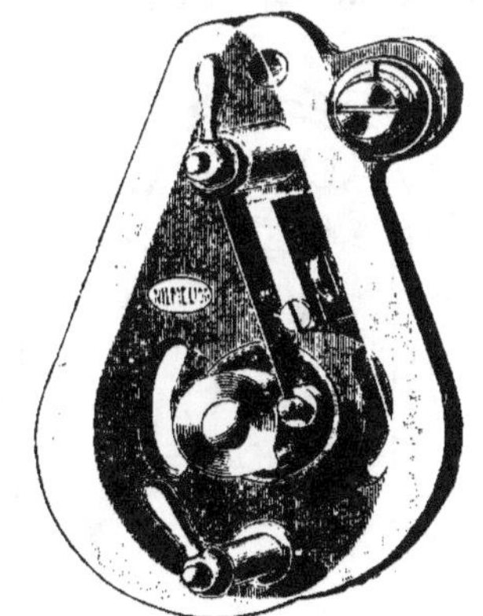

Fig. 96. — Distributeur de Dion-
Bouton (vue latérale).

de distribution, et tournant par suite à mi-vitesse de l'arbre moteur.

Au moment où le marteau qui termine la lame tombe dans l'encoche de la came, il y a mise en contact des deux pôles du courant primaire et par suite envoi d'un courant pendant un temps excessivement court dans le gros bobinage de la bobine, laquelle ne présente plus dans ce cas la complication du trembleur magnétique.

Ce système de trembleur a rendu de très bons services dans tous les moteurs à grande vitesse mais il présente des inconvénients ; notamment pour que la vibration de la lame se produise dans des conditions convenables, au moment du démarrage, il faut que le moteur tourne déjà à une vitesse suffisante pour que les vibrations aient une amplitude assez grande pour amener le contact. Il y a donc certaines difficultés au moment du lancement du moteur, qui, sans être insurmontables, ont troublé bien des débutants, et c'est pour cela qu'on a étudié des trembleurs à grande vitesse qui s'interposent sur le circuit primaire et permettent un grand nombre d'oscillations sous une faible puissance électromotrice. Tels sont les appareils Carpentier,

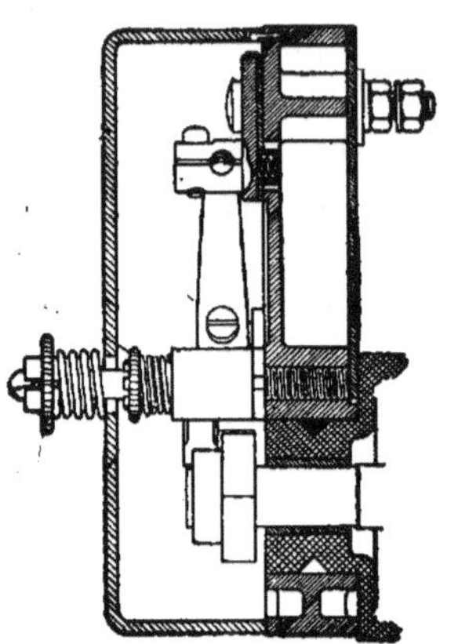

Fig. 97. — Distributeur Nilmelior. Came à bossage agissant sur un petit galet.

Chauvin et Arnoux, Perez, etc.

Le trembleur de MM. Chauvin et Arnoux peut donner jusqu'à 872 oscillations simples par seconde, c'est-à-dire 5 étincelles de rupture dans le temps où le trembleur ordinaire en donne une seulement. Cet appareil est constitué par une lame oscillante très magnétique, munie des contacts voulus, et qui, au repos, est bandée comme une autre lame très élastique beaucoup plus courte, munie elle-même d'un contact agissant sur le noyau de fer doux.

Dès que le courant traverse le primaire de la bobine, le noyau inducteur attire la première lame, que la contre-lame accompagne jusqu'au moment où l'extrémité de celle-ci vient buter sur une pièce réglée convenablement, de sorte que cet arrêt en pleine vitesse de la lame de contact a pour effet de produire une rupture extrê-

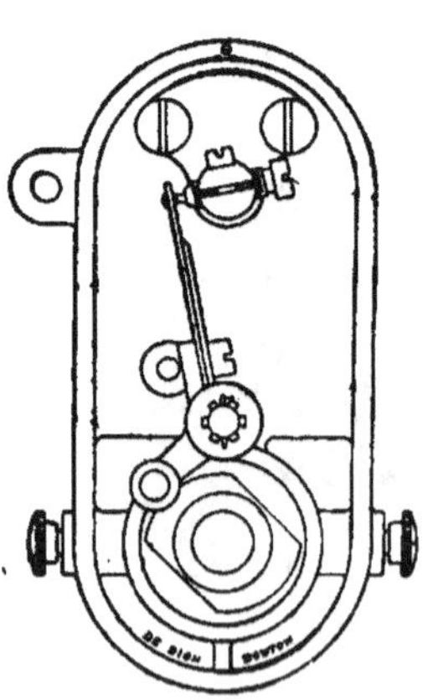

Fig. 98. — Distributeur de Dion-Bouton pour moteurs 4 cylindres (vue de face).

mement brusque du courant primaire et d'augmenter par suite
la force électromotrice résultant de l'extra-courant de rupture.

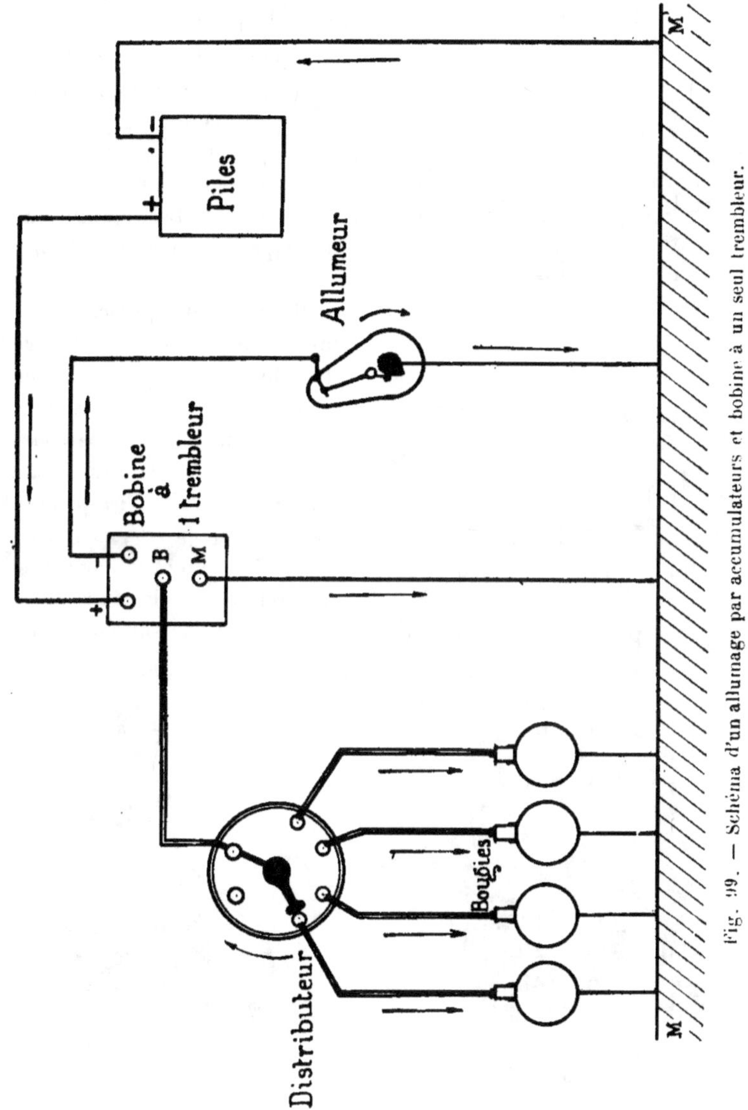

Fig. 99. — Schéma d'un allumage par accumulateurs et bobine à un seul trembleur.

Un assez grand nombre de systèmes de trembleurs à grande vitesse
dits : « Auto Trembleurs » ont été proposés, et ces appareils dérivent

exactement du même principe, s'ils ne sont pas identiques dans les détails aux trembleurs cités plus haut

Un autre inconvénient du trembleur mécanique simple est que, si la lame reste en contact par suite d'une négligence du conducteur qui oublie de couper le courant, il se produit un court-circuit de la source d'électricité, qui ne tarde pas à être de ce fait mise hors de service.

Il y a lieu de signaler encore un dispositif qui a été trouvé par un hasard de la pratique et qui consiste à interrompre en un point de son parcours le courant secondaire. Cette interruption ou *disruption* a pour effet de provoquer le passage de l'étincelle, même si l'extrémité des deux fils de la bougie se trouve dans un mauvais état d'isolement par suite d'encras-

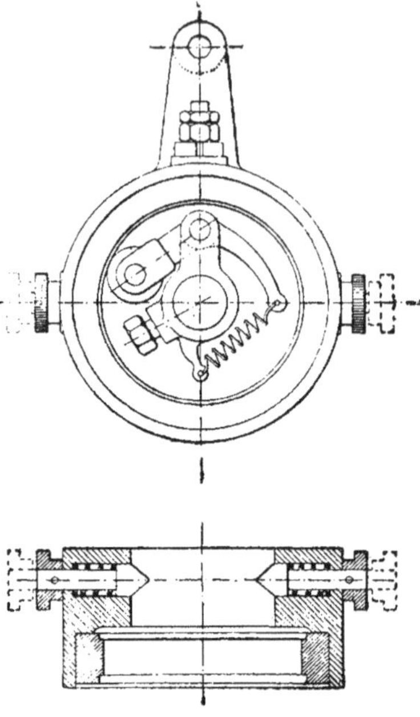

Fig. 100. — Distributeur électrique pour moteur monocylindrique (Lacoste).

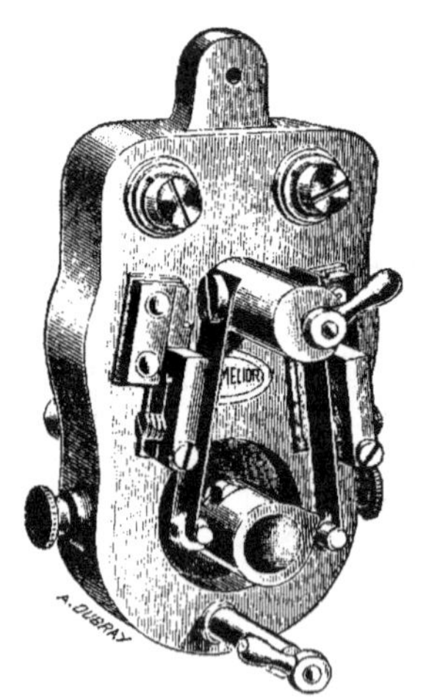

Fig. 101. — Distributeur pour moteur à deux cylindres : contact à 180° (Nilmélior).

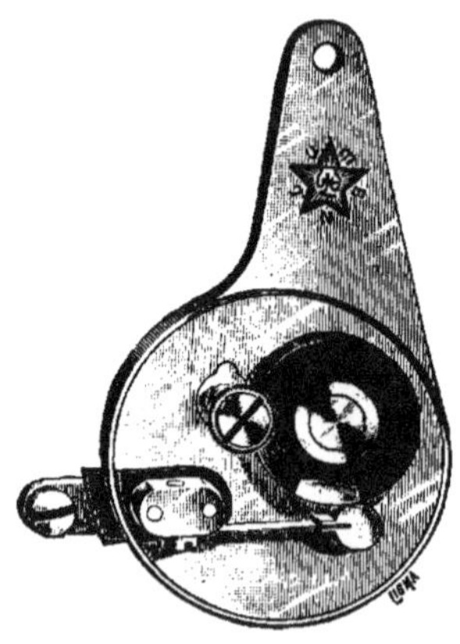

Fig. 102. — Distributeur à contact simple pour moteur monocylindrique (Lacoste).

sement, et on a donné de ce phénomènes diverses explications théoriques non entièrement satisfaisantes, qui servent surtout à montrer toute la valeur que peut prendre une observation pratique dans la conduite d'un moteur à pétrole. On a imaginé divers dispositifs de disrupteurs qui remédient au danger que peut présenter la production d'une étincelle très chaude en dehors du cylindre, mais ces appareils disparaissent sous la puissante poussée des nouveaux systèmes d'allumage.

L'étincelle secondaire produite par une bougie n'a pas toujours une qualité constante, et ceci tient presque toujours à la pression qui s'exerce dans l'enceinte de la bougie ; cette qualité de l'étincelle se manifeste spécialement par la couleur de la flamme produite, qu'il est intéressant d'observer ; c'est pourquoi on a disposé des appareils formant une sorte de regard permettant de juger de l'étincelle pendant la marche.

Nous ajouterons toutefois que ces appareils accessoires ne sont pas indispensables et qu'ils constituent encore plus des éléments d'études que des nécessités de la pratique journalière des automobiles.

Avance à l'allumage. — Si l'on considère plusieurs diagrammes de moteurs à explosion (fig. 22 à 26) on remarque assez facilement le point où l'allumage s'est produit ; c'est vers la fin de la courbe ascendante de la compression, au moment où cette courbe change de direction vers 4 à 6 kilog., pour se relever presque verticalement sous l'influence de l'explosion qui développe des pressions atteignant souvent 18 et 20 kilog. L'explosion se propage entre le court temps qui s'écoule entre l'allumage et le fond de course, lequel correspond sensiblement au point maximum du diagramme.

On peut déduire des mesures prises sur divers diagrammes de moteurs d'automobiles que la pression maxima est atteinte après une partie de la course de moins de un millimètre en général, représentant un temps écoulé de 6 à 8 millièmes de seconde après l'allumage, ce temps variant avec l'allure du moteur, la chaleur et la pression des gaz ainsi que l'homogénéité du mélange explosif.

Toutefois, il ne faudrait pas croire que l'allumage se fait instantanément lorsque l'étincelle jaillit, et on estime à 1 ou 2 millièmes de seconde le temps nécessaire à la propagation de l'explosion dans la masse gazeuse d'une cylindrée moyenne ; dans un moteur dont la vitesse angulaire est de 1.800 tours à la minute, la manivelle se déplace de 11 degrés environ dans l'espace d'un millième de seconde, et il semblerait donc que, pour le bon fonctionnement du moteur, il suffirait de faire jaillir l'étincelle d'allumage avec une avance angulaire de 11 degrés de circonférence sur le point mort arrière.

Il n'en est rien. Si on repère exactement la position du distributeur ou trembleur par rapport au piston, on voit que la bonne marche est

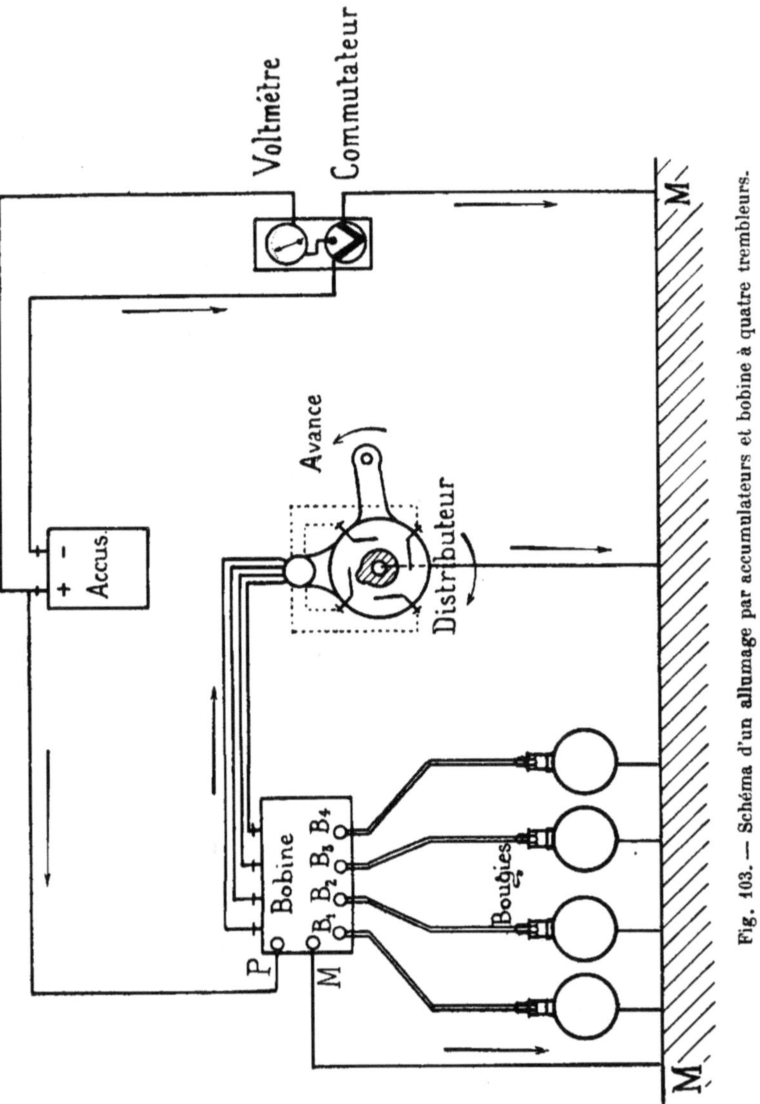

Fig. 103. — Schéma d'un allumage par accumulateurs et bobine à quatre trembleurs.

obtenue, en général, lorsque l'allumage est produit quand le piston est arrivé au second tiers de sa course, c'est-à-dire quand la manivelle a encore 30 degrés environ à parcourir avant son point mort.

M. Leo Robida a exposé d'une façon très complète les causes de retard que subit l'explosion du mélange lorsqu'on emploie l'allumage d'induction.

Dans les bobines avec ou sans trembleur il faut tenir compte, en effet, du temps qui s'écoule entre le premier contact du trembleur avec l'encoche de la came d'allumage et le moment où le courant primaire cesse par écartement de la goutte platinée ; de plus, le condensateur qui est monté en parallèle sur le circuit, afin d'équilibrer la self-induction de la bobine, ne donne pas une compensation parfaite, et le courant

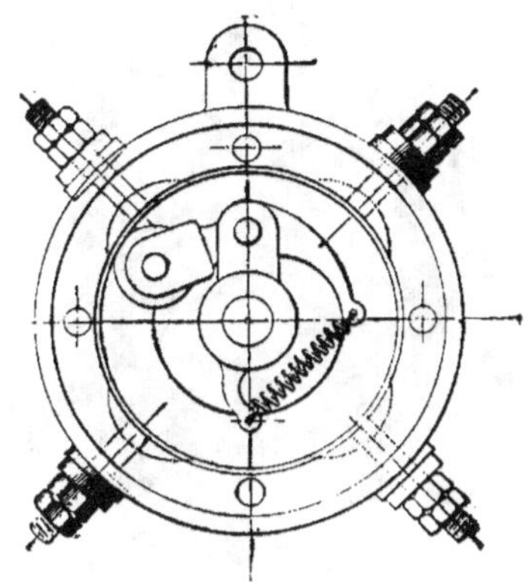

Fig. 104. — Distributeur pour moteur à quatre cylindres (Lacoste).

se prolonge toujours par une petite étincelle dont la durée est appréciable si on la compare à l'unité de ces sortes de mesures, le temps infiniment court dans la pratique de un millième de seconde.

Une autre cause de retard d'allumage est produit par le temps nécessaire pour la désaimantation du noyau de la bobine, qui se produit à chaque jaillissement d'étincelle, par suite de la chute de potentiel du courant secondaire.

Enfin, la bougie est ellemême une petite bouteille de Leyde dont le courant de charge vient retarder encore la désaimantation du noyau, c'est-à-dire qu'il prolonge le délai entre la rupture du

Fig. 105. — Distributeur pour moteur à quatre cylindres (Nilmelior).

courant primaire et le moment où l'étincelle jaillit avec l'intensité suffisante pour enflammer la masse du mélange.

Avec la bobine à trembleur, les mêmes effets retardateurs se pro-

Fig. 106. — Distributeurs électriques (Nilmelior) pour moteurs à deux cylindre.

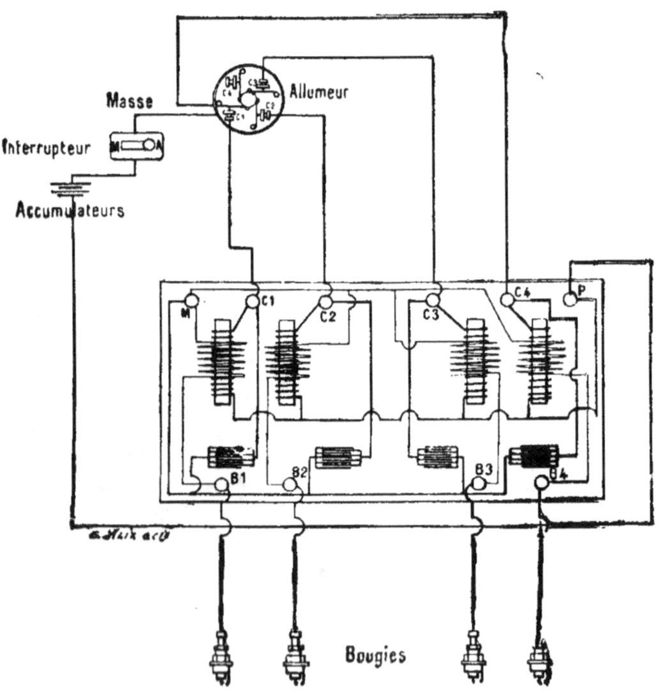

Fig. 107. — Schéma d'un allumage pour moteur Lacoste quatre cylindres.

duisent avec la même intensité, mais il faut y ajouter le temps très appréciable que le trembleur magnétique, en vertu de son élasticité, emploie pour ramener les contacts de la bobine l'un sur l'autre ; on a remarqué de plus qu'il existe un rapport à observer entre l'écartement des contacts du trembleur et celui des fentes de la bougie ; il faut en outre que cet écartement corresponde, pour un bon allumage, à une étincelle aussi chaude et aussi nourrie que possible, et l'écartement correspondant du trembleur augmente assez sensiblement le temps nécessaire pour vaincre l'élasticité de la lame flexible.

Ce sont toutes ces raisons superposées qui obligent à régler l'avance à l'allumage par tâtonnements pour une allure et une carburation données, et c'est là un assez grave impedimentum de l'allumage par bobine d'induction.

Sources d'électricité. — Les sources d'électricité employées en automobile pour produire le courant d'induction sont en général soit les accumulateurs ordinaires à deux éléments, soit les piles à liquide immobilisé ou piles sèches, soit encore une pile ordinaire à liquide disposée spécialement en vue d'éviter les déperditions de liquide sous l'action des cahots des voitures ; on emploie souvent la pile à liquide comme pile de secours, car on a créé des dispositifs permettant de la mettre en service en quelques minutes en introduisant simplement la quantité d'eau voulue dans chaque élément, lorsqu'on a besoin d'en faire usage par suite de la cessation des services de la source d'électricité ordinaire.

L'industrie automobile a obligé les constructeurs d'accumulateurs et de piles à faire de réels progrès pour satisfaire à ses légitimes exigences, et on est arrivé ainsi à avoir des sources d'électricité pratiques, durables et d'un prix peu élevé.

Les accumulateurs qui sont du type à oxyde rapporté ont été très soignés dans leur construction pour résister aux trépidations, mais ils ont toujours l'inconvénient de se détériorer sans prévenir, après un certain usage ; aussi on leur préfère souvent les piles dérivées de l'ancienne Leclanché. On a fait également des piles mixtes,

Fig. 108. — Type de bougie à haut isolement.

telles que l'énergique, dans lesquelles le circuit n'est fermé que pendant son débit.

Voici par exemple les résultats obtenus dans un essai officiel effectué au Laboratoire central d'électricité, sur une pile d'un des meilleurs types, et ceci pendant près de 500 heures consécutives pendant lesquelles l'élément est resté continuellement fermé sur une résistance de 5 ohms, correspondant à celle d'une bobine d'allumage :

$$\text{Dim}^{\text{ons}} \text{ de l'élément} \quad \left\{ \begin{array}{l} \text{Hauteur : 16 cen.} \\ \text{Base : } 7{,}1 \times 6{,}1 \text{ cm}^2. \end{array} \right.$$

Poids de l'élément après l'essai : 1.238 gr.

Température pendant l'essai : 19° cent.

La force électromotrice avant l'essai étant de 1,53 volt, l'élément est resté continuellement fermé sur une résistance de 5 ohms.

Durée :	Différence de potentiel aux bornes :	Quantité d'électricité débitée :	Energie fournie :	Résistance intérieure :
Heures	Volts	Ampères-heure	Watts heures	Ohms
0	1.50	0	0	0.10
6	1.27	1.71	2.34	
22	1.10	5.5	6.8	
46	1.05	10.6	12.4	0.15
70	1.01	15.6	17.3	
142	0.86	29	30	
190	0.30	36.8	36.3	0.37
262	0.74	48	45	
334	0.63	57.8	51.7	0.55
406	0.55	66.4	57	
478	0.48	73.8	61	0.92

Les différents systèmes d'allumage par étincelle d'induction dont nous venons de parler présentent un certain nombre d'inconvénients : d'abord la bobine est un instrument délicat, qui craint autant la chaleur que les chocs produisant des ruptures de fils ou des détériorations d'isolants ; aussi le choix de cet isolant est-il une des difficultés de la construction de ces appareils ; il faut tenir compte en effet de ce que le courant secondaire à haute tension nécessite un isolement très soigné et oblige à employer des fils de construction spéciale pour amener le courant de la bobine à la bougie d'allumage.

Enfin, la source d'électricité s'épuise assez rapidement; elle peut même s'épuiser brusquement par un défaut d'attention de quelques instants, et il est toujours prudent d'avoir pour ces sources d'électricité des rechanges qui sont évidemment un embarras et un poids inutile.

Allumage multiple. — L'étincelle de tension, très pratique dans les moteurs monocylindriques avec et surtout sans trembleur, a présenté des difficultés bien plus grandes d'adaptation sur les moteurs à cylindres multiples.

Dans les moteurs Phœnix à deux cylindres, la maison Panhard-Levassor a réalisé un montage très simple avec double batterie d'accumulateurs et un seul contact à la masse, mais ce système comportait des bobines à trembleurs dont les inconvénients sont multiples ; il nous suffira de rappeler les quelques considérations précédentes sur l'avance à l'allumage pour qu'on comprenne combien il est délicat de faire jaillir au moment opportun dans plusieurs cylindres des étincelles dont on règle l'avance ou le retard par un seul distributeur, et c'est pour remédier à cet état de choses préjudiciable que les constructeurs ont cherché des dispositifs permettant une meilleure utilisation du courant d'allumage.

Dans ses voitures de 1902, la maison Panhard-Levassor avait organisé un allumage mixte avec dynamos de recharge des accumulateurs ; ce système est possible grâce à un type d'interrupteurs à trois positions (fig. 109) qui est très ingénieusement étudié. La dynamo excitée en dérivation était forcément munie d'un régulateur à force centrifuge, qui débrayait instantanément sa commande en agissant sur le galet calé sur l'arbre de l'induit.

Pour remédier aux inconvénients de l'allumage par trembleurs multiples, on a proposé l'emploi d'une petite bobine supplémentaire maintenant le trembleur en état de vibration constante comme dans la bobine de Ruhmkorff ordinaire ; la distribution du courant se fait alors comme à l'ordinaire dans quatre bobines sans trembleur.

Au lieu de cette petite bobine spéciale, M. Arnoux a proposé son auto-trembleur, qui peut être monté soit avec quatre bobines, soit avec une seule bobine ; mais dans ce cas il faut, bien entendu, employer un distributeur de courant secondaire.

Les voitures Delahaye n'ont jamais eu de trembleur, mais une fermeture et une rupture du courant primaire par l'allumeur lui-même, au moyen de frottoirs très bien combinés, disposés dans la même boîte que la came ordinaire du distributeur de courant ; ce système a fait depuis longtemps ses preuves sur les quatre cylindres, avec bobines quadruples.

Dans le même ordre d'idées, MM. Chenard et Walker avaient adopté un système analogue avec une seule bobine ; l'allumage se faisait simultanément dans tous les cylindres, les trois étincelles inutilisées n'ayant aucun inconvénient pour le fonctionnement ni même pour la dépense d'électricité ; ce système comporte une bobine à un seul enroulement primaire et quatre bobinages induits.

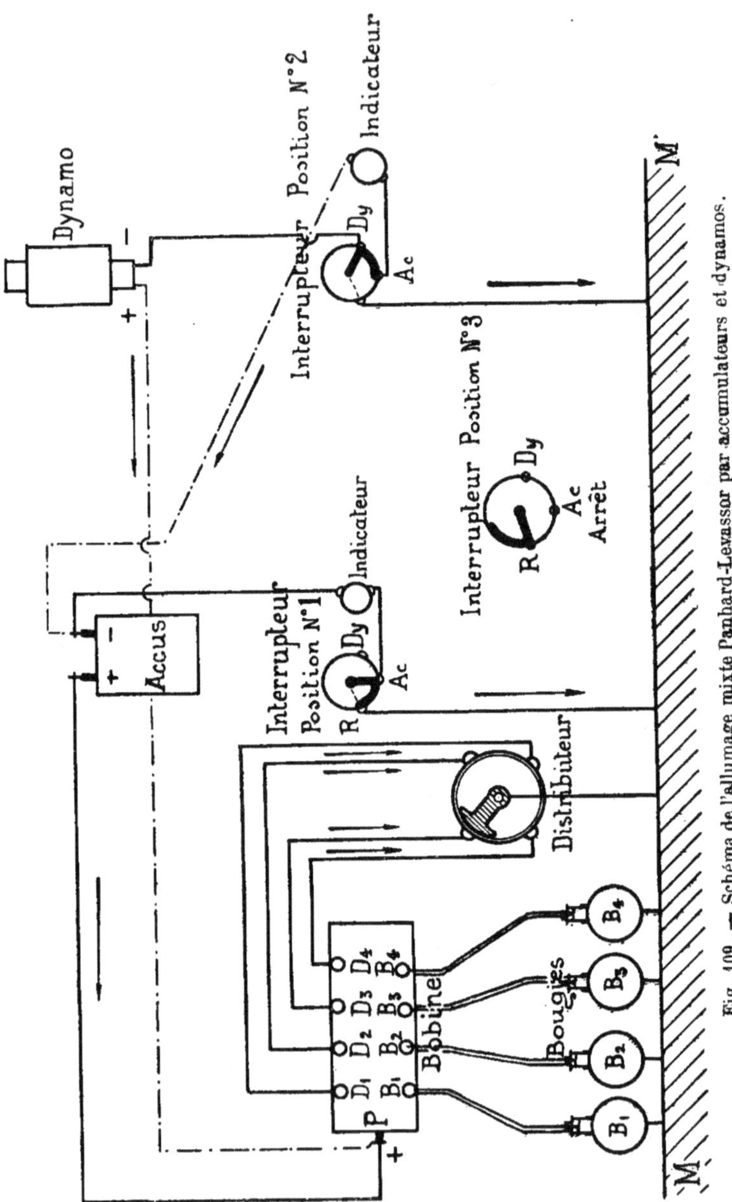

Fig. 109. — Schéma de l'allumage mixte Panhard-Levassor par accumulateurs et dynamos.

MM. de Dion-Bouton ont enfin réalisé sur leurs quatre cylindres un système comportant une came à quatre bossages avec un distributeur de courant primaire, une seule bobine à trembleur et un distributeur

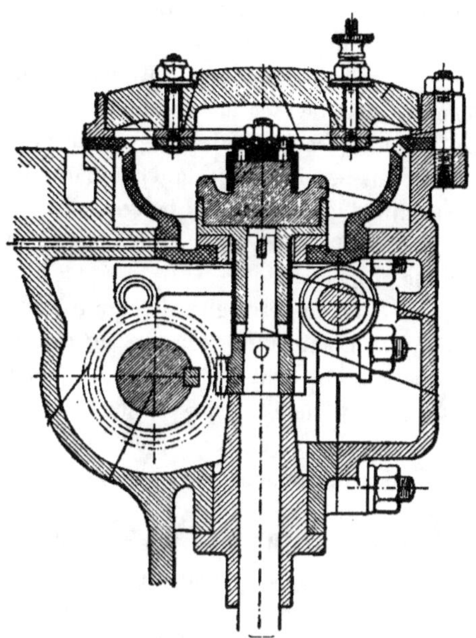

Fig. 110. — Distributeur électrique à haute tension de Dion-Bouton.
Commande par engrenages hélicoïdaux ; isolant en porcelaine.

de courant secondaire. Le dispositif (schéma fig. 99) oblige à avoir deux distributeurs, ce qui est une complication ; de plus, le distributeur de courant secondaire est un appareil délicat à construire pour éviter les pertes à la masse ; dans cet appareil, l'emploi de la porcelaine a donné à **MM.** de Dion-Bouton de bons résultats pratiques. Ce distributeur (fig. 110) comporte un double touchau, frottant, l'un, sur un secteur relié à la bobine et l'autre sur les quatre plots correspondant aux bougies des cylindres.

C. Allumage par étincelle d'extra-courant de rupture.

— Pour remédier aux inconvénients que nous venons de signaler pour l'allumage par induction, certains constructeurs, comme la maison Mors dès ses premiers essais de 1896, ont cherché à utiliser non pas le courant d'induction, mais l'étincelle d'extra-courant de rupture, qui se produit au moment où deux pièces en contact dans le cylindre et reliées aux extrémités du courant induit viennent à être écartées brusquement l'une de l'autre sous un effort mécanique.

Pour obtenir une étincelle d'extra-courant de rupture très chaude, il y a lieu d'augmenter la self-induit du circuit et, pour cela, de constituer la bobine dite de self d'une façon toute particulière ; de plus, en accroissant la vitesse de variation de l'intensité du courant principal ou courant inducteur et en produisant une rupture très brusque du circuit, on arrive également à augmenter les qualités de l'étincelle d'extra-courant. Dans ce système, les fils, qui sont parcourus par un courant à basse tension, n'ont pas besoin d'un isolant comparable à celui des fils transportant le courant d'induction à la bougie, et les chances d'accident par défaut d'isolement de ces fils se trouvent par suite diminuées dans une très grande proportion.

L'inconvénient principal de l'étincelle de rupture est qu'elle nécessite impérieusement l'emploi d'un organe mécanique ou *rupteur* venant agir à l'intérieur du cylindre. Ces organes mécaniques sont constitués par des cames spéciales, disposées sur l'arbre de distribution avec des tiges de transmission et ressort de rappel agissant sur un doigt qui vient produire un arrachement sur une pièce isolée, reliée à la source d'électricité.

Quoi qu'il en soit, c'est à MM. Mors que revient l'honneur d'avoir indiqué la voie à suivre pour l'allumage des moteurs, car nous verrons que l'allumage par magnéto à basse tension n'est qu'un dérivé de l'allumage par étincelle d'extra-courant de rupture, employé par ces constructeurs dès leur premier type de voiture.

D. Allumage par magnéto. — L'allumage par magnéto a pris, depuis quelques années, une extension très rapide, puisque les premiers types de magnéto à haute tension ont été présentés au public au Salon de l'Automobile de 1902 par quelques constructeurs français, encouragés par les essais concluants de la Société Daimler au moment où elle lançait sur le marché du monde ses premières Mercédès.

Deux systèmes d'allumage par magnéto sont employés et chacun d'eux se rapporte en quelque sorte à l'un des systèmes précédemment étudiés à propos de l'allumage par accumulateurs ; c'est dire que chacun d'eux a parmi les constructeurs des partisans en nombre à peu près égal, ce qui fait que, sur ce point, l'industrie automobile n'est pas encore entièrement fixée.

Définition de la magnéto. — La magnéto est une machine génératrice d'électricité, produisant un courant alternatif et constituant par conséquent un alternateur ; son inducteur est formé d'aimants auxquels on donne le plus souvent la forme, avantageuse à plusieurs points de vue, du fer à cheval ; certains constructeurs ont adopté une autre forme pour les aimants ou bien ont utilisé le volant du moteur comme induc teur de la magnéto, sans qu'il en soit résulté des avantages très réels. L'induit est constitué par un noyau en fer doux, sur lequel est isolé le fil conducteur ou les fils multiples dans lesquels les aimants vont faire sentir leur action pendant la rotation de l'induit.

Le courant pouvant être utilisé de deux façons différentes, soit par étincelle de rupture, avec magnéto à basse tension, soit par une étincelle directe, avec les appareils dits à haute tension, nous allons étudier successivement l'une et l'autre des catégories ainsi tracées dans les magnétos.

I. Magnéto à basse tension. — On prétend que la magnéto à basse tension est connue depuis 1831, époque à laquelle elle a été appliquée à la chirurgie ; sans remonter si haut, les appareils d'appel téléphonique sont constitués depuis plusieurs années par de petites magnétos qui lancent dans la ligne le courant suffisant pour produire la mise en marche de la sonnerie.

Au moment où l'induit est perpendiculaire à l'axe longitudinal des aimants, c'est-à-dire lorsque ses extrémités se trouvent en regard des pièces polaires, le courant dans la spire est nul ; dès que l'induit a pris une inclinaison, le courant se développe et, dans la position à 45°, le flux magnétique produit un maximum d'effets positifs ; lorsque l'induit a tourné d'un quart de tour sur la position primitive, le courant est redevenu nul, mais il change de sens au moment où cette position est dépassée, pour atteindre un maximum négatif lorsque l'induit est revenu à sa position à 45°, pour repasser ensuite à sa position primitive.

On a donc, par chaque tour d'induit, une position de celui-ci produisant un maximum de courant positif, une autre position dans laquelle se produit un maximum de courant négatif, et entre ces deux positions se trouvent deux positions intermédiaires dans lesquelles le courant est nul et change de sens. C'est ce qu'on représente par une sinusoïde.

Ajoutons de suite que, dans la construction des magnétos, on ne s'embarrasse pas d'une double canalisation mais qu'on envoie une des extrémités des spires de l'induit à la masse de la machine.

Comme on a intérêt, dans la construction des magnétos à basse tension, à augmenter la self-induction, on emploie pour cela des aimants puissants et un bobinage spécial de l'induit : la self-induction empêche le courant produit de dépasser une intensité qui deviendrait dangereuse pour l'isolant, mais par contre il faut qu'elle soit suffisante pour donner l'étincelle suffisamment chaude, indispensable pour obtenir une bonne mise en marche.

On obtient, avec la magnéto ordinaire, une étincelle par tour d'induit, et, lorsque l'on veut appliquer cette machine à l'allumage d'un moteur à quatre cylindres, il est nécessaire de faire tourner la magnéto à la même vitesse que le moteur, l'effet maximum de chaque étincelle correspondant ainsi à la position d'allumage de chaque cylindre de cycles à quatre temps ; cette raison oblige à relier la magnéto à l'arbre moteur par des organes rigides, tels qu'engrenages, et à bannir la courroie qui produirait à bref délai un décalage intempestif ; certains constructeurs ont même employé les engrenages hélicoïdaux pour assurer exactement cette position respective indispensable.

L'allumage par magnéto à basse tension, dérivé du type à étincelle d'extra-courant de rupture, comporte comme ce dernier et obligatoirement des rupteurs mécaniques. Voici comment ils fonctionnent :

Le circuit partant de l'induit de la magnéto et aboutissant au cylindre moteur est normalement ouvert à l'intérieur du cylindre ; il peut être toutefois fermé à un moment exact déterminé et dans des conditions de rapidité voulue, au moyen d'une pièce mobile qui traverse la paroi du cylindre et qui est actionnée par une came de l'arbre de distribution un peu avant le moment où l'allumage doit être produit ; la came rapproche les pièces mobiles du rupteur, ce qui ferme le circuit dans lequel un courant prend naissance ; mais, au moment exact fixé pour l'allumage, il se produit une détente analogue à la détente d'un fusil, qui écarte brusquement le marteau ou la palette du rupteur de la partie fixe, coupant ainsi brutalement le courant, d'où production de l'étincelle de rupture qui enflammera le mélange explosif.

C'est la maison Mors qui fut la première en France à présenter ses moteurs munis de l'allumage par magnéto, dérivé de l'ancien allumage par étincelle de rupture avec bobine de self dont nous avons parlé plus haut.

La Société Daimler présenta également l'une des premières ses voitures Mercédès munies de la magnéto à basse tension, qui est employée aussi par nombre de constructeurs de premier ordre : Peugeot, Richard-Brasier, Cornilleau et Sainte-Beuve etc.

La tension du courant dans les magnétos à rupture est relativement peu élevée ; on peut l'évaluer à 100 volts pour un induit comportant environ 300 mètres de fil de 0,34 mm. L'isolement peut donc être faible.

Une magnéto spéciale a été créée par la maison Simms-Bosch, dans laquelle l'induit reste fixe et c'est un volet en fer doux de forme spéciale qui reçoit le mouvement de rotation de la machine et s'interpose entre l'induit et les pièces polaires de l'inducteur pour faire varier le flux magnétique dans l'induit : on signale comme avantages d'un tel dispositif l'absence des balais, ou plutôt du balai frotteur, qui sert à transporter le courant de l'induit tournant jusque dans la canalisation ; de plus, le volet n'a besoin que de tourner à demi-vitesse du moteur, et par suite on constate une usure moindre des paliers du fait que la pièce animée d'un mouvement de rotation a une rapidité deux fois moins grande. Enfin, dans cette magnéto, le flux passe soit dans un sens, soit dans l'autre lorsque les volets sont dans la position à 45°, et au contraire le courant est interrompu et change de sens quand les volets sont dans la position horizontale ou verticale, de sorte qu'on obtient quatre maximums par tour, et, par suite, on peut avoir quatre étincelles si cela est nécessaire.

On a construit également des magnétos à volets oscillants, les limites extrêmes de l'oscillation étant d'environ 50° ; ce système s'applique surtout aux moteurs fixes qui tournent à faible vitesse, car la force vive des pièces oscillantes risquerait de provoquer la rupture de toutes celles qui sont animées d'un mouvement un peu rapide.

La magnéto a l'avantage de ne pas demander, comme l'allumage par accumulateurs et bobine d'induction, une modification presque constante du point d'allumage ; en effet le courant a une tension proportionnelle à la vitesse, et les phénomènes d'induction mettent d'autant moins de temps à se produire que le moteur tourne plus vite ; on obtient donc exactement le contraire de ce que nous avons constaté avec les accumulateurs, ces deux données du problème restent fixes, si on ne vient à la main modifier le point d'allumage. Les phénomènes de self-induction sont du reste l'une des causes de cette qualité prédominante de la magnéto.

Fig. 111.—Magnéto à basse tension (Simms-Bosch).

On peut cependant provoquer la modification du point l'allumage en faisant varier la position de fermeture du circuit par les rupteurs, et rien n'est plus facile, puisque ceux-ci viennent prendre leur mouvement de rotation sur l'arbre de distribution, au moyen d'une came et d'un taquet dont on peut faire varier la position et l'inclinaison ; dans ce cas, il est nécessaire de fixer une fois pour toutes la position de l'induit de la magnéto pour que l'avance à l'allumage corresponde à l'avance maxima des rupteurs, et pour cela il suffit de décaler l'induit ou le volet de l'induit d'un angle correspondant au retard produit sur les rupteurs.

Il est impossible d'entrer dans tous les détails qu'une visite aux ateliers des constructeurs révèle, mais il est un point qui se dégage de cette visite et qu'il est utile de noter ici : c'est que la magnéto est un appareil, sinon délicat, du moins demandant une fabrication très soignée et des vérifications très sérieusement faites. C'est un appareil annexe des moteurs à explosion qui ne souffre pas une construction médiocre.

Rupteurs. — La disposition des rupteurs varie suivant chaque constructeur, et véritablement on peut dire que sur ce point le champ des recherches est ouvert à l'infini.

Toutefois, quel que soit le système employé, on distingue dans tout dispositif de rupture les éléments suivants :

1° L'*inflammateur*, qui est une véritable bougie isolée à laquelle est reliée la canalisation électrique aboutissant à l'un des pôles de l'induit de la magnéto ; cet appareil fixe est vissé dans la paroi du cylindre et constituera l'un des pôles entre lesquels jaillira l'étincelle ;

2° La *palette* mobile qui est montée sur un axe traversant également la paroi du cylindre ; cet axe porte, à l'intérieur de ce dernier, un levier sur lequel se fera sentir l'action motrice, de sorte que la palette est constituée de trois parties :

La pièce de rupture placée à l'intérieur de la chambre d'explosions, son axe et enfin son levier de commande placé à l'extérieur du cylindre ; c'est l'oscillation de cette pièce mobile qui fermera le circuit et provoquera l'arrachement au moment voulu pour l'inflammation du mélange explosif.

Pour faciliter le démontage de ces appareils, certains constructeurs fixent l'inflammateur, sa palette et son levier de commande sur une même pièce, dite *tampon*, que l'on visse en général par deux boulons sur une sorte de regard dans la chambre d'explosion ; on ménage à ce regard des dimensions suffisantes pour permettre le montage et le démontage faciles des pièces fixées sur le cylindre :

3° Le système mécanique de commande de la palette, qui se compose d'une série de leviers, de tiges avec ressorts de rappel et varie à l'infini. Toutefois on les classe en tiges plongeantes, c'est-à-dire à mouvement vertical analogue à celui des soupapes, et en tiges oscillantes à mouvement circulaire ;

4° Une came calée sur l'arbre secondaire de distribution, qui actionne la tige principale de commande du rupteur, dans des conditions analogues à l'action produite sur les soupapes de distribution ;

5° Enfin les différents systèmes par lesquels on obtient l'avance ou le retard à l'allumage. C'est surtout dans ces dispositifs que les constructeurs ont recherché des solutions intéressantes.

Par exemple, dans le système Richard-Brasier, cette avance est constante pour la magnéto et correspond au maximum compatible avec le bon fonctionnement du moteur. C'est la palette dont on modifie l'action pour produire le retard à l'allumage, indispensable pour la mise en marche du moteur ; on a comparé souvent les détentes du rupteur d'automobile à des pièces d'armurerie,

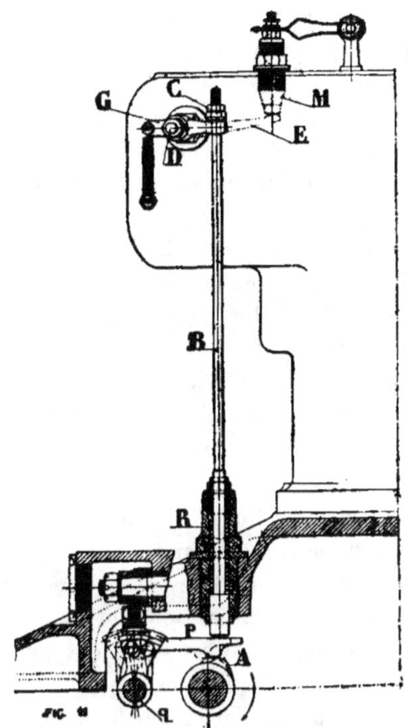

Fig. 112. — Allumage par rupteurs (Peugeot).

M, inflammateur ; E, palette de rupture ; B, tige de commande ; A, came d'allumage ; Pq, dispositif d'avance à l'allumage.

et rien ne peut en effet en donner une idée plus exacte ; dans l'appareil cité précédemment, c'est une came manœuvrable par un système de sonnette qui vient agir sur une pièce de détente de forme étudiée ; bien entendu, chaque came est solidaire de la came voisine pour produire exactement la même position d'allumage dans les quatre cylindres du moteur.

Dans le système adopté par la Société Daimler, l'avance ou le retard à l'allumage se produit par le déplacement latéral de la tige de commande au moyen d'un système de transmission de mouvement très ingénieux ; on provoque ainsi l'avance en forçant le balai de soulèvement à descendre d'une façon anticipée sur la came de distribution, le retard étant obtenu par la manœuvre inverse.

La Société Peugeot réalise l'avance à l'allumage par une came de distribution à forme spéciale comprenant une rampe héliçoïdale qui agit sur un doigt dont on peut déplacer latéralement la position pour produire à des moments différents le soulèvement de la tige de commande.

Dans les moteurs de Diétrich, l'avance à l'allumage est produite par un dispositif qui déplace l'arbre à came de l'angle suffisant pour produire plus ou moins rapidement l'échappement des balais sur les cames ; pour cela, un manchon portant des clavettes héliçoïdales est manœuvré par le conducteur et transforme le mouvement longitudinal des tiges de commande en un mouvement de torsion, qui a pour effet de produire le décalage nécessaire. D'autres constructeurs obtiennent la modification du point d'allumage au moyen d'une douille filetée ; dans la magnéto Gianoli, l'avance est obtenue par le déplacement des mâchoires polaires et, par conséquent, du champ magnétique ; il en résulte que l'étincelle a la même intensité dans toutes les positions.

La maison Rochet-Schneider n'emploie pas comme les précédentes le système de commande des palettes par des tiges tombantes, mais au contraire par des tiges oscillantes qui travaillent à la torsion, ce qui permet d'en réduire le diamètre ; cette différence de transmission du mouvement modifie le système d'avance à l'allumage ; le mouvement est transmis au moyen d'une barre rigide, qui est supportée en deux points au moyen d'un boulon fixe passant dans une rainure inclinée formant guide : lorsqu'on avance ou qu'on recule cette tige, les rampes inclinées l'obligent à s'élever ou à s'abaisser par rapport aux organes de commande fixe, et on obtient ainsi la modification désirée du point d'allumage.

L'emploi de l'allumage par rupteurs comporte évidemment quelques complications des mécanismes ; de plus, l'obligation de créer des modèles spéciaux de moteurs pour l'allumage par magnéto à basse tension a arrêté certains constructeurs dans l'application de la magnéto à basse tension, connue depuis longtemps pour les moteurs fixes : c'est ce qui a obligé les inventeurs à chercher un système d'allumage par magnéto qui pût se substituer sans modification à l'allumage par bobine et accumulateurs.

II. Magnéto à haute tension. — La magnéto à haute tension donne sur le système à basse tension un très réel avantage en ce qui concerne l'installation de la partie électrique ; elle ne comporte en effet aucun organe mobile placé sur le cylindre, et tous les mécanismes de rupture et de distribution de courant sont placés sur la magnéto elle-même. Il suffit donc de commander convenablement cette magnéto pour obtenir le fonctionnement de tout le système électrique. Disons de

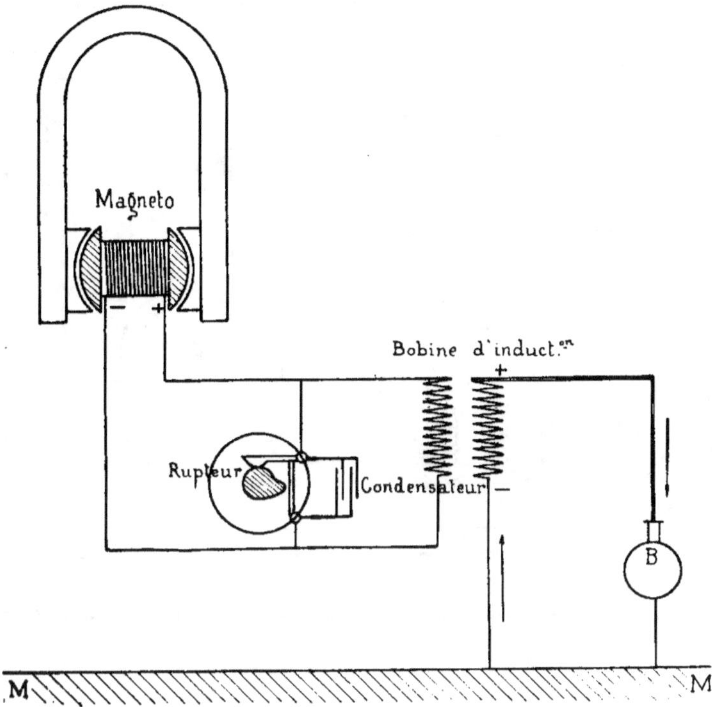

Fig. 113. — Schéma d'un allumage à haute tension par magnéto à enroulement simple et rupture du courant primaire.

suite que cette commande doit être faite par des organes mécaniques indéréglables, tels que des chaînes ou des engrenages qui empêchent toute variation de position, tout décalage de l'induit par rapport au distributeur. Les organes qui constituent tout système d'allumage par magnéto à haute tension se composent d'un induit à enroulement simple, lançant un courant dans le bobinage primaire d'un transformateur ; un organe mécanique rompt le courant 1) ou produit une dérivation de celui-ci, suivant le cas, de façon qu'à chaque période corresponde

(1) Certains constructeurs rompent le courant par un rupteur magnétique qui sert en même temps de régulateur de force électromotrice.

un courant à haute tension qui est envoyé à la bougie. Le problème est, comme on le voit, assez complexe ; de plus, on doit établir les enroulements de telle façon que, pour une vitesse angulaire très faible,

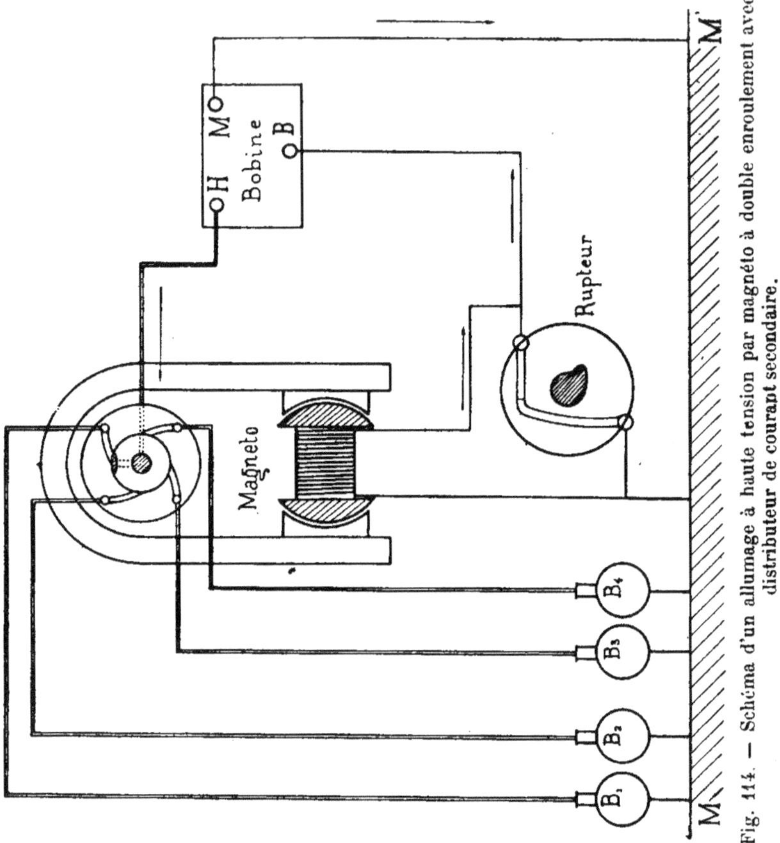

Fig. 114. — Schéma d'un allumage à haute tension par magnéto à double enroulement avec distributeur de courant secondaire.

notamment celle qui correspond à la mise en marche, l'étincelle soit assez nourrie pour jaillir entre les pointes de la bougie dans une enceinte comprimée à 4 kg. et plus ; on admet qu'une tension de 8 à 10.000 volts est pour cela nécessaire ; or, comme la force électromotrice croît proportionnellement à la vitesse angulaire, il est évident qu'aux allures vives du moteur le voltage s'élève beaucoup et l'isolant risque alors de devenir insuffisant.

Nous diviserons les magnétos à haute tension en deux classes principales :

1° Celles dans lesquelles le courant primaire est envoyé dans une bobine de transformation, la rupture de ce courant primaire produisant un courant à haute tension dans le circuit secondaire du transformateur ;

2° Celles dans lesquelles l'induit est constitué par un double enroule-

Fig. 115. — Magnéto Eisemann type Panhard, avance à l'allumage par oscillation de la Magnéto.

ment formant ainsi lui-même transformateur ; le courant subit comme précédemment une modification brusque de son champ magnétique au moyen d'un rupteur, de sorte qu'il y a suppression du courant inducteur au moment où l'on doit utiliser l'étincelle à haute tension.

Cette division faite, nous examinerons brièvement les principaux dispositifs en usage dans chacun des deux groupes savoir :

I. — Magnéto à induit simple et à transformateur séparé : types Eisemann, Nilmelior.

II. — Magnéto à induit à double enroulement : types Simms-Bosch Renault, Vesta, Lacoste.

III. — Dispositifs d'allumage mixte utilisant comme source d'électricité soit la Magnéto à haute tension, soit les accumulateurs de piles.

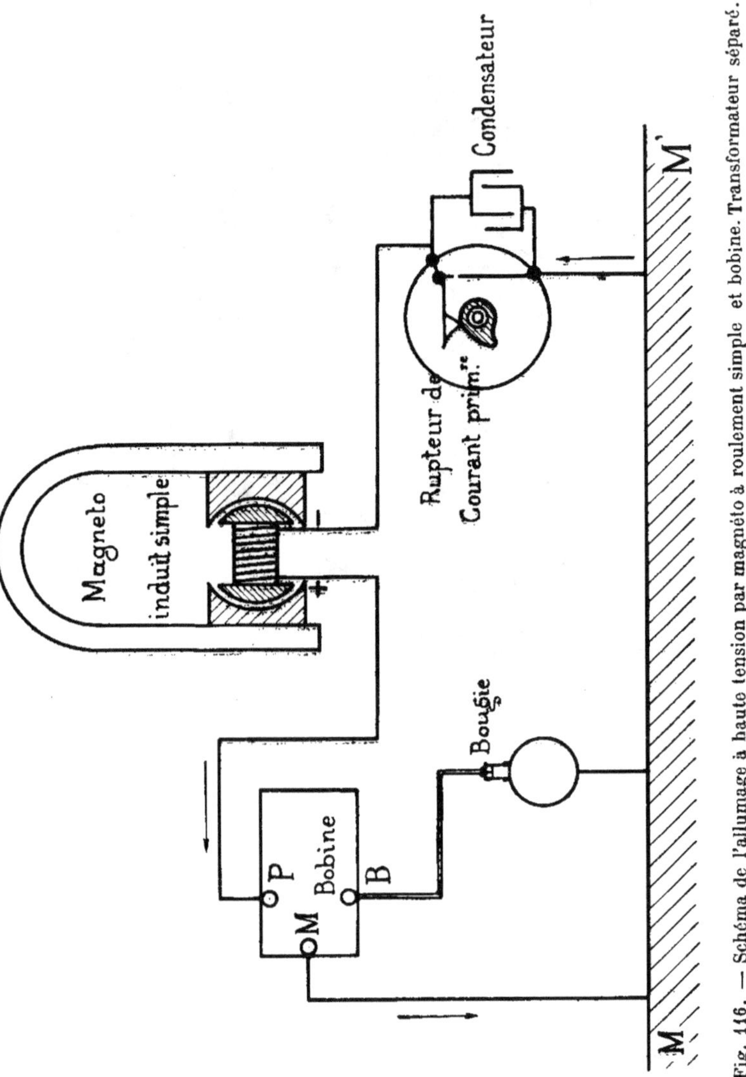

Fig. 116. — Schéma de l'allumage à haute tension par magnéto à roulement simple et bobine. Transformateur séparé.

Le système Eisemann, dont M. H. de La Valette est, on peut le dire, le créateur en France, est basé sur le principe suivant :

Au lieu de rompre le courant primaire envoyé au transformateur comme on le fait avec l'allumage par accumulateurs, le système Eisemann est basé sur la dérivation du courant primaire qui supprime toute rupture et donne un rendement électrique élevé. Pour cela, au moment précis où le courant inducteur passe par son maximum grâce au court-circuit établi entre les bornes de la magnéto, une came ouvre ce court-circuit et envoie brusquement le dit courant dans le primaire du transformateur ; ce courant donne naissance au courant secondaire qui provoque l'étincelle.

L'allumage Eisemann comprend donc en principe (figure 117) :

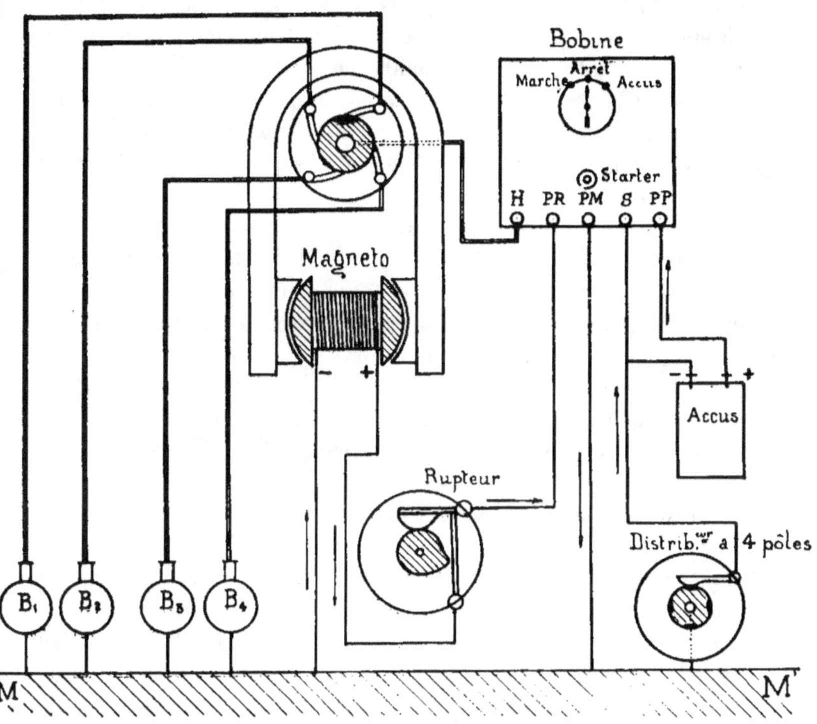

Fig. 117. — Schéma de l'allumage mixte Eisemann pour utiliser les moteurs munis d'un distributeur à quatre pôles.

1° Une magnéto à basse tension portant sur l'axe de l'induit le rupteur de dérivation, l'un des pôle du courant étant à la masse ;

2° Un distributeur de courant à haute tension tournant deux fois plus vite que l'induit, au moyen d'une paire d'engrenages ; ce distributeur est, pour la commodité des installations, placé à la partie supérieure des aimants de la magnéto ;

3° Une bobine ou transformateur recevant le courant primaire et restituant du courant secondaire avec fil de masse commun ;

4° Des bougies ordinaires à bon isolement recevant le courant à haute tension du distributeur et restituant à la masse du courant « détendu », après jaillissement de l'étincelle.

Nous n'entrerons pas dans l'exposé des avantages que procure le système Eisemann, la pratique a montré que ces avantages étaient tout à fait réels ; le phénomène qui se produit au moment où l'interrupteur force le courant à passer dans le primaire du transformateur a été comparé à une sorte de coup de bélier électrique, qui a pour effet de produire une suraimantation du noyau de fer doux du transformateur, augmentant assez largement le rendement de celui-ci ; ce coup de bélier tient, en partie du moins, à l'action du condensateur qui est négative dans la rupture simple, tandis qu'elle est positive dans le cas de la dérivation.

C'est ce qui a permis de dire à M. H. de la Valette que, supérieur en sécurité aux appareils d'allumage par accumulateurs à cause de sa permanence, l'allumage Eisemann est supérieur aux autres allumages par magnéto parce qu'il consacre à la production de l'étincelle une quantité d'énergie plus grande, toutes choses égales d'ailleurs.

Sans entrer dans les détails de construction, il convient cependant de signaler que l'allumage Eisemann, adopté notamment par la Société Panhard-Levassor, comprend les particularités intéressantes suivantes :

La vitesse de la magnéto dépend évidemment du nombre d'étincelles à produire par tour : dans un moteur monocylindrique, la vitesse de la magnéto doit être la moitié de celle du moteur ; dans un moteur à deux ou à quatre cylindres, elle doit tourner à la même vitesse, et, dans un moteur à trois cylindres, sa vitesse doit être les 2/3 de celle du moteur ; il est vrai que, dans le moteur à un cylindre et dans celui à quatre cylindres, on n'utilise par tour qu'un seul des maximums de la force électromotrice.

On obtient l'avance à l'allumage soit en faisant tourner d'un certain angle l'induit par rapport au pignon qui le commande, au moyen d'un ergot glissant dans une rainure hélicoïdale de l'arbre de l'induit ; le déplacement de cet ergot s'obtient par l'intérieur de l'arbre qui est creux du côté extérieur, soit, ce qui est encore bien mieux, en faisant osciller la magnéto tout entière sur des berceaux appropriés comme un simple distributeur (fig. 115).

Le transformateur est constitué sur le principe des bobines d'induction, avec les indications permettant d'en faciliter le montage ; son indépendance permet d'emporter en voyage un transformateur de rechange si on craint une avarie.

Quant au montage, il se fait de bien des façons différentes. Dans les voitures Panhard-Levassor, on dispose la magnéto et son transformateur

Fig. 118. — Installation d'une magnéto sur un châssis Gobron-Brillié.

sur le garde-crotte du châssis, c'est-à-dire à portée du conducteur au moyen d'une commande par chaîne ; ce dispositif, qui a l'inconvénient d'introduire une chaîne tournant à grande vitesse dans la transmission, présente l'avantage incontestable d'isoler les organes électriques de la chaleur rayonnante des cylindres et d'en rendre la surveillance des plus aisées.

On monte également les magnétos sur l'arbre de distribution ou sur un arbre secondaire actionné par engrenages, la magnéto se construisant avec les différents sens de rotation que comporte le dispositif de transmission adopté.

On peut dire que la magnéto Eisemann est le type des magnétos à enroulement simple ; mais à côté d'elle des systèmes analogues à la magnéto, mais à rupture ordinaire de courant primaire, ont été étudiés.

14

Dans la magnéto Nilmelior 1905, les aimants ont une forme de demi-cercle, ce qui diminue beaucoup l'encombrement ; elle fournit deux étincelles par tour d'induit, ce qui oblige à faire tourner celui-ci à la

Fig. 119. — Installation d'une magnéto sur une motocyclette.

vitesse du moteur pour un quatre cylindres ; on obtient l'avance ou le retard à l'allumage par une variation de calage de l'induit, au moyen d'une sorte de petit différentiel dont les pignons intermédiaires tournent sur l'arbre de l'induit. Le montage est celui que nous avons donné plus haut comme exemple de l'allumage à haute tension par rupture de courant primaire (fig. 116), avec adjonction d'un distributeur à haute tension pour quatre cylindres ; un parafoudre est ménagé à côté de ce distributeur pour éviter au transformateur un survoltage, en cas d'accident à la canalisation.

De même que le système Eisemann caractérise la dynamo à enroulement simple et à transformateur séparé, la magnéto Simms-Bosch est le type de la magnéto à double enroulement.

Elle se compose d'un induit qui comporte un enroulement primaire et un enroulement secondaire superposés sur le noyau ; par exemple, le courant primaire peut se composer de 25 mètres de fil de 0,7 mm. donnant une tension plus faible que la magnéto à rupture, tandis que le courant secondaire comporte souvent 1.000 mètres de fil de 0,015 mm., produisant un courant qui atteint facilement 7.000 à 8.000 volts.

Un des avantages de cette dynamo à double enroulement est le minimum d'encombrement qui lui est nécessaire ; dans la magnéto à induit tournant pour monocylindre (fig. 119), on peut supprimer le distributeur de courant secondaire, indispensable pour les moteurs multicylindriques.

Dans ceux-ci, on emploie exclusivement la magnéto à volets, que nous avons décrite ci-dessus et qui procure une grande sécurité dans les contacts, en raison même de l'immobilité de l'induit.

Fig. 120. — Magnéto à haute tension. (Simms Bosch)

Fig. 121. — Magnéto à haute tension (Nilmelior).

Fig. 122. — Magnéto Eisemann type normal : avance à l'allumage par rampe hélicoïdale.

La magnéto Simms-Bosch comprend :

1° L'induit fixe d'où sort le fil secondaire à gros isolant et le fil primaire ;

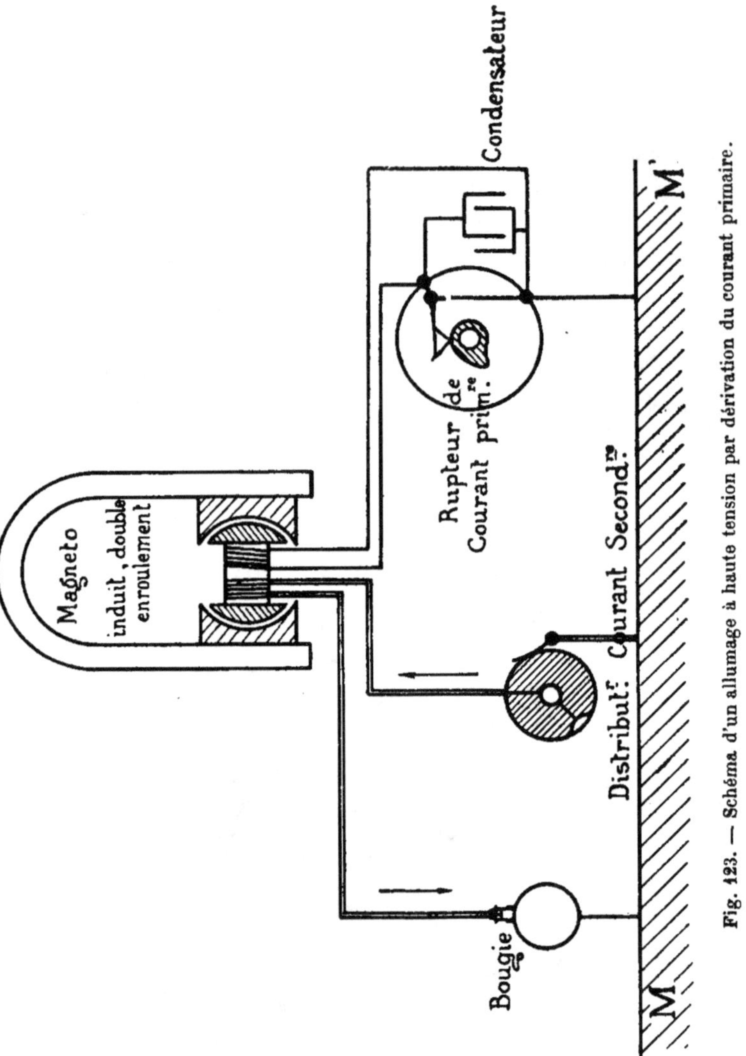

Fig. 123. — Schéma d'un allumage à haute tension par dérivation du courant primaire.

2° Le volet tournant qui produit les variations du champ magnétique ;

3° Le distributeur du courant primaire agissant sur le rupteur de construction spéciale ; ce distributeur, monté sur la joue du volet contre l'induit, reçoit l'extrémité du fil primaire et le retourne à la masse soit directement, soit par le condensateur au moment de la rupture ;

4° Le distributeur de courant secondaire, monté sur l'arbre du volet à la partie antérieure de celui-ci, reçoit le gros fil qui part du centre de l'induit secondaire pour aboutir à un balai de charbon qui frotte sur le distributeur à quatre pôles ; sur sa route, un parafoudre réglable a été ménagé ;

5° La borne à départs multiples des fils de courant secondaire allant aux bougies.

On obtient l'avance ou le retard à l'allumage par un déplacement angulaire du doigt de rupture qui fait que l'on modifie légèrement le moment du soulèvement du touchau du distributeur primaire.

Ce mécanisme, ou plutôt cette juxtaposition de mécanismes sur un même axe, semble *a priori* un peu compliqué, mais l'étude très réellement approfondie qui a été faite de leur construction les met à l'abri des inconvénients résultant de cette grande condensation des organes.

MM. Renault frères ont, en 1904, muni leurs moteurs de magnétos Simms-Bosch disposées en vue de l'allumage mixte, dont nous dirons plus loin quelques mots ; depuis, ils ont renoncé à cette complication, inutile d'après eux, et emploient le système simple ; toutefois la commande, de la magnéto se faisant par une vis sans fin en bout de l'arbre du moteur à l'opposé du radiateur, un type spécial a été créé par eux (fig. 125 et 127). On remarque que le distributeur primaire est placé du côté de l'induction, tandis que le distributeur du secondaire est placé au delà du pignon de transmission. On augmente ainsi l'encombrement, ce que MM. Renault peuvent se permettre grâce à leur système

Fig. 124. - Borne Sérisol.

de refroidissement, mais on a l'avantage d'une plus grande facilité d'accès et de surveillance des principaux organes électriques.

La magnéto Bréguet (fig. 126 et 128) est du type à double enroulement, mais elle se distingue par la forme de ses aimants en demi-cercle, réunis pôle à pôle ; les masses polaires ont la forme de croissants entre lesquels tourne l'induit.

Le montage général est le même que précédemment ; tous les organes de distribution de courant sont bien ramassés et d'un démontage bien étudié ; l'avance à l'allumage se fait d'une façon extrêmement

Fig. 125. — Installation de la magnéto à haute tension sur un moteur Renault

simple, en décalant l'ensemble du flux magnétique avec le contact primaire, par rapport à l'arbre moteur, ce qui fait que l'intensité de l'étincelle reste constante, quel que soit le calage.

La magnéto Nilmelior à double enroulement a également une forme ronde : elle est assez analogue comme construction à la magnéto à enroulement simple de la même fabrication.

Le rôle de la magnéto à haute tension a donc été de permettre de diminuer l'avance à l'allumage, qui produit toujours une légère contre-pression, tout en provoquant une grande rapidité de la propagation de l'explosion dans le mélange gazeux ; on a dit, avec juste raison, que l'étincelle d'induction à haut voltage agissait à la fois par chaleur et par choc comme certains inflammateurs d'explosifs ; en effet, dans la

Fig. 126. — Magnéto Bréguet à courants circulaires.

bobine à trembleur magnétique, malgré le perfectionnement très réel des trembleurs à grande vitesse, c'est une série d'étincelles ou plutôt c'est la première étincelle de la série qui provoque l'allumage, les autres étincelles constituant un gaspillage inutile d'énergie ; de plus, on ne peut obtenir une précision suffisante pour le moment où l'étincelle doit

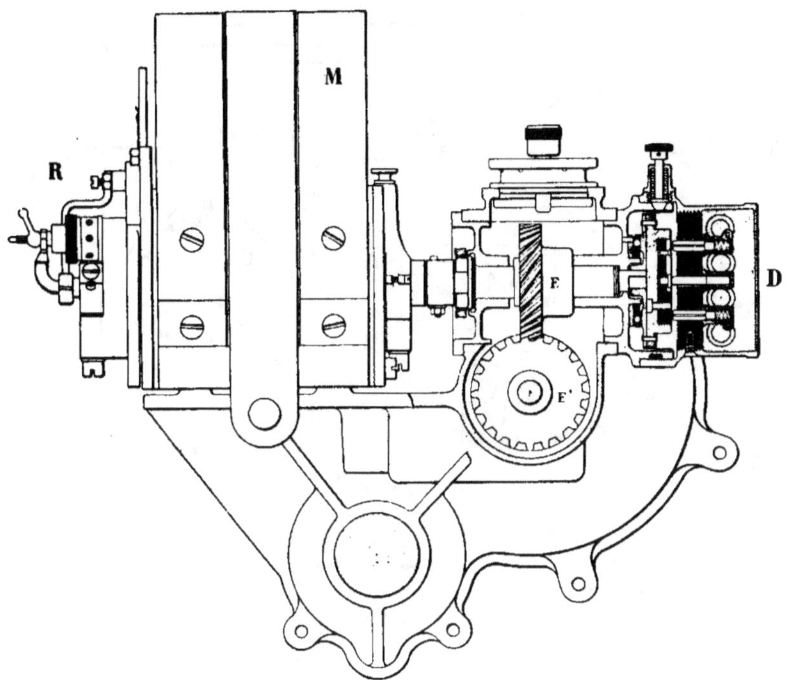

Fig. 127. — Installation de la magnéto sur les voitures Renault.
M, magnéto Simms-Bosch à haute tension : D, distributeur à haute tension ; EE', commande par roues héliçoïdales.

jaillir, tandis que le rupteur mécanique de la magnéto à haute tension permet de déterminer mathématiquement le point d'allumage.

Il semble donc que l'allumage par magnéto à haute tension présente ce double avantage d'un allumage plus intense et surtout d'une précision très grande dans le moment où il se produit.

E. Allumages mixtes ou double allumage. — Le désir d'une sécurité, qui paraîtra un jour excessive, ou celui d'utiliser des installations existantes a fait étudier à plusieurs constructeurs (que certains qualifient de timorés) des dispositifs permettant d'employer le double allumage par magnéto et accumulateur.

Ce système présente en tout cas un avantage, celui de permettre le départ au bouton ; en effet, si on a le soin de préparer un mélange explosif bien comprimé par un court emballage avant l'arrêt, il est pos-

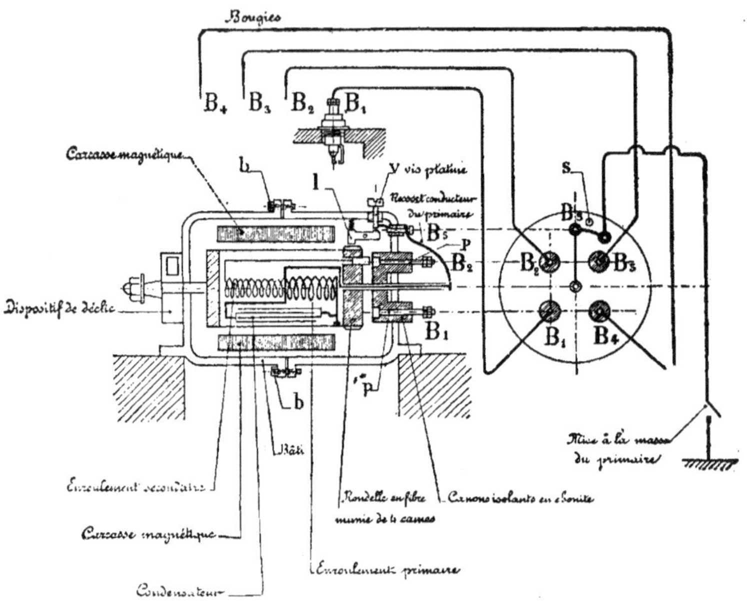

Fig. 128. — Schéma de l'allumage Bréguet.

sible, lorsque le tout est encore chaud, de lancer le moteur sans tourner la manivelle, simplement en faisant jaillir l'étincelle ; pour cela l'accumulateur est nécessaire, parce que la magnéto oblige forcément à faire quelques tours pour produire un courant.

Quand l'installation est déjà faite, c'est-à-dire quand on possède un distributeur à quatre pôles, le plus pratique est de disposer une magnéto à basse tension, son rupteur et son distributeur à la manière ordinaire, en se servant de la même bobine, quelle que soit la source d'électricité (fig. 129). On dispose sur la boîte de la bobine un commutateur double, permettant de faire automatiquement les branchements utiles, ainsi qu'un bouton de départ.

La magnéto Lacoste qui n'a pas de contact à la masse mais, par contre est isolée d'une façon particulièrement soignée, s'adapte très bien à la double distribution ; un commutateur spécial est disposé pour couper ou rétablir à la fois le courant primaire et le courant secondaire correspondant.

MM. Renault frères avaient adopté en 1904 une magnéto Simms-

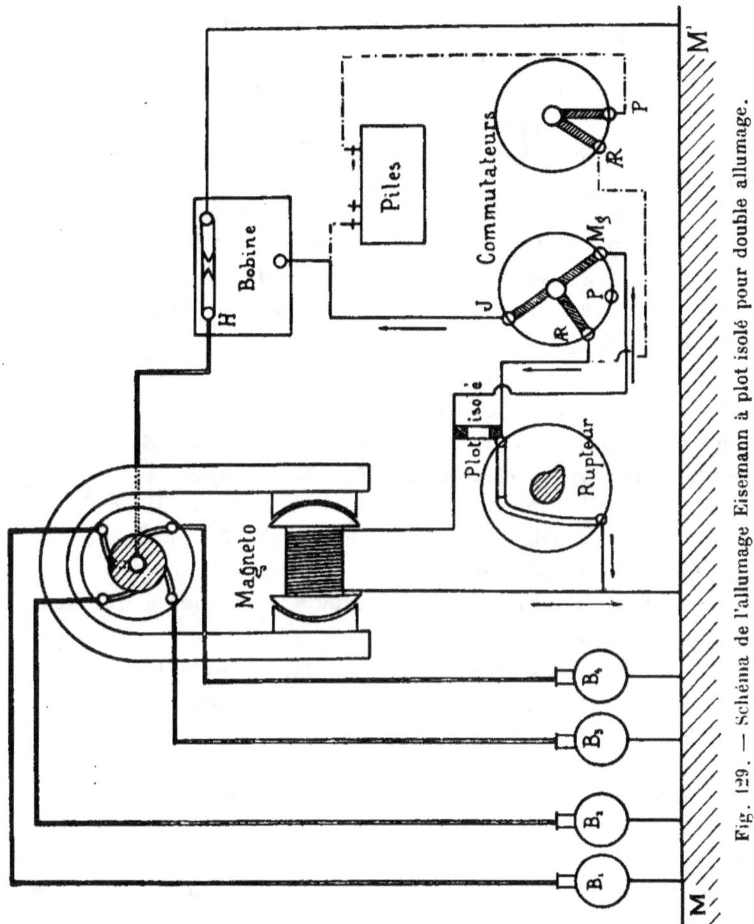

Fig. 129. — Schéma de l'allumage Eisemann à plot isolé pour double allumage.

Bosch permettant ce double allumage avec un commutateur spécial recevant le courant soit d'une pile-bobine, soit d'une magnéto à double enroulement : on avait ainsi l'impedimentum de deux organes à haute tension, d'un trembleur magnétique à côté d'un rupteur primaire, etc.

La maison Ariès utilise également le double allumage avec une bobine à trembleur, au moyen d'un accumulateur placé près de la magnéto, mais commandé par tringle du siège du conducteur.

La société Panhard-Levassor a enfin fait étudier l'adaptation de la magnéto Eisemann au double allumage par un dispositif spécial de rupteur, dit à plot isolé, et un commutateur à touches multiples, qui permet l'emploi d'une pile comme source d'électricité de secours d'une bobine sans trembleur et supprime l'emploi du distributeur primaire.

M. Clément emploie un dispositif analogue très simple en plaçant en dérivation une source d'électricité (batterie ou pile), qu'on met en action à volonté par la manœuvre d'un commutateur à deux directions.

Quoi qu'il en soit, la construction des magnétos à haute tension a réalisé en deux ans de tels progrès que l'on verra, dans l'avenir, substituer aux accumulateurs cette seule source d'électricité, surtout lorsque l'on aura trouvé un moyen simple de lancer le moteur autrement que par un artifice électrique plus ou moins aléatoire.

F. Allumage direct à basse tension. — Un système nouveau et très intéressant, qui diffère dans ses parties essentielles des dispositifs d'allumage par magnéto ordinaire, est le système Caron qui comporte un rupteur magnétique, c'est-à-dire un appareil dans lequel la rupture est produite automatiquement par l'action du courant envoyé et non par des organes mécaniques comme précédemment. C'est donc une catégorie spéciale que Baudry de Saunier a très justement dénommée l'allumage par bougie à basse tension.

La magnéto Caron est disposée pour donner un courant à basse tension avec deux maxima et deux minima par tour ; pour cela, son induit est disposé en forme de croix à quatre pôles, tournant entre deux aimants de forme spéciale.

Ce dispositif d'induit à quatre pôles fournit quatre courants par tour, ce qui permet de ne faire tourner la magnéto qu'à moitié de la vitesse du moteur, pour alimenter quatre cylindres. Un distributeur mécanique envoie le courant ainsi produit dans chacun des inflammateurs, qui se vissent à la place d'une bougie ordinaire. On comprend combien la canalisation est simplifiée puisqu'il suffit de réunir la magnéto au distributeur et chacun des plots de celui-ci à chaque inflammateur pour produire le courant nécessaire à l'allumage.

La bougie se compose d'un solénoïde avec un dispositif central à ressort, disposé de telle sorte que, sous l'action du courant, il y a rupture brusque des deux pôles en platine, constituant l'inflammateur, et production de l'étincelle d'allumage.

Un dispositif analogue est l'allumage électro-magnétique Zubalof (fig. 130) qui consiste en un rupteur magnétique oscillant, qu'on fixe sur le moteur à la place de la bougie.

Cet appareil se compose d'un doigt vertical oscillant dans une capacité reliée au cylindre; ce doigt oscillant est sollicité successivement par deux bobines placées sur l'appareil, l'attraction de l'une produisant la fermeture du courant et l'attraction de l'autre la rupture.

Ces appareils amovibles présentent le grand avantage de permettre un remplacement immédiat en cas de panne, et ceci sans avoir à faire

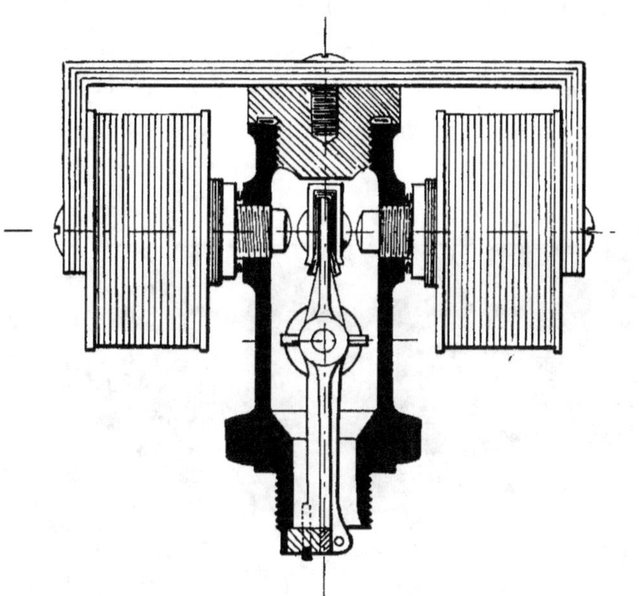

Fig. 130. — Type d'allumage électro-magnétique.

intervenir des pièces oscillantes traversant le cylindre comme dans les rupteurs ordinaires; ils se montent sur un courant à basse tension, d'où un isolement facile, et évitent tous les transformateurs et leurs canalisations un peu complexes.

Par contre, ils ne seront vraiment pratiques que lorsque leur construction les mettra complètement à l'abri des détériorations dues à la chaleur du moteur; ce jour-là, ils constitueront une simplification enviable de l'allumage électrique et à ce titre méritent d'être signalées dès maintenant.

Quel que soit le système employé, l'allumage du moteur à explosion par l'électricité présente des inconvénients ; cependant nous sommes arrivés à une époque où la magnéto à haute tension a conquis rapidement droit de cité dans l'automobile, et c'est en elle que nous devons espérer la simplification, idéal de la construction automobile tout entière.

Evidemment si, comme certains auteurs le préconisent, on arrive à un allumage automatique par compression, dans une cavité *ad hoc*, d'une petite réserve de gaz carburé, on aura fait un grand pas vers la simplification ; l'avenir seul dira si un tel système est véritablement applicable à nos moteurs d'automobiles.

CHAPITRE V

REFROIDISSEMENT

Nous avons vu, dans l'étude du rendement des moteurs à explosion, qu'un cinquième seulement de la puissance calorifique du combustible étaient convertis en travail disponible; on admet, en général, que la quantité de chaleur perdue par le refroidissement du moteur varie de 0,30 à 0,40 de la puissance calorifique du combustible.

Ces indications montrent combien est important le refroidissement des moteurs à explosion et combien il est nécessaire d'étudier des dispositifs donnant pleine sécurité pour produire le refroidissement du cylindre du moteur à la température voulue.

En effet, si l'on refroidit l'enveloppe du cylindre plus qu'il n'est nécessaire, on oblige le moteur à fonctionner en allure froide et, par conséquent, on perd volontairement un certain nombre de calories qui pourraient être utilisées en travail sans cette circonstance d'un refroidissement excessif.

D'un autre côté, le moteur à explosion développant dans la culasse une température très élevée, il est nécessaire, pour assurer la lubrification des organes en mouvement, principalement celle du piston, ainsi que pour empêcher les coincements par suite de dilatations exagérées, d'abaisser la température de cette chambre à un point tel que les huiles de graissage habituellement employées ne soient pas décomposées par la température développée, et, en général, c'est la température de 350° qu'on admet être la limite d'un bon fonctionnement, en raison même des qualités physiques des huiles de graissage qu'on possède actuellement.

Les systèmes de refroidissement peuvent se diviser en trois catégories :

1° Refroidissement par l'eau ;

2° Refroidissement par l'air ;

3° Refroidissement par injection.

Dans la première catégorie, nous trouvons immédiatement plusieurs divisions :

On peut obliger l'eau à parcourir la double enveloppe du cylindre avec une certaine vitesse, en employant un moyen mécanique qui est la pompe.

Si on se contente d'un moyen physique basé sur la différence de densité de l'eau, avant et après son passage autour du cylindre, on refroidit par le système dit du *thermo-siphon*.

Enfin, si on emploie comme mode de refroidissement non pas la circulation de l'eau, mais son évaporation en vue de récupérer la chaleur latente de vaporisation, on a ce qu'on a appelé le refroidissement par évaporation.

Refroidissement par pompe. — Il existe un grand nombre de pompes qui ont été adoptées par les constructeurs d'automobiles ; elles se ramènent aux types principaux suivants :

Les plus nombreuses sont les pompes centrifuges qui diffèrent suivant les constructeurs par des détails intéressants, notamment par

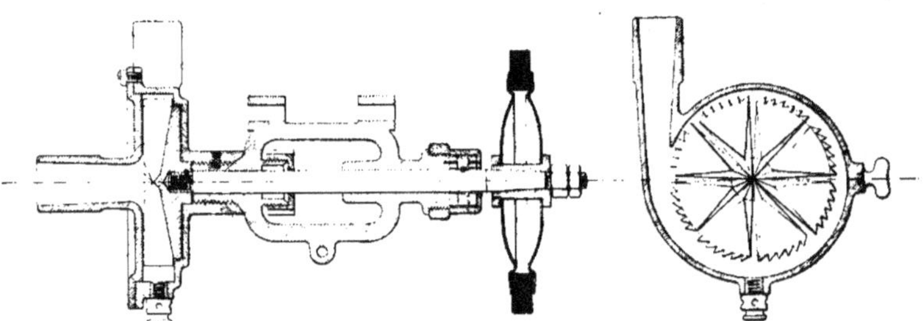

Fig. 131. — Pompe centrifuge Grouvelle-Arquembourg.

la disposition des ailettes. On distingue, en effet, les pompes centrifuges ordinaires à ailettes courbes, les pompes à ailettes droites, type Grouvelle-Arquembourg, dans lequel l'action de la force centrifuge est complétée par l'entraînement périphérique obtenu par une denture convenable du bord du disque tournant, et la pompe à ailettes droites disposées tangentiellement sur un petit cercle, présentant ainsi la disposition des tarares de moulins, type de la pompe de Dion-Bouton.

A côté des pompes centrifuges qui sont employées dans les trois quarts environ des voitures automobiles, une petite place est occupée par les pompes à engrenages, analogues aux pompes industrielles du même système, et par les pompes à palettes, dans lesquelles un mouvement excentrique force une palette maintenue par des ressorts à un mouvement de va-et-vient qui provoque la pression de l'eau.

Enfin, un type très intéressant a été créé par M. Butin, système mixte, combinaison de la pompe rotative et de la pompe à palettes qui donne, surtout comme pompe industrielle, des résultats intéressants.

Nous avons résumé, dans le tableau ci-après, les principaux renseignements qu'il est utile de connaître sur les pompes de ces diverses catégories. Les chiffres dus à M. Butin indiquent les valeurs respectives de chacun des systèmes.

Tableau 21. — Essais de divers types de pompes d'automobiles.

	Pompe centrifuge ordinaire	Pompe centrifuge en tarare	P. cent. à entrain. périphérique	Pompe à engrenages	Pompe à palettes
Nombre de tours par minute	1800	1500	2000	520	900
Débit en litres par heure	1800	2300	3500	1500	400
Pression en mètres d'eau	2,15	5	4,30	10	8
Rendement maximum	0,18	0,22	0,33	0,20	0,10

Le rendement est le rapport entre le travail utile en eau montée (produit du débit par la pression) et la puissance transmise à l'arbre de l'appareil ; il s'exprime par la formule :

$$\rho = \frac{QH}{\varpi P} \, .$$

Pour obtenir les grandes vitesses nécessaires aux pompes centrifuges, on commande souvent celles-ci par friction d'un petit galet de cuir sur le volant et, notamment, la société Panhard-Levassor est restée longtemps fidèle à ce système.

Quand on craint les glissements, on commande soit par des engrenages, soit par un organe élastique et. dans ce cas, la maison de Dion-Bouton emploie avec un très grand succès un simple ressort à boudin ; si un grippage se produit dans la pompe ou si une obstruction l'empêche de fonctionner, le ressort se déforme et s'échappe de son logement avant qu'une détérioration, souvent grave, ne se soit produite dans l'appareil.

On arrive à faire tourner les pompes centrifuges jusqu'à 3.500 tours à la minute et, à cette vitesse, la pression qui doit être de 10 mètres d'eau environ correspond souvent à un débit de 60 litres à la minute, soit 3.600 litres à l'heure ; on comprend que ces appareils aient une vitesse circonférentielle très élevée ; voici quelques chiffres d'expérience communiqués par M. Thareau :

Vitesse circonférentielle en mètres	Pressions correspondantes en mètres d'eau
7,35	2,80
8,65	3,80
9,25	4,50
10,30	6,00
11,60	7,00
14,30	11,00

On a dressé des courbes très intéressantes, qui donnent les pressions en fonction du débit ; on peut également tracer les courbes de rendement et, à ce sujet, M. Butin a donné de très utiles renseignements dans un rapport qu'il a présenté en 1904.

M. Rateau a également étudié ces questions et a formulé les deux lois suivantes :

1. En marche normale, c'est-à-dire dans des conditions de rendement maximum, une pompe centrifuge donne un débit proportionnel à la vitesse de rotation et une pression proportionnelle au carré de cette vitesse ;

2. En marche normale, le débit, pour une vitesse donnée, est proportionnel à la racine carrée de la pression.

On a souvent reproché aux pompes centrifuges d'avoir un mauvais rendement mécanique à vitesse réduite ; toutefois, il faut observer que ce rendement ne baisse que lentement et que, dans la pratique, le débit peut s'écarter de 0,25 à 0,30 de la normale, sans que le rendement soit très notablement inférieur à son maximum ; c'est là une des raisons de la grande facilité d'adaptation des pompes centrifuges aux moteurs d'automobiles. En cela, elles sont bien supérieures aux pompes à piston, dont le débit est sensiblement constant quelle que soit la pression, mais dont le rendement baisse dès que la vitesse de régime n'est pas

atteinte ; la pompe centrifuge, au contraire, donne une hauteur d'élévation assez constante avec des débits variant dans des limites de
1500 à 2000 litres à l'heure. Cette hauteur d'élévation comprend la
somme de l'aspiration et du refoulement, mais, dans la construction
automobile, on s'arrange toujours pour que l'aspiration soit à peu
près nulle, ou même pour qu'il y ait une certaine charge pour prévenir tous désamorçages ; ceux-ci sont provoqués souvent par des

Fig. 132. — Moteur 4 cylindres Renault à volant ventilateur.

phénomènes de cavitation qui ont été étudiés à propos des hélices
propulsives et qui provoquent des poches d'air très nuisibles au rendement.

Enfin, il est bon que, dans les pompes centrifuges, la tubulure
d'aspiration soit environ 5 0/0 plus grande que la tubulure de refoulement, également pour éviter tout désamorçage.

Les pompes à engrenages, qui ont été employées longtemps par quelques constructeurs (Delahaye, notamment), ont le mérite de tourner
à peu près à l'allure du moteur, ce qui en facilite souvent l'installation :
elles se composent de deux pignons dentés engrenant l'un dans l'autre,
qui forcent l'eau logée entre les dents à passer d'un côté à l'autre
de l'appareil ; on obtient ainsi un débit assez élevé avec une haute
pression, mais leur rendement est faible et elles sont sujettes à des

usures latérales qui sont plus nuisibles que dans les pompes centrifuges.

Enfin, les pompes à palettes, que certains constructeurs d'automobiles emploient depuis l'origine de leur fabrication (Darracq entre autres), sont constituées par une ou deux palettes placées sur un disque excentré ; l'usure des palettes se rattrappant automatiquement, ces pompes sont robustes et sûres.

Il est intéressant également de déterminer quelle doit être la place de la pompe dans la circulation de refroidissement. Cette disposition

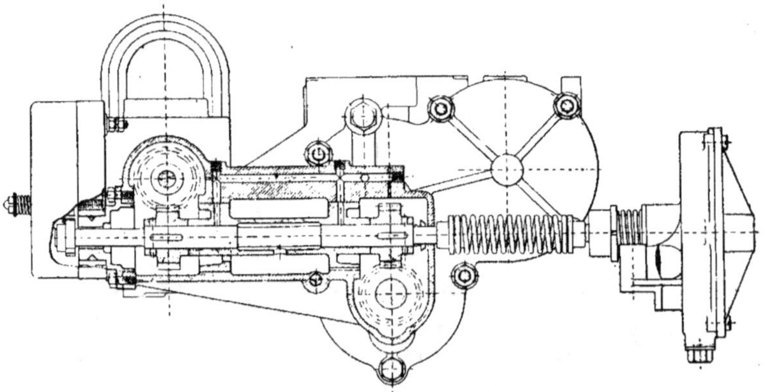

Fig. 133. — Commande de la pompe par ressort (de Dion Bouton).

de la circulation varie énormément suivant les constructeurs. Certains d'entre eux, comme de Dion-Bouton, mettent directement la partie supérieure de leur moteur en communication avec le réservoir, de façon à éviter toute poche de vapeur dans la canalisation ; dans ce cas, la pompe refoule l'eau dans le moteur en l'aspirant dans le radiateur où elle est arrivée naturellement du réservoir ; ce système n'est applicable qu'aux voitures dans lesquelles le radiateur est placé en dessous du châssis.

Dans la plupart des voitures actuelles où l'on emploie un radiateur-réservoir placé à l'avant, on dispose la tuyauterie de façon que la partie supérieure des cylindres soit en communication directe avec la partie supérieure du radiateur, et la pompe sert simplement à aspirer l'eau refroidie à la base du radiateur pour la refouler à la partie inférieure des cylindres du moteur. C'est là une disposition très rationnelle, parce que l'écart entre la température de l'eau qui circule dans le radiateur et la température de l'air ambiant est le plus élevé possible.

Toutes les autres combinaisons ont été aussi réalisées ; quand on emploie un réservoir séparé, on peut envoyer l'eau qui sort de la pompe au radiateur et profiter de la pression donnée pour refouler au moteur cette eau qui retourne ensuite directement au réservoir. En tout cas, il importe de disposer la circulation d'eau de façon à réduire au minimum les tuyauteries toujours encombrantes, difficiles à établir et en tous cas sujettes à de fréquentes détériorations. Pour empêcher celles-ci, on a soin de réunir les diverses sections de tuyaux par des joints en caoutchouc, qui empêchent les vibrations de se transmettre trop durement aux raccords.

Refroidissement par thermo-siphon. — Le thermo-siphon,

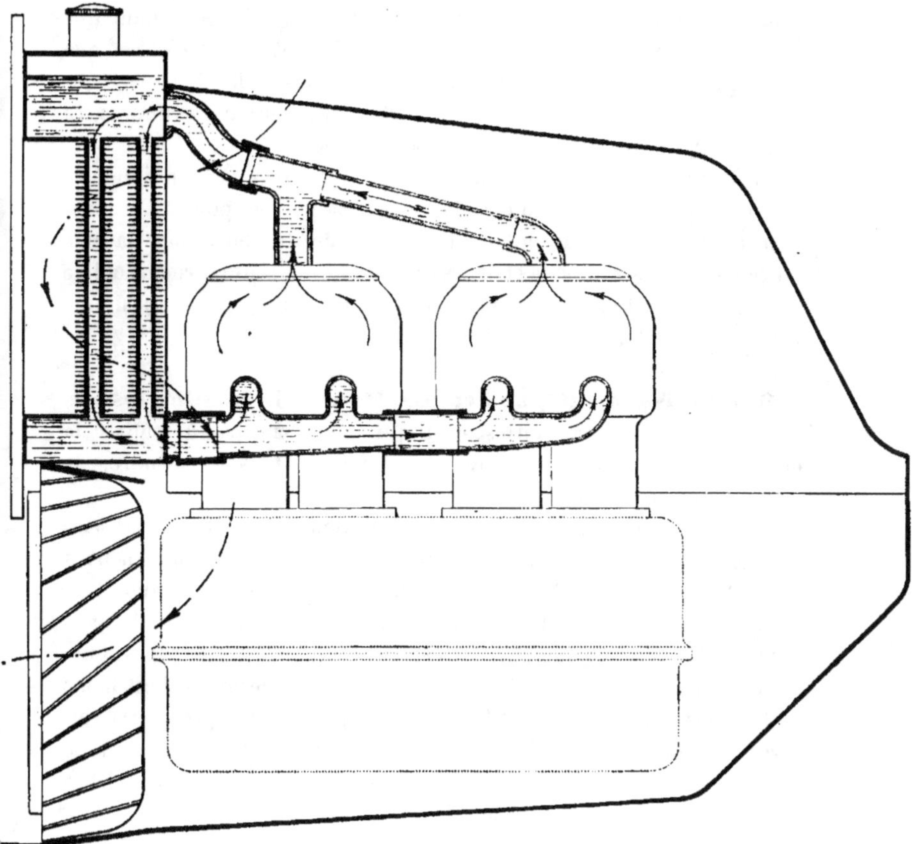

Fig. 134. — Refroidissement par thermo-siphon (Renault frères).

qui semblait être en défaveur, sauf chez un constructeur (Renault frères), qui lui était resté fidèle depuis sa première voiture, a maintenant des partisans plus nombreux. Il offre, en effet, l'avantage de procurer la simplification maxima du système de refroidissement et d'éviter toutes les imperfections de la pompe, quelle qu'elle soit.

La circulation se produit par suite de la seule différence de densité entre l'eau du réservoir radiateur et l'eau qui a été échauffée dans l'enveloppe du moteur par l'explosion (fig. 134).

Si on admet que la température de cette dernière est assez voisine de 100°, et que, dans le réservoir, la température de 45° est assez facilement atteinte, il est aisé de calculer la force qui produit la circulation de l'eau. La différence de densité entre les deux liquides est relativement faible, mais, si on a soin de disposer son moteur à un niveau sensiblement inférieur à celui du réservoir, on obtient cependant une pression d'eau suffisante pour assurer la circulation et on admet que celle-ci est favorisée par le dégagement de petites bulles de vapeur qui tendent toujours à se former à la partie supérieure des cylindres, ce dégagement activant la circulation par émulsion.

Évidemment, le thermo-siphon nécessite des tuyaux d'un diamètre beaucoup plus fort que la circulation par la pompe, puisque la pression est beaucoup plus faible, et y a lieu de diminuer dans la plus large mesure les pertes de charges dues à la canalisation, ce qui oblige à supprimer tout coude ou rétrécissement ; mais ce système très simple trouve son application dans bien des cas.

Refroidissement par évaporation. — Le troisième système de refroidissement par eau est celui qui ne cherche pas à réaliser la circulation de liquide, mais qui évapore l'eau dans le cylindre, de façon à utiliser la chaleur absorbée par la vaporisation.

En effet, la chaleur latente de vaporisation représente 533 calories qu'il est intéressant d'utiliser pour augmenter le refroidissement à quantité d'eau égale. Malheureusement, le système par évaporation demande nécessairement une plus grande hauteur au-dessus du moteur que les autres systèmes, et c'est ainsi qu'il n'est guère pratiquement applicable qu'aux moteurs horizontaux pour lesquels il est facile de faire les retours d'eau condensée aux cylindres. Les premières voitures A. Bollée-de Dietrich avaient un système de refroidissement de cette catégorie, grâce à leur moteur horizontal. Les voitures industrielles Gillet-Forest sont également munies du même système.

Dans ces voitures, la chaleur dégagée dans le moteur par l'explosion porte à l'ébullition la masse d'eau contenue dans l'enveloppe du cylindre ; la vapeur se forme et se réunit dans une grosse tubulure centrale placée à la partie supérieure du moteur. Cette vapeur monte dans les tubes centraux du radiateur, se répand dans le collecteur supérieur et, se condensant, retourne dans le collecteur inférieur du radiateur en traversant les tubes refroidisseurs latéraux ; de ces collecteurs, convenablement inclinés, partent deux tubes de retour qui ramènent l'eau de condensation à la partie inférieure du moteur.

On ménage de plus à chaque extrémité du radiateur deux tubes-siphons qui permettent le dégagement de la vapeur non condensée.

Pour remédier à cette perte inévitable d'une petite quantité d'eau par évaporation, une réserve est nécessaire. L'eau descend donc du réservoir de la voiture dans le moteur au moyen d'un petit réservoir à flotteur qui permet l'arrivée de l'eau lorsque le niveau général baisse, tout en empêchant que le flotteur, suivant en cela les inclinaisons de la voiture, ne permette à une proportion d'eau intempestive de venir inonder l'ensemble des enveloppes de refroidissement.

Radiateurs. — Les radiateurs sont les appareils dans lesquels on produit un échange de chaleur entre l'eau chaude sortant du moteur et l'air qui, par la marche de la voiture ou par des moyens artificiels, traverse l'appareil. Ils sont basés sur cette loi de Ser, qui a été depuis souvent vérifiée expérimentalement, que le refroidissement d'une surface de chauffe est proportionnel à la racine carrée de la vitesse de l'air qui circule autour. C'est en 1898, à propos de la course Paris-Dieppe, que la maison Panhard-Levassor a, la première croyons-nous, employé le radiateur sur une automobile.

Depuis lors, la forme des radiateurs a varié à l'infini et chaque constructeur s'attache à avoir une disposition caractéristique, souvent plus originale que rationnelle.

Les radiateurs peuvent se classer en deux catégories : La première est celle dans laquelle l'eau entre par une extrémité et sort par l'autre après avoir traversé toute la longueur des tubes ; ce sont les radiateurs à serpentin ;

La deuxième catégorie peut s'appeler les radiateurs en batterie, c'est-à-dire que l'eau s'y emmagasine dans des collecteurs, d'où elle passe sous l'influence de la différence de densité ou de la pression de la pompe dans une série de tubes refroidis par l'air, et l'on comprend que ce système, qui n'est possible que dans certains cas, présente l'avantage d'une moins grande perte de charge par frottement que le système par serpentin.

En ce qui concerne les organes proprement dits du refroidissement par connexion, il y a deux sortes de systèmes qui ont chacun leurs avantages et leurs inconvénients et qui se partagent la faveur des constructeurs et du public : les radiateurs à ailettes et les radiateurs à nid d'abeille.

Radiateurs à ailettes. — Les radiateurs à ailettes se composent toujours d'un tube sur lequel sont enfilées des ailettes en fer ou en cuivre mince, fixées très intimement au tube de façon que la transmission de la chaleur entre le tube central en cuivre et l'ailette proprement dite se fasse dans les meilleures conditions possibles.

Le système de fixation de ces ailettes et leur forme varient suivant les constructeurs. L'un des plus connus est celui de MM. Grouvelle-Arquembourg dont les ailettes sont fixées de la façon suivante sur le tuyau de cuivre du serpentin :

Chaque ailette porte un collet rabattu par emboutissage et disposé de telle sorte que la largeur de ce collet dentelé corresponde exactement à l'épaisseur de la lame d'air qui doit passer entre les ailettes pour assurer le refroidissement convenable ; on enfile les ailettes les unes à côté des autres, de sorte que le bord du collet de l'une touche l'ailette de l'autre, puis, en exerçant une pression hydraulique assez considérable dans l'intérieur du tube de cuivre, on provoque une légère dilatation artificielle dans ce tube, dilatation qui assure la position de toutes les ailettes les unes à côté des autres et le contact assez intime pour la transmission de la chaleur sans autre mode de liaison.

D'autres constructeurs ont disposé leurs ailettes d'une façon différente, soit par sertissage, soit par soudage à l'étain ; la forme des ailettes, qui a été ronde ou gaufrée chez certains, s'est généralisée dans la forme carrée qui se rapproche mieux des exigences de la construction des voitures modernes.

En ce qui concerne les dimensions à donner au radiateur, tout dépend de la quantité d'eau qu'il y a à refroidir et, par conséquent, elles varient suivant les puissances de moteurs. On adopte, en général, des diamètres intérieurs de tubes variant de 15 à 18 millimètres ; cependant, on a fait des batteries tubulaires qui présentent des tubes de bien plus petit diamètre, 5 à 8 millimètres, mais qui sont alors en plus grand nombre. Un tube de 18 millimètres offre avec ses ailettes, une surface de refroidissement de 0,63 mètre carré par mètre courant de tuyau, et il faut, suivant le diamètre du tube, 0 m. 70 à 0 m 90 de tuyau à ailettes par cheval pour avoir toute sécurité de fonctionnement dans une voiture de tourisme ; les grandes vitesses de course permettent de réduire beaucoup le chiffre ci-dessus.

Pour améliorer le rendement des radiateurs, c'est-à-dire diminuer dans une certaine mesure la résistance offerte à l'air par le passage à travers les radiateurs, MM. Grouvelle-Arquembourg ont proposé la création de tubes de forme spéciale rappelant d'une façon générale celle des poissons ou mieux celle des ballons dirigeables construits jusqu'à présent. Ils présentent vers l'avant une proue dont les parois forment un angle de 23° destiné à écarter l'air sans brusquerie et, à l'arrière, une partie effilée à 7° qui a pour effet de provoquer le passage de l'air écarté par la pointe sans production des remous qui empêchent si souvent la bonne utilisation de l'air ; d'une façon générale, le

Fig. 135. — Radiateur pour thermo-siphon (Renault).

tube présente une section dont la longueur est 3 fois 1/2 la largeur, celle-ci correspondant au diamètre des orifices qui relient les tubes entre eux.

Il résulte des expériences qui ont été faites que, dans un radiateur de trois rangs de tubes à ailettes ordinaires, la vitesse de l'air est réduite d'environ 0,35 par le fait même du passage, tandis qu'avec les tubes effilés, cette vitesse ne se trouve réduite que d'environ 0,20 ; toutefois, malgré l'ingéniosité de sa conception et les avantages qu'il présente, ce système de tubes ne semble pas être entré encore dans la pratique.

Notons enfin qu'il faut avoir soin de ménager, dans les radiateurs à serpentin, les pentes convenables pour qu'on puisse vider toutes les canalisations par l'ouverture d'un simple robinet, ceci pour éviter les effets désastreux de la gelée en hiver.

Radiateurs nid d'abeilles. — Les radiateurs nid d'abeilles se composent d'une série de petits tubes horizontaux dans lesquels l'air passe et provoque le refroidissement de l'eau contenue dans l'ensemble du réservoir traversé par tous ces tubes de petit diamètre ; c'est une disposition analogue à celle des chaudières tubulaires, dans lesquelles les gaz chauds passent dans des tubes droits qui sont baignés dans l'eau à chauffer, avec cette différence que, dans le cas de radiateurs, il faut non pas chauffer de l'eau, mais la refroidir et que, pour cela, il importe de faire passer de l'air aussi rapidement que possible.

Un des principaux inconvénients de ce système réside, comme dans les chaudières tubulaires, dans la difficulté de l'assemblage très étanche entre les tubes et les plaques tubulaires en dépit des dilatations répétées ; aussi les systèmes qui ont été proposés pour la fixation de ces tubes sont-ils extrêmement nombreux.

On a appelé ces radiateurs du nom générique de nid d'abeilles, parce que les premiers qui ont paru en France, sur des voitures Mercédès, présentaient des petits tubes de forme hexagonale analogues aux alvéoles des ruches ; mais ce dispositif n'est pas indispensable et l'on fait maintenant des radiateurs de ce système qui présentent des dispositifs très différents, notamment des tubes de section ronde ou carrée (Establie).

Radiateurs mixtes. — On a créé des systèmes mixtes, constitués par des tubes à ailettes, dans lesquels les ailettes ont une forme telle qu'elles paraissent, à première vue, constituer une sorte de nid d'abeilles ; cette disposition, procure évidemment les avantages de l'extrême diffusion de l'air, tout en dispensant des difficultés de construction des plaques tubulaires. On leur donne souvent le nom de radiateurs cloisonnés.

Dans ce système de radiateur (Loyal etc.), on dispose une série de petits tubes de 5 mm. environ, reliés à des collecteurs latéraux ; sur ces tubes sont enfilées des ailettes de forme carrée, de sorte que l'air et l'eau se trouvent divisés en filets très minces qui assurent un refroidissement énergique tout en sacrifiant à l'esthétique de la mode.

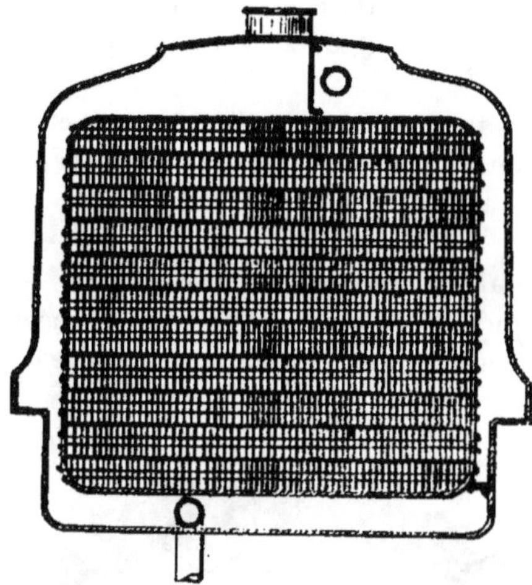

Fig. 136. — Type de radiateur cloisonné.

Quel que soit leur type, les radiateurs sont maintenant presque toujours combinés avec le réservoir d'eau ; on dispose ainsi d'une réserve tout autour des surfaces radiantes ; on évite ainsi les canalisations compliquées et, par suite, sujettes à des fuites, mais ces systèmes présentent l'inconvénient de demander un refroidissement très énergique, en raison même de la faible masse d'eau qu'on emploie — 12 litres pour des moteurs de 20 chevaux par exemple — et cette considération a amené forcément les constructeurs à disposer un organe supplémentaire pour obliger l'air à traverser le radiateur ; c'est le rôle des ventilateurs dont l'emploi est presque indispensable pour certaines catégories de voitures, notamment celles qui doivent circuler en pays de montagnes.

Ventilateurs. — Les ventilateurs sont presque toujours installés immédiatement derrière le radiateur, et ils sont mis en mouvement par une courroie prenant son action de l'arbre moteur lui-même ; on emploie, en général, des ventilateurs à quatre ailettes inclinées à 45°, qui n'ont pas été jusqu'à présent l'objet de grandes études. La puissance absorbée à 2.000 tours dépasse rarement 50 kilogrammètres.

Certains constructeurs (Daimler, Renault etc.) placent le ventilateur dans le volant et, pour cela, y ménagent, des ailettes hélicoïdales qui, par la rotation, aspirent l'air sous le capot du moteur, le forçant ainsi à traverser le radiateur pour ensuite le refouler à l'arrière de la voiture. Ce dispositif oblige à avoir un capot et une fermeture intérieure à peu près étanche. On pousse même le soin parfois jusqu'à disposer en hélice l'intérieur du cône d'embrayage pour assurer ce passage (Delahaye).

Enfin, dans certaines voitures, on dispose un ventilateur à l'avant, tout en maintenant le dispositif du volant ventilateur dont nous venons de parler ; on a donc double sécurité.

Vitesse de l'air à travers les radiateurs. — La puissance réfrigérante du radiateur étant fonction, non seulement de la vitesse de l'eau et de la surface de radiation, mais encore de la vitesse de l'air

Fig. 137. — Volant ventilateur à ailettes de tôle rapportées (Renault frères).

autour du réfrigérant, on a intérêt à faire circuler l'air **rapidement,** c'est-à-dire à marcher vite pour assurer la réfrigération ; **de plus, il** faut que celle-ci se fasse aussi bien, sinon mieux, lorsque le **moteur** donne son maximum de puissance sur une vitesse de **translation faible** comme dans la montée, de sorte que le ventilateur s'est **imposé pour** assurer une réfrigération constante du radiateur.

Il ne faut pas croire, toutefois, que l'effet du ventilateur s'ajoute à celui de la vitesse de la voiture.

En effet, supposons un ventilateur de 0 m. 40 de diamètre tournant à 2.000 tours et absorbant une puissance de trois quarts de cheval, les hélices inclinées à 45° donnent à l'air une vitesse théorique de 17 m. à la seconde correspondant à une vitesse de route de 60 km. à l'heure.

Supposons que la voiture progresse à 40 km. à l'heure, soit 11 m. 11 à la seconde, il ne faut pas conclure que la vitesse de passage de l'air sera de 17 + 11, soit 28 m. à la seconde ; l'expérience a montré que la vitesse de l'air due à l'action du ventilateur sera à peine élevée de 15 à 20 0/0. De la sorte, si la vitesse de la voiture dépasse celle qui correspond à la vitesse de l'air dans le ventilateur, il se produit un travail résistant qui rend nuisible l'action du ventilateur, puisqu'il y a absorption de puissance et moins bon refroidissement que si le ventilateur n'existait pas.

Gelée. — En terminant l'étude du refroidissement par l'eau, il faut signaler les précautions qui doivent indispensablement être prises par le constructeur de la voiture et son conducteur en vue d'éviter les funestes effets du gel.

Pour cela, il faut que la canalisation soit étudiée et établie de sorte que, par l'ouverture d'un robinet ou bouchon de vidange, toute l'eau puisse être évacuée sans peine, et ceci est très important, car, si une contre-pente existe en un seul endroit, il s'y produit un bouchon de glace qui empêche la circulation et fait inévitablement chauffer le moteur avant que la glace soit fondue, sans compter que cette obstruction a souvent pour effet de faire crever la tuyauterie par suite de la dilatation de l'eau au moment de la solidification.

Un autre moyen consiste à empêcher l'eau de se congeler en y introduisant 15 à 20 0 0 de glycérine avec un peu de carbonate de soude pour neutraliser la solution ; l'action du froid extérieur a alors pour effet de réduire le liquide en une sorte de neige demi fluide qui n'obstruant pas les tuyaux, se dissout dès que la circulation commence.

Refroidissement par l'air. — Le mode de refroidissement par l'air, qui a été très employé avec les petits moteurs du début de l'automobile, est actuellement complètement délaissé, du moins en France, sauf pour les moteurs de motocyclettes. Toutefois, il est possible que ce mode de refroidissement serve de base à des systèmes perfectionnés qui remplaceront, pour les moteurs moyens, le refroidissement à eau, assez coûteux à établir et, en tout cas, ennuyeux à surveiller. La Société Neufchâteloise a exposé en 1906 un intéressant moteur 4 cylindres de 30 chevaux, muni de ce dispositif de refroidissement

Le mode de refroidissement par l'air le plus employé est celui par lequel la paroi extérieure du cylindre cède sa chaleur à l'air ambiant par l'intermédiaire d'ailettes qui augmentent très sensiblement la surface de refroidissement. Si on admet que la température moyenne du cylindre pendant la période d'échappement, qui est la plus élevée, est d'environ 800 à 1.000° et que la surface de radiation représente deux à trois fois la surface d'échappement, on voit que la température du cylindre, principalement du côté de l'échappement, atteint souvent 300°, et on le constate expérimentalement par la caléfaction de l'eau.

Les ailettes sont soit venues de fonte sur le cylindre, soit rapportées, et, dans ce cas, on a fait des ailettes en cuivre, des ailettes gaufrées ou en spirale ; on a établi également des ailettes de fonte cuivrées ou nickelées pour augmenter leur pouvoir émissif.

Pour augmenter l'action de refroidissement, G. Richard avait disposé, dans ses petites voitures de 3 chevaux de 1899, un ventilateur actionné par friction sur le volant ; on arrivait ainsi à un refroidissement suffisant chaque fois que le moteur ne peinait pas, c'est-à-dire conservait sa vitesse normale.

On a également essayé aux Etats-Unis de se servir de la pression des gaz d'échappement dans une sorte d'éjecteur pour produire une circulation active d'air à travers une double paroi formée d'ailettes en hélices.

Enfin, il faut signaler que, dans les motocycles et dans les motocyclettes, on adopte souvent un système mixte, qui consiste à avoir un cylindre à ailettes surmonté d'une culasse à circulation d'eau.

Refroidissement par injection. — On peut, pour produire le refroidissement des parois internes du cylindre, injecter dans celui-ci soit de l'air, soit de l'eau. Une chasse d'air ou de gaz frais, comme dans certains moteurs à deux temps, peut, en certains cas, produire un complément de refroidissement ; quant à l'injection d'eau, nous avons traité cette question à propos de la carburation. Au surplus, les systèmes de refroidissement par injection n'ont pas encore reçu d'application dans la construction automobile.

CHAPITRE VI

GRAISSAGE

Le graissage des moteurs à explosion a une telle importance qu'il nous a semblé utile d'en parler en terminant le chapitre des moteurs, bien que les appareils de graissage soient souvent communs aux moteurs et à certaines parties du mécanisme.

La lubrification des moteurs à explosion, dans lesquels il se développe une température théorique de plus de mille degrés, était une des difficultés de la première heure que les constructeurs d'automobiles ont eu à résoudre.

En effet, le problème présente des difficultés bien plus considérables que pour les machines à vapeur, sans compter que les moteurs d'automobiles, dont l'encombrement est réduit et la vitesse bien supérieure à celle des moteurs fixes, présentent des difficultés particulières par rapport aux moteurs fixes.

Etude générale de la lubrification. — La lubrification consiste à interposer entre des surfaces frottantes une très mince couche, une sorte de pellicule, comme on a dit très justement, de matière lubrifiante, afin de réduire dans une très large mesure la résistance qui résulterait du frottement entre les deux pièces et de diminuer l'usure de ces pièces. Des expériences faites en Angleterre par MM. Taylor et Reynolds on a pu tirer les lois suivantes :

Lorsque deux surfaces frottent l'une contre l'autre, sans interposition de lubrifiant, mais en restant cependant en deçà de la limite de grippage, la friction dépend de la nature des matières en contact et de l'état des surfaces en contact ; cette friction est proportionnelle à la pression normale et elle est presque indépendante de la vitesse et de la température des surfaces.

Au contraire, lorsqu'on met les mêmes surfaces en contact avec interposition d'une pellicule de lubrifiant, on constate :

1° Que la résistance varie beaucoup plus suivant l'état des surfaces que suivant la matière dont elles sont constituées ;

2° Que la pression ne modifie pas beaucoup la lubrification ;

3° Que cette résistance varie beaucoup suivant les vitesses et la température.

En ce qui concerne cette dernière, on a pu établir des courbes expérimentales en comparant quatre huiles différentes : l'huile minérale lourde ; l'huile ordinaire pour moteurs ; l'huile de colza et l'huile tout à fait ordinaire. On constate que, suivant les huiles, la résistance varie du simple au sextuple à une température de 25°, mais que les différences entre les résistances diminuent rapidement à mesure que la fluidité augmente ; de 100 à 140°, la fluidité est sensiblement la même quelle que soit l'huile employée. Ces différences curieuses s'expliquent par ce fait que l'action d'un lubrifiant dépend de deux de ses qualités physiques : sa viscosité et sa cohésion.

La *viscosité* est la résistance interne ou moléculaire qu'un liquide présente au mouvement ; la *cohesion* est fonction de l'attraction qu'exercent entre elles les molécules de ce liquide, ainsi que l'a très bien démontré, du reste, une étude de M. Eundi.

On n'a trouvé jusqu'à présent aucun rapport entre ces deux qualités ; certaines substances très visqueuses ne possèdent que peu de cohésion et réciproquement ; cependant c'est de la plus grande somme de ces deux qualités réunies que dépendent les propriétés lubrifiantes d'une huile de graissage. Ce liquide doit résister à l'écrasement, c'est-à-dire que, lorsqu'il est disposé en pellicules, il doit s'opposer à l'amincissement extrême de cette pellicule au delà d'une certaine limite, afin d'empêcher toute solution de continuité de se produire dans la couche qui garnit les surfaces frottantes. L'action de la viscosité du lubrifiant intervient surtout lorsqu'on considère la vitesse des surfaces frottantes.

Soient :

  r la résistance par unité de surface,

  R la résistance totale de la surface A,

  θ le coefficient de viscosité du lubrifiant,

  v la vitesse relative des surfaces frottantes,

et f l'épaisseur de la pellicule d'huile.

On a :

$$r = \theta \, \frac{v}{f} \; ;$$

$$R = \theta \, \frac{v}{f} \, A.$$

Si on désigne par a et b les dimensions du coussinet à graisser et par w la force rapprochant les deux surfaces, on arrive à la formule de Taylor :

$$r = \frac{1}{A} \sqrt{\frac{vw(a^2 b^2)}{b}}.$$

D'où l'on déduit la valeur du coefficient de frottement :

$$\mu = c \sqrt{\frac{\theta v b}{w}}.$$

Enfin, si on considère les questions de température par rapport aux pressions exercées, on arrive aux chiffres suivants :

Tableau 22. — Variation du coefficient de frottement en fonction de la température.

	30°	50°
Pression en grammes par centimètre carré. .	217	1.400
Coefficient de frottement.	0,060	0,030
Pression en grammes par centimètre carré. .	3.000	7.500
Coefficient de frottement.	0,020	0,010
Pression en grammes par centimètre carré. .	7.800	9.000
Coefficient de frottement.	0,001	0,005

Comme nous l'avons indiqué, l'effet de la chaleur sur la viscosité de l'huile produit une action importante sur la résistance, et à son tour le mode de graissage influe sur la chaleur du lubrifiant. La quantité totale de chaleur produite dans un roulement lisse est exprimée par la formule :

$$Q = 0,00235 \, \mu v w.$$

μ est le coefficient de friction,

w la pression totale du roulement considéré,

r étant comme précédemment la vitesse relative des surfaces en contact.

En ce qui concerne la nature des surfaces frottantes, on a également fait des expériences des plus intéressantes sur les roulements lisses de moteurs d'automobile ; par exemple l'emploi des métaux antifriction ou de métaux extra-doux, comme le bronze plombeux adopté par MM. de Dion-Bouton, donne un meilleur rendement que les métaux durs, surtout après un léger usage. Ces métaux spéciaux présentent de grandes qualités pour la facilité et la rapidité de la fabrication et des réparations.

Quel que soit le métal employé, il y a toujours lieu de tenir compte de ce que la surface entière du roulement doit recevoir un rodage superficiel qui est indispensable ; en effet, avant que ce rodage n'ait été fait, la surface des portées présente des aspérités qui empêchent la formation de la pellicule lubrifiante ou tout au moins gêne son uniformité, et on constate ainsi une notable augmentation du coefficient de friction.

Pour essayer un coussinet d'un métal donné, il y a lieu de faire des expériences de longue durée. Par exemple, dans des essais qui ont été faits en Angleterre, la durée des expériences a été de 20 heures et le graissage était effectué avec la même huile présentant les mêmes qualités de fluidité. La vitesse circonférentielle de l'arbre était de 2 m. 20 et la charge par centimètre carré d'environ 6 kg.

On a également procédé aux mêmes expériences sous des charges de 9 à 12 kg. par centimètre carré sans modifier l'ajustage des coussinets.

Le jeu à ménager doit varier suivant qu'on emploie des coussinets en bronze dur ou en métal antifriction. On a donné les deux formules suivantes qui indiquent le jeu qu'on doit laisser en fonction du diamètre de l'arbre D :

Coussinets en bronze,

$$\delta = \frac{\sqrt{D}}{750} \;;$$

Coussinets en métal antifriction,

$$\delta' = \frac{\sqrt{D}}{2000} \cdot$$

Pour ces derniers coussinets, on emploie souvent maintenant le mode de fabrication suivant :

Après avoir coulé le métal antifriction sur le coussinet proprement dit en se servant de la portée de l'arbre comme moule, on met en marche sans aucun jeu initial, les coussinets étant serrés à bloc ; la mise en route se fait par une commande extérieure et non pas par la mise en marche du moteur, car des questions de chaleur annexe viendraient troubler l'opération. La portée de l'arbre tournant ainsi vient peu à peu faire son jeu dans les coussinets qui n'ont aucune lubrification à ce moment ; puis, dès qu'il est possible d'introduire une petite quantité de liquide, on commence à graisser avec du pétrole ordinaire ou de l'eau de savon jusqu'à ce que l'usure se soit produite d'une quantité suffisante pour permettre l'emploi de l'huile de graissage ordinaire et par suite la mise en service normal des coussinets ; on a ainsi des surfaces présentant un grain excessivement serré qui donnent le coefficient de frottement le plus réduit.

Les expériences que nous avons citées plus haut ont montré que, lorsque les roulements ont à supporter des efforts brusques et des chocs, il y a lieu de tenir compte de ce que la pression dépasse presque toujours la pression ordinaire calculée comme si la charge était constante et qu'il y a lieu, par suite, d'augmenter le coefficient de friction dans une assez forte mesure. C'est le cas du moteur à explosion, dans lequel le graissage des têtes de bielles et des pieds de bielles n'a pas été sans donner souvent des déboires importants aux constructeurs peu expérimentés, en raison des efforts maxima qui se produisent lors du temps moteur du cycle (explosion et détente).

Nous signalerons, en terminant, que la plasticité du lubrifiant présente des caractères différents de la viscosité. Les caractères de plasticité s'appliquent à des lubrifiants solides tels que la graisse consistante qui présente sur le lubrifiant liquide deux causes d'infériorité très nettes : d'une part, la plasticité varie beaucoup suivant la température à laquelle la pièce est soumise, et c'est ainsi qu'on constate dans les roulements à graisse consistante des efforts assez considérables au démarrage qui cessent après quelque temps de fonctionnement.

D'autre part, toute augmentation brusque de pression influe sur la pellicule lubrifiante et tend à la chasser hors de son logement. Ce mode de graissage ne doit donc s'appliquer qu'à des roulements tournant sans à-coups et à vitesse réduite. On ne doit donc employer ce mode de graissage qu'avec une certaine prudence ; par exemple, le graissage à graisse consistante perfectionné des roues arrière des voitures de Dion se fait au moyen d'une seringue fort ingénieuse qu'on vient visser à la place du chapeau de la roue et qui introduit entre les surfaces frottantes une couche de graisse d'épaisseur calculée et ce système a donné de très bons résultats justement parce qu'il avait fait l'objet d'une étude technique approfondie.

Le graissage à la graisse consistante peut, en général, être employé pour le graissage des changements de vitesse, engrenages et ponts arrière montés sur coussinets à billes, pour lesquels ce mode de graissage présente le minimum d'inconvénients, surtout lorsque la voiture ne doit pas être exposée la nuit à des froids excessifs.

Signalons, en terminant, que le graissage des chaînes des voitures automobiles doit se faire dans un bain de suif fondu, qui vient pénétrer dans les roulements, s'y fige et empêche, par cela même, la poussière et les matières minérales de pénétrer dans les parties frottantes.

En terminant cette étude du graissage, nous dirons, sans nous y appesantir, qu'on a créé des appareils spéciaux pour l'essai des huiles et autres lubrifiants dont l'importance, grande en matière d'automobile, est encore plus grande en matière d'entretien des appareils électriques tournant à très haute vitesse.

Ces appareils sont constitués en partie par des volants très lourds, placés, en général, de chaque côté du palier qui sert à essayer l'huile ; on commence à lancer le système au moyen d'une dynamo annexe, puis on laisse tourner l'ensemble librement et le volant n'est plus soumis alors à d'autre force extérieure qu'à celle qui résulte de la résistance R du frottemet du palier. Le mouvement, plus ou moins retardé qu'on constate, permet de juger de la qualité de l'huile à essayer.

Un thermomètre déposé dans un réservoir à huile, le plus près possible du coussinet, permet de faire des constatations utiles sur la température à laquelle le lubrifiant donne le meilleur rendement ; on a ainsi la formule suivante :

$$R = A \frac{n - n'}{t - t'} ,$$

dans laquelle A est la constante de l'instrument, déterminée une fois pour toutes en fonction de la masse et de la dimension du volant de lancée, n et n' le nombre des tours de l'appareil aux instants t et t', la différence $t - t'$ représentant la durée de l'expérience.

Etude des appareils de graissage. — Les appareils qui servent à réaliser la lubrification dans les moteurs d'automobiles peuvent se classer en trois catégories :

1° Le moyen le plus simple de réaliser le graissage est le barbotage pur et simple qui a été tout d'abord employé. Dans ce système, qui s'applique surtout aux moteurs à cylindre unique, c'est le mouvement de rotation de la tête de bielle qui est chargé d'envoyer l'huile dans tous les points à graisser. On se contente de placer des diaphragmes aux points où l'huile ne doit pas pénétrer trop abondamment et, au contraire, de disposer des gouttières recevant l'huile projetée par la manivelle et la portant automatiquement sur tous les points où le graissage est indispensable.

Ce système de graissage, qui a le mérite de la très grande simplicité, a donné d'excellents résultats dans les petits moteurs de Dion-Bouton, tant que la puissance n'a pas dépassé 8 chevaux ; mais il présente souvent des inconvénients quand la cylindrée est importante et quand le moteur est à cylindres multiples.

En effet, lorsqu'il s'agit d'un cylindre de fort diamètre, la surface à lubrifier augmente proportionnellement au carré de ce diamètre, et il

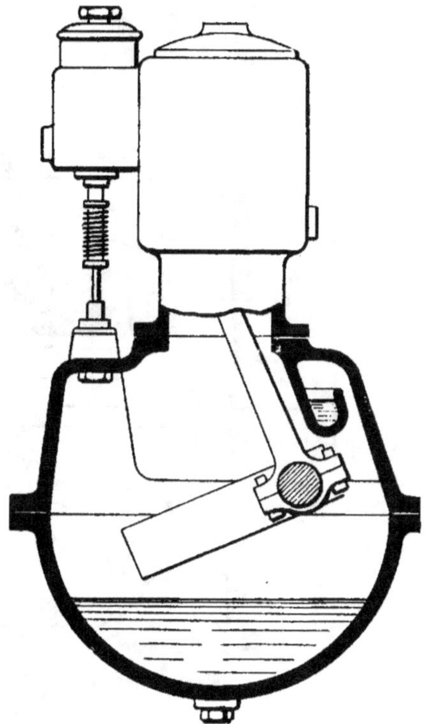

Fig. 138. — Graissage par barbotage des manivelles.

est impossible d'être sûr que les segments recevront l'huile bien également, de sorte qu'on ne tarde pas à constater des usures inégales.

Dans les moteurs horizontaux, le graissage par barbotage est assez difficile, parce que la densité de l'huile l'empêche d'être projetée également sur tous les points du moteur et, au surplus, c'est l'absence d'un graissage bien égal, qui n'avait pas été réalisé par les premiers constructeurs de moteurs horizontaux, qui a créé la légende quelque peu universelle de l'ovalisation inévitable des cylindres de cette catégorie.

Lorsqu'on a créé des cylindres multiples, les difficultés se sont

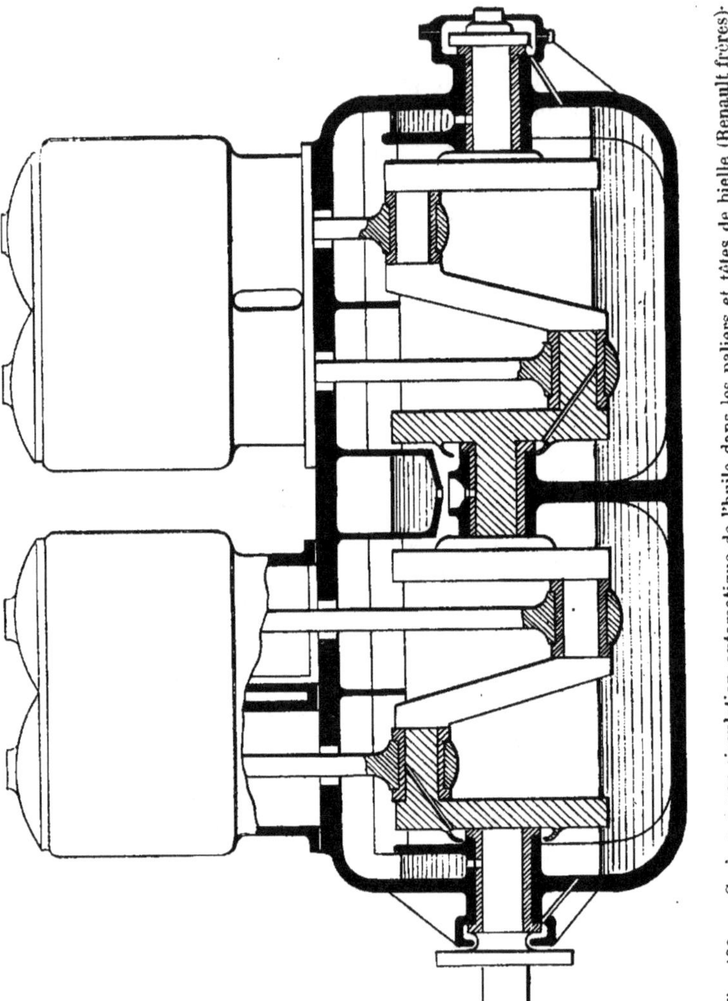

Fig. 139. — Graissage par circulation automatique de l'huile dans les paliers et têtes de bielle (Renault frères).

accrues dans une très large proportion, et l'augmentation de longueur, notamment des carters, a obligé les constructeurs à créer des dispositifs pour empêcher l'huile de s'amasser à l'une ou à l'autre des extrémités du moteur, suivant que la voiture montait ou descendait. Dans ce cas, on constate toujours des grippements dans les cylindres situés au point le plus élevé, et ces ennuis sont dus évidemment à la mauvaise répartition de l'huile au dessus des diverses manivelles.

C'est pour cette raison que le cloisonnement des organes de protection a été reconnu indispensable et est actuellement d'un usage presque général.

Nous signalerons toutefois d'une façon particulière le dispositif de graissage par barbotage adopté dans les moteurs Renault (fig. 138 et 139). L'huile est remontée par le mouvement de projection de la manivelle à contre-poids et rejetée ainsi automatiquement dans une gouttière longitudinale d'où elle se distribue dans des réservoirs placés en face de chacun des paliers. De plus, de petites gouttières annexes viennent prendre l'huile dans son mouvement de projection et, par des conduites inclinées sans coude, viennent opérer le graissage des têtes de bielles.

2° Le second mode de graissage est celui qui consiste à injecter l'huile sans pression, c'est-à-dire par le seul fait de sa densité. Dans ce cas, le graisseur compte-gouttes est le type le plus simple qui ait été réalisé. Il consiste en un réservoir où l'huile est emmagasinée et qui laisse échapper, par un dispositif de robinets à pointeaux, l'huile goutte à goutte dans une série de petits tubes en cuivre qui l'amènent à chaque point à graisser.

Ce système n'est pas sans présenter des inconvénients. Les débits sont difficiles à régler et ils varient surtout dans de très grandes proportions suivant le degré ou l'état de viscosité de l'huile employée. C'est ce qui fait que, après avoir réglé ces débits le matin avant de partir, on constate, lorsque le moteur s'est échauffé, un afflux qui n'est pas sans être gênant et désagréable. Aussi certains constructeurs d'appareils de graissage ont-ils disposé, sur les graisseurs à débits ordinaires sans pression, une manette qui agit à la fois sur tous les orifices de débit, de sorte qu'on a un double moyen de réglage de l'huile, par chaque débit individuel et par l'ensemble de tous les débits à la fois.

Ce système oblige en outre à disposer de petits clapets de retenue à l'entrée de l'huile dans le moteur, sans quoi la pression du cylindre refoulerait l'huile dans le graisseur d'une façon périodique.

3° Pour remédier aux inconvénients du débit simple, on a cherché à obliger le lubrifiant à s'échapper des débits avec une intensité toujours égale et, pour cela, on a eu recours à des moyens physiques et mécaniques. Le plus simple du premier genre est l'emploi de la pression venant des gaz d'échappement sur la surface de l'huile et obligeant ainsi le lubrifiant à sortir avec une intensité égale de tous les orifices du compte-gouttes. On a également employé dans le même but la pression de l'eau de circulation.

4° Le moyen mécanique consiste à disposer une commande de l'appareil de graissage, commande qui met en mouvement des appareils mécaniques tels que pompe alternative minuscule, godets basculeurs petites pompes rotatives (fig. 140).

L'emploi de pompes commandées mécaniquement donne d'excellents résultats, mais n'est pas sans augmenter dans une assez large mesure le prix de revient de l'appareil, et c'est ce qui fait que, pour certaines

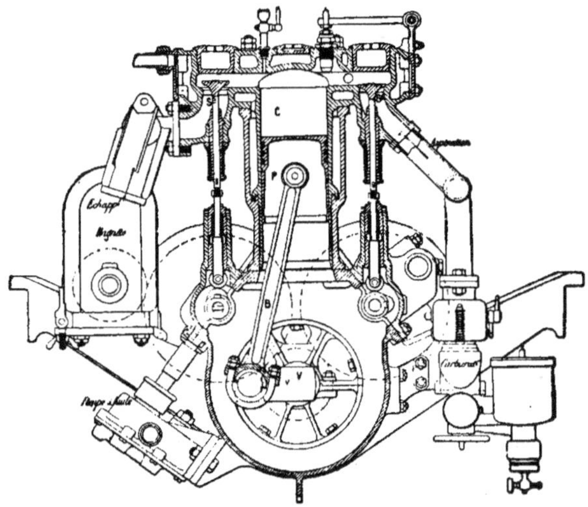

Fig. 140. — Coupe d'un moteur avec pompe de circulation d'huile
par renvoi oblique (Mors).

voitures, on doit souvent préférer le système à simple pression, bien que son fonctionnement soit évidemment plus incertain que celui des appareils mécaniques. Ajoutons que, pour permettre aux conducteurs de s'assurer du graissage, on dispose souvent ces appareils de façon que l'huile de chacun des débits passe dans une série de petits tubes en verre permettant ainsi au conducteur de constater avec quelle intensité se fait le graissage. Il est indispensable, en tout cas, de prévoir un réglage sur ce graissage, de façon à ne pas projeter dans les organes du moteur une quantité d'huile plus grande que celle qui doit correspondre à la marche dudit moteur. Évidemment le débit de l'huile dans les appareils mécaniques est fonction de la marche ou de l'arrêt du moteur, mais il ne subit pas complètement les influences des différentes vitesses de celui-ci, et c'est pour cela qu'il est toujours bon de permettre au conducteur de diminuer le débit par une manœuvre faite à la main, lorsque la vitesse est réduite comme dans le passage des villes.

A ce sujet, nous dirons qu'on s'est beaucoup plaint, à très juste raison du reste, des panaches de fumée bleuâtre que certaines voitures automobiles répandent sur leur passage et qui produisent des désagréments d'autant plus irritants qu'ils pourraient être supprimés.

Ces panaches de fumée bleuâtre sont dus à de l'huile non décomposée qui est envoyée dans la chambre d'explosion, d'où elle sort tout naturellement par les soupapes d'échappement. C'est donc de l'huile perdue en pure perte et même dont la décomposition risque de venir

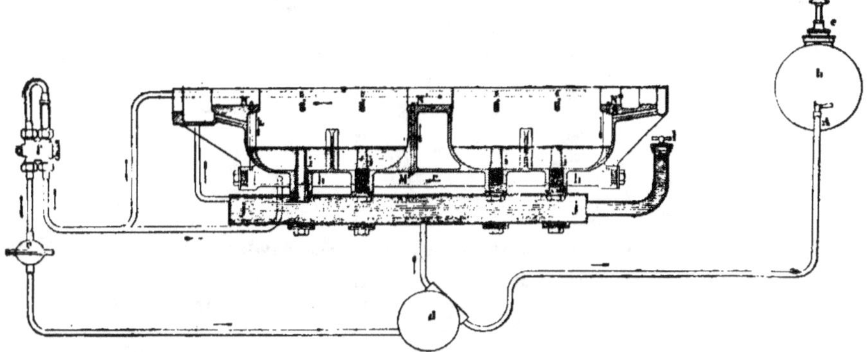

Fig. 141. — Graissage par circulation sous pression (Peugeot).

gêner le fonctionnement des organes en mouvement. Le seul moyen d'empêcher ces débits exagérés d'huile réside à la fois dans une construction raisonnée des appareils de graissage et des organes mécaniques et surtout dans la possibilité, pour le conducteur, de régler le débit en fonction de la vitesse de son moteur, notamment de ralentir ce débit lorsque le moteur fonctionne à faible allure, comme c'est le cas dans les traversées urbaines.

5° Un dernier mode de graissage est celui par circulation sous pression. Les premiers moteurs à cylindres multiples de Dion-Bouton étaient munis d'une pompe de circulation d'huile chargée de refouler le lubrifiant sur tous les points à graisser ; l'excès d'huile tombait dans le carter et graissait par barbotage les pistons et les pieds de bielle. Depuis, le système s'est généralisé chez un grand nombre de constructeurs, chacun employant pour ainsi dire un moyen différent d'obtenir la pression.

Dans les voitures Delaunay-Belleville par exemple, le graissage a été réalisé par des moyens analogues à ceux qu'emploie cette importante maison dans la construction des moteurs à vapeur à grande vitesse : elle emploie une pompe oscillante (fig. 142), mue par un excentrique, par conséquent de fabrication et de fonctionnement

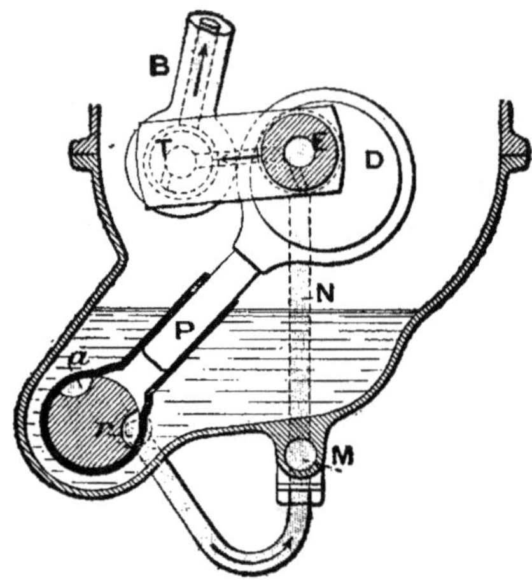

Fig. 142. — Pompe oscillante à huile (Delaunay-Belleville).
P piston, D excentrique de commande à orifice d'aspiration, r orifice de refoulement M E T B. Graissage sous pression d'une manivelle, tête de bielle et pied de bielle.

assuré, qui distribue l'huile sous pression dans une canalisation à tous les points à lubrifier, y compris les pistons.

Un certain nombre de constructeurs ont suivi les mêmes errements et on emploie actuellement, pour la circulation de l'huile, soit de petites pompes à engrenages, soit des pompes à pistons très simplifiées, qui assurent la circulation du lubrifiant et, par conséquent, donnent une grande sécurité aux chauffeurs.

On peut aussi obtenir la pression sur le lubrifiant nécessaire à la circulation dans les divers organes du moteur en comprimant de l'air soit à la main, soit par les gaz de l'échappement dans un réservoir spécial d'huile qu'on place alors avantageusement sur le côté du châssis et en contre-bas du plancher (Peugeot, Darracq, Mercédès, etc.).

CHAPITRE VII

FREINAGE PAR LE MOTEUR

Les difficultés que présente le freinage par des moyens essentiellement mécaniques ont appelé l'attention des constructeurs sur les avantages qu'il y a à se servir du moteur lui-même comme moyen de freinage. Il ne faut pas oublier, en effet, que le moteur à quatre temps donne une demi-course positive pour trois demi-courses de travail négatif. Il est donc facile d'employer la compression qui résulte du deuxième temps du cycle pour opérer un mouvement retardateur dans la rotation des organes du moteur. Pour cela, on laisse dans les descentes le moteur embrayé et on l'emploie, non plus à faire progresser le véhicule, mais à retarder son mouvement.

Supposons une automobile abandonnée sur une pente, sans vitesse initiale, le dispositif du freinage par le moteur étant en position de fonctionnement. Le véhicule entre en mouvement, puisque le freinage ne se produit que proportionnellement à la vitesse angulaire de l'arbre moteur. La vitesse aura donc tendance à augmenter, mais bientôt l'accélération diminuera et il arrivera un moment où il y aura équilibre entre l'action de la pesanteur, les résistances normales de la voiture et le freinage.

Si alors on veut arrêter ou seulement ralentir la vitesse ainsi obtenue, on ne dispose d'autre moyen que le freinage mécanique ordinaire. C'est ce qui fait dire que le moteur ne peut servir à l'arrêt absolu et n'absorbe que l'énergie potentielle qui correspond au changement de niveau du véhicule ainsi que l'a démontré M. Lumet, bien que cette énergie potentielle soit influencée également par les deux modes de freinage.

L'énergie cinétique ne peut être complètement absorbée que par un frein ordinaire transformant le travail négatif en chaleur, mais elle peut être absorbée en partie par le freinage par le moteur et, notamment en palier, le travail négatif du moteur produit un travail résistant, fonction de la vitesse de l'automobile au moment où le frein entre en action. La vitesse diminuant en même temps que l'action du freinage, on peut dire que, dans une voiture idéale dans laquelle les résistances passives seraient nulles, le mouvement se perpétuerait avec une vitesse indéfiniment décroissante, l'arrêt absolu ne se produisant, comme dans le cas de la pente, que par l'effet d'une résistance supplémentaire sous la volonté du conducteur, par le freinage mécanique.

Plusieurs dispositifs ont été étudiés pour améliorer l'action retardatrice du moteur ; notamment le constructeur suisse, M. Saurer, a montré qu'il était possible, par un dispositif assez simple, de transformer pour la descente le moteur à quatre temps en un moteur à deux temps retardateurs.

Que ce soit dans ce cas particulier ou dans le cas général, qui est adopté par la plupart des constructeurs, le moteur, pour être employé comme frein, doit agir comme une pompe aspirante et foulante, et c'est le travail développé dans cette pompe qui absorbera l'énergie potentielle de la voiture.

Des expériences fort intéressantes ont été communiquées à l'Automobile-Club de Londres au sujet d'expériences faites par M. Watson. Nous les résumerons très brièvement.

Le moteur sur lequel les expériences furent faites était un moteur à mélange tonnant à quatre temps et à deux cylindres. Ses caractéristiques étaient : alésage 88,9 mm., course 101,6 mm., nombre de tours par minute 700, puissance indiquée 5,94 chevaux.

Le moteur était accouplé à une dynamo dont on connaissait le rendement aux différentes vitesses et pour différents débits, de telle façon que l'on pouvait déduire des observations relevées sur les appareils de contrôle la puissance mécanique effective.

On mesura tout d'abord la puissance nécessaire pour faire tourner le moteur sans variation de pression dans le cylindre, les bouchons de soupape étant enlevés, le travail absorbé était donc alors uniquement employé à vaincre les frottements. Naturellement, pour faire ces expériences, on fournissait, au moyen d'une source extérieure, du courant à la dynamo qui alors entraînait le moteur. On procéda alors à toutes les expériences dont les résultats sont inscrits dans le tableau suivant :

Tableau 23. — Puissance retardatrice d'un moteur (Watson).

Conditions de l'essai	Puissance (en chevaux) à 600 tours		
	nécessaire **pour faire** tourner le moteur	après déduction du frottement	Puissance indiquée
Sans compression	0,75	»	»
Admission ouverte	1,03	0,28	0,27
Admission fermée	1,22	0,47	0,46
Admission ouverte, robinets de décompression demi-ouverts .	1,39	0,64	0,70
Admission fermée, robinets de décompression demi-ouverts .	1,49	0,74	0,79
Admission ouverte, robinets de décompression ouverts. . .	1,63	0,88	0,91
Admission fermée, robinets de décompression ouverts. . .	1,69	0,94	0,94
Admission ouverte, soupape d'échappement fermée	1,60	»	0,88
Admission ouverte, soupape d'échappement ouverte pendant le 2ᵉ temps.	2,40	»	1,65

La puissance indiquée était mesuré à l'aide d'un manographe Hospitalier-Carpentier : en ouvrant les robinets de décompression à moitié, on mettait les cylindres en communication avec l'atmosphère par un trou de 4 mm. 7 de diamètre : en les ouvrant en grand, par un trou de 6 mm. 3 de diamètre.

La puissance maxima que le moteur pût absorber fut de 2 ch. 40. Or, la puissance effective du moteur à 600 tours étant supposée de 3 ch. 7 le rapport entre ces deux puissances est de 65 0/0 ; mais, si l'on tient compte du rendement du mécanisme de transmission, on voit que l'effort de freinage aux jantes est assez voisin de l'effort moteur du moteur considéré.

CHAPITRE VIII

MISE EN MARCHE AUTOMATIQUE

Lorsque la construction des moteurs très puissants s'est développée, surtout dans les voitures de tourisme, on a été forcément en butte à des inconvénients dus aux difficultés de mettre en marche des masses assez considérables et surtout aux dangers qui résultent d'un choc en retour, dû en général à une inattention du conducteur. C'est pour cela que, dans les moteurs horizontaux Gillet-Forest, ces constructeurs avaient disposé un verrou qui empêchait de mettre en prise la noix de mise en marche lorsque le distributeur électrique n'était pas entièrement dans la position de retard à l'allumage.

Dans un concours qui a été organisé au Salon de décembre 1905, il a été présenté une série d'appareils excessivement ingénieux pour la mise en marche des moteurs, et les très diverses solutions présentés ont montré que le problème était déjà entré dans la pratique.

Les appareils de mise en marche automatique des moteurs d'automobiles peuvent se classer dans les trois catégories suivantes :

1° *Appareils utilisant une force physique.* — Le *cinogène* est un appareil utilisant l'acide carbonique, emmagasiné dans une bouteille à l'état liquide, pour faire mouvoir un piston, qui, au moyen d'une crémaillère, d'une roue dentée et d'une roue à rochet, fait faire quelques tours au moteur, ce qui suffit à son lancement. Ce système est très simple puisqu'il ne comporte aucun organe mécanique et que la transmission se fait par une simple tuyauterie. Le piston est ramené en arrière par la décharge de la conduite d'acide carbonique.

Dans un autre ordre d'idées, la Société Mors a présenté un système qui consiste à envoyer une gorgée de gaz carburé riche derrière le piston du moteur qui est à peu près dans la position de lancement ; on a remarqué, en effet, que les moteurs à quatre cylindres, s'arrêtaient généralement avec leurs pistons, à mi-course. Pour cela, il suffit, en

manœuvrant une manette, d'ouvrir les robinets de compression et de
mettre en communication les cylindres avec un petit carburateur à
mèche ; on envoie dans celui-ci de l'air au moyen d'un piston manœuvré à la main ; cet air se charge d'hydro-carbure et va remplir les
cylindres ; on ferme la communication et on fait jaillir l'étincelle ; le
cylindre qui est dans la position d'allumage produit une explosion et

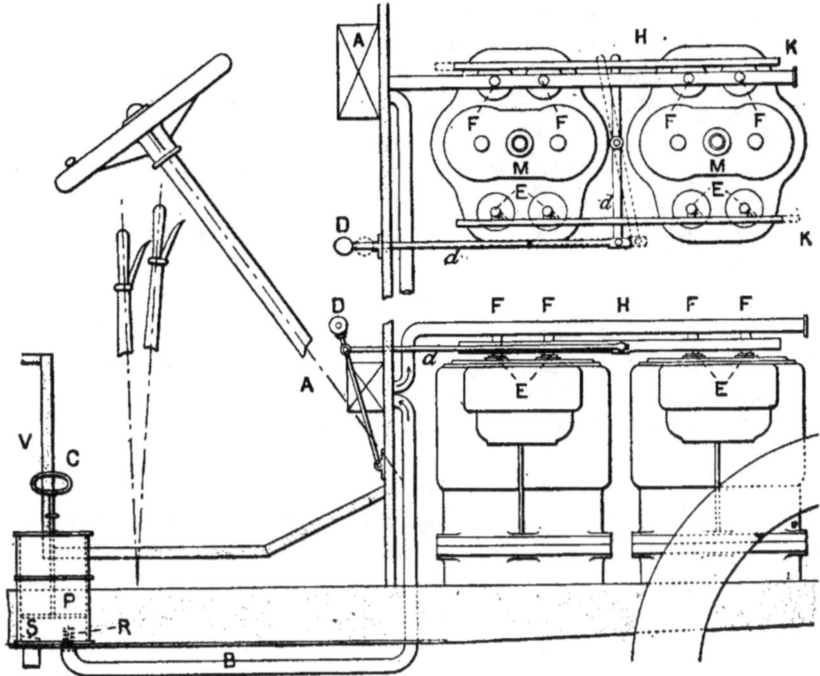

Fig. 143. — Mise en marche automatique Mors.

P pompe à air manœuvrée à la main ; B refoulement de l'air au saturateur A ; D manœuvre
des robinets de décompression.

cette explosion se propage dans les autres cylindres. Ce système est
d'une application facile ; il exige cependant l'emploi du double allumage
et une fabrication très soignée des huits robinets de manœuvre.

MM. Renault frères recueillent le gaz d'échappement dans une bouteille spéciale, au moyen d'une tuyauterie et d'un clapet placé sur l'un
des cylindres. Cette pression s'équilibre peu à peu avec la pression
moyenne de l'explosion dans le dit cylindre (4 à 5 kg.) et, lorsque cet
équilibre est atteint, le clapet se ferme automatiquement : telle est la
réserve d'énergie ; lorsqu'on veut mettre en marche, on envoie une

partie des gaz comprimés dans un moteur à air minuscule qui actionne le volant du moteur, au moyen d'un petit pignon et d'une grande couronne dentée fixée à ce dernier. Le petit pignon est monté sur un arbre central et se sépare automatiquement de la couronne lorsque celle-ci prend sa vitesse.

La quatrième solution physique consiste à employer de l'air comprimé ; on se sert de cet air comprimé pour lancer les pistons au moment de la mise en marche soit en l'envoyant dans un piston spécial (Renault 1907) soit en l'envoyant directement dans le moteur (Michelin, Letombe, Saurer etc.). C'est du reste un système analogue qui est employé sur un grand nombre de moteurs à gaz fixes de haute puissance.

2° *Appareils essentiellement mécaniques.* — MM. Cornilleau et Sainte-Beuve ont adopté une pédale dont le mouvement alternatif est transmis à une bielle et à une sorte de différentiel à cliquet calé sur l'arbre moteur. M. Brasier a proposé un dispositif au moyen d'un levier agissant par un câble sur une poulie calée sur l'arbre moteur. Enfin, M. Lemâle a présenté un appareil très ingénieux, consistant en un ressort à spirales qui produit le lancement et est bandé automatiquement lors du premier tour moteur de l'arbre.

3° *Appareils électriques.* — Plusieurs constructeurs disposent sur leur moteur une dynamo annexe qui reçoit le courant d'une petite batterie d'accumulateurs, lesquels sont chargés par réversibilité par la dite dynamo pendant la marche ; ces accumulateurs ont l'avantage de permettre de faire notamment l'éclairage de la voiture, en même temps que les opérations de mise en marche.

On voit que les systèmes de mise en marche automatiques des moteurs sont nombreux, et il est évident que ces dispositifs s'imposeront à bref délai dans tous les moteurs puissants ; il est certain en tous cas que l'amortissement et l'entretien de l'appareil de mise en marche représentent une somme inférieure à celle du combustible brûlé pendant les arrêts pour le maintien de la permanence du mouvement du moteur.

TROISIÈME PARTIE

LES MÉCANISMES

───

CHAPITRE PREMIER

EMBRAYAGES

Parmi tous les organes d'une automobile, il n'en est pas où la diversité des systèmes soit plus grande que l'embrayage; et aucun type prédominant n'apparaît jusqu'à présent pour cet élément de liaison indispensable entre le moteur et le mécanisme.

Cette diversité tient à ce que le problème n'est pas aisé à résoudre, cet organe devant réunir les qualités suivantes : il doit être progressif, tant pendant la manœuvre d'embrayage, c'est-à-dire de liaison, que pendant la manœuvre de débrayage, c'est-à-dire de disjonction ; il doit être combiné et construit pour que l'embrayage se fasse sans glissement et le débrayage avec certitude, le moment d'inertie de la partie débrayable doit être faible ; l'organe enfin doit être robuste et éminemment réglable.

On peut établir le classement suivant des divers systèmes d'embrayages en usage dans les automobiles :

1° Embrayages à friction :

> Par surfaces coniques ;
>
> Par surfaces cylindriques ;
>
> Par surfaces planes ou plateaux ;

les surfaces frottantes pouvant être constituées par plusieurs parties métalliques ou bien par une partie métallique sur cuir ou une autre matière non métallique :

2° Embrayages à enroulement ou à spirale ;

3° Embrayages électriques ou électro-mécaniques.

M. H. André, dans une étude très documentée, a étudié les embrayages au point de vue théorique et pratique, et nous résumerons ici son travail.

Etude des lois de frottement. — Si on désigne par : $\mathfrak{T}$ le travail en chevaux, n le nombre de tours par minute du moteur sur lequel l'embrayage est calé, D le diamètre moyen de l'embrayage, on a pour l'effort tangentiel F :

$$F = \frac{\mathfrak{T} . 75 . 60}{\pi n D} = 1.433 \; \frac{1}{D} \; . \; \frac{\mathfrak{T}}{n} \; :$$

Le moment moteur $\mathfrak{M}$ produit par le frottement perpendiculairement au diamètre D est :

$$\mathfrak{M} = F \; \frac{D}{2} = 717 \; \frac{\mathfrak{T}}{n} \; .$$

Examinons ce qui se passe dans les divers systèmes usuels d'embrayages.

a) Considérons d'abord les *embrayages à friction par cuir*. Soient P la pression du ressort qui agit sur l'embrayage ; R la réaction de la cuvette sur le cône ; r_α l'angle du cône, en général de 18° à 19°, soit environ 15 0/0 d'inclinaison ; f étant le coefficient de frottement $= 0,15$.

On a :

$$P - R \sin \alpha = o$$

d'où :

$$R = \frac{P}{\sin \alpha} \; ;$$

d'autre part, pour qu'il n'y ait pas glissement, il faut que le moment des forces dues au frottement soit au moins égal au moment $\mathfrak{M}$ à transmettre, c'est-à-dire qu'on ait :

$$R f \; \frac{D}{2} \geq \mathfrak{M},$$

ou, en remplaçant :

$$\frac{P}{\sin \alpha} \; f \; \frac{D}{2} \geq \mathfrak{M},$$

d'où :

$$P \geqq \frac{2\mathfrak{M} \sin \alpha}{Df} ,$$

et comme nous avons dit plus haut que :

$$F = 2 \frac{\mathfrak{M}}{D} ,$$

on en déduit :

$$P \geqq \frac{F \sin \alpha}{f} .$$

Fig. 144. — Embrayage Vinot-Deguigrand.

Si on remplace α et f par leurs valeurs usuelles, on voit que, pour un angle de 19°, valeur souvent adoptée pour les automobiles, on a sensiblement :

$$P \geqq F.$$

La pression nécessaire pour produire l'embrayage, qui est supérieure à celle qui est indispensable pour maintenir les deux surfaces en prise, est donnée par la formule :

$$P_1 \geqq F \left(1 + \frac{\sin \alpha}{f} \right).$$

Dans les mêmes conditions que ci-dessus on a donc :

$$P_1 \geqq 2F.$$

Enfin la traction nécessaire pour décoller le cône de la cuvette sera :

$$P_2 = \frac{F}{f}\,(\sin \alpha - f \cos \alpha)\,;$$

on emploie également dans les ateliers une formule approximative qui tient compte de la longueur l de la génératrice du cuir, cette formule est la suivante :

$$P = \frac{F}{f} \times \frac{R}{l}\,.$$

b) À côté des embrayages à cône que nous venons d'étudier **nous** trouvons les *embrayages à friction cylindrique*. Supposons une **cuvette** cylindrique embrayée par un seul sabot cylindrique ; celui-ci viendra frotter sur la cuvette avec une pression P, et il en résultera un frottement Pf dirigé perpendiculairement au rayon passant par le point de frottement et en sens contraire à la rotation.

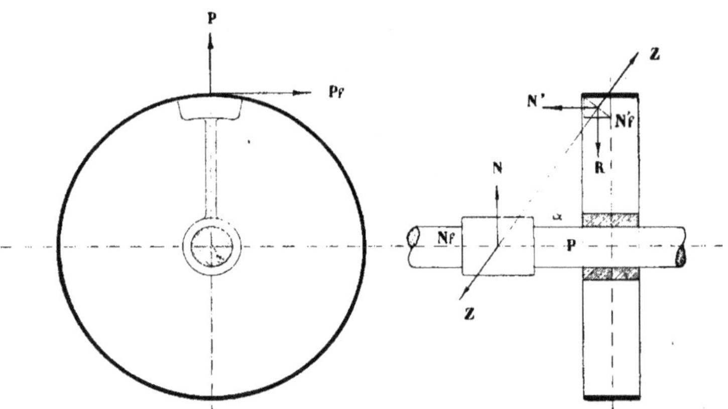

Fig. 145. — Schéma de l'embrayage cylindrique.

Pour que l'entraînement ait lieu et pour que le moment des forces de frottement soit au moins égal au moment à transmettre, on doit avoir :

$$Pf\,\frac{D}{2} \geqq \mathfrak{M},$$

d'où :

$$P \geqq \frac{2\mathfrak{M}}{D}\cdot\frac{1}{f}$$

ou enfin :

$$P \geqq \frac{F}{f}\,.$$

F est la force circonférentielle qui produit le moment $\mathfrak{M}$ sur une cuvette de diamètre D tournant à la vitesse de n tours à la minute.

Dans la pratique, on n'aura pas évidemment un seul sabot, mais bien une série de sabots de friction qui transmettront chacun la pression P. Les embrayages de cette catégorie n'exercent aucune poussée longitudinale sur l'arbre du moteur, et c'est là un de leurs avantages.

Recherchons maintenant la relation qui existe entre la pression exercée P, la réaction R du sabot sur la cuvette et l'angle α de la bielle de transmission sur l'arbre.

Quand l'équilibre sera établi, on pourra écrire, toutes simplifications opérées :

$$R = P \,\frac{\tang \alpha - f}{1 + f \tang \alpha}\;,$$

ce qui montre que, pour diminuer P, il faut que, pendant la période d'embrayage, la position de la bielle de transmission soit sensiblement perpendiculaire à l'arbre.

c) Dans les *embrayages à plateaux* on met en contact un plateau solidaire du moteur et tournant avec celui-ci et un plateau relié au mécanisme de la voiture, il s'établit alors en sens contraire de la rotation une série de forces dues au frottement, et toutes ces forces sont égales entre elles si la pression par unité de surface est uniforme.

L'embrayage se produit, c'est-à-dire que le plateau mobile entraîne l'autre plateau sans glissement, lorsque le moment résultant des forces de frottement est au moins égal au moment à transmettre.

Soit Q la pression à exercer sur le plateau relié au mécanisme pour produire l'entraînement, on pourra écrire :

$$\frac{QDf}{3} \geqq \mathfrak{M},$$

d'où

$$Q \geqq 1,5\,\frac{F}{f}\;:$$

cet effort sera considérable puisque le coefficient de frottement est en général égal à 0,15 pour métal sur métal, ce qui donne :

$$Q \geqq 10\,F,$$

F étant donné en fonction du diamètre, de la puissance et de la vitesse du moteur, comme il a été indiqué plus haut.

d) Enfin dans les *embrayages à spirale* l'entraînement est obtenu par le frottement d'une lame de ressort enroulée sur un cylindre ; ils sont basés sur le même principe que certains freins à corde et sont connus depuis fort longtemps sous le nom de Lindsay.

Quand on enroule sur un tambour plusieurs tours d'une corde chargée à son extrémité d'un poids P, il faut exercer à l'autre bout de la corde une force F bien supérieure à P, pour faire glisser la corde sur le cylindre, c'est-à-dire que la tension croît d'une manière continue de la valeur P à la valeur F et que l'effort à exercer pour produire le glissement doit être au moins égal à F ; la valeur limite de F produit le glissement et

$$\frac{F}{P} = e^{f\alpha}$$

$e = 2{,}71828$ base des Logarithmes népériens ; f, coefficient de frottement égal à $\dfrac{1}{10\,\pi}$. α, arc embrassé sur la circonférence ; pour un tour $\alpha = 2$; pour deux tours $\alpha = 4$, etc.

Le frottement total sur le cylindre sera :

$$F - P = P\,(e^{f\alpha} - 1)$$

ou bien dans la pratique

$$F - P = P\,e^{f\alpha}\ ;$$

on a ainsi pour valeur limite de F produisant le glissement

$$F = Pe^{f\alpha}.$$

il y aura donc embrayage quand on aura :

$$P \geqq \frac{F}{e^{f\alpha}}.$$

Pour être plus exact, on peut tenir compte de la force centrifuge qui diminue la pression radiale et souvent n'est pas négligeable.

Le coefficient C résultant de la force centrifuge a pour valeur :

$$C = \frac{pv^{2}}{gr},$$

p étant le poids de la lame en spirale ;

v la vitesse circonférentielle ;

$g = 9{,}81$, accélération due à la pesanteur ;

r rayon du cylindre ou $\dfrac{D}{2}$.

La formule précédente devient pour une section moyenne d'enroulement :

$$F = Pe^{f\alpha}\,(1 - C).$$

Examinons maintenant les systèmes les plus employés dans la pratique automobile ; nous allons retrouver les mêmes divisions que dans l'étude théorique qui précède.

A. — Embrayages à cônes. — Ces appareils peuvent être à cône droit ou à cône inverse.

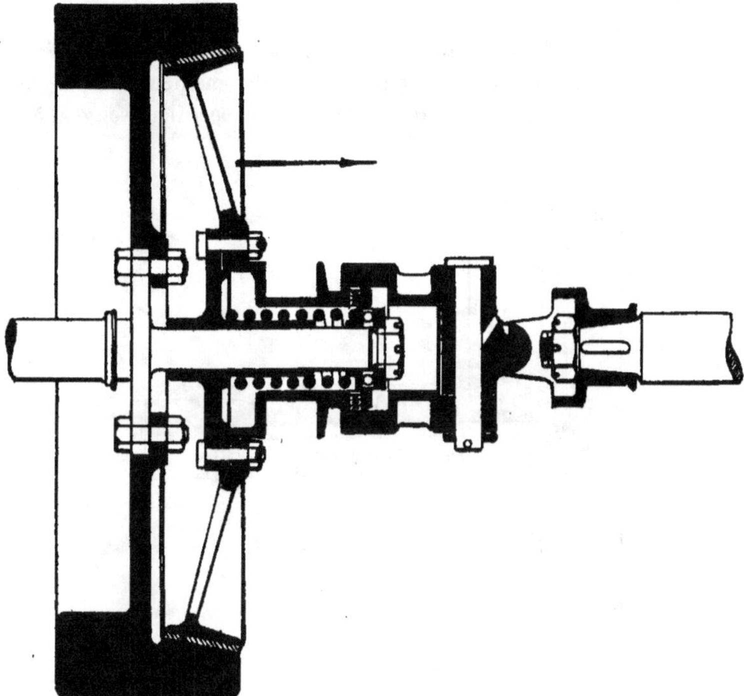

Fig. 146. — Type d'embrayage à cône droit, ressort protégé.

Dans la première catégorie, on classe les appareils Mors, Peugeot, G. Richard. Au contraire, les embrayages Renault sont du type des embrayages à cône inverse. L'embrayage à cône est très commode, quand il s'agit de puissance moyenne, parce que son installation est des plus simples et que sa construction ne présente en réalité aucune difficulté.

Quand on veut au contraire augmenter la puissance du moteur, il est indispensable d'augmenter proportionnellement, d'une part, le diamètre du cône de contact et, d'autre part, la puissance développée par le ressort appliquant le cône sur la cuvette ; nous avons vu, en effet, qu'il faut que cete puissance soit au moins supérieure à l'effort tangentiel développé par l'arbre moteur, pour que l'embrayage se produis

C'est pourquoi, quand il s'agit de puissances importantes, le cône ne tarde pas à présenter des inconvénients assez sérieux : son diamètre devenant excessif, le volant formant cuvette se trouve très près de terre et par suite exposé à des chocs dangereux pour le mécanisme et le conducteur.

De plus, malgré l'observation de l'inclinaison de **15 0/0 qui** semble être celle qui a donné en pratique les résultats les meilleurs, la progressivité de l'action du cône est parfois aléatoire, et ceci tient souvent à ce

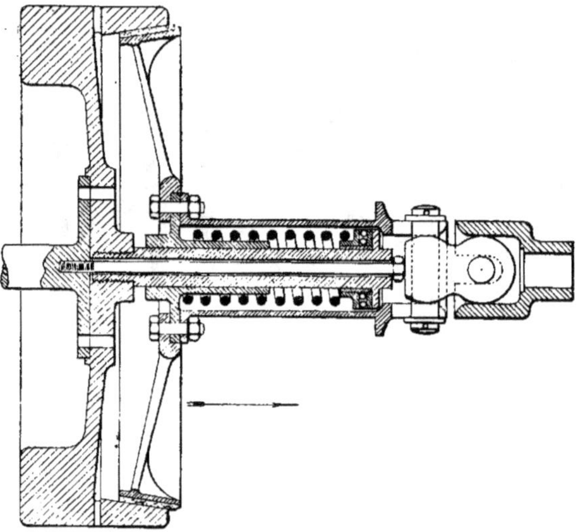

Fig. 147. — Embrayage à cône droit avec rotule de transmission, ressort protégé.

que l'emboîtement ne se fait pas très régulièrement et que, par suite, les surfaces frottantes, entrant en action les unes après les autres, produisent des à-coups dans les manœuvres d'embrayage ou de débrayage, ce qui a de graves inconvénients dès que la puissance à transmettre est un peu considérable.

De plus, bien qu'on se soit attaché à faire les cônes, c'est-à-dire les parties mobiles, en aluminium pour diminuer l'inertie des pièces en mouvement, on a constaté souvent. dans les voitures à moteurs puissants, des inconvénients dus à cette inertie qui se répercutaient fâcheusement sur le fonctionnement du changement de vitesse.

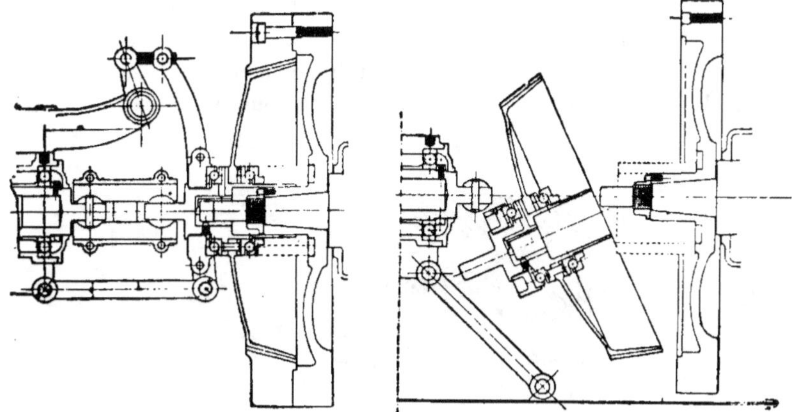

Fig. 148. — Démontage de l'embrayage à cône Cornilleau et Sainte-Beuve.

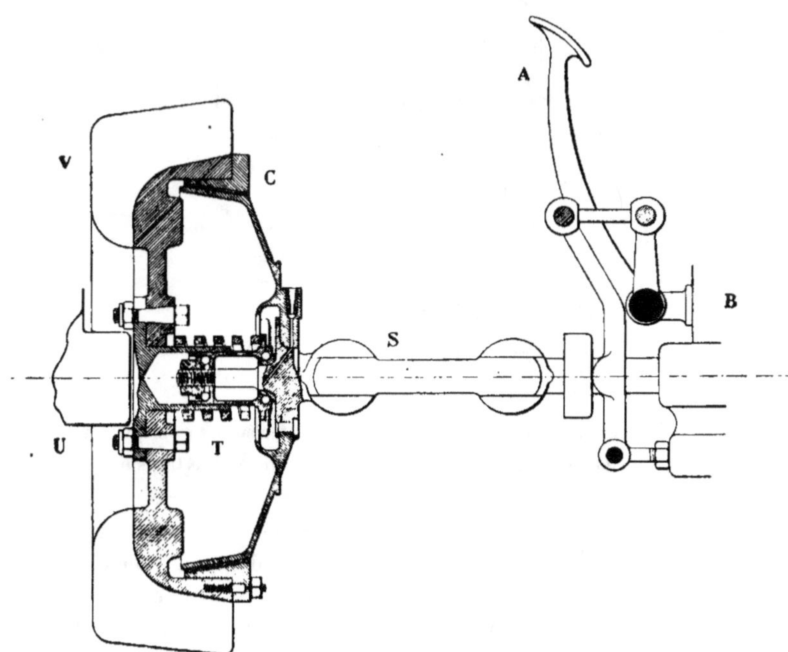

Fig. 149. — Embrayage Renault à cône inverse. V volant, C partie conique rapportée, T ressort, S double rotule de transmission, A pédale d'embrayage. B changement de vitesse.

Enfin, pour assurer l'adhérence convenable, il est nécessaire de produire une poussée au moyen d'un ressort, dont la réaction se répercute soit sur les portées du changement de vitesse, soit sur celles de l'arbre moteur, ce qui a évidemment pour effet de provoquer des usures latérales des paliers, souvent très gênantes ; c'est pour éviter du reste une

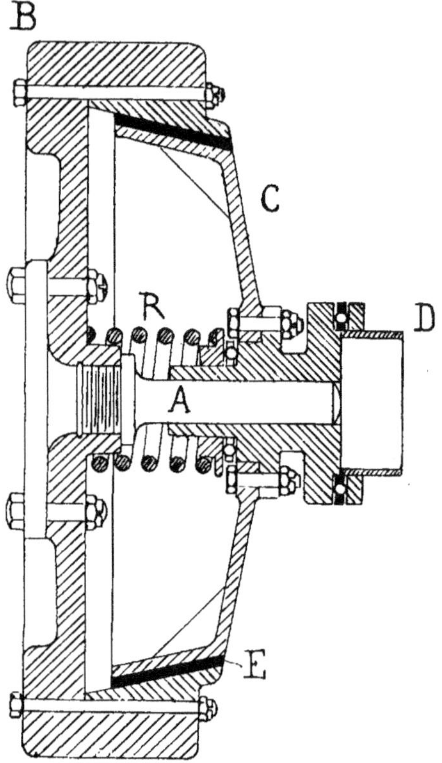

Fig. 150. — Embrayage à cône inverse, ressort intérieur : A guide central, B volant, C cône portant le cuir E, R ressort, D manchon de transmission.

partie de cet inconvénient que l'on a créé des embrayages à cône inverse dans lesquels le ressort prend son point d'appui, non pas sur le changement de vitesse, mais bien sur le volant du moteur, se trouvant de la sorte logé à l'intérieur du cône d'embrayage au lieu d'être placé vers la grande base de la partie conique, comme dans le système précédent.

A mesure que la puissance des moteurs se développait, on a été obligé d'améliorer l'adhérence entre le cuir et la cuvette, quel que fût du reste le système employé, et, pour réaliser ces conditions, l'ingéniosité des inventeurs a produit des systèmes des plus intéressants : les uns emploient deux cônes entrant successivement en action l'un après l'autre ; certains autres disposent des tocs, c'est à-dire des goujons fixes, sur lesquels viennent s'engager des bagues, reliées à la partie mobile de façon à assurer l'entraînement lorsque le cône est dans sa position extrême, cessant ainsi de faire intervenir l'adhérence des parties frottantes pour l'entraînement.

Certains constructeurs ont provoqué l'adhérence du cuir par des capsules à ressort disposées en divers points de la circonférence, de façon que le contact se trouve toujours assuré et qu'on puisse rattrapper soit automatiquement, soit par un réglage facile, l'usure du cuir quand le contact ne se produit pas dans des conditions suffisamment bonnes.

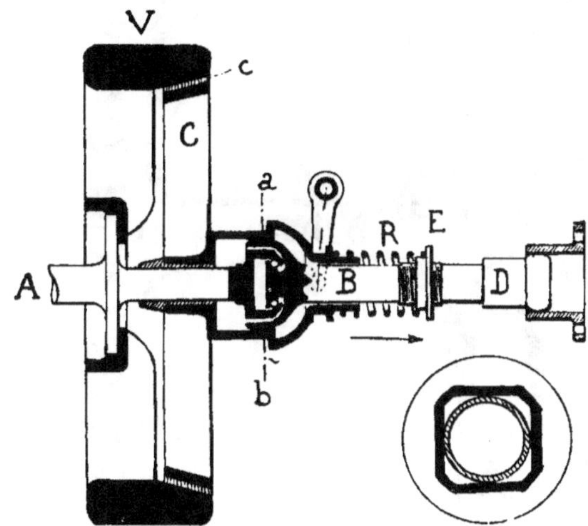

Fig. 151. — Embrayage à cône droit.

A guide central : V volant ; C cône ; c cuir ; B D arbre de commande ;
R ressort.

Enfin, dans certains appareils, on s'est contenté de donner une série de traits de scie dans l'un des cônes et, grâce à un métal approprié, d'excentrer légèrement les languettes ainsi découpées pour qu'elles constituent de petites lames flexibles, assurant un bon contact dans des conditions pratiques.

Il est enfin un dernier point qu'il est bon de signaler, c'est celui de la commande, que les constructeurs se sont appliqués à réduire le plus possible dans les derniers modèles.

A ce point de vue, la commande de l'embrayage Renault et celui de l'embrayage de Diétrich sont tout à fait caractéristiques, par leur simplicité et leur grande facilité de visite.

Dans ce dernier, le ressort provoquant le contact se trouve situé non pas sur l'arbre comme dans la plupart des autres systèmes, mais sur une tige de commande reliée à la pédale, de sorte que le ressort prend son appui sur une partie fixe et parfaitement résistante du changement de vitesse, sans provoquer aucune poussée sur les arbres.

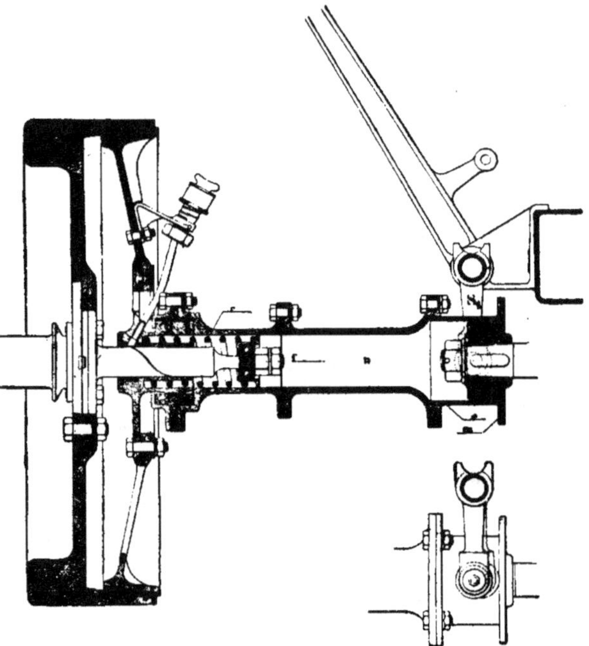

Fig. 152. — Embrayage à cône droit avec sa commande (Peugeot).

Il faut signaler également qu'un grand nombre de constructeurs ont reconnu nécessaire de relier l'embrayage du moteur avec le changement de vitesse, au moyen de joints élastiques à cardan ou rotules. Georges Richard a été l'un des premiers à présenter cette disposition, qui permet d'être sûr d'un centrage parfait du cône dans la cuvette et assure d'une façon indépendante le démontage très facile du moteur, de l'embrayage et du changement de vitesse.

B. Embrayages à plateaux métalliques. — MM. de Dion-Bouton munissent toutes leurs voitures d'un embrayage à plateau très bien étudié. Le principe de cet appareil, bien souvent décrit, est très brièvement le suivant :

L'arbre du changement de vitesse est relié à un plateau métallique dont il est solidaire ; ce plateau métallique peut être serré entre deux

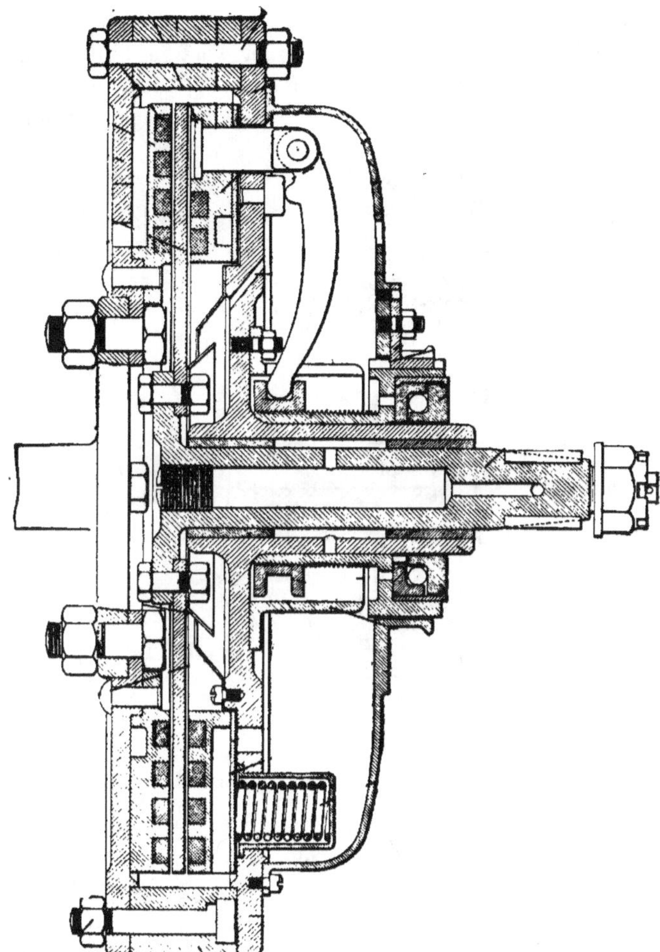

Fig. 153. — Embrayage de Dion-Bouton à plateau d'acier garni de graphite.

plateaux fixes ; l'un deux vient s'appliquer extérieurement sur le disque mobile, entraîne celui-ci d'une petite quantité et le force à s'appliquer à son tour sur le deuxième plateau fixe, placé du côté du moteur. Il suffit pour cela d'un déplacement très minime des deux plateaux l'un par rapport à l'autre pour que l'adhérence se produise, non pas comme précédemment par une seule des faces de la partie mobile en mouvement, mais bien par les deux faces de celle-ci, ce qui assure évidemment une adhérence plus complète et plus sûre.

Le système de commande est réalisé au moyen de leviers à grande action, qui sont enfermés dans une boîte étanche à l'abri de la poussière. Ces leviers ont pour effet d'annihiler l'action d'une nombreuse série de ressorts qui provoquent le contact des plateaux, et par suite ces leviers n'ont à entrer en action que lors du débrayage ; de plus, pour

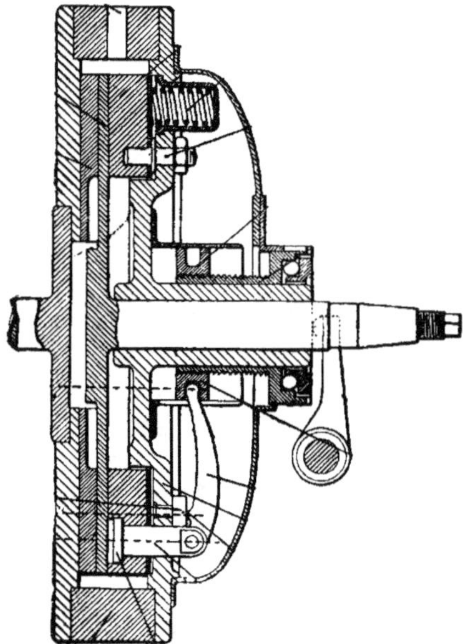

Fig. 154. — Embrayage à plateau de bronze de Dion-Bouton.

assurer une bonne lubrification des plateaux, des pastilles de graphite ont été logées dans des emplacements *ad hoc* et permettent de dispenser le conducteur d'un graissage spécial. MM. de Dion-Bouton ont simplifié cet embrayage en 1907 en supprimant les pastilles de graphite et en constituant en bronze le disque central.

On comprend que ce système présente des avantages incontestables par ce fait que le plateau mobile est d'un poids très réduit et que, par suite, son moment d'inertie est des plus faibles

L'embrayage à disques multiples de la Société Panhard-Levassor est différent du système précédent en ce que les disques ou rondelles sont en nombre variable suivant la puissance à transmettre, mais ils se composent toujours de deux séries de rondelles alternées, qui entrent en contact les unes avec les autres sous l'action de la poussée d'un ressort disposé sur l'arbre principal ; la première série de ces rondelles est solidaire de l'arbre moteur, l'autre série est reliée à l'arbre du changement de vitesse au moyen d'encoches intérieures ou extérieures selon la série.

L'embrayage Brillié (fig. 155) est de la même catégorie ; les rondelles sont alternativement en fer, côté du moteur et en bronze côté du changement de vitesse ; elles ont une forme gaufrée ce qui assure une très grande adherence.

On comprend donc que, pour obtenir l'embrayage et le débrayage, il suffit d'appuyer toutes ces rondelles l'une sur l'autre ou, au contraire, de cesser cette action et, en raison même des grandes surfaces en

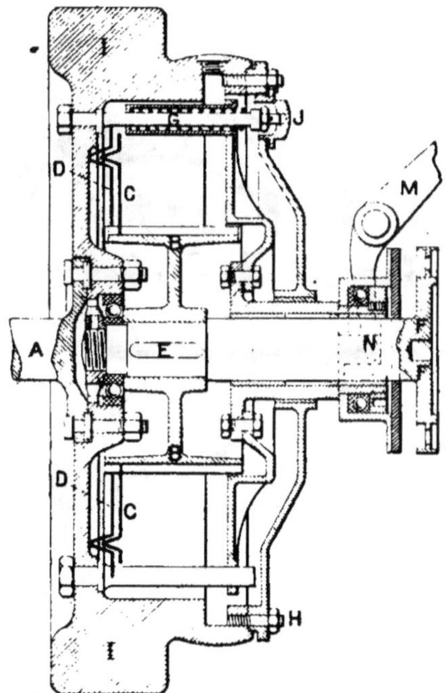

Fig. 155. — Embrayage des autobus, Eugène Brillié.

I volant, D disque solidaire du moteur, C disque solidaire de la noix centrale B, G ressorts, M commande, HJ plaque de fermeture hermétique.

contact, surfaces qui peuvent être multipliées à volonté en augmentant le nombre des rondelles, on obtient un embrayage offrant une grande puissance sous un petit volume et avec une très grande sécurité.

De plus, ce dispositif donne une réelle progressivité, puisqu'il se produit d'abord un glissement des rondelles l'une sur l'autre, avant que l'effort développé par le ressort soit suffisant pour assurer le contact, et celui-ci ne se fait pas d'un seul coup mais bien en passant d'une rondelle à l'autre, jusqu'à ce que l'entraînement se produise.

C. Embrayages cylindriques. — Les embrayages à friction cylindriques sont dérivés évidemment des embrayages bien connus dans l'industrie, destinés à isoler momentanément les transmissions d'usines; ils se rapprochent également des freins intérieurs de **roues**, si communs maintenant dans l'industrie automobile.

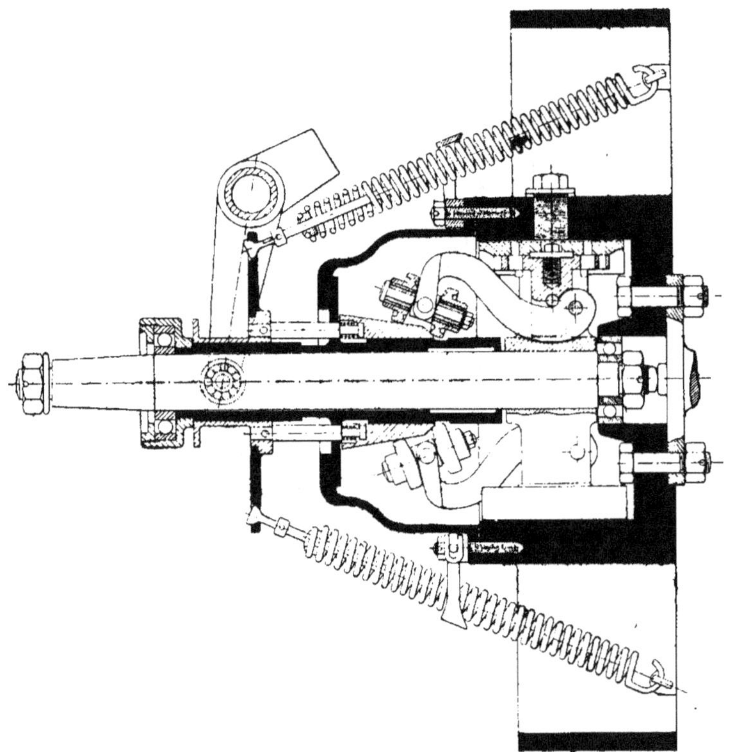

Fig. 156. — Embrayage Hérisson à serrage cylindrique intérieur.

Ces embrayages sont en général constitués par des colliers de freins venant agir à l'intérieur d'une cuvette cylindrique reliée au **volant**; dans ce système, on emploie soit le cuir soit le métal comme **surface** de contact entre les parties à solidariser.

Les voitures allemandes Mercédès sont munies d'un embrayage à segment métallique de petit diamètre, constitué par des freins métal sur métal à haute puissance.

D'autres types d'embrayages métalliques, sont constitués par des mâchoires en bronze phosphoreux reliées à deux points fixes de l'axe au moyen de leviers courbes. avec ressorts de rappel. Ces leviers sont sollicités par deux galets qui glissent sur une rampe conique, lorsque celle-ci est introduite sous l'action de la pédale à l'intérieur de l'embrayage ; on a ainsi une puissance très considérable avec une grande progressivité d'action et un faible effort à produire.

Ces appareils entièrement métalliques permettent d'avoir un contact assuré tout en employant des surfaces lubrifiées et, pour les grandes puissances, ils semblent d'un emploi plus pratique que les cônes de grand diamètre qu'on serait obligé d'employer pour les remplacer ; malheureusement ces embrayages sont toujours, quel que soit le système, délicats à régler et ont toujours un moment d'inertie assez élevé, en raison même de leur constitution métallique, quelque réduites que soient leurs dimensions. Dans cette catégorie d'appareils l'embrayage dû à M. Hérisson, professeur à l'Institut agronomique, a donné d'excellents résultats, notamment sur les voitures Gobron (fig. 156).

On a fait également, il y a quelques années, des embrayages cylin-

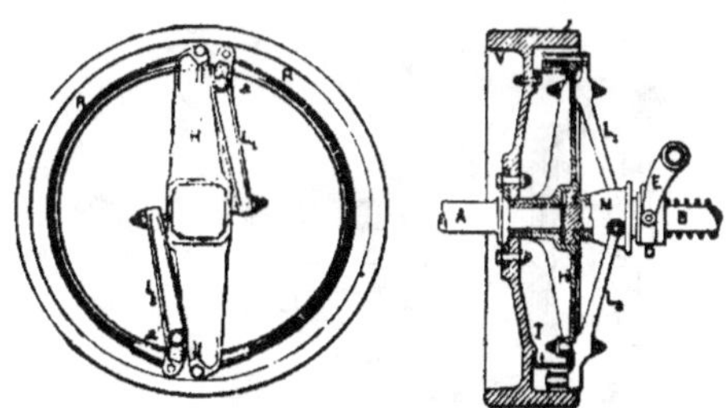

Fig. 157. — Embrayage cylindrique Mors.

driques à surfaces de frottement en cuir, mais ces appareils sont évidemment moins pratiques que les cônes dont ils conservent une partie des inconvénients, sans en avoir les avantages de simplicité.

D. Embrayages à enroulement. — Les embrayages à enroulement de ressorts ou à spirales ne sont autres que des embrayages métalliques agissant, non plus par extension d'un segment cylindrique comme précédemment, mais bien par diminution de rayon au moyen d'une tension sur la spirale ; ils agissent donc sur la partie extérieure de la cuvette cylindrique, au lieu de l'action intérieure précédente ; ce sont des appareils à frictions multiples.

Les derniers modèles des voitures Mercédès présentent un dispositif de ce genre ; l'embrayage Rebour doit être classé dans la même catégorie.

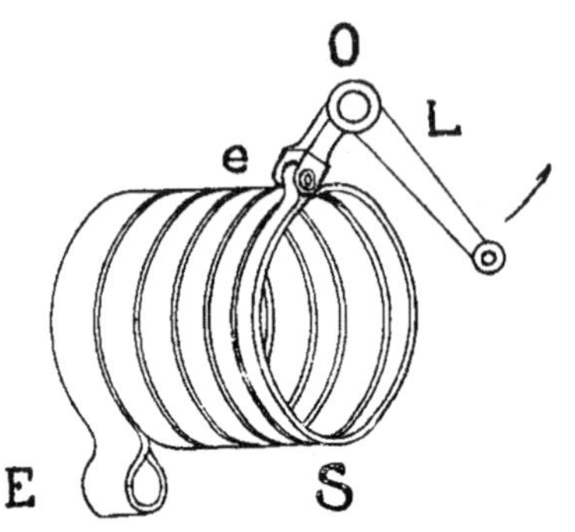

Fig. 158 — S Ressorts à spirale formant serrage sous l'action du levier L ; E point fixe.

L'une des extrémités de la spirale est fixée au volant, tandis que l'autre extrémité reçoit un mouvement de serrage au moyen d'un dispositif très simple de commande. Lorsque l'embrayage est en action, c'est-à-dire que le contact entre le tambour et la spirale est parfait, l'hélice tourne avec le volant du moteur et l'embrayage se fait progressivement. Pour débrayer, on agit sur une pédale qui,

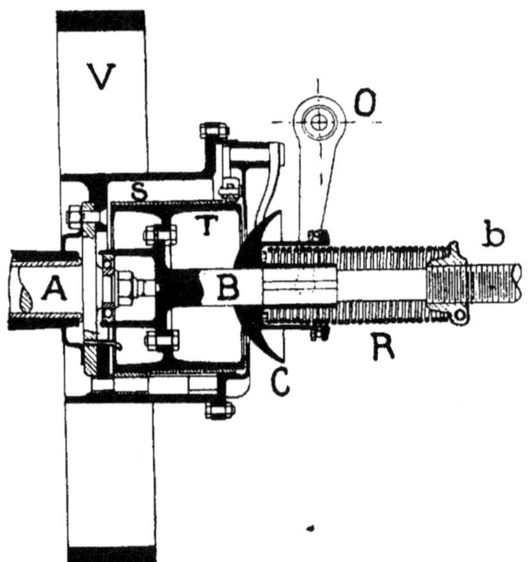

Fig. 159. — Embrayage à enroulement (Rebour).

par un système de transmission assez simple, vient faire cesser la tension qui se produisait sur l'extrémité de la spirale.

Cet appareil fonctionne dans la graisse et se trouve renfermé dans une boîte hermétique, qui met toutes les parties en contact à l'abri de la poussière.

Certains constructeurs ont combiné le système à cône droit avec l'embrayage à spirale ; le mouvement se fait en deux phases bien distinctes : entraînement par le cône seulement au moment du démarrage et ensuite, dès que la résistance augmente, enroulement de la spirale sur le tambour produisant l'embrayage définitif. On a ainsi un appareil des plus progressifs, qui a donné sur les voitures Radia des qualités de douceur spéciales.

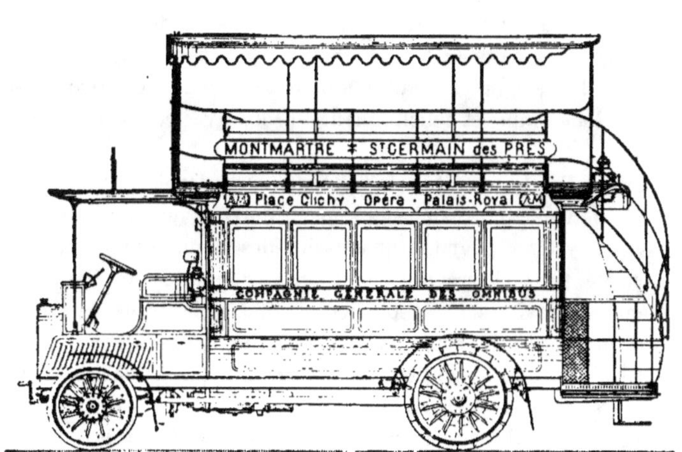

CHAPITRE II

TRANSMISSIONS

La transmission du mouvement du moteur aux roues dans les automobiles se fait aujourd'hui presque exclusivement par engrenages. Dans la période de début et de tâtonnements, les constructeurs avaient adopté, pour tout ou partie des transmissions, la courroie, organe éminemment élastique et déformable qui permettait tous les efforts et toutes les flexions, sans autre inconvénient que celui de se casser assez souvent, et les exemples sont nombreux de véhicules ayant fonctionné fort longtemps et fonctionnant encore avec ce mode de transmission.

La maison Delahaye s'était fait, jusqu'à ces dernières années, une spécialité pour les transmissions par courroie, et elle continue à employer ce système pour la transmission des véhicules industriels.

La Société Benz et ses différents concessionnaires en France ont également employé pendant plusieurs années la transmission par courroie, qui a permis, somme toute, de faire des voitures fonctionnant sur route à un moment où la construction était assez peu avancée et où l'éducation des constructeurs était encore telle qu'il était difficile, comme organe élastique, de compter sur autre chose que la courroie. Rien ne dit au surplus que ce dispositif ne renaîtra pas un jour de ses cendres, en vertu même de ses qualités de grande simplicité.

Quelques fabricants de voiturettes ont employé la chaîne, dérivée de la transmission des bicyclettes, système, que la pratique n'a pas consacré et dont nous ne parlerons pas, par conséquent, ici.

En ce qui concerne les transmissions d'automobiles, une idée qui est venue tout d'abord à beaucoup de constructeurs est d'employer le plateau de friction, si simple, pour le changement de vitesse en même temps que pour le changement de marche. Malheureusement, avec les vitesses auxquelles les moteurs d'automobiles doivent tourner pour avoir un poids raisonnable, la transmission par plateau de friction donne des résultats tout à fait défectueux et un rendement déplorable ; les glissements sont inévitables, et l'adhérence est fort difficile à obtenir avec les agents extérieurs qui viennent modifier la nature des surfaces et la position des organes de rotation ; de plus, dès qu'il se produit des usures dans les paliers de butée, le système se dérègle et la transmission ne se fait plus.

Quoi qu'il en soit, quelques constructeurs de poids lourds et de voiturettes ont repris cette étude et peut-être aura-t-on là, avec des moyens mécaniques nouveaux, une solution du problème si aride des transmissions.

Le véritable organe de transmission, en matière d'automobiles, est l'engrenage joint à l'arbre rigide ou articulé qui supporte les engrenages et transmet la puissance par torsion.

Rappelons ici la formule des engrenages cylindriques :

$$R = \pi f \left(\frac{1}{n} + \frac{1}{n'} \right),$$

quand il s'agit d'engrenages extérieurs, et, pour les engrenages intérieurs :

$$R' = \pi f \left(\frac{1}{n} - \frac{1}{n'} \right).$$

Dans ces formules R est le rapport du travail perdu au travail utile, f le coefficient de frottement de l'acier sur acier, qu'on estime de 0,10 à 0,15 suivant l'état de lubrification, n et n' étant le nombre de dents des pignons en contact.

Tandis que les engrenages sont ramassés dans le changement de vitesse et le différentiel, la transmission aux roues se fait de deux façons tout à fait différentes, suivant les constructeurs par chaînes ou par cardans.

Transmission par chaînes. — Suivant, en cela, les premiers errements de la construction automobile, un certain nombre de constructeurs ont conservé la commande des roues par chaînes Galle. Dans ce système de transmission, l'arbre du différentiel ou transverse porte à chacune de ses extrémités un pignon qui actionne chacune des roues d'arrière, indépendamment l'une de l'autre, au moyen d'une chaîne passant sur la couronne dentée fixée à l'intérieur de la roue, entre les rais de celle-ci et le châssis, ce qui permet de conserver aux roues motrices un certain carossage : c'est le type classique des Panhard, Peugeot, Diétrich, etc. D'autres constructeurs, en petit nombre, ont préféré l'atta-

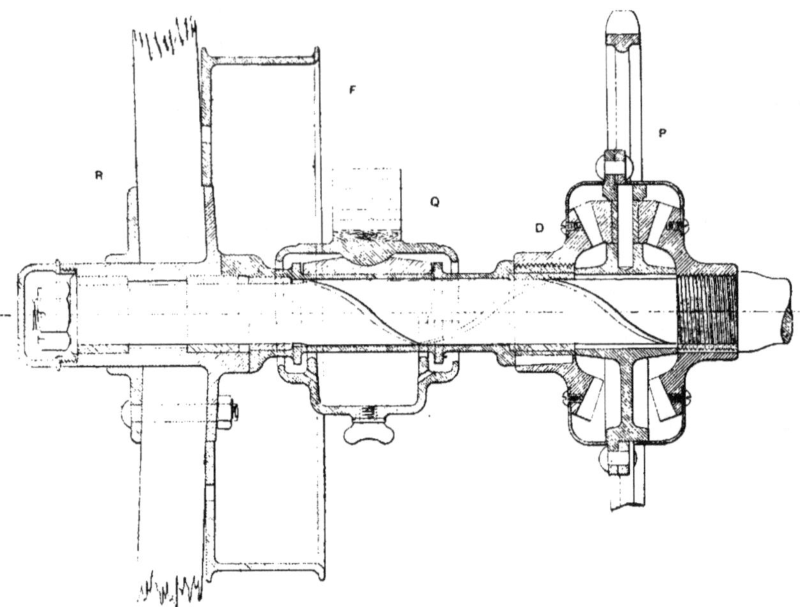

Fig. 160. — Essieu arrière avec transmission par chaîne unique sur le différentiel.

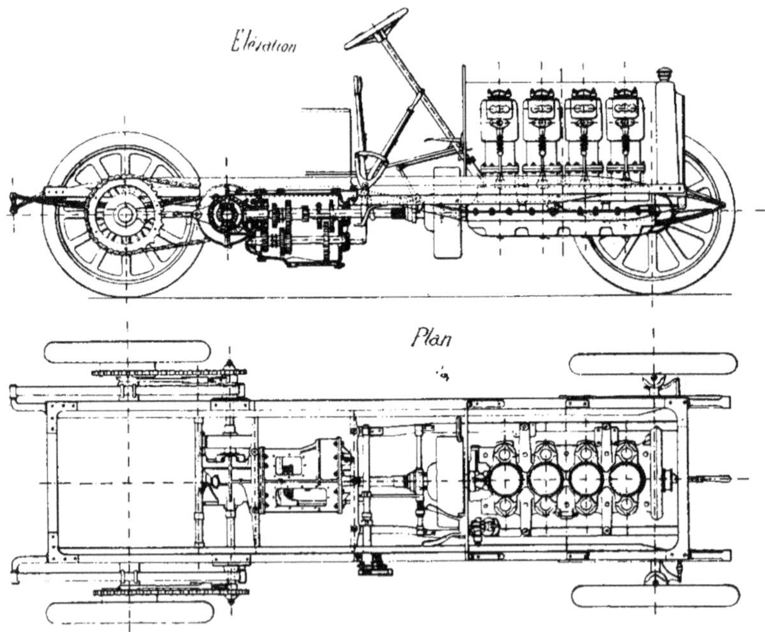

Fig. 161. — Châssis 4 cylindres, transmission à chaînes (Panhard-Levassor 40 chevaux).

que par chaîne unique d'un essieu tournant qui porte le différentiel, et ce système n'a guère été conservé que pour des voiturettes ou dans les voitures à vapeur Serpollet, dont la douceur de démarrage et de marche est évidemment supérieure à celle des voitures à pétrole.

Le rapport du travail perdu au travail utile, avec une transmission par chaîne, est donné par la formule :

$$R = \frac{2\pi f r}{p}\left(\frac{1}{n} + \frac{1}{n'}\right).$$

dans laquelle f et R ont la même signification que précédemment pour les engrenages, r est le rayon des axes des maillons de chaîne, p le pas de la chaîne.

Cette formule montre qu'on a tout intérêt à employer les pignons de chaînes les plus grands possible, et on peut dire qu'en général le rapport du nombre de dents du pignon de chaîne au nombre de dents de la roue dentée aux roues varie de 1 à 3.

Dans la transmission par chaînes, nous pouvons distinguer deux systèmes, suivant que le changement de vitesse se fait d'un seul bloc avec le différentiel (type Panhard (fig. 161) ou bien que le changement de

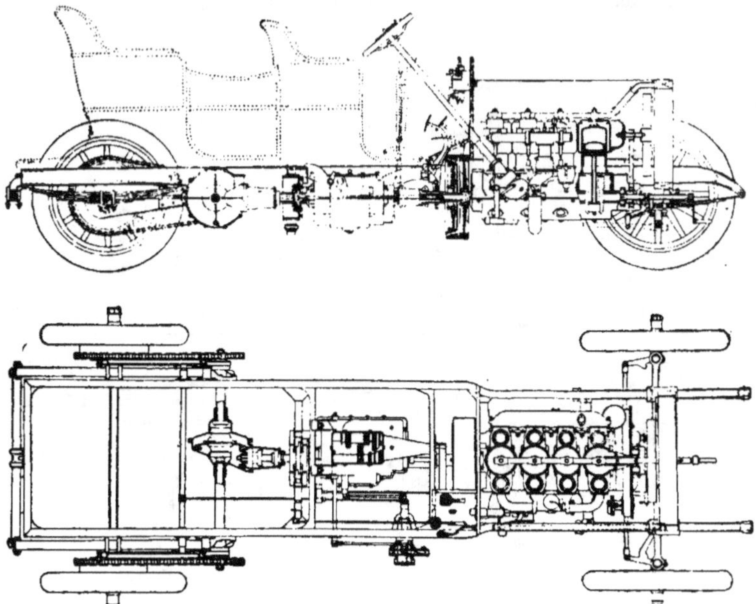

Fig. 162. — Châssis 4 cylindres, transmission à chaînes par arbre transverse séparé (Delahaye).

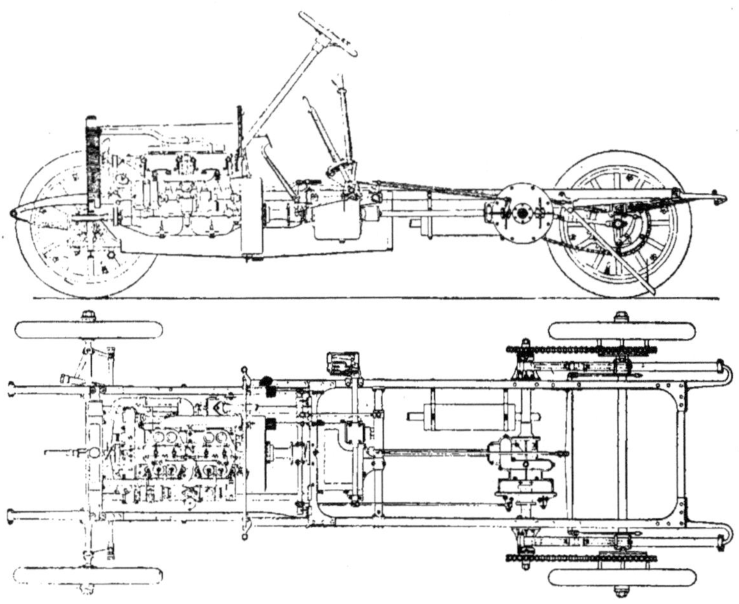

Fig. 163. — **Châssis 4 cylindres accolés, transmission par arbre transverse et chassis.**

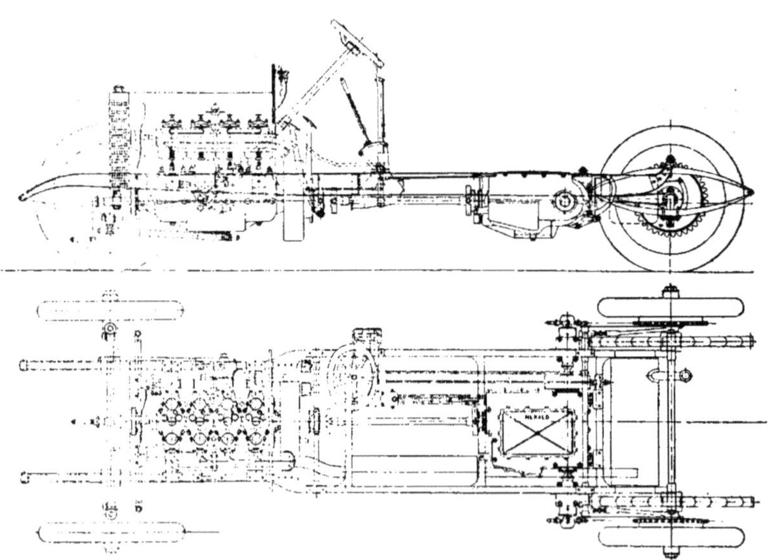

Fig. 164. — Châssis 4 cylindres séparés, transmission par changement de vitesse
réuni au différentiel (Herzld).

vitesse est complètement séparé du différentiel (type Delahaye fig. 162).

Dans ce dernier cas, on dispose le différentiel avec son pignon d'attaque et les arbres transverses dans un carter séparé du changement de vitesse ; on a ainsi la faculté de conserver à peu près immuable la distance entre l'axe de l'arbre différentiel et le centre des roues, quelle que soit la longueur de la voiture, puisque c'est la longueur de l'arbre longitudinal qui réunit le changement de vitesse aux pignons d'attaque du différentiel qu'on fait varier suivant la longueur que présente le châssis à construire. On objecte, cependant, à ce dispositif qu'on est moins sûr d'une résistance latérale de tout le système et que les flexions peuvent être moins facilement absorbées par deux organes séparés que par un seul organe, qui oppose sa masse et ses entretoisements à la déformation du châssis.

Quel que soit le système adopté, il importe, en tout cas, de combiner la transmission de façon que les pignons de chaînes placés aux extrémités de l'arbre différentiel soient facilement interchangeables. Pour cela, on a souvent intérêt à démonter non pas le pignon proprement dit, mais l'arbre sur lequel il est fixé et qui reçoit son mou-

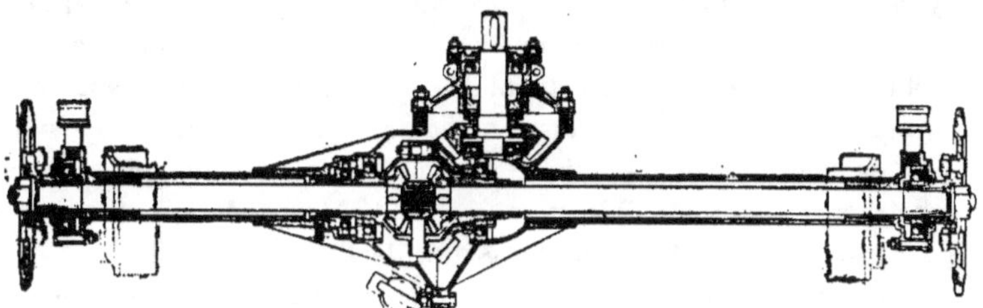

Fig. 165. — Arbre différentiel pour transmission par chaîne.

vement du différentiel par un joint de Oldham. Le palier qui supporte ce petit arbre doit pouvoir être également démonté facilement. Il est fixé au châssis par des moyens variables suivant la nature de celui-ci, mais il importe, en tout cas, que sa construction et son mode de fixation soient tels qu'il résiste aisément à l'effort oblique exercé par le brin moteur de la chaîne. Pour ces paliers, on emploie soit les coussinets lisses, et, dans ce cas, il faut donner au palier une longueur largement suffisante pour résister à l'effort exercé en porte à faux sur le pignon de chaîne. Quand on emploie les roulements à billes, l'encombrement du palier est beaucoup plus réduit et, en raison surtout de cet avantage, ces roulements sont devenus pour ces paliers d'un emploi assez général.

C'est en effet l'une des grandes commodités de cette transmission que de permettre assez facilement au conducteur de la voiture de modifier la multiplication de son véhicule par le simple changement des

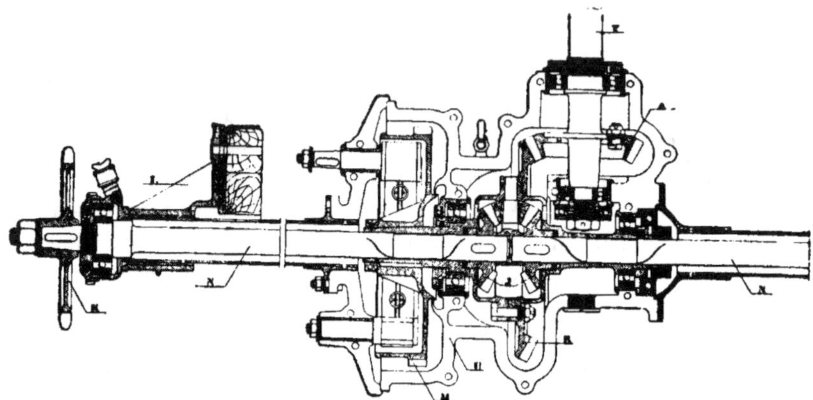

Fig. 166. — Arbre différentiel, paliers à billes avec frein intérieur (Peugeot).

pignons de chaîne. Il suffit, en effet, d'avoir dans son coffre des pignons ayant une ou deux dents de moins que les pignons normaux, pour diminuer la multiplication dans des proportions assez importantes.

Mais il faut, pour que ces avantages soient réels, que le changement de pignons se fasse sans fausse manœuvre, avec rapidité et sans risquer de détériorer le mécanisme et c'est à quoi se sont appliqués les constructeurs qui emploient ce mode de transmission (Panhard-Levassor, Diétrich, Mors, Rochet-Schneider, Derliet etc. etc.

Nous n'entrerons pas dans le détail de la construction des transmissions par chaînes ; qu'il nous suffise de dire que les roues de chaîne sont fixées à chacune des roues motrices par des colonnettes qui vien-

Fig. 167. — Arbre transverse (Maliret et Blin).

nent prendre leur point d'appui sur un renflement ménagé dans un certain nombre de rais ; suivant le diamètre et la puissance du moteur, on emploie de 6 à 12 colonnettes. Les poulies de frein sont fixées, en général, à l'intérieur des roues de chaîne, et ces poulies peuvent varier de 200 à 350 mm. suivant que les sabots sont placés intérieurement ou extérieurement. Quant aux chaînes, ce sont, en général, des chaînes à simple rouleau, dites Brampton, ayant un pas de 35 à 40 mm.

Transmission par cardan unique (1). — Le second système de transmission aux roues est le cardan longitudinal qui, par-

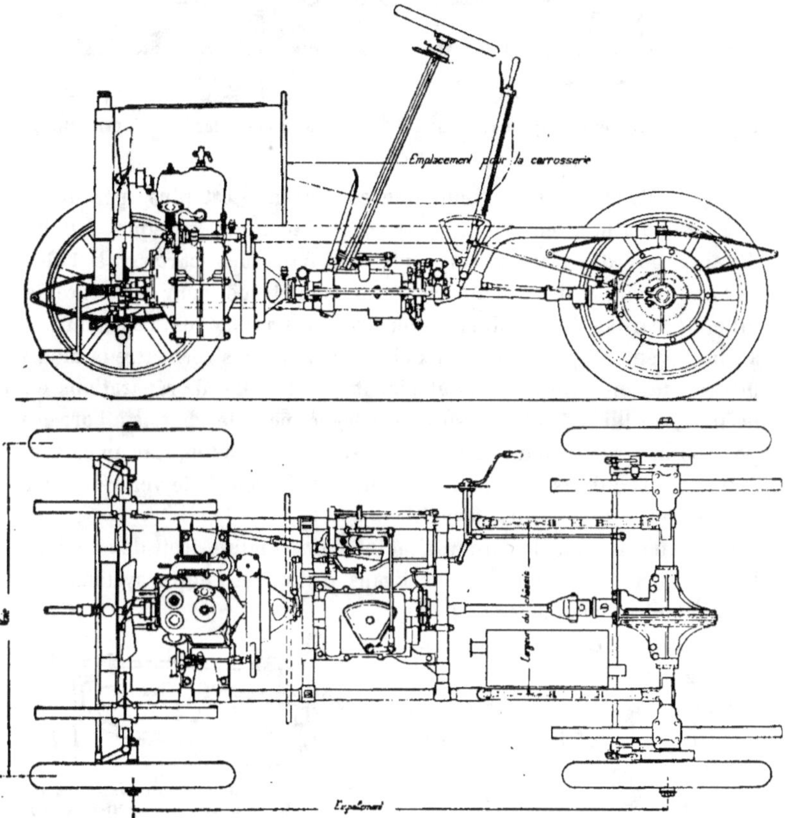

Fig. 168. — Petit châssis monocylindrique, transmission par cardan longitudinal (Peugeot).

tant de la boîte du changement de vitesse dans les environs de l'axe longitudinal de la voiture, va commander l'essieu arrière qui porte le pignon d'angle et la couronne d'attaque, le différentiel et la transmission aux roues. Ce sont MM. Renault frères qui ont les premiers pré-

____
(1) L'étude spéciale du cardan fera l'objet du chapitre V.

senté au public une petite voiture de ce système ; depuis lors, nombreux ont été ceux qui ont adopté ce mode de transmission, avec il est vrai de nombreuses variations (Darracq, Georges Richard, Brasier, Chenard-Walker, Ariès, Gillet-Forest, Clément, Grégoire, La Buire, etc.)

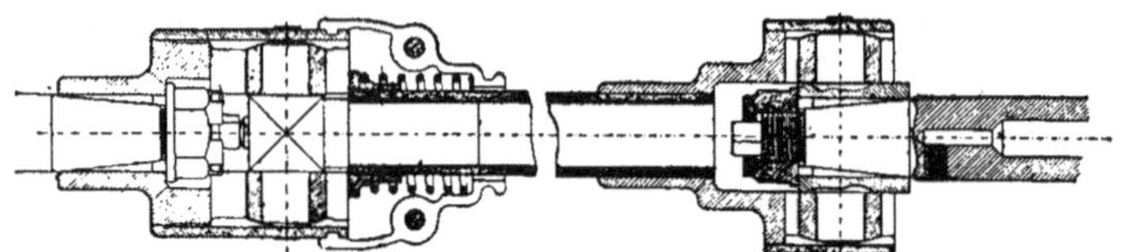

Fig. 169. — Arbre longitudinal tubulaire avec joints à la cardan (de Dion-Bouton).

On a dit, avec juste raison, que ce système est plus mécanique que les chaînes, en ce qu'il permet d'avoir la presque totalité des organes de transmission enfermés dans des carters, à l'abri de la poussière et des intempéries, et on admet que, pour la voiture de ville, le cardan longitudinal donne de réels avantages; cependant, il a l'inconvénient, par rapport aux chaînes, de ne pas permettre la modification des multiplications, autrement qu'à l'atelier de réparations et, de plus, on lui reproche de surélever légèrement le châssis à l'arrière pour permettre le jeu du carter du différentiel qui a toujours un certain diamètre et qui risque, dans les cahots de la route, de venir heurter avec violence le plancher du véhicule.

Quoi qu'il en soit, le cardan a maintenant conquis droit de cité dans la construction, puisque les partisans de l'un et l'autre systèmes se partagent les deux modes de transmission dans des proportions à peu près égales.

L'attaque de la couronne de transmission se fait presque dans tous les cas par un pignon d'angle. On a proposé également la vis sans fin comme donnant plus de sécurité et plus de douceur de roulement, sans que ce système se soit généralisé.

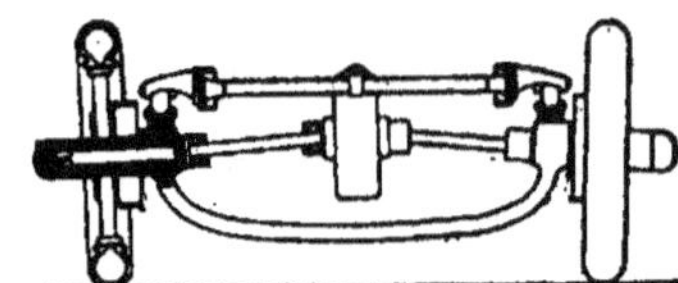

Fig. 170.— Transmission aux roues par cardans latéraux (de Dion-Bouton).

Certains constructeurs (Henriod, Sizaire et Naudin), ont reporté dans l'essieu arrière le changement de vitesse proprement dit et, évidemment, si on ne fait intervenir que la question de rendement du mécanisme, le système est rationnel ; par contre la commande du changement de vitesse présente toujours une certaine difficulté lorsqu'on est obligé de venir agir sur des engrenages avec précision, lorsque ceux-ci

sont soumis à tous les cahots de la route. C'est ce qui s'est produit dans
un des premiers types de voiture légère de Diétrich à courroie, où le
changement de vitesse se trouvait placé sur l'essieu des roues motrices.
Il est vrai que d'autre part Darracq n'a pas hésité à adopter ce système
pour ses voitures de courses où il a fonctionné avec pleine sécurité.

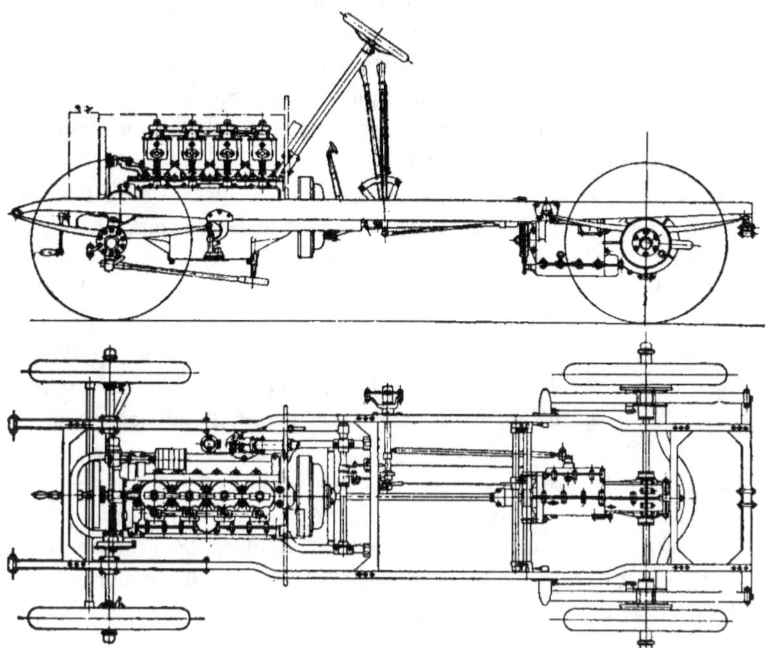

Fig. 171. — Châssis 15 chevaux de Dion-Bouton à cardans latéraux.

Transmission par cardans latéraux. — Un troisième
système de transmission consiste, non pas à placer le différentiel sur
l'axe des roues, mais à l'attacher sur le châssis, comme dans une voiture à chaînes, et à relier les deux côtés de ce différentiel à chacune des
roues motrices par deux cardans longitudinaux. C'est le système adopté
exclusivement par MM. de Dion-Bouton depuis de longues années, et
on peut dire que la pratique a très largement montré que ce système
était excellent à plus d'un point de vue. Il comporte en outre des moyeux
de roues d'un type spécial à fusée creuse, mais c'est là un très bon dispositif pour la solidité, le fonctionnement et l'entretien car il empêche
le travail à la torsion du moyeu de la roue, l'attaque se faisant par l'extérieur.

Démultiplicateur. — Pour remédier aux inconvénients de la transmission par arbre à la cardan, en ce qui concerne les facilités de démultiplication, certains constructeurs disposent, d'une façon facultative, sur leurs châssis, un organe supplémentaire et indépendant du changement de vitesse, qui permet de nouveaux rapports de vitesses, indépendamment de cet organe.

M. Brasier dispose un petit appareil à deux vitesses par train balladeur qu'il place entre le changement de vitesse et la tête de l'arbre à la cardan, ce qui permet de passer instantanément de la prise directe, qui est la grande vitesse, à une démultiplication par engrenages qui donne la vitesse de montagne. Toutefois cette manœuvre se fait, en général, à la main, en descendant de la voiture.

Il en est de même pour le mécanisme des véhicules du train Renard, dans lequel on a disposé un train d'engrenages supplémentaire qu'on manœuvre également à la main, en descendant de la voiture, et qui permet de ramener le matériel à vide à allure rapide, lorsqu'il n'est pas chargé.

Enfin, MM. Cornilleau et Sainte-Beuve ont combiné un très ingénieux système de démultiplicateur de vitesse dans le carter du différentiel. Pour cela, ils disposent leur arbre longitudinal légèrement en dessous de l'axe des roues, de façon que l'un puisse passer en dessous de l'autre. Cet arbre longitudinal prolongé porte à chacune de ses extrémités deux pignons d'angle qui engrènent avec deux roues d'engrenage hyperboloïdaux, placés de part et d'autre ; les grandes roues dentées sont fixées sur un manchon mobile qui sert de support au différentiel, avec un dispositif qui permet de mettre en prise l'un ou l'autre des pignons et des roues.

Par ces appareils démultiplicateurs, on double donc le nombre de crans de vitesse que le conducteur a à sa disposition, et ceci dans des conditions de grande simplicité.

Enfin, dans un ordre d'idées inverse, il convient de rappeler que les voitures Gillet-Forest à moteur horizontal avaient une démultiplication de mouvement de moitié dans leur moteur lui-même, ce qui permettait d'employer des changements de vitesse tournant deux fois moins vite et, par conséquent s'usant d'autant moins. Il est vrai que le poids des organes était plus considérable, mais ce système est particulièrement intéressant pour les voitures de livraison, dans lesquelles l'augmentation de poids ne présente pas d'inconvénients comparativement à la sécurité de fonctionnement.

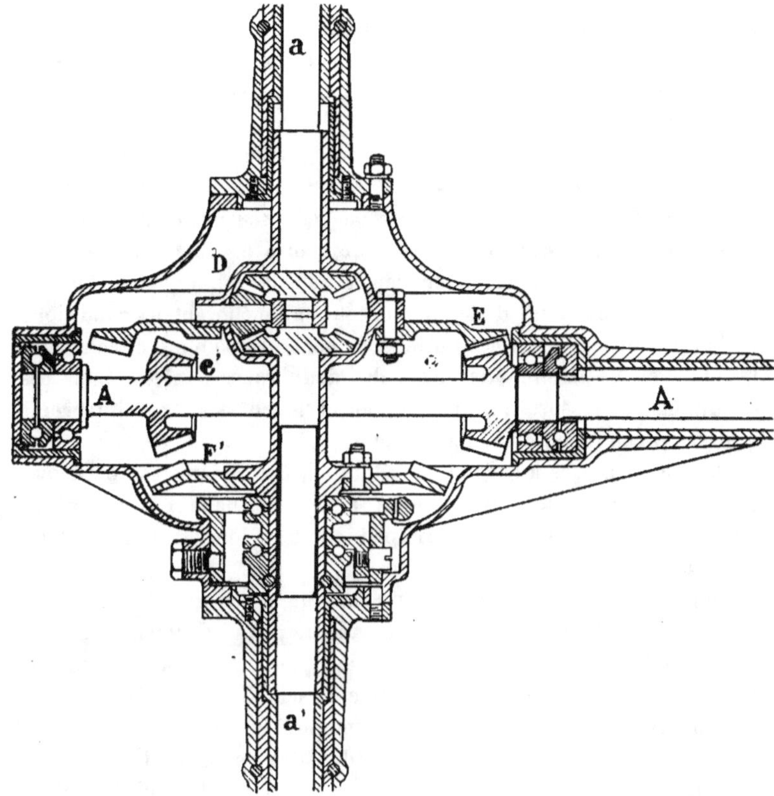

Fig. 172. — Démultiplicateur dans l'essieu arrière : A arbre moteur ; a a' arbres des roues ; Ee E'e' engrenages de commande (Cornilleau et Sainte-Beuve).

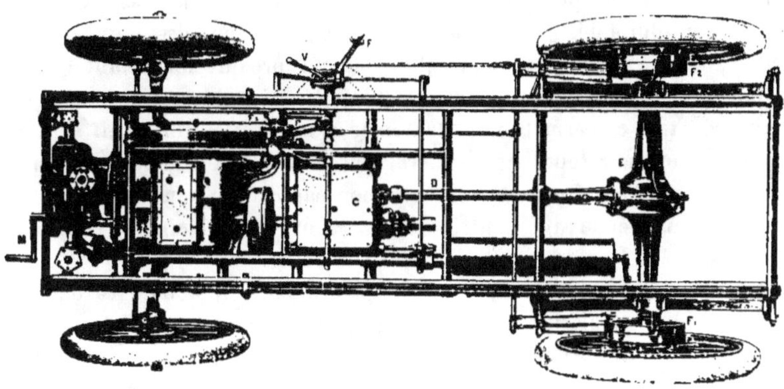

Fig. 173. — Châssis à moteur horizontal et cardan longitudinal (Gillet-Forest).

Fléchissement des ressorts. — Dans l'étude d'une transmission, que celle-ci se fasse par chaîne ou cardan, il y a lieu de tenir compte également du fléchissement des ressorts d'arrière, qui peut, par suite des déplacements de l'essieu, gêner considérablement le fonctionnement de la voiture.

Quand on emploie le système à chaînes, la transmission est très simple ; il suffit de prendre un dispositif pour que la distance entre l'axe du pignon de chaîne et l'axe de la roue reste sensiblement constante ; pour cela, on fait décrire à l'essieu qui porte les roues motrices un petit arc de cercle ayant pour centre l'axe du pignon de chaînes et, pour faciliter le réglage de la chaîne, tout en améliorant les conditions de la transmission, on place un tendeur dont les points d'attache sont les plus voisins possible des axes des deux roues dentées. Dans ces conditions, le ressort n'a qu'à supporter le châssis, sans intervenir dans la transmission de l'effort du moteur.

Dans les voitures à cardan longitudinal, le problème est beaucoup plus complexe, et M. Ravigneaux a donné, dans La Technique Automobile, une étude très complète et très intéressante de cette question.

Le problème peut être résolu en effet d'un assez grand nombre de façons, car tout dépend du dispositif adopté pour les attaches des ressorts sur le châssis, c'est-à-dire de l'emploi des mains de ressorts ou non. Lorsqu'il existe une double articulation sur l'arbre à la cardan, comme on en trouve des exemples chez certains constructeurs d'automobiles, rien n'empêche de faire opérer la transmission du mouvement par le ressort lui-même, surtout lorsqu'il s'agit de voiturettes. Mais, lorsqu'on a affaire à des châssis de puissance élevée, il est impossible de faire participer le ressort à l'effort de tension qui résulte de la propulsion, et on a été ainsi amené à disposer des tendeurs ou plutôt des jambes de force, puisque ce sont des organes qui travaillent à la compression, qui viennent prendre leur point d'appui sur le châssis directement, sans interposition des ressorts de suspension, tout en permettant la flexion de ceux-ci, et ce dispositif a pris une importance toute particulière, par exemple lorsqu'on a réalisé des châssis d'omnibus avec transmission par cardan dans lesquels les efforts au démarrage, entre autres, sont excessivement considérables.

L'un des dispositifs souvent adoptés a été l'emploi du cardan à une seule articulation avec jambes de force passant dans le même plan que celui-ci, de façon que tout l'essieu oscille autour de l'axe transversal passant par la tête mobile du cardan ; on a ainsi un organe qui peut être très robuste, et la poussée se fait dans d'excellentes conditions.

Dans le système adopté par Darracq, la jambe de force, qui est constituée par un gros tube, est placée dans une position très voisine de la position théorique et très proche du cardan, par un léger désaxement. MM. Renault opèrent la poussée par une pièce triangulée avec attache élastique et La Buire a adopté dans le même but un parallélogramme de poussée très curieusement constitué.

Notons, en terminant, que, dans certaines voiturettes bon marché, on emploie de véritables tendeurs au lieu de jambes de force ; ce sont des tringles de longueurs variables prenant leur point d'appui sur la

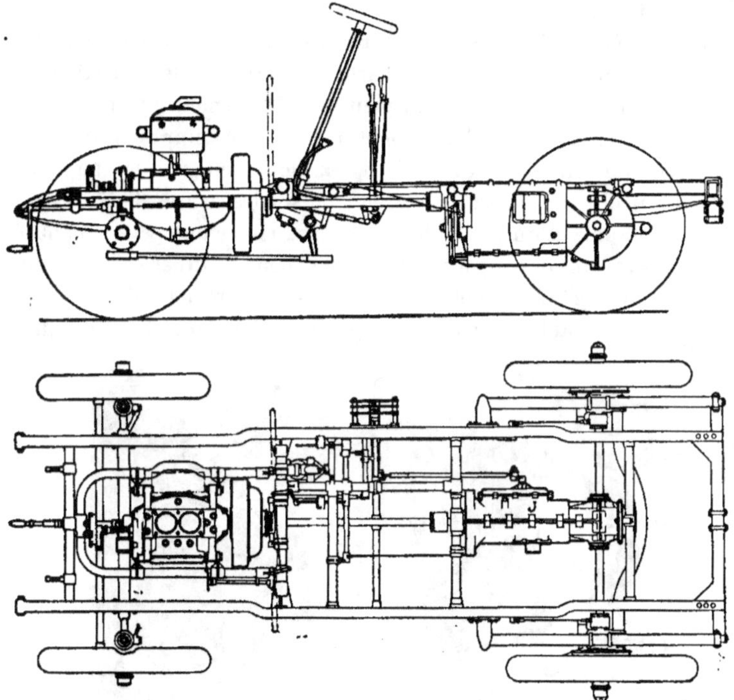

Fig. 174. — Châssis 12 chevaux de Dion-Bouton à 5 ressorts.

partie supérieure du carter du différentiel et fixées au châssis. La tringle de l'arrière sert pendant la marche avant et elle agit, par conséquent, à la traction. La tringle symétrique placée vers l'avant du châssis agit également à la traction, lorsque celui-ci est en marche arrière.

Ces dispositifs n'ont, du reste, qu'une valeur assez relative, étant donné qu'ils font participer tout l'ensemble du carter de l'essieu arrière à un couple de torsion qui ne peut être admissible que dans des voitures légères.

Accouplements élastiques. — Il a été reconnu, depuis quelques années, que l'adoption d'organes élastiques entre les différentes parties du mécanisme est des plus avantageuses pour le rendement ; on a été amené ainsi depuis 1903 à disposer, entre le moteur et le changement de vitesse, des joints à la cardan qui permettent aux flexions du châssis de se produire et qui rendent très pratiques et très faciles les démontages.

Dans le même ordre d'idées, un certain nombre de constructeurs ont disposé, à l'une des extrémités de l'arbre à la cardan, des amortisseurs à ressorts ou à caoutchouc, ayant pour effet de permettre la progressivité du démarrage ou du changement d'allure. On comprend, en effet, que lorsqu'un véhicule d'un poids assez élevé démarre, le couple de torsion qui agit sur l'arbre à la cardan ou sur les arbres d'attaque est très considérable et qu'on a intérêt à emmagasiner une petite quantité de force vive dans des appareils élastiques, pour restituer celle-ci automatiquement, lorsque le moteur aura pris son allure normale.

De plus, il ne faut pas oublier que l'effort périodique d'un moteur à

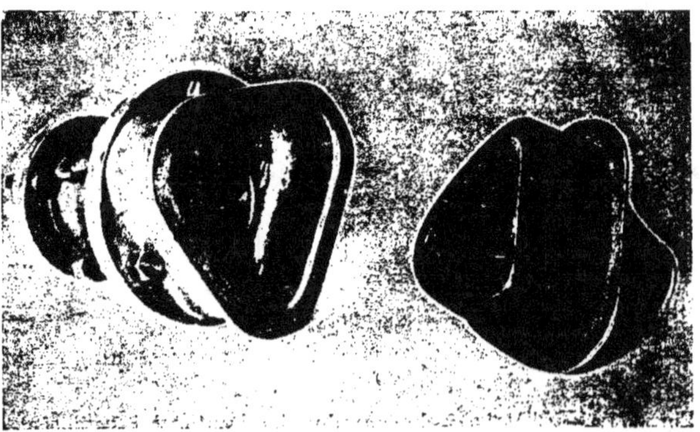

Fig. 175. — Accouplement élastique en caoutchouc (Legros).

explosion (40 chocs par seconde dans un quatre cylindres tournant à 1.200 tours) doit être transformé aussi complètement que possible en un effort continu à la jante des roues motrices, et les accouplements élastiques jouent un rôle très réel dans cette transformation.

M. René Legros, notamment, a réalisé cet accouplement avec un joint élastique en caoutchouc, analogue aux Raffards qui donnent d'excellents résultats dans les transmissions électriques (fig. 175).

Chez d'autres constructeurs, l'accouplement élastique est placé entre la tête arrière du cardan et le petit arbre sur lequel est calé le pignon d'angle. Ce petit arbre porte, en avant du carter du pont arrière, une poulie en acier dont la surface extérieure reçoit un collier de frein et à l'intérieur de laquelle sont venues de fonte deux butées à 180 degrés l'une de l'autre ; d'autre part, sur la tête du cardan est calé un plateau portant deux bossages à 90 degrés respectivement des deux butées, bossages qui servent à maintenir en place deux ressorts à boudin de section carrée et de forme demi-circulaire. L'un de ces ressorts à boudin sert dans le sens positif, c'est-à-dire lorsque la voiture est en marche avant et qu'il y a accélération du mouvement, et l'autre ressort sert dans le sens négatif, c'est-à-dire lorsque la voiture est en marche arrière ou qu'il y a ralentissement du mouvement. Des systèmes analogues ont été employés par **MM.** Charon-Girardot et Voigt, Cornilleau et Sainte-Beuve, etc.

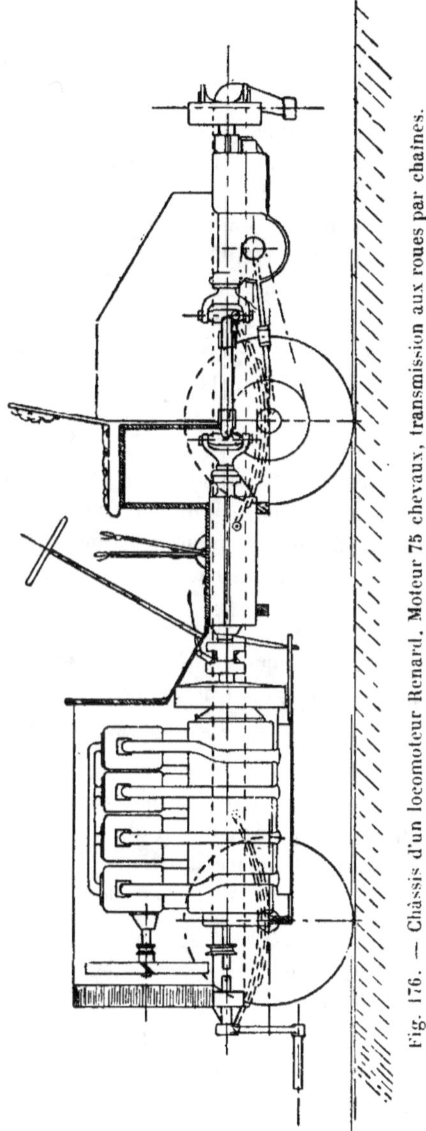

Fig. 176. — Châssis d'un locomoteur Renard. Moteur 75 chevaux, transmission aux roues par chaînes.

On évite ainsi des ruptures de pignons et les fatigues excessives des arbres à la cardan, grâce à la douceur toute particulière de démarrage et de roulement qui résulte de l'emploi des accouplements élastiques.

Exemples divers. — Pour donner une idée du calcul qui peut être fait dans l'étude d'une transmission de châssis d'automobile, nous indiquerons que, pour une roue de dimension moyenne (810 mm. de diamètre de roulement par exemple), la vitesse de rotation passe de 66 tours pour 10 kilom. à l'heure, correspondant à 167 m. à la minute, à 393 tours pour une vitesse de 60 kilom. à l'heure correspondant à un déplacement de 1.000 m. à la minute.

Si nous supposons que le moteur tourne à 1.000 tours à la minute, que le changement de vitesse donne en grande vitesse la prise directe, que les engrenages coniques de l'arbre différentiel sont dans le rapport de 25 à 30 dents, on obtiendra la vitesse de 61,5 kilom. à l'heure, avec un pignon de 15 dents correspondant à une roue de chaîne de 31 dents.

Si on fait un calcul analogue pour un dispositif à essieu moteur et cardan longitudinal, on voit que, pour les mêmes données que ci-dessus, il faudra un pignon d'attaque de 24 dents actionnant une couronne de 60 dents fixée sur le différentiel, pour obtenir une vitesse de 61,05 à l'heure.

Nous donnons ci-après quelques exemples de démultiplication de mouvement dans trois types bien distincts de voitures.

A. *Voitures Panhard-Levassor*. — Nous avons pris l'exemple d'une voiture de 25 chevaux dans laquelle le moteur tourne à 800 tours.

Le rapport de démultiplication du moteur à l'arbre des pignons de chaîne est donné par le rapport des engrenages de la boîte du mouvement. Le diamètre des roues motrices est de 900 mm. et le nombre normal de dents de la roue de chaîne est de 35.

B. *Voitures Renault à cardan longitudinal*, type 14-20 chev., 4 cylindres, vitesse normale du moteur 1.200 tours à la minute. Diamètre de la roue motrice 770 mm.

C. *Voitures de Dion-Bouton à cardans latéraux*. — Nous avons choisi une voiture à deux cylindres, 12 chevaux, dont la vitesse normale du moteur est 1.400 tours à la minute; le diamètre des roues est de 815 mm.

Tableau 24. — Démultiplication d'une voiture Panhard-Levassor.

Désignation des vitesses .	Rapport de démultiplication du moteur à l'arbre des pignons de chaîne	Nombre de tours de l'arbre des pignons de chaîne	Nombre de dents des pignons de chaîne : 16 18 20 22 24 26
			Kilom. à l'heure :
1ʳᵉ vitesse . .	$\dfrac{16}{60} \times \dfrac{26}{39} = 0,18$	145	11 13 14 15 17 18
2ᵉ vitesse . .	$\dfrac{28}{48} \times \dfrac{26}{39} = 0,39$	210	24 27 30 33 36 39
3ᵉ vitesse . .	$\dfrac{36}{40} \times \dfrac{26}{39} = 0,60$	480	37 42 46 51 55 60
4ᵉ vitesse . .	$\dfrac{41}{35} \times \dfrac{26}{39} = 0,78$	620	48 54 60 66 72 78

Tableau 25. — **Exemple de la démultiplication d'une voiture Renault**.

Roue de différentiel de 44 dents		Roue de différentiel de 80 dents	
	Nombre de dents du petit pignon de commande : 13 14 15 16		Nombre de dents du petit pignon de commande : 20 22 24 26
	Kilom. à l'heure :		Kilom. à l'heure :
1ʳᵉ vitesse . .	17 18 19 21	1ʳᵉ vitesse . .	14 16 17 18
2ᵉ vitesse . .	31 33 35 39	2ᵉ vitesse . .	28 31 34 36
3ᵉ vitesse . .	58 62 66 71	3ᵉ vitesse . .	49 54 59 63

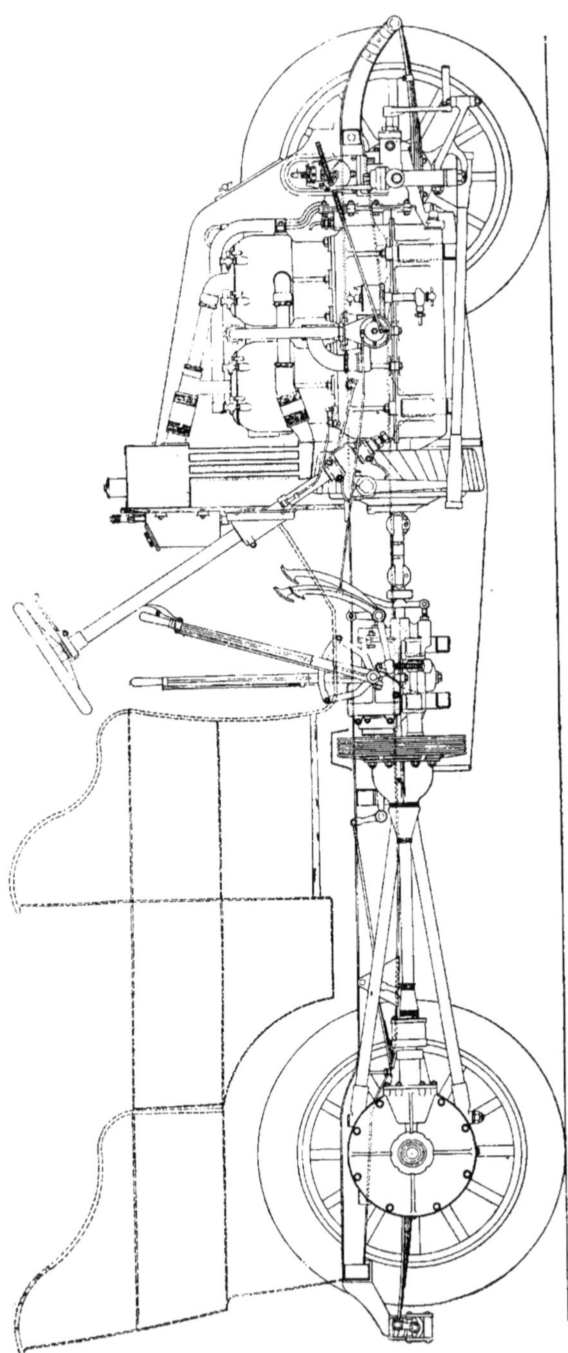

Fig. 177. — Châssis Renault, transmission par cardan longitudinal (élévation).

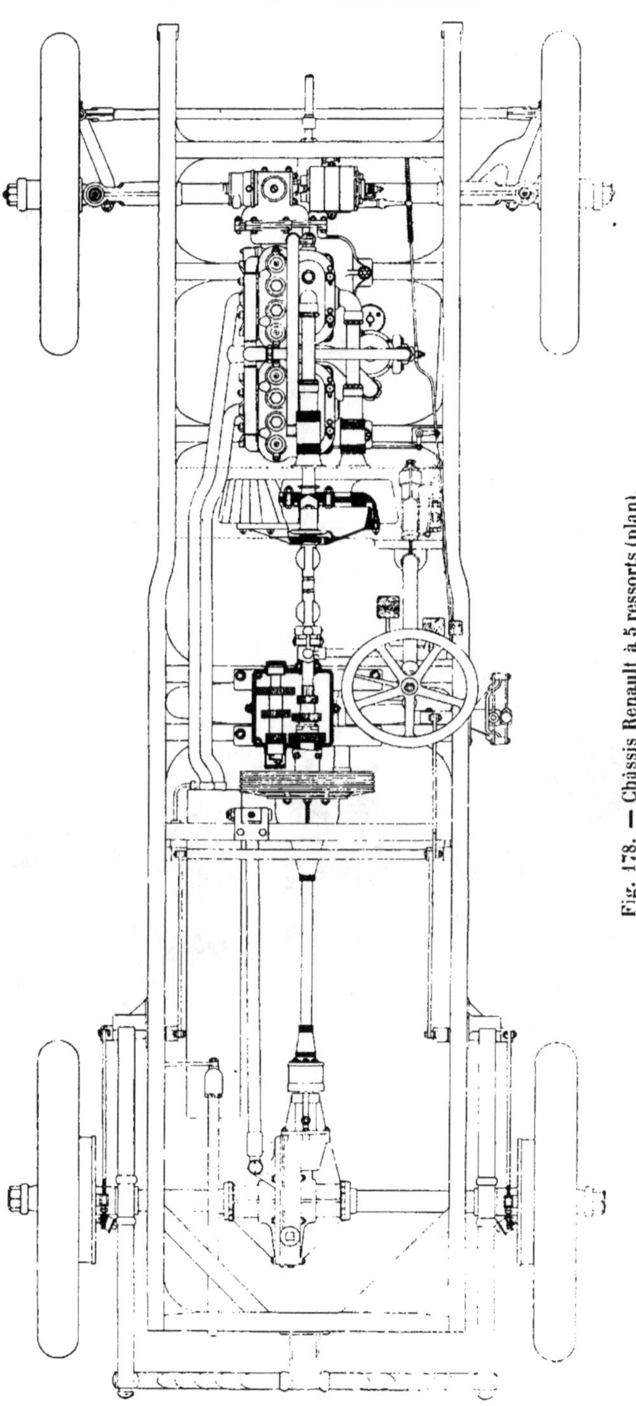

Fig. 178. — Châssis Renault à 5 ressorts (plan).

Tableau 26. — Exemple de la démultiplication d'une voiture de Dion-Bouton.

Désignation des Vitesses	Rapport des engrenages du changement de vitesse	Rapport du nombre des dents des pignons d'angle		
		$\frac{16}{80}$	$\frac{18}{80}$	$\frac{20}{80}$
		Kilom. à l'heure :		
Petite vitesse . .	13/42	13	15	17
Moyenne vitesse.	22/33	26	30	34
Grande vitesse. .	28/28	41	46	51

CHAPITRE III

CHANGEMENTS DE VITESSE

Le changement de vitesse d'une voiture automobile est l'organe mécanique qui a pour but d'effectuer la liaison entre l'arbre moteur et le différentiel dans des conditions variables, pour que la puissance développée par le moteur reste sensiblement constante, quelle que soit la vitesse de propulsion du véhicule.

On comprend, en effet, que cette vitesse du véhicule dépend de toutes les résistances passives venant de la route ou du véhicule lui-même, résistances que nous avons étudiées dans un chapitre précédent. Parmi elles, la résistance en rampes est celle qui se fait le plus gravement sentir sur la route, et c'est pour les surmonter que le changement de vitesse a été créé.

Pour arriver au but proposé, il faut que l'arbre relié au moteur actionne l'arbre relié au différentiel avec des rapports de vitesses variables suivant la résistance totale à vaincre ; les trains d'engrenages étaient évidemment le moyen le plus mécanique à employer pour cette réalisation, et les constructeurs d'automobiles ont adopté, employé qu'il était déjà dans les machines-outils, le train balladeur qui comprend une série d'engrenages qu'on fait glisser sur un arbre carré pour amener, suivant les besoins, chacun des pignons dentés en face du pignon qui forme sa contrepartie sur le train fixe. Toutefois, dans les automobiles, le problème se compliquait singulièrement, puisque la commande devait être faite à distance et dans des conditions de précision, de rapidité et de douceur que ne comportaient pas les machines-outils.

De plus, dans ce système, on comprend fort bien qu'il soit impossible de faire exécuter au train balladeur tous les mouvements possibles, puisqu'il arriverait toujours un moment où l'un des plus grands pignons du train balladeur viendrait forcément heurter un pignon du train fixe, de diamètre tel qu'il l'empêcherait de passer : on a donc été amené à disposer les plus grands pignons aux extrémités des changements de vitesse, tout en étant obligé d'allonger, souvent d'une façon gênante et onéreuse, la longueur de l'appareil pour permettre aux divers mouvements de se faire.

Changements de vitesse à train balladeur. — Les chan‑ gements de vitesse par train balladeur, peuvent se diviser en quatre catégories :

1° Le système le plus simple est celui qui consiste à commander l'ar-

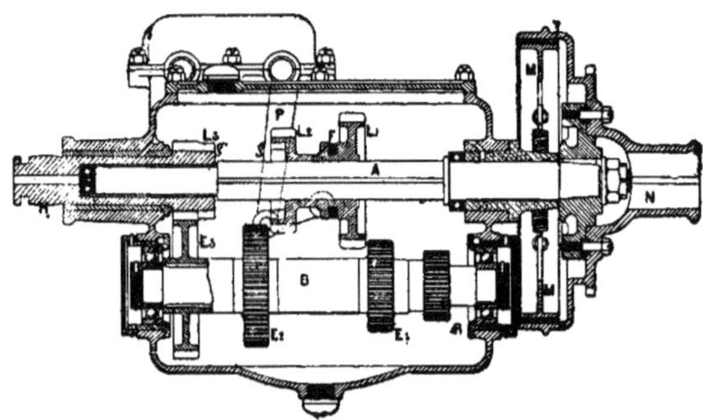

Fig. 179. — Changement de vitesse à train balladeur et prise directe en troisième vitesse (Peugeot). Commande par arbre transversal supérieur.

bre carré sur lequel glisse le train balladeur par le moteur et à action- ner le différentiel par le prolongement de l'arbre du train fixe.

On se sert avec avantage, dans ce système, de l'arbre carré et de la faculté qu'on a de le faire glisser sans inconvénient pour commander le cône d'embrayage par l'arrière du changement de vitesse. C'est le système qui a été adopté dans les voitures Panhard Levassor des premières années et qui a donné d'excellents résultats.

Une variante qui a reçu également la consécration pratique est le système dans lequel le train balladeur ne comporte que deux pignons, le pignon moyen servant à la seconde et à la troisième vitesse ; pour la mise en prise de la troisième vitesse, on emploie deux pignons tou- jours en prise dont l'un est calé sur l'arbre du train balladeur, le pignon qui a servi à la deuxième vitesse comme pignon extérieur vient s'engrener à l'intérieur du pignon toujours en prise pour actionner la troisième vitesse (fig. 179).

On a fait toutefois à ce système le reproche de ne pas permettre la symétrie dans la disposition des organes mécaniques, et c'est pourquoi

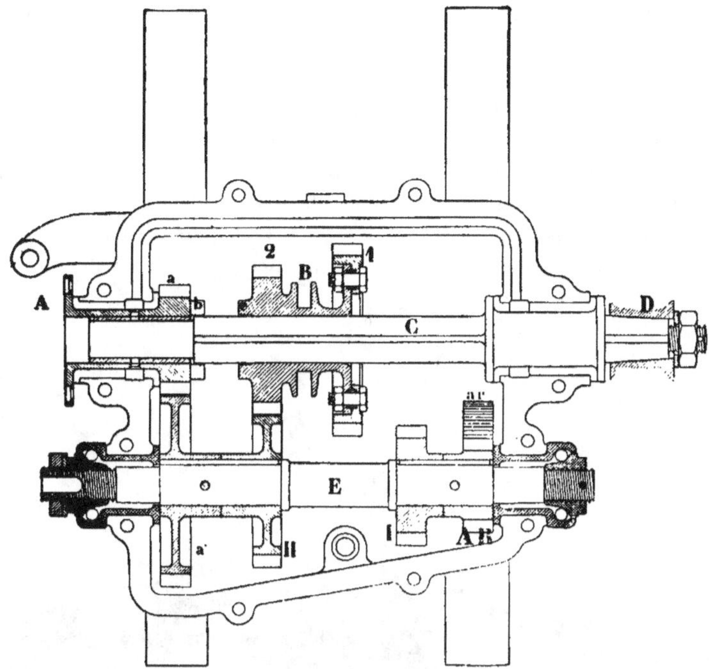

Fig. 180. — Changement de vitesse à train balladeur simple ; I I engrenages de première vitesse; II 2 engrenages de seconde vitesse, *b* noix de prise directe ; C arbre principal carré ; E arbre secondaire ; B commande du balladeur.

Fig. 181. — Changement de vitesse à transmission par l'arbre secondaire (Gillet-Forest).

ou a réalisé des changements de vitesse ordinaires dans lesquels l'arbre du moteur est dans le prolongement de l'arbre actionnant le différentiel : pour cela, l'arbre moteur actionne par une paire d'engrenages l'arbre secondaire qui porte le train fixe, et l'arbre carré est dans le prolongement de la ligne générale d'arbres. Dans ce cas, le mouvement passe toujours par le train fixe pour revenir au train balladeur par l'un des engrenages qui ont été mis en prise.

Dans les changements de vitesse à train balladeur ordinaire, on peut placer l'arbre secondaire soit sur le côté (fig. 180), soit en dessus, soit

Fig. 182. — Changement de vitesse à commande transversale supérieure
(Delahaye).

en dessous (fig. 185) de l'arbre principal, suivant les dispositions du châssis et les cotes respectives de celui-ci.

En général, le frein dit frein du différentiel agit sur une poulie calée à la sortie du changement de vitesse ; il y a donc lieu de prévoir dans la disposition des paliers les efforts qui résultent de ce freinage et le couple de torsion qui en résulte pour l'arbre, couple qui peut être parfois plus considérable que celui de l'effort moteur.

La commande du train balladeur peut se faire d'un grand nombre de façons. Certains constructeurs ont employé la fourchette classique, placée sur le côté du train balladeur, mais il arrive souvent dans ce cas que le trou qui donne passage à la commande laisse également pas-

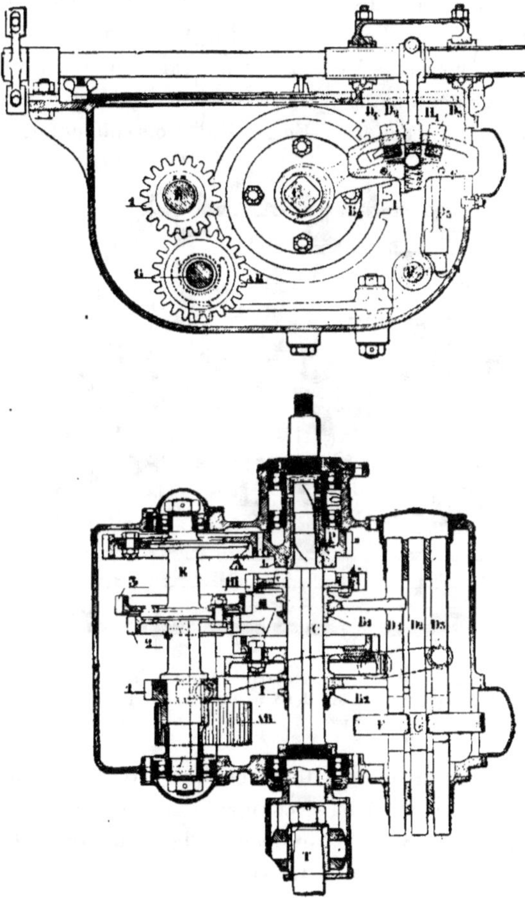

Fig. 183. — Changement de vitesse par train balladeur triple (Peugeot 18-24 chev.) coupe transversale montrant le verrouillage des commandes des trains balladeurs et plan général. Roulements à billes.

sage à l'huile, ce qui diminue d'autant la lubrification des engrenages. On a donc cherché d'autres moyens, tels que la commande par en dessus (fig. 182), et on est arrivé également à un bon résultat par la commande à cames, dans laquelle les causes de fuite d'huile sont bien moins nombreuses.

2° Pour remédier aux inconvénients qui résultent de l'encombrement du train balladeur ordinaire, presque toutes les maisons de construction, suivant en cela l'élan donné par les usines allemandes **Mercédès**, ont créé des changements de vitesse à trains balladeurs multiples. Dans ce cas, il y a autant de commandes qu'il y a de trains balladeurs ; on avait commencé par disposer deux trains balladeurs, on est arrivé, sans grandes complications, à trois trains balladeurs.

Comme dans les cas **précédents**, l'arbre carré qui porte les balladeurs est en prolongement de la ligne d'arbres générale et le **train fixe** est disposé sur l'arbre secondaire. En général, trois commandes sont dispo-

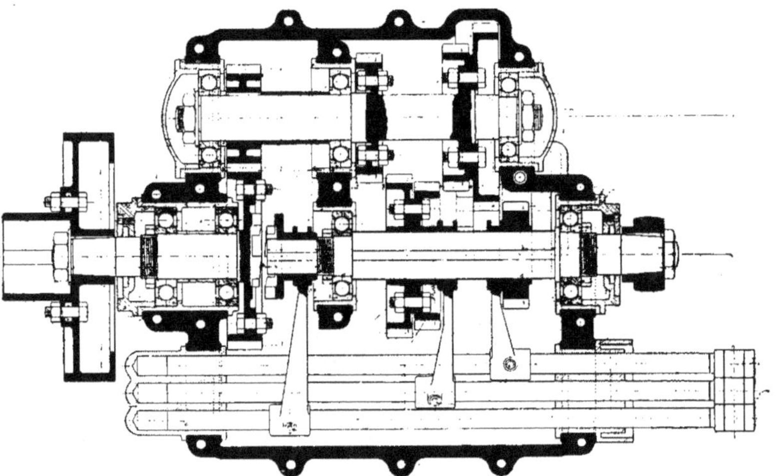

Fig. 184. — Changement de vitesse à triple train balladeur, roulements à billes, palier intermédiaire sur les deux arbres (Gillet-Forest, 25 chevaux).

sées sur le changement de vitesse, et elles peuvent être faites par un niveau supérieur à celui où s'échappe l'huile. L'une des commandes agit sur la marche arrière, la seconde sur la première et la deuxième vitesses ; la troisième sur la troisième et la quatrième vitesses. On peut, à la rigueur, n'avoir que deux commandes lorsqu'on n'a seulement que deux vitesses.

Ce système donne des changements de vitesse beaucoup plus ramassés, parce que la course de chaque balladeur est faible et qu'il n'y a pas lieu de craindre les rencontres de pignons ; le déplacement étant réduit se fait mieux, et les arbres ayant moins de portée entre les coussinets ont moins de tendance à la flexion et à l'usure des paliers et des dents. On arrive même dans certain cas à disposer un palier supplémentaire au centre du carter pour empêcher rigoureusement la flexion, principale cause de bruit et d'usure des engrenages (fig. 184). La multiplicité des commandes n'est pas, en somme, une très grande complication, car il suffit de trouver un dispositif quelconque permettant de verrouiller automatiquement l'une des commandes lorsqu'on se sert de l'autre, et c'est ce que les constructeurs ont très heureusement résolu par divers types de secteurs à plusieurs alvéoles, dans lesquels s'engage l'extrémité du levier manœuvré par le conducteur ; celui-ci a,

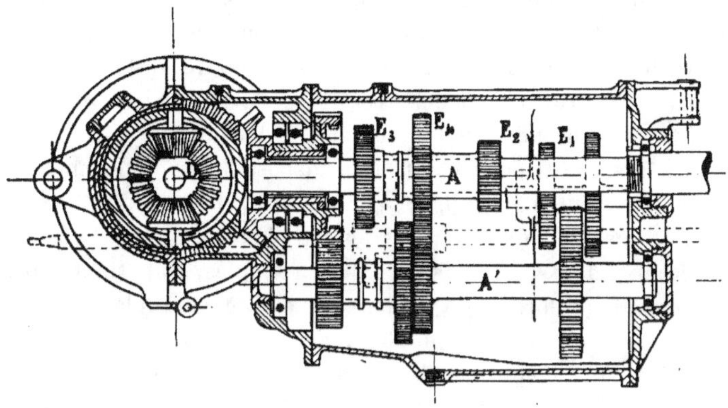

Fig. 185. — Changement de vitesse et différentiel, roulements à billes
(Panhard-Levassor 40 chev.).

il est vrai, une double manœuvre à faire, puisqu'il déplace son levier latéralement pour le faire changer d'alvéole, mais, comme on a eu soin de disposer dans l'alvéole extrême les deux positions correspondant aux troisième et quatrième vitesses, qui sont celles qu'on emploie le plus fréquemment dans les voitures à grande puissance, la complication de la manœuvre n'a aucun inconvénient pratique. Bien entendu, ce système à trains balladeurs multiples s'applique aussi bien avec les voitures à chaîne qu'avec les voitures à transmission à cardan.

3° Un très grand progrès a été fait il y a quelques années dans la construction des changements de vitesse par l'adoption d'un moyen déjà connu dans la fabrication des machines-outils, qu'on a appelé, dans l'industrie automobile, la *prise directe*.

Dans ce cas, on met en relation directement, pour la vitesse la plus élevée, l'arbre du moteur avec l'arbre actionnant le différentiel sans interposition d'aucun engrenage, et le mérite de cette disposition revient tout d'abord à M. Louis Renault qui l'a adoptée dès les voitures de sa première construction.

Presque dans tous les cas, la prise directe se fait en amenant en contact des mâchoires ou tenons dont les uns sont fixés sur l'arbre actionnant le différentiel et les autres sur l'engrenage qui sert en général à la vitesse immédiatement inférieure et qui se trouve par suite en relation directe avec le moteur.

Après quelques hésitations du début, la plupart des constructeurs ont trouvé le moyen de faire faire cette mise en prise par des griffes de prise directe dans d'excellentes conditions pour éviter le bruit et les à-coups. Certains types de changement de vitesse sont disposés pour que tous les engrenages restent immobiles à la grande vitesse ; dans d'autres types (et ce sont les plus nombreux), les engrenages inutilisés tournent fous, sans grand inconvénient du reste. On a ainsi obtenu des voitures très silencieuses, et ce n'a pas été un des moindres progrès de la construction automobile dans ces dernières années.

4° Certains constructeurs ont enfin disposé leurs changements de vitesse d'une façon particulière ; par exemple, la maison Mors, qui emploie exclusivement la transmission par chaînes, dispose sur l'arbre du différentiel deux paires d'engrenages coniques, l'un étant dans le prolongement de l'arbre du moteur et l'autre en prolongement de l'arbre secondaire. Grâce au double renversement du mouvement par cette double paire d'engrenages, la transmission se fait aux vitesses inférieures par l'un des pignons d'angle; au contraire, à la vitesse supérieure, la prise directe vient actionner l'autre pignon d'angle qui, tournant plus vite, peut par suite être d'une plus grande légèreté et, en tout cas, n'est pas fatigué par les mises en prise successives des engrenages des vitesses inférieures. Une disposition analogue a été adoptée par la maison Ader.

Dans les voitures Pilain, un dispositif a été également combiné pour obtenir la prise directe dans les deux vitesses supérieures. A cet effet l'arbre secondaire est terminé par deux couronnes coniques placées très près l'une de l'autre ; elles engrènent sur deux pignons calés sur le différentiel.

Une autre variante bien connue de changement de vitesse pour train balladeur est le système Renault qui consiste à faire la mise en contact des dents non plus par le côté comme dans le train balladeur ordinaire mais suivant la largeur entière des dents. Pour cela le train mobile est animé de trois mouvements successifs : écartement des pignons en prise ; translation à la nouvelle position, rapprochement du nouveau pignon à mettre en prise. Ce système a donné de très heureux résultats pratiques mais la commande exige une complication qui en élève le prix de revient tout en rendant l'organe assez délicat.

Quel que soit le système adopté pour les changements de vitesse, les conditions d'établissement sont sensiblement les mêmes. Nous donnons ci-après l'exemple d'une voiture avec transmission à chaînes, pour bien montrer dans quelles conditions doit être faite une telle étude.

Exemple. — Sur une voiture Peugeot qui fut essayée au Laboratoire de l'A. C. F., il avait été reconnu par un essai préalable que le moteur donnait sa puissance maxima à une vitesse de 1.500 tours à la minute ; le constructeur avait dû combiner les engrenages de sa boîte de vitesses de façon que leur rapport fût tel que les vitesses théoriques à obtenir correspondissent bien à la vitesse de 1.500 tours du moteur. A titre d'exemple, les rapports d'engrenages ont été les suivants :

Première vitesse. — Rapport des engrenages de vitesse $\dfrac{17}{43} \times \dfrac{31}{49}$

Rapport des pignons d'attaque du différentiel. . . $\dfrac{17}{41}$

Rapport des pignons de chaîne aux couronnes des roues $\dfrac{22}{38}$

On a ainsi : .

$$\frac{17}{43} \times \frac{31}{49} \times \frac{17}{41} \times \frac{22}{38} = 0,060.$$

Deuxième vitesse. — En faisant le même calcul, pour la deuxième vitesse et les vitesses suivantes, on obtient :

$$\frac{25}{35} \times \frac{31}{49} \times \frac{17}{41} \times \frac{22}{38} = 0,108.$$

Troisième vitesse.

$$\frac{31}{29} \times \frac{31}{49} \times \frac{17}{41} \times \frac{22}{38} = 0,162.$$

Quatrième vitesse. — La quatrième vitesse étant disposée pour la prise directe de l'arbre spécial sur le différentiel, le rapport des engrenages se réduit aux deux suivants :

$$\frac{17}{41} \times \frac{22}{38} = 0,241.$$

Marche arrière. — Pour la marche arrière, on interpose entre les pignons de première vitesse une paire supplémentaire de pignons, ce qui porte à 5 les démultiplications successives correspondant à la marche arrière. On a ainsi :

$$\frac{20}{43} \times \frac{17}{15} \times \frac{31}{49} \times \frac{17}{41} \times \frac{22}{38} = 0,080.$$

Dans ces conditions, il est très facile de calculer les vitesses théoriques correspondant à une vitesse du moteur de 1.500 tours à la minute.

Tableau 27.— Données de la transmission d'une voiture Peugeot.

	Rapport des engrenages	Nombre de tours par minute de l'arbre des roues motrices	Vitesse à l'heure, roues de 810 mm. de diamètre développant 2 m.54
1re vitesse.	0,060	85,5	21,6 km.
Marche arrière. . . .	0,080	114	28,9
2e vitesse	0,108	157,5	39,8
3e vitesse	0,162	234	59,4
4e vitesse	0,241	351	89,1

Détails de construction. — Quel que soit le système adopté dans les combinaisons d'engrenages, quelques règles de construction ont été émises et doivent être respectées.

Les engrenages doivent être obligatoirement logés dans un carter étanche, destiné à retenir l'huile ou la graisse qui sert à la lubrification constante des organes en mouvement, et on constitue ces carters presque toujours avec de la fonte d'aluminium, qui a donné d'excellents résultats pratiques dès que les spécialistes en cette matière ont su déterminer les meilleurs alliages à employer.

Une question qui se trouve intimement liée à celle des carters est celle du graissage des paliers.

Les expériences qui ont été faites ont montré que, contrairement aux données théoriques sur les roulements à billes, la résistance au frottement des roulements exercée sur les paliers du changement de vitesse varie peu suivant qu'il s'agisse d'un roulement à billes ou d'un roulement lisse. On a cependant, depuis quelques années, adopté le premier d'une façon générale, et ceci tient particulièrement à ce que les roule-

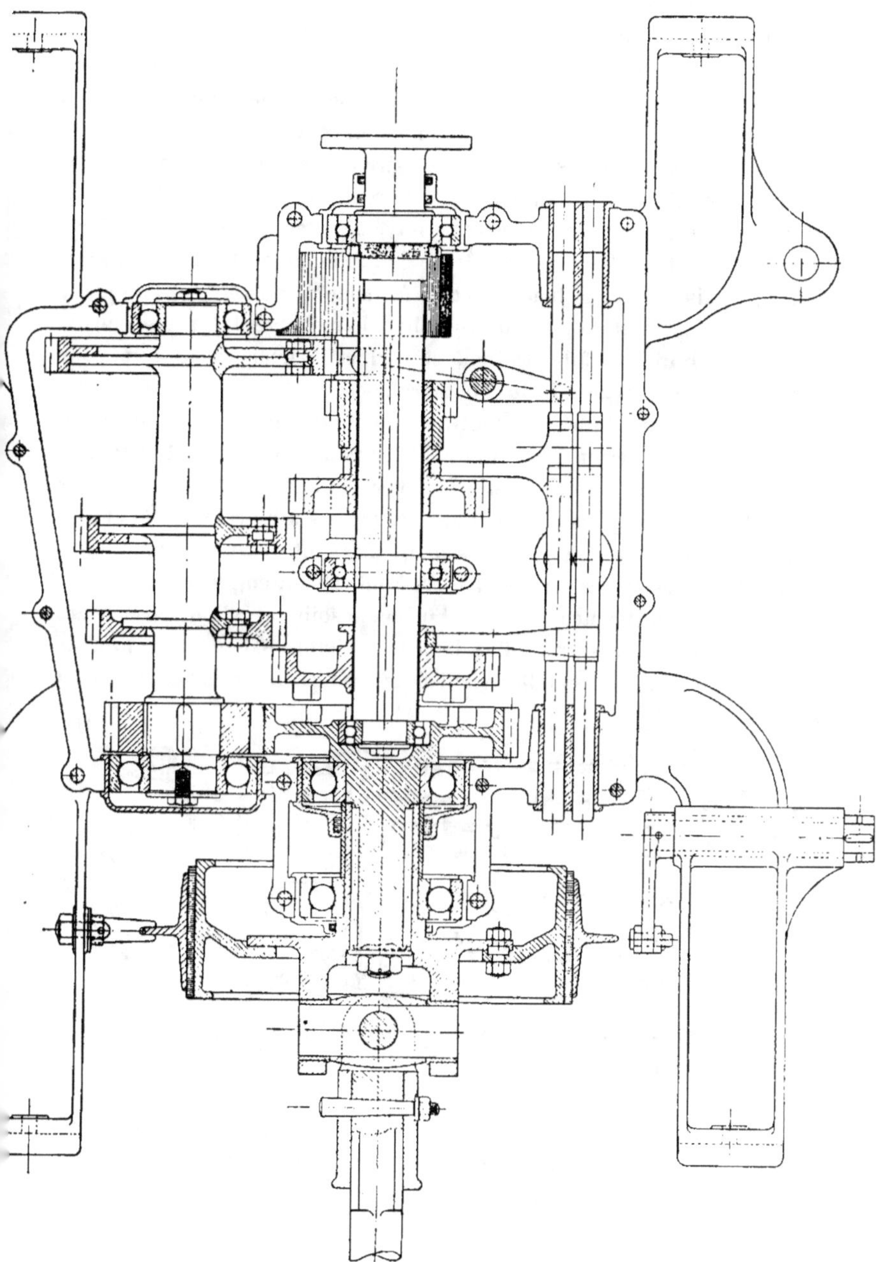

Fig. 186. — Changement de vitesse, double train balladeur, roulements à billes (Hotchkiss).

ments à billes permettent aux constructeurs d'être sûrs que la lubrification des paliers se fera dans d'excellentes conditions.

Lorsqu'on emploie les roulements lisses, il est indispensable de répartir l'huile sur toute la largeur du palier d'une façon à peu près égale ; or, l'un des côtés de ce palier est en contact avec l'huile d'une façon continue, tandis que l'autre extrémité est en contact avec les poussières et toutes les impuretés de la route. Il arrive donc forcément que l'usure est inégale. On a bien essayé de remédier, il est vrai, à cet inconvénient en disposant des trous de graissage et des pattes d'araignée, mais ceux-ci se bouchent très facilement, notamment lorsque le chauffeur, pris au dépourvu, est obligé de mélanger la graisse consistante à l'huile de lubrification, et ceci est parfois nécessaire pour empêcher la trop grande fluidité de celle-ci.

Le roulement à billes, au contraire, ne donne aucun de ces inconvénients, il n'a besoin que d'une lubrification excessivement faible, et l'intervalle entre les billes est très favorable à la pénétration facile de l'huile ou de la graisse dans toutes les parties à lubrifier. C'est encore plus à ce point de vue du graissage qu'au point de vue de la diminution de la résistance, que les paliers à billes sont employés.

Certains constructeurs poussent même le soin jusqu'à disposer leurs cuvettes de roulements à billes dans un véritable palier en bronze, de façon que, si l'une des billes vient à casser et à coincer l'arbre, il n'y ait

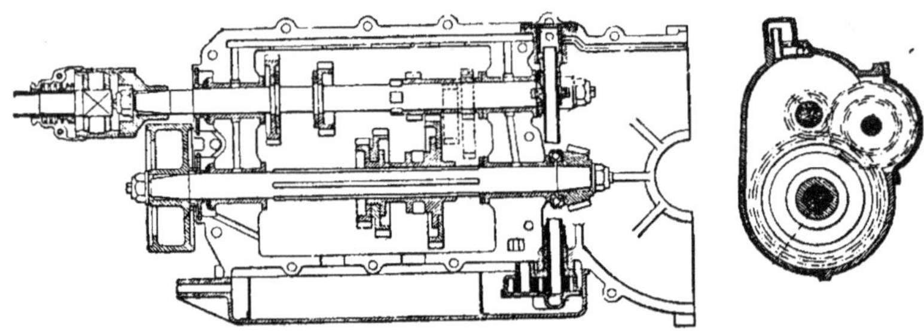

Fig. 187. — Changement de vitesse à train balladeur simple et pignon d'attaque (de Dion-Bouton, 15 chevaux).

pas sur lui de détériorations trop graves, mais simplement entraînement de la cuvette dans son logement de bronze qui agit ainsi comme un roulement lisse, ce qui permet tout au moins de rentrer facilement à l'atelier de réparations,

Nous n'entreprendrons pas ici l'étude détaillée de la construction des changements de vitesse, mais nous nous contenterons de signaler que les engrenages doivent être forcément taillés à la machine et que les dents doivent subir une préparation spéciale pour leur donner les deux qualités suivantes :

1° **Extrême dureté** de la surface en contact, de façon à réduire au minimum l'usure ;

2° **Epaisseur très faible** de la surface dure, pour laisser la nervosité du métal à l'intérieur et permettre ainsi une certaine élasticité évitant les ruptures des dents, lors des chocs provenant de l'embrayage.

On est arrivé à ce double résultat par des cémentations et des trempes appropriées.

Signalons, en terminant ce qui est relatif au changement de vitesse

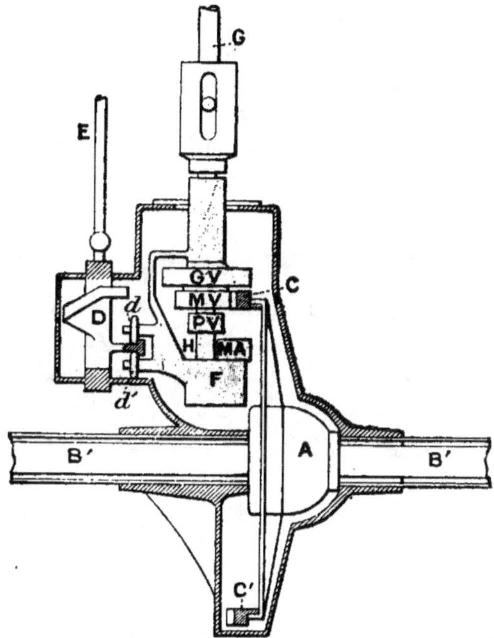

Fig. 188. — Changement de vitesse dans l'essieu arrière (Sizaire et Naudin).
G arbre cardan, C couronne d'attaque à denture spéciale, A différentiel, BB' arbre des roues, ED commande du changement de vitesse.

par engrenages, que certains constructeurs (Cohendet, Prima, Hautier, Motobloc, Clément, Darracq pour les petites voitures) disposent leur changement de vitesse dans un carter faisant corps avec celui du moteur de façon à rassembler en un bloc le changement de vitesse, l'embrayage et le moteur. Ce dispositif simplifie beaucoup le montage, mais la disposition d'embrayage entraîne parfois des complications mécaniques assez importantes.

En ce qui concerne la place du changement de vitesse dans les voitures à cardan, nous ajouterons qu'on peut, sans inconvénient, le placer soit avant l'arbre à la cardan, soit après celui-ci. Ce dernier dispositif permet de grouper le changement de vitesse et le différentiel, mais il a l'inconvénient de ne pas placer cet organe mécanique sur la partie suspendue du véhicule.

M. Henriod a toutefois réalisé un essieu transformateur qui donne de bons résultats pratiques, grâce surtout à ce que la commande du changement de vitesse a été étudiée pour réduire au minimum les inconvénients de ce dispositif.

Un mode de construction analogue a été adopté dans les voiturettes Sizaire et Naudin au moyen d'un double mouvement du train balladeur, d'une très grande ingéniosité (fig. 188).

Un autre mode de construction de changement de vitesse par engrenages, qui n'a presque plus maintenant qu'un intérêt historique, est celui qui a été adopté par la maison de Dion-Bouton et qui a donné

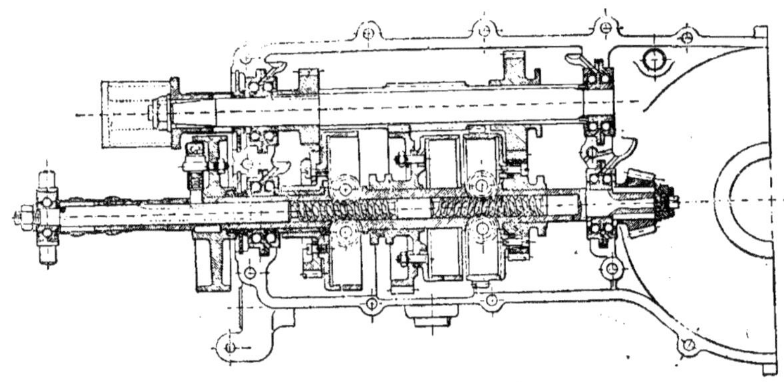

Fig. 189. — Changement de vitesse à engrenages toujours en prise et 3 embrayages (de Dion-Bouton 1905).

de si excellents résultats pour tous les petits moteurs jusqu'à 8 chevaux.

Il s'agit d'un système à deux vitesses dans lequel deux paires d'engrenages sont toujours en prise, la solidarisation avec l'arbre de commande se faisant alternativement sur l'une et l'autre parties des embrayages partiels constitués par des colliers de fibre venant serrer dans des cuvettes.

On obtient ainsi un changement de vitesse à deux vitesses très simple, facile à construire et peu encombrant, avec lequel il est impossible au conducteur d'exécuter aucune fausse manœuvre, puisque la position de débrayage est toujours intermédiaire à celle de la prise de l'une ou de l'autre paire d'engrenages.

Ce changement de vitesse permet également la suppression de l'organe d'embrayage proprement dit et, évidemment, cet appareil a été l'un des facteurs importants, sinon le plus important, de la fabrication économique des voiturettes des constructeurs de Puteaux. Il a toutefois présenté d'assez sérieuses difficultés d'application pour les trois vitesses (fig. 189) ; il a été remplacé en 1904-1905 par le train balladeur simple.

Il convient de mentionner aussi que les carters de changements de vitesse portent des pattes d'attache sur le châssis, qui peuvent varier à l'infini. Lorsqu'on emploie un faux châssis, ces pattes d'attache peuvent être courtes et on a souvent intérêt à les disposer de façon que le changement de vitesse prenne son appui en trois points seulement, afin d'éviter tout coincement des organes mécaniques lorsqu'une légère déformation se produit dans le châssis proprement dit.

Autres modes de changements de vitesse. — En dehors des systèmes de changements de vitesse par engrenages et train balladeur dont nous venons de parler, quelques constructeurs ont cherché à réaliser le problème en employant d'autres moyens mécaniques. Parmi eux, l'un des plus intéressants est la poulie extensible de M. Fouillaron.

Le système consiste à avoir deux poulies de diamètres variables par une commande qui permet l'augmentation du diamètre de l'une proportionnellement à la diminution du diamètre de l'autre ; une courroie-chaîne formée de plaques trapézoïdales de cuir, agissant par conséquent en bout, assure la transmission du mouvement, et ce système a donné de bons résultats pour les voitures légères dans lesquelles la puissance à transmettre n'était pas trop considérable, surtout dans celles où la disposition du châssis permettait de réserver à la courroie-chaîne la longueur suffisante pour que le travail se fît dans de bonnes conditions.

Un autre système mécanique, qui est très séduisant au premier abord, est celui par plateau de friction qui a été réalisé dans les temps héroïques de l'automobile par le constructeur Tenting. Le problème est beaucoup plus complexe qu'on ne l'avait pensé tout d'abord, en raison des difficultés d'exécution et des désorganisations qui se produisent lorsque l'usure se manifeste. Toutefois, le problème a été repris par Hagen et la Société Suisse Turicum.

Enfin, pour les voiturettes légères, on a pu employer dans certains types les cônes inverses avec courroie glissant de l'un à l'autre, ainsi que le changement de vitesse par satellites, dont un spécimen, bien combiné, a été réalisé par M. Bozier pour des changements de vitesse de motocyclettes et de petites voiturettes. Ces appareils ont été, à un certain moment, très employés avec raison, eu égard aux qualités de solidité et de bon marché de cette construction; mais il a le grave inconvénient de produire un bruit désagréable à la petite vitesse, et il n'est pas compatible avec l'emploi d'autres moteurs que ceux de faible puissance.

CHAPITRE IV

ESSIEU ARRIÈRE ET DIFFÉRENTIEL

Essieu arrière. — Dans les voitures à commande par arbre articulé à cardan, l'essieu arrière est l'organe qui sert à la transmission du mouvement aux roues.

L'essieu arrière est, en général, un organe non suspendu, puisqu'il transmet son mouvement aux roues après avoir reçu l'énergie du moteur par l'intermédiaire de l'arbre à cardan, servant à permettre

Fig. 190. — Essieu arrière démonté avec ses tendeurs et ses freins de roues.

la flexion des ressorts. Le mouvement est transmis par une paire d'engrenages coniques à la boîte du différentiel, d'où ce mouvement est distribué à droite et à gauche dans les conditions compatibles avec le mouvement de la voiture.

L'essieu moteur comprend donc quatre groupes d'organes bien distincts :

1º La paire d'engrenages d'attaque ;

2º Le différentiel ;

3º Les arbres de transmission aux roues avec le mode d'attache de celles-ci sur lesdits arbres ;

4º Les paliers et supports de l'essieur moteur.

L'ensemble de ces organes est enfermé, en général, dans un carter qui est constitué de différentes façons. La plupart du temps, les carters consistent en des pièces de bronze d'aluminium ou d'acier, ces pièces étant ensuite boulonnées ou même partiellement soudées ensemble pour éviter toute perte d'huile.

On a également employé avec succès des ponts arrière en tôle

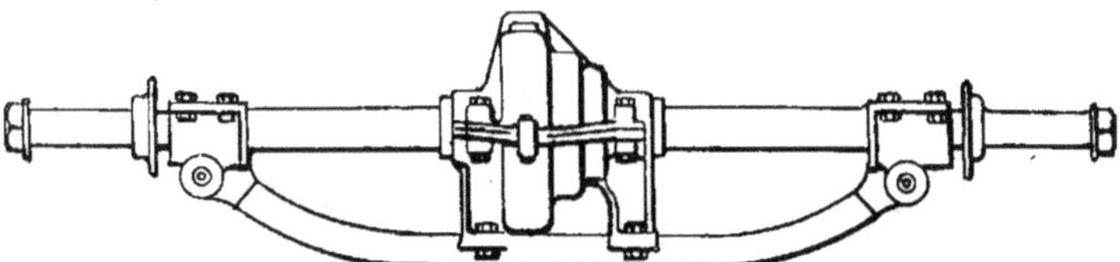

Fig. 191. — Pont arrière Ariès à faux essieu.

emboutie d'une seule pièce, donnant une grande rigidité, tout en permettant de diminuer sensiblement le poids.

Enfin, dans l'ensemble général du carter, il y a lieu de tenir compte

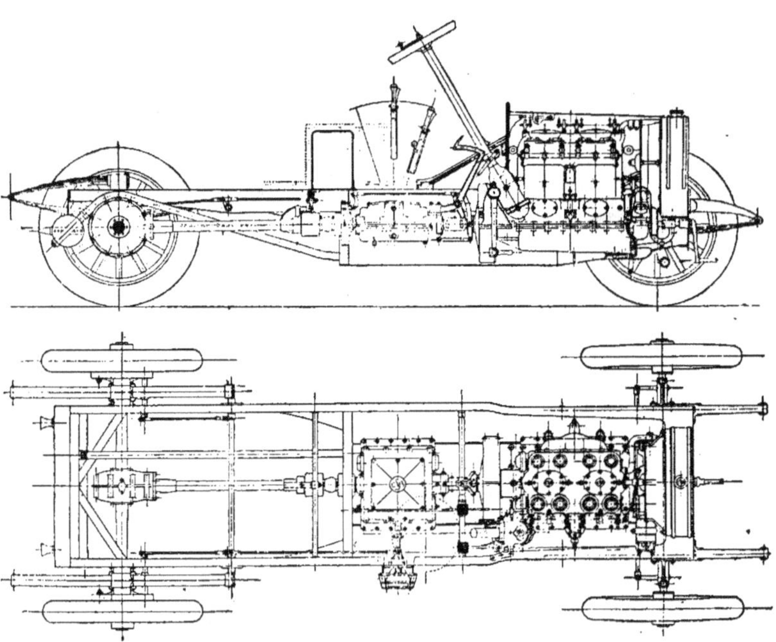

Fig. 192. — Type de châssis à pont arrière (Cornilleau et Sainte-Beuve).

de ce qu'il est toujours avantageux, pour la solidité des roues, la conservation des bandages et l'esthétique de la voiture, de donner un léger carrossage aux roues arrière, et c'est pour réaliser cette disposition que certains constructeurs ont employé des faux essieux supportant le mécanisme du différentiel (Ariès, Chenard-Walker) ou bien des systèmes spéciaux à fusée creuse, comme le système de Dion-Bouton, dans lequel le différentiel est suspendu au châssis, la partie flexible étant constituée par deux arbres à cardan latéraux ou des transmissions multiples (La Buire, Fiat, Standard).

Le petit pignon d'attaque doit être d'une construction et d'une constitution particulièrement soignées. Il doit être tenu en effet entre deux portées de roulement et, après quelques hésitations du début, la

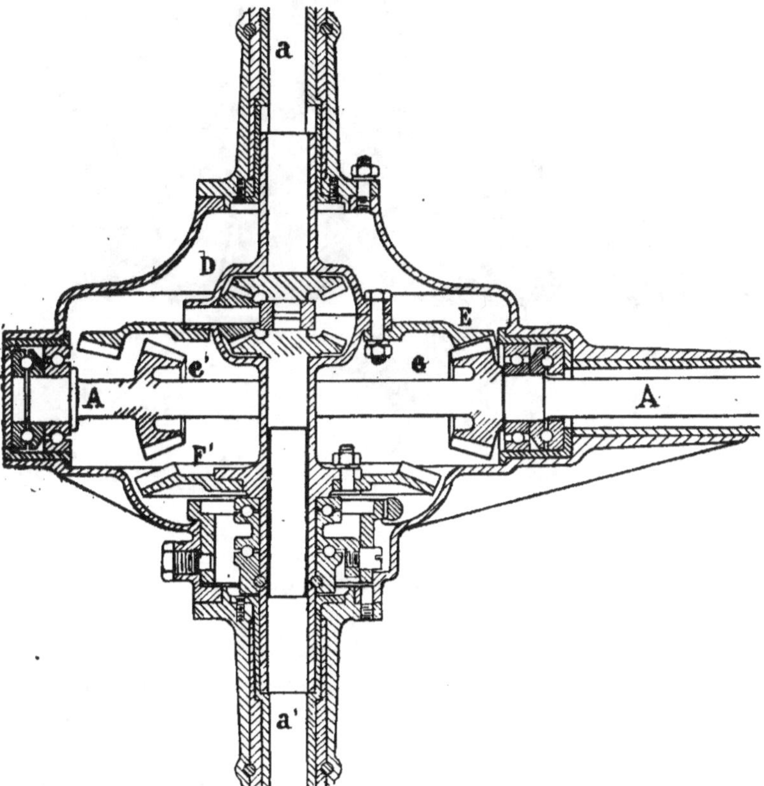

Fig. 193. — Essieu arrière à deux vitesses (Cornilleau et Sainte-Beuve) A arbre d'attaque ; *e*E engrenages de petite multiplication ; *e'*F' engrenage de grande multiplication ; *aa'* arbres des roues ; D différentiel.

majorité des constructeurs ont adopté pour ce support les paliers à billes qui donnent une grande facilité de graissage, tout en permettant d'absorber aisément les réactions latérales par l'adjonction de rondelles de butée également à billes. On constitue, en général, le petit pignon d'attaque en acier au nickel, et il est inutile de dire que la taille de sa denture doit être faite dans des conditions tout à fait soignées ; ce petit pignon commande la roue qui est fixée sur la boîte du différentiel et qui est, selon les cas, en fer, en acier ou en bronze phosphoreux.

En ce qui concerne la boîte du différentiel, nous ne faisons que

Fig. 194. — Essieu arrière montrant les engrenages d'attaque.

signaler ici la nécessité de voir cet organe réduit comme encombrement tout en présentant des qualités de robustesse exceptionnelles, en raison même des efforts considérables auxquels il est soumis dans les courbes prises à grande vitesse.

De chaque côté du différentiel, les arbres sont tenus par des roulements spéciaux, et une butée latérale à billes est disposée du côté où se produit la réaction du couple résultant des engrenages coniques.

Les arbres de transmission sont, chez certains fabricants, montés avec des têtes articulées, de façon à empêcher tout coincement lorsque des flexions latérales viennent à se produire dans un cahot. Ils viennent se relier aux roues motrices par différents systèmes, soit par le chapeau extérieur, soit par des dispositifs à carré ou à cône qui rendent le démontage facile, tout en permettant de rattraper le jeu lorsqu'il s'en produit.

Enfin, les attaches de l'essieu arrière comportent les supports des roues proprement dites et les supports qui relient l'essieu différentiel aux ressorts de suspension de la voiture.

Notons enfin que, pour augmenter la rigidité de l'ensemble et empêcher autant que possible les flexions latérales qui ont causé tant de déboires aux constructeurs dans les premiers temps de la fabrication des automobiles, on dispose souvent un tendeur en fer, avec un ou deux écrous de serrage, pour résister aux efforts latéraux (fig. 190).

Différentiel. — La géométrie nous démontre que la ligne enveloppante est toujours plus longue que la ligne enveloppée et cette proposition trouve son application dans les automobiles, au sujet du différentiel.

Le chemin parcouru par la roue qui roule à l'extérieur d'une courbe décrite par un véhicule sur route est plus long que celui parcouru par la roue intérieure, de sorte que, si les deux roues étaient calées sur l'essieu, comme cela peut se faire pour les chemins de fer en raison des faibles courbures adoptées, l'une des roues glisserait sur le sol en produisant un patinage absorbant une partie de la puissance et détériorant les bandages.

Les roues directrices qui sont folles sur leurs fusées, parcourent sans inconvénient, des chemins différents dans les courbes ; il n'en est pas de même des roues motrices qui doivent rester constamment en relation avec le système moteur et c'est pour permettre aux roues de tourner à des vitesses différentes, tout en restant motrices, que Pecqueur a, le premier, adapté à un véhicule sur route le système du mécanisme différentiel connu dans les machines-outils et dans certains moteurs. Depuis peu cependant, les constructeurs ont tendance à supprimer le différentiel dans les voitures de course.

Dans tout système différentiel, l'essieu mécanique est en deux parties indépendantes, reliées par le mécanisme différentiel, qui répartit un effort moteur unique entre deux arbres isolés, de telle façon que la somme des vitesses angulaires de chacun d'eux, soit égale à chaque instant au double de la vitesse angulaire du système moteur ; de sorte que, si on immobilise un des côtés du différentiel, le côté libre tournera deux fois plus vite que lorsque l'effort est réparti sur les deux côtés.

Dans une voiture automobile, le différentiel doit donc être construit avec précision, de façon que l'effort du système moteur se **divise en deux** composantes qui soient à chaque instant, proportionnelles à la résistance de chacune des roues, résistance qui varie très fréquemment de l'une à l'autre, non-seulement dans les virages proprement dits,

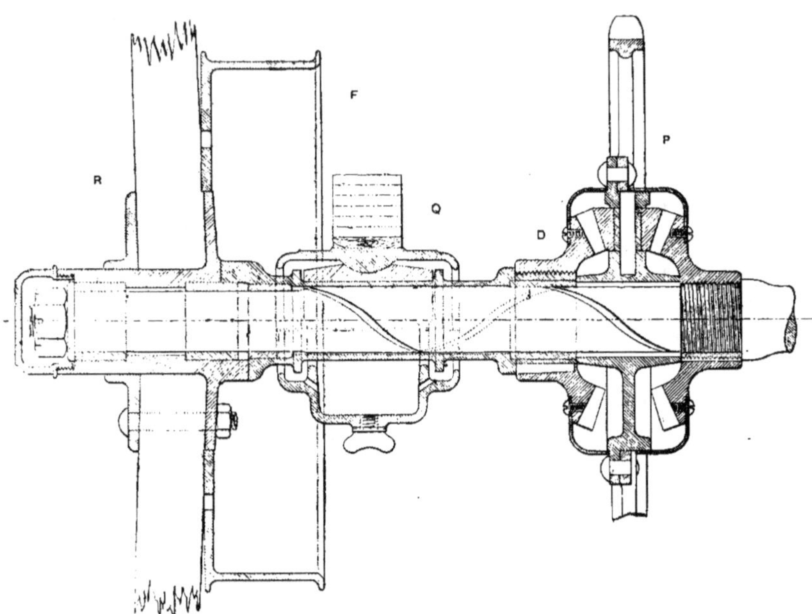

Fig. 195. — Essieu différentiel avec couronne d'attaque par chaine unique ;
R roue ; F tambour de frein; Q ressort ; D différentiel ; P couronne de chaine.

mais aussi par suite de l'inégalité du coefficient de traction résultant de l'état de la route sous chacune des roues motrices.

Le différentiel est fixé au châssis, c'est-à-dire qu'il profite de la **suspension** de la voiture dans les systèmes à chaînes ou à cardan latéraux de Dion-Bouton. Il doit être évidemment plus robuste dans les voitures à essieu moteur puisque dans ce cas il n'est pas suspendu.

Les différentiels des voitures automobiles se classent de la façon suivante :

1º Le différentiel à roues dentées coniques se compose d'une boîte dans laquelle sont fixées deux roues d'engrenages, qui portent **deux** ou plusieurs satellites tournant fou sur un croisillon central. L'engrenage en liaison avec le moteur actionne la boîte du différentiel ou l'une des roues dentées et les satellites répartissent l'effort également de chaque côté.

Une seule précaution est à prendre dans le calcul du différentiel : c'est que le nombre de dents des roues dentées doit toujours être un multiple du nombre de satellites.

2° Le différentiel à roues dentées droites est plus économique à construire et plus compact, c'est-à-dire que, pour une puissance à transmettre égale, ses dimensions sont moindres. Il se compose d'une roue dentée intérieurement reliée à deux roues dentées extérieurement au moyen de satellites ; chacune des roues dentées extérieurement actionne un des arbres du différentiel, et le grand engrenage intérieur reçoit son mouvement du moteur.

C'est le système qui a été adopté d'abord pour les tricycles et, depuis, sur un grand nombre de petites voitures.

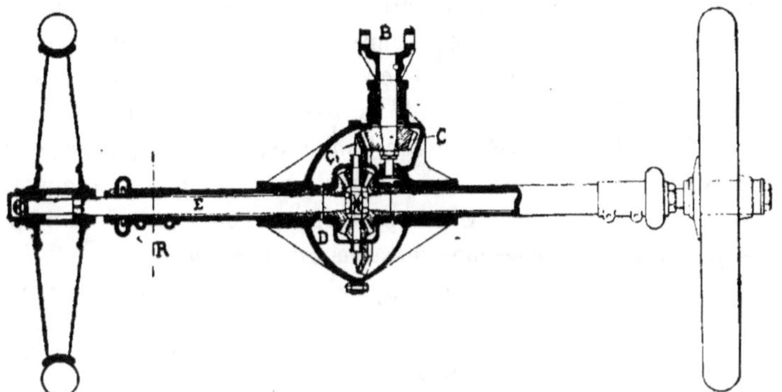

Fig. 196. — Essieu arrière pour voitures légères.

3° On a essayé d'employer, pour remplacer le différentiel, d'autres systèmes analogues à ceux qu'on emploie dans les machines agricoles ou les balayeuses mécaniques. C'est le système à encliquetage, qui n'a donné aucun bon résultat avec les automobiles et qui doit être réservé aux véhicules à marche tout à fait lente.

Le mécanisme différentiel s'applique soit directement sur l'essieu moteur dans les voitures à cardan soit sur un arbre transverse spécial aux extrémités duquel sont calés les pignons de chaînes dans les voitures qui emploient ce mode de transmission aux roues (Chenard-Walker). Dans le système Ariès (fig. 191), le différentiel est supporté par un essieu fixe mais actionne directement les roues motrices.

CHAPITRE V

ARBRE A LA CARDAN

Le mathématicien italien Cardan, qui vivait au xvie siècle, ne s'est pas évidemment douté que son nom serait un jour connu du monde entier par l'application aux automobiles du système articulé dont il a, le premier, indiqué la méthode de construction. Au surplus, on prétend qu'il n'a jamais pensé que son joint à articulations pouvait servir à la transmission d'efforts, et on reporte à Hooke l'idée première de l'emploi des joints sur les arbres de transmission, dans des applications qu'il a faites sur les moulins à vent de Hollande.

Le mécanisme à la cardan se compose essentiellement de trois pièces,

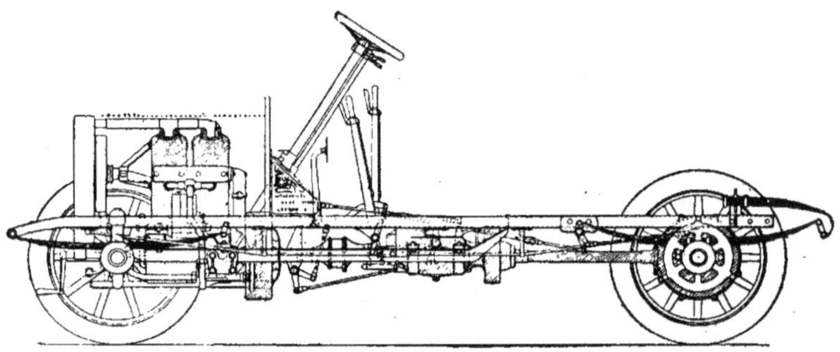

Fig. 197. — Type de châssis à cardan longitudinal (Legros).

dont deux généralement identiques sont fixées sur les arbres à accoupler, la troisième étant reliée aux deux autres par quatre bras tenus dans des coussinets convenablement aménagés sur les deux premières.

Poncelet a donné du fonctionnement théorique du joint à la cardan une démonstration très complète que nous résumons ici :

Soient deux arbres à relier et soit φ l'angle que font leurs deux axes. L'axe des deux bras du croisillon qui s'engage dans la pièce solidaire de l'arbre n° 1 se meut dans un plan perpendiculaire à l'arbre en question. De même, l'axe des deux branches engagées dans la pièce fixée

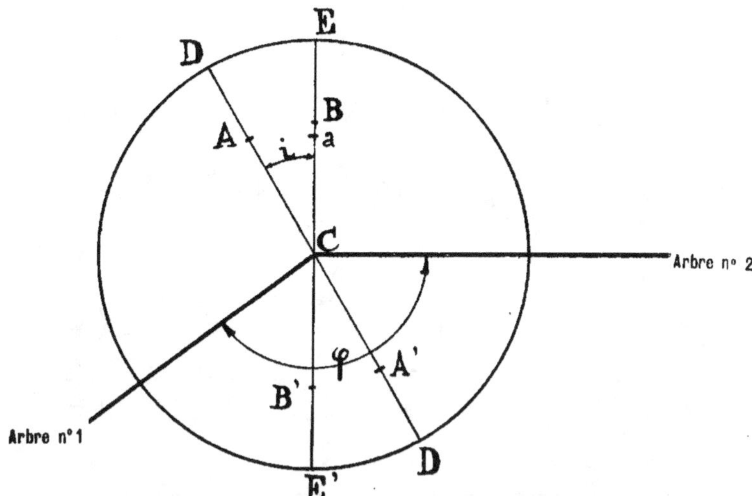

Fig. 198. — Schéma du joint de cardan.

sur l'arbre n° 2 se meut dans un plan perpendiculaire à l'arbre n° 2.

Si on projette le mouvement sur un plan contenant les arbres 1 et 2, les deux circonférences ayant pour centre commun le point C et décrites par les extrémités du croisillon du joint, se projetteront respectivement suivant les lignes DD', EE' représentées sur la figure.

Si nous traçons la sphère inscrite dans ces deux circonférences, nous y aurons deux grands cercles qui contiennent les quatre points A, B, A', B', formant deux à deux avec C un triangle sphérique, ABC par exemple dont les côtés AC, CB fixent la position des extrémités supérieures du croisillon, par rapport à l'intersection des deux grands cercles.

Supposons que l'extrémité A décrive l'arc de grand cercle AC; le diamètre AA' venant se projeter en C perpendiculairement au plan de projection, le diamètre BB' viendra évidemment dans ce plan et se projettera en EE'. L'arc BE, complément de CB, sera l'arc décrit simultanément par l'extrémité B du croisillon fixé sur l'arbre de droite.

Si on appelle α et β les angles au centre des arcs BE et AC, ces angles sont ceux que décrivent simultanément les rayons CB, CA autour des arbres n°s 1 et 2 sur lesquels ils sont respectivement perpendiculaires. Le triangle sphérique ABC, dans lequel AB est égal à un quadrant et BC au complément de BE, donnera :

$$\operatorname{tg} \alpha = \cos \varphi \operatorname{tg} \beta$$

ou :

$$\frac{\operatorname{tg} \alpha}{\operatorname{tg} \beta} = \cos \varphi.$$

En considérant d'autre part que, si l'on porte de B en a sur le grand

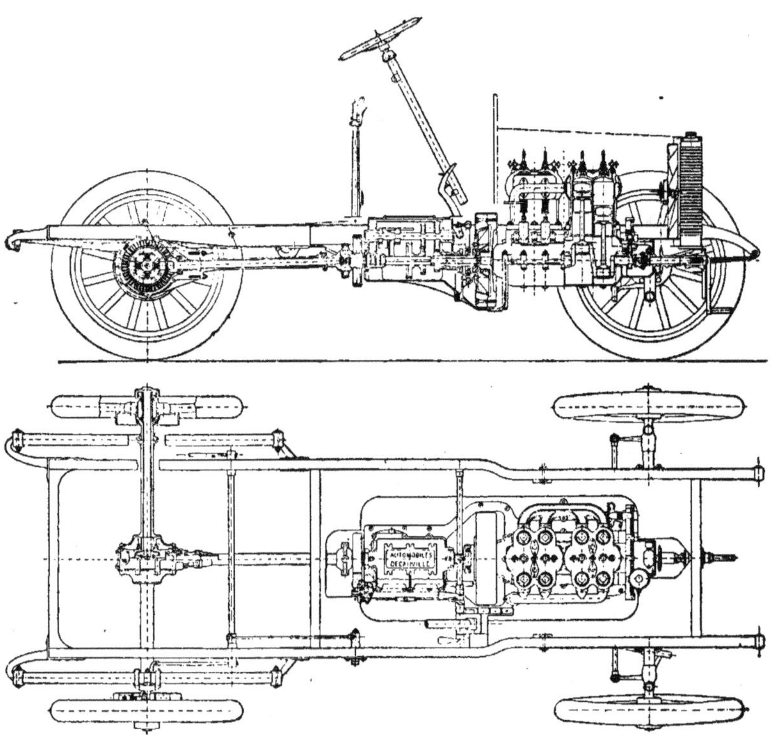

Fig. 199. — Type de châssis à cardan longitudinal (Decauville).

cercle EE' un arc Ba équivalent à un quadrant, l'arc de grand cercle Aa sera perpendiculaire à Ca et, si l'on appelle i l'angle ACa, cet angle sera le supplément de φ et on aura de même en valeur absolue :

$$\operatorname{tg} \alpha = \cos i \operatorname{tg} \beta$$

ou :

$$\frac{\lg \alpha}{\lg \beta} = \cos i.$$

On en conclut que les angles α et β sont ceux que décrirait, à partir de la position initiale en C deux rayons CA, Ca dont l'un serait la projection orthogonale de l'autre dans son propre plan de mouvement.

En différenciant la relation, on aurait la valeur du rapport des vitesses angulaires des deux arbres, qui n'est autre chose que celui des accroissements infiniment petits de α et β, d'où, après simplification, on tire la formule :

$$\frac{d\beta}{d\alpha} = \frac{\cos i}{1 - \sin^2 \beta \sin^2 i} \quad .$$

Par conséquent, le maximum du rapport de vitesse angulaire des deux arbres 1 et 2 correspond à $\beta = \dfrac{\pi}{2}$ et est égal à $\dfrac{1}{\cos \varphi}$, tandis que le minimum correspond à $\beta = o$ et est égal à $\cos \varphi$; ce rapport de vitesse angulaire variera donc entre $\cos \varphi$ et $\dfrac{1}{\cos \varphi}$ et il est l'inverse de celui des forces qui, agissant aux extrémités du croisillon, se feraient

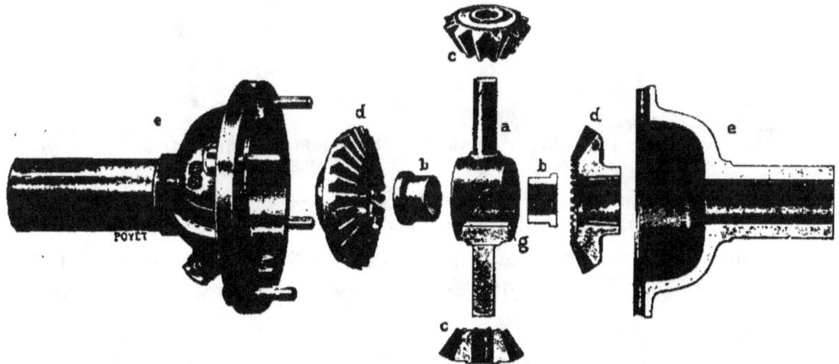

Fig. 200. — Différentiel démonté : $e\,e$ coquille de la boîte ; a arbre croisillon ; $d\,d$ couronnes : $c\,c$ satellittes.

équilibre autour de leurs axes. Si on calcule, d'après les formules précédentes, les valeurs de α et β pour différents déplacements angulaires et pour différentes valeurs de φ, on voit que, pour $\varphi = 150°$ et pour des valeurs de α variant de 30° à 120°, les valeurs de β varieront de 26° à 124°, cette valeur étant égale à celle de α lorsque cet angle est égal à 90°. Par conséquent, quand l'angle des deux arbres a une valeur voisine de 180°, les variations périodiques des vitesses angulaires sont peu

importantes, et on admet ainsi que, pour des arbres faisant entre eux
des angles très grands et pour des valeurs peu importantes de force
vive de chacun de ces arbres, soit parce que les masses sont faibles, soit
parce que les vitesses sont réduites, les effets de variation de force vive

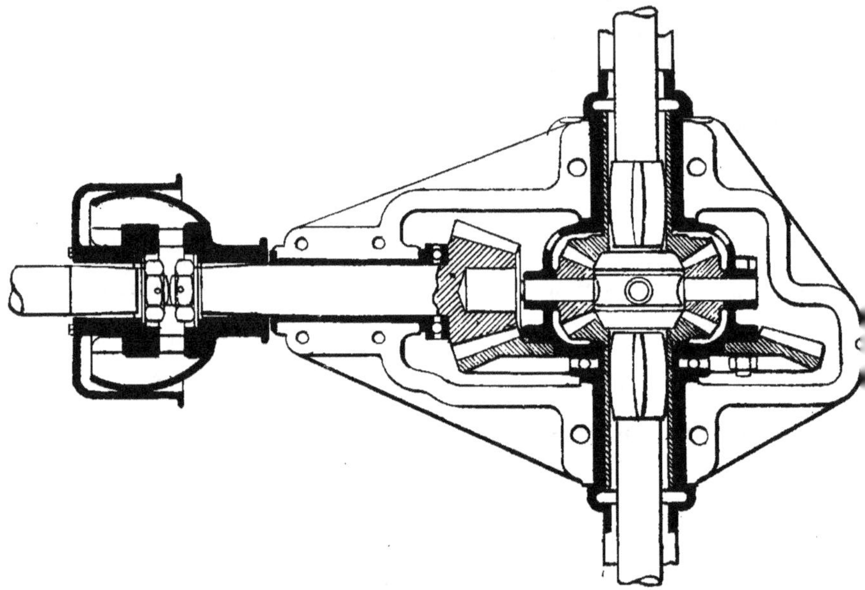

Fig. 201. — Différentiel à arbres articulés et pignon d'attaque sur palier lisse.

sur les pièces du joint, au point de vue des efforts d'inertie, sont absolument négligeables. Du reste, il est toujours possible de réduire à peu
près à rien la variation de vitesse angulaire en employant un double
joint convenablement disposé.

Le cardan dont nous venons d'indiquer les principales dispositions théoriques, d'après Poncelet, est celui où les arbres sont situés ou
non dans un même plan et dont les projections peuvent faire entre elles
des angles variables compris entre 120 et 180°.

Les dispositions adoptées par les divers constructeurs, pour réaliser
ces joints à la cardan, sont excessivement nombreuses, mais on peut
les ramener aux deux principales :

1° Les deux axes perpendiculaires d'articulation du cardan sont dans
un même plan ; les extrémités des deux arbres sont terminées par une
chappe perpendiculaire entre elles et la réunion s'opère par une pièce
en croix venant produire l'assemblage.

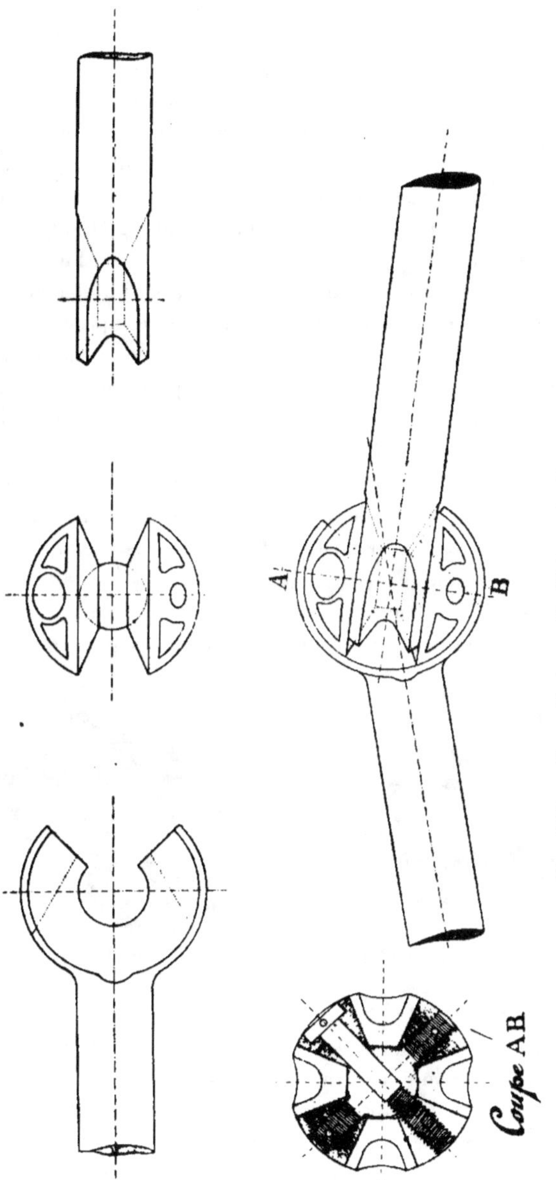

Fig. 202. — Type d'arbre articulé à rotule (Renault frères).

Pour la simplification de la construction, on a adopté un système analogue, dans lequel les axes ne sont pas dans le même plan, mais très voisins l'un de l'autre. Ce dispositif présente l'inconvénient, au point de vue théorique, que les deux axes ne décrivent plus deux grands cercles de la même sphère, et que la transmission n'est pas rigoureusement identique pour les deux périodes de chaque tour d'arbre.

Quel que soit, du reste, le système adopté, il faut que les axes du croisillon soient dans deux plans parallèles s'ils ne sont pas dans le même plan et que, respectivement, ils se trouvent rigoureusement dans le même plan que l'axe de l'arbre sur lequel ils s'attachent et bien perpendiculaires à cet axe, sinon les pièces supportent des efforts latéraux anormaux qui ne tardent pas à produire leur rupture.

2° Le deuxième cas qui peut se présenter est celui dans lequel les arbres à réunir ne peuvent occuper que des positions s'écartant peu de l'angle des axes égal à 180°. Dans ce cas, les déplacements étant peu considérables, on emploie, à la place du joint constitué par deux tourillons perpendiculaires, une chappe à trous carrés ou rectangulaires dans lesquels viennent s'encastrer les épanouissements carrés ou rectangulaires de l'autre axe, dispositif adopté dans les anciennes voitures Gillet-Forest par exemple.

Pour donner les entraînements convenables sans faire supporter tout l'effort par deux points, il y a lieu de disposer les parties carrées ou

Fig. 203. — Joint de cardan
à deux axes.

Fig. 204. — Joint de cardan
à croisillon double.

rectangulaires avec des surfaces légèrement cylindriques qui donnent une plus grande douceur d'entraînement. Le dispositif par carrés qui avait été adopté tout d'abord par plusieurs constructeurs présente l'inconvénient de permettre aux carrés de tourner librement dans la chappe dans l'une ou l'autre pièce, lorsque les angles, se sont trouvés abattus par l'usure ; au contraire, avec le système rectangulaire, cet inconvénient n'existe plus, et c'est là un détail frappant de ce qu'un

petit détail infime de construction peut rendre de services pour le bon
fonctionnement d'une voiture sur la route.

3° Un dernier type de joint à la cardan est celui qui a pour but de
réunir deux arbres restant parallèles entre eux, ou même en prolongement l'un de l'autre, mais dont les extré-
mités doivent pouvoir s'éloigner ou se
rapprocher d'une certaine quantité pendant le fonctionnement. C'est ce qu'on
appelle ordinairement le joint d'Oldham
et ce que les chauffeurs appellent plus
ommunément un tournevis. Il consiste
simplement en deux plateaux dont l'un
porte une rainure transversale correspondant à une saillie de même dimension que l'encoche ci-dessus Le petit jeu
qui existe évidemment entre ces deux
parties mâle et femelle se trouve reporté
du côté opposé au sens de la rotation.

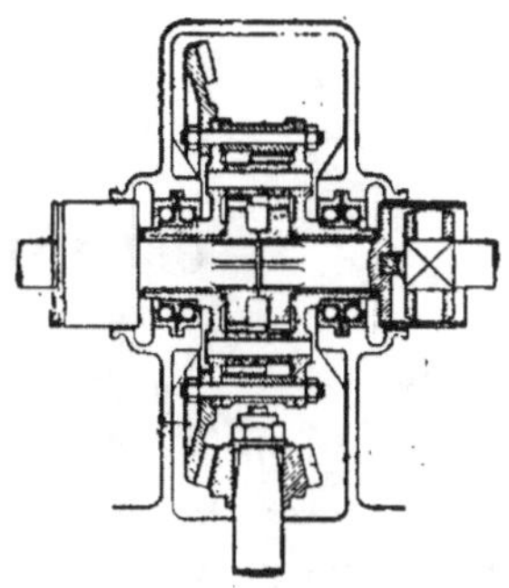

Fig. 205. — Différentiel à pignons droits (de Dion-Bouton).

Le joint d'Oldham est employé en automobile dans toutes les parties
du mécanisme où des flexions du châssis peuvent être à redouter, tout
en n'ayant pas l'amplitude suffisante pour obliger à placer un joint à
la cardan véritable ; l'adoption des tournevis. dans les arbres de différentiels sujets aux déformations produites par les châssis, les efforts

Fig. 206. — Joint d'articulation à chape rectangulaire (Legros).

latéraux du pignon d'attaque et la traction oblique des chaînes, a été
une très grande amélioration dans la construction automobile et ce dispositif est actuellement adopté d'une façon générale.

CHAPITRE VI

ORGANES DE MANŒUVRE

Les mécanismes devant être commandés du siège du conducteur, les constructeurs d'automobiles ont dû rechercher des solutions mécaniques pour permettre cette commande dans des conditions de commodité, de douceur et de sécurité qui n'avaient pas été réalisées jusque-là dans les mécanismes automobiles, grues à vapeur ou locomotives routières.

C'est ainsi que l'embrayage est maintenant presque exclusivement commandé par la pédale gauche du conducteur, cette commande est très variable, suivant les types d'embrayage adoptés, l'organisation du châssis et la forme des pédales qui varient suivant les constructeurs dans d'assez larges proportions. La pédale plate, ou pédale de piano, adoptée dès l'origine par Panhard, a ses partisans ; les pédales qu'on pousse en avant de soi ont d'autres partisans ; on peut dire que les diverses solutions sont équivalentes, quand elles ont été bien étudiées.

Il en est de même de la pédale de droite, réservée en général au frein à pied, et de la troisième pédale (qui n'existe pas dans toutes les voitures), qui est destinée à actionner les organes de régulation du moteur.

Une très bonne méthode de fabrication est celle qui consiste à fixer les axes qui commandent ces pédales sur un bloc mécanique et non pas directement sur le garde-crotte ; on évite ainsi des frais de démontage lorsqu'on a besoin de réparer la voiture, en même temps qu'on donne une meilleure assise aux points d'attache des pédales ; Darracq a toujours disposé ses pédales de la sorte.

Les organes de manœuvre du changement de vitesse et du frein arrière sont, en général, disposés à la portée de la main droite du conducteur ; presque généralement, le changement de vitesse se fait au moyen d'un levier vertical qui, suivant les cas, a un mouvement simple ou un mouvement double. Dans la plupart des voitures de la première catégorie, le levier est disposé pour présenter la marche arrière vers l'arrière du véhicule et le cran le plus élevé de vitesse vers l'avant ; on reproche cependant à ce système d'avoir l'inconvénient d'obliger le conducteur à se pencher en avant et, par conséquent, à perdre l'assurance de sa direction justement au moment où la vitesse étant la plus grande, il a besoin de toute son attention. C'est pourquoi certains constructeurs ont retourné la commande de façon à mettre la grande vitesse la plus proche du conducteur, et ce système présente, pour les fiacres notamment, des avantages, très réels, bien qu'il ne soit pas entré entièrement dans la pratique.

Enfin, lorsque le changement de vitesse est à double train balladeur, la course du levier de changement de vitesse est très faible, mais le conducteur a besoin d'opérer un mouvement latéral pour passer d'une commande à l'autre, et ce système, qui a été adopté sur les Mercédès, les Rochet-Schneider, Berliet et bien d'autres, présente une très grande facilité de manœuvre une fois que le conducteur y est habitué.

La commande de changement de vitesse des voitures Darracq s'est toujours faite par une manette placée en dessous du volant, et cette disposition, qui simplifie la transmission, n'est pas non plus sans valeur au point de vue de la facilité de conduite ; cependant la transmission se fait un peu moins facilement, en raison de l'inclinaison de la tige de commande qui traverse l'intérieur de la tige du tube de direction, que dans les voitures où la commande se fait par un arbre transversal actionné directement en bout par un levier.

Dans toutes les voitures, le frein à main est manœuvré au moyen d'un levier à rochet qui permet de le fixer à la position du serrage lorsque la voiture est arrêtée sur une déclivité.

Ce frein doit réglementairement opérer le débrayage automatiquement et c'est une condition favorable, non-seulement pour l'arrêt, mais encore pour la mise en marche ; cependant le système contraire qui force le conducteur à remettre au point mort pour l'arrêt a aussi des partisans et leur argument tiré de la sécurité n'est pas sans valeur.

Le contrôle de la marche du moteur est assuré par une, deux, ou trois manettes suivant les cas, agissant sur l'avance à l'allumage, la quantité des gaz, le dosage d'air du carburateur. Ces manettes sont disposées, au-dessus du volant, par exemple, dans les Dietrich ou les de Dion-Bouton 4 cylindres, en dessous du volant, chez Renault, ou sur le tablier avant du véhicule (E. Brillié), ces dispositions variant évidemment avec le dispositif mécanique adopté par chaque constructeur. Dans les voitures Panhard-Levassor, le réglage se fait par deux tambours qui agissent sur des cames de commande passant à l'intérieur

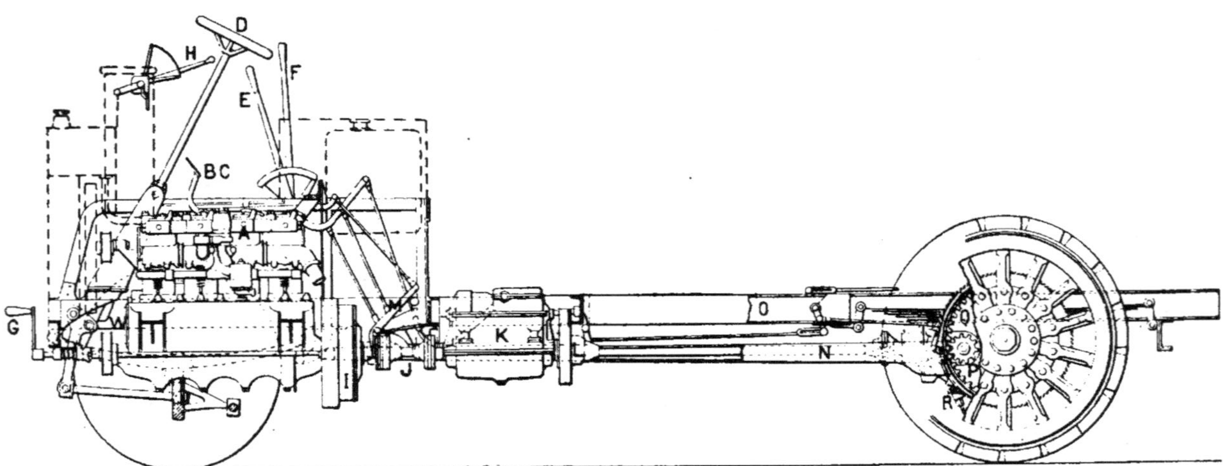

Fig. 207. — Elévation latérale d'un châssis d'autobus (Brillié) montrant les organes de commande.

D volant de direction ; H manette de régulation du moteur ; E levier de manœuvre du changement de vitesse ; F levier de frein agissant en N et R ; BC pédale de débrayage agissant en M ; G manivelle de mise en marche.

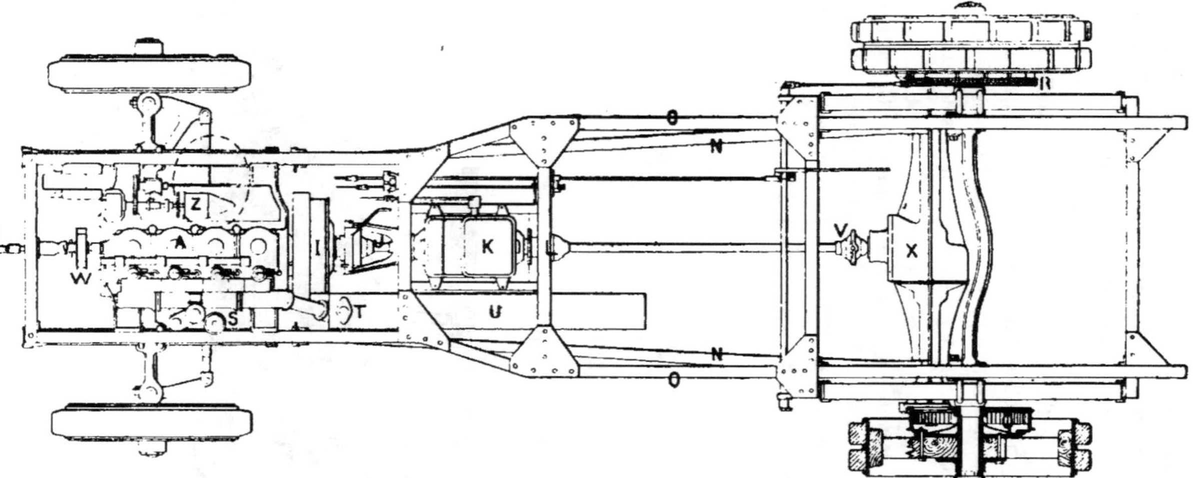

Fig. 208. — Plan d'un châssis d'autobus (Brillié).

A moteur ; I embrayage à disques ; K changement de vitesse ; X essieu-arrière agissant par pignons sur les roues motrices ;
NN barres de poussée des roues motrices sur le châssis.

de la tige de direction. Un dispositif analogue a été réalisé par Bowden grâce à son système de flexible spécial.

Enfin il convient de signaler l'intéressant système de l'Autoloc ; c'est un dispositif mécanique permettant de bloquer automatiquement et instantanément de façon immuable et irréversible un bras de levier ou un arbre sans le concours d'aucun encliquetage et d'aucun secteur denté. Il se compose d'une cuvette fixe, de deux billes maintenues par un ressort placé entre elles et d'une came excentrée ; on a ainsi un appareil très simple et très solide puisque la solidité n'est limitée que par la résistance à l'écrasement des billes, qui, on le sait, est très considérable.

Dans certaines voitures anciennes comme les Georges Richard, le conducteur était placé sur le siège de gauche ; ce système qui a des avantages multiples vient d'être repris par certains constructeurs, Charron par exemple, pour leurs voitures de ville.

QUATRIÈME PARTIE

ÉTUDE DU CHASSIS

Définitions. — Le mot « châssis », en matière d'automobile, a diverses acceptions dans la langue technique, et il faut bien constater à regret, en cette occasion, la pauvreté de notre linguistique : ces acceptions sont générales, restreintes, ou particulières.

Le sens général du mot « châssis », quand on parle d'un châssis automobile, indique le véhicule sans carrosserie, c'est-à-dire le cadre avec le moteur et le mécanisme qu'il supporte et avec ses ressorts, ses roues et, en général, ses pneumatiques.

Le sens restreint que nous lui donnons dans le titre ci-dessus comprend toute la partie du véhicule qui n'est pas le moteur ou le mécanisme. C'est le troisième élément de la voiture automobile qui comprend, rappelons-le, le moteur, le mécanisme, le châssis et la carrosserie ; c'est donc dans ce sens restreint que nous allons prendre le mot « châssis » du titre ci-dessus.

Enfin, dans le sens particulier, au point de vue technique, on appelle châssis le cadre, c'est-à-dire l'ensemble des longerons et des traverses sur lesquels s'assemblent les différents éléments du châssis au sens général du mot, de sorte que notre titre général « Étude du Châssis » va comprendre immédiatement un sous-titre particulier qui s'appellera également « Le châssis » et qui aura pour objet l'étude de ce châssis proprement dit, tel que nous venons de le définir.

L'étude du châssis que nous faisons dans le présent chapitre va se diviser de la façon suivante :

1° Le châssis proprement dit, au sens particulier défini ci-dessus ;
2° Les essieux qui peuvent être porteurs, moteurs ou directeurs ;
3° La direction ;

4° Les ressorts et les amortisseurs de suspension ;

5° Les roues et les bandages et, sur cette dernière question, nous ne ferons que donner des indications générales, le sujet étant si vaste qu'il a mérité l'importance d'ouvrages entiers ;

6° Les freins et autres organes de sécurité ;

7° Les châssis spéciaux.

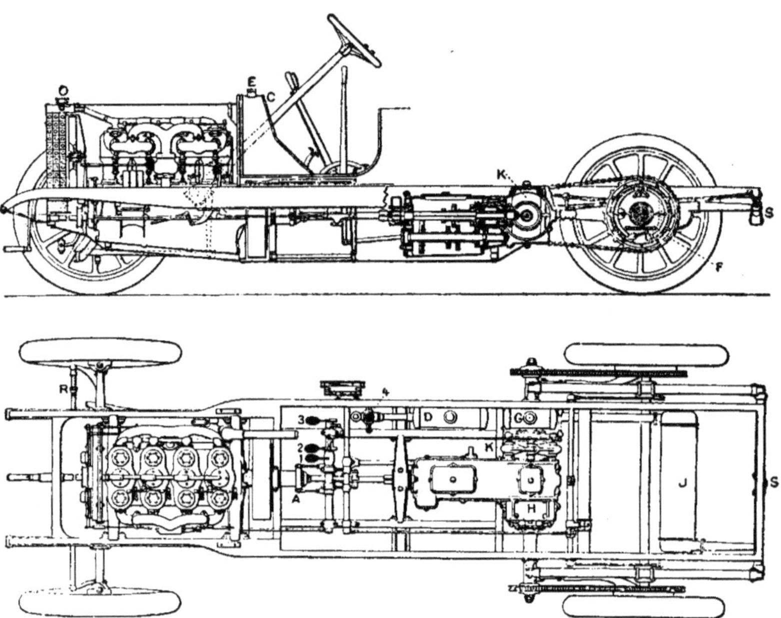

Fig. 209. — Châssis d'une voiture automobile (Delaunay-Belleville).

Nous donnerons également quelques indications sur les dimensions habituelles des châssis et sur l'unification de ces dimensions qui sont admises actuellement par les chambres syndicales de l'industrie automobile.

CHAPITRE PREMIER

LE CHASSIS PROPREMENT DIT

Le châssis est l'élément de liaison, par excellence, des différents organes de la voiture automobile. Il est supporté par les roues, au moyen de l'intermédiaire des ressorts de suspension, et il porte lui-même les organes moteurs et les transmissions.

Le châssis est toujours formé par deux longerons réunis par un certain nombre de traverses qui assurent l'entretoisement et le contreventement des deux longerons principaux, destinés à recevoir et à supporter le poids de la carrosserie, tout en résistant aux efforts de réaction des roues.

Les efforts statiques supportés par le châssis au repos résultent du poids de la carrosserie, de la charge utile, auquel s'ajoute le poids mort du châssis proprement dit et des organes qu'il supporte. Dans ce cas, chaque longeron représente une poutre droite, chargée inégalement, appuyée sur les points de suspension des ressorts.

Au contraire, lorsque la voiture progresse, il y a lieu de tenir compte que le châssis doit supporter, en plus des charges statiques indiquées ci-dessus, une série de réactions, dont, jusqu'à présent, il a été difficile d'indiquer un calcul quelque peu vraisemblable.

La réaction du mécanisme et du poids en mouvement produit sur les châssis des déformations auxquelles il importe de remédier et qui constituent un travail intérieur des pièces. Au contraire, les réactions de la route, par suite des dénivellations latérales, de l'inclinaison de la voie sur laquelle circule la voiture, de la répartition inégale des charges sur les ressorts, enfin, toutes les réactions de la route qui sont fonction des inégalités et de la vitesse sont autant de causes de fatigue pour le châssis, et l'on peut dire que, jusqu'à présent, on n'a pas pu réaliser des châssis complètement rigides, dans des conditions de poids compatibles avec la construction automobile.

C'est pourquoi les constructeurs, au lieu de s'entêter à la solution d'un problème qui paraît fort difficile à résoudre, ont tourné la difficulté très habilement en admettant que le châssis subisse des déformations assez importantes et en remédiant à ces déformations par des organes élastiques et des articulations disposées dans les divers points où les flexions peuvent se produire.

C'est ainsi qu'entre le moteur et le changement de vitesse, des doubles rotules sont disposées par un grand nombre de constructeurs, et il semble que c'est à Georges Richard que revient le mérite de cette innovation. C'est ainsi également que des rotules sont placées sur les attaches, que des tournevis sont disposés sur les arbres différentiels et que les changements de vitesse sont reliés au châssis proprement dit, soit par un faux châssis, soit par trois points de suspension pour assurer toujours la rigidité de l'organe, tout en permettant les déformations du châssis entre deux organes consécutifs.

Nous indiquerons les diverses méthodes de construction des châssis d'automobile.

Châssis en bois armé. — Dans le commencement de la construction automobile, en 1894-1895, le mode de construction des châssis, adopté notamment par la Société Panhard-Levassor, était dérivé de la construction des voitures attelées ; il consiste à constituer le châssis par des pièces en bois choisi, de frêne en général, qu'on renforce par des équerres et des flasques latérales donnant de la rigidité à l'ensemble ; ce système a l'avantage de ne pas coûter très cher, de permettre une certaine élasticité, tout en donnant une grande facilité d'attache des diverses pièces mécaniques, enfin, de permettre le remplacement des pièces l'une par rapport à l'autre, en cas d'accident.

Disons de suite que ce système, qui est encore employé par la Société Panhard-Levassor, a été perfectionné par d'autres constructeurs, en petit nombre, il est vrai, parmi lesquels Charron-Girardot et Voigt, qui emploient un tube carré en acier étiré, garni intérieurement d'une fourrure en bois.

Pour terminer ce qu'on peut dire sur le châssis en bois armé, il convient de signaler que, pour permettre la fixation facile des divers organes sur le châssis sans affaiblir le bois, on peut, très avantageusement, renforcer celui-ci par une cornière sur laquelle on vient fixer une tôle de forme calculée pour résister à la flexion.

Châssis en tubes. — Le deuxième type de châssis est le châssis en tubes, qui est dérivé de la construction des cycles. Il est constitué, comme pour les bicyclettes, par une série de tubes réunis entr'eux par des raccords brasés, et la grande majorité des véhicules de la première heure ont été construits avec ce système qui donne une très grande solidité, et qui permit d'utiliser les ouvriers précédemment employés à la fabrication des cadres de bicyclettes.

Citons la voiturette Bollée, les tricycles à pétrole et les voiturettes de Dion-Bouton, G. Richard et d'un grand nombre d'autres constructeurs, parmi lesquels la société Gobron-Brillié a constitué longtemps ses châssis au moyen d'une poutre armée tubulaire. Nous signalerons, enfin, que dans la construction automobile américaine les châssis en tubes sont encore très employés.

Châssis en fers profilés.— A mesure que le développement des voitures automobiles nécessita l'augmentation de la puissance de leurs moteurs et du poids transporté, les constructeurs furent amenés à constituer des châssis plus résistants que ceux en tubes, et un certain nombre d'entre eux ont adopté les châssis en fer profilé qui présentent des avantages multiples de solidité et de bon marché, tout en permettant la fixation facile des pièces sur les longerons et les traverses. Ce système semble devoir être réservé aux Poids Lourds.

Châssis en tôle emboutie. — Depuis quelques années, la plus grande partie des constructeurs d'automobiles ont adopté, pour leurs voitures de tourisme et certains véhicules de poids lourd, le châssis en tôle emboutie, et on peut dire que c'est à M. P. Arbel que revient le mérite d'avoir, le premier, établi cette fabrication dans des conditions telles que la généralisation de son emploi a pu se faire en quelques mois.

Le châssis en tôle emboutie peut s'adapter à toutes les dimensions et toutes les formes désirées par les constructeurs, et c'est ce qui a fait, du reste, l'un des plus gros éléments de son succès. Il se compose de deux longerons en forme de solide d'égale résistance, se terminant aux extrémités avant et arrière par les mains de ressorts et portant des entretoises maintenues par des goussets pour assurer la rigidité latérale. Ces entretoises peuvent être rivées ou, au contraire, prises dans la masse au moment de l'emboutissage.

Ce système présente le grand avantage de permettre la fixation très aisée de tous les organes, puisque la résistance du métal est calculée pour permettre aux constructeurs de percer les trous là où ils sont nécessaires pour le montage. Il donne, de plus, une légèreté relative à la voiture, une certaine élasticité, tout en élevant la limite de rupture à un chiffre supérieur à tous les autres systèmes. De plus, le mode de fabrication par emboutissage permet de faire des châssis de

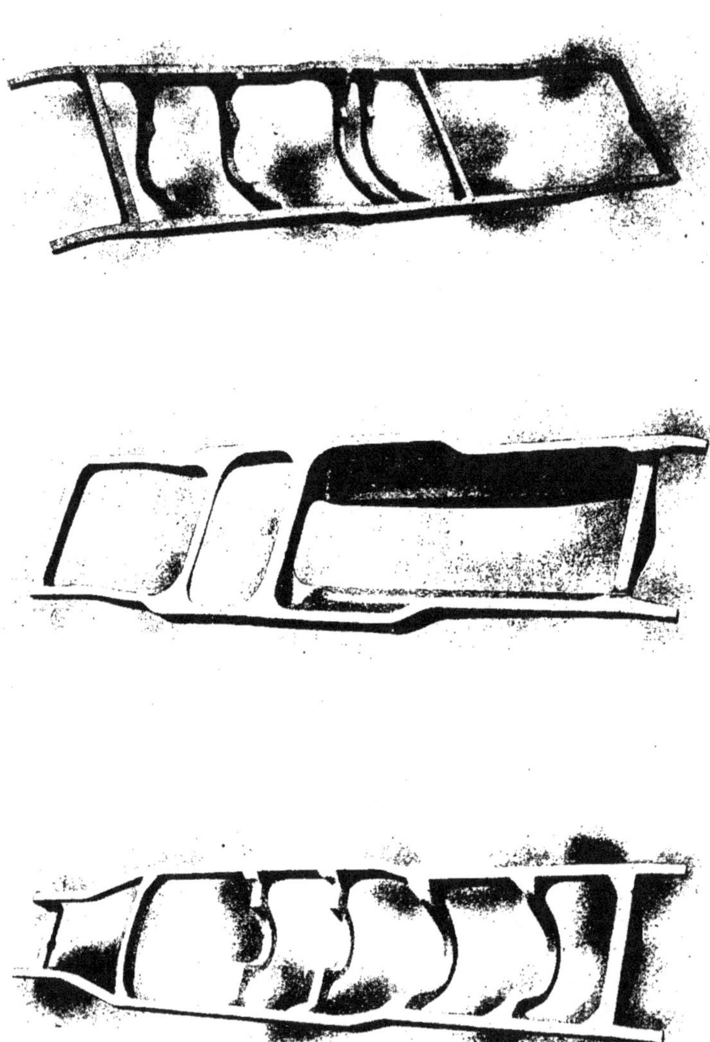

Fig. 210. — Types divers de châssis en tôle emboutie système Arbel.

toutes les dimensions et de tous les dispositifs demandés par les constructeurs. C'est ainsi que les châssis Arbel, aussi répandus, on peut le dire, que la totalité de ceux des autres constructeurs français et étrangers, peuvent se classer dans les catégories suivantes :

1º Châssis à éléments emboutis, emboîtés et rivés les uns sur les autres ;

2º Châssis avec tôle de fond rapportée formant carter ;

3º Châssis embouti d'une seule pièce, tous les éléments étant pris dans la même pièce de métal sans assemblage ni pièces rapportées ;

4º Châssis à longerons profilés, dit châssis cuirassé ;

5º Châssis à demi-carter sur lequel viennent s'assembler les pièces inférieures du moteur et du changement de vitesse, pour suppression du faux châssis.

Toutes nos grandes forges françaises construisent actuellement les châssis emboutis avec des différences de détail qui en rendent l'emploi plus ou moins avantageux suivant les cas considérés. Quel que soit le système adopté, il y a lieu de tenir compte de ce que c'est dans les assemblages que les châssis ont évidemment le plus à souffrir. On constitue maintenant ces assemblages par des pattes d'attache fixées en général par un rivetage préalable.

Quelques constructeurs, enfin, sont arrivés à constituer des châssis qui dérivent du châssis embouti simple ; ce sont les châssis tubulaires cloisonnés, disposés de façon à donner une très grande rigidité au système avec le minimum de poids, et, de même, au lieu de constituer les longerons avec une simple tôle rabattue en haut et en bas, on a pu faire des longerons cloisonnés rectangulaires, qui permettent une rigidité tout à fait spéciale sans augmentation des dimensions de la pièce.

Dispositions générales. — Depuis quelques années, les voitures automobiles ont une tendance très marquée à l'allongement des châssis permettant une disposition de carrosserie très importante et, bien que nous ayions personnellement l'opinion qu'une réaction se produira sur cet état de choses, nous devons constater avec plaisir que les difficultés présentées par ces allongements excessifs ont eu pour résultat de faire réaliser d'importants progrès dans les détails de construction des châssis. Les mains de ressorts qui supportent à l'arrière la carrosserie sont, en général, assez longues pour permettre le recul de l'essieu arrière dans la plus grande limite, de façon à rendre facile l'entrée latérale dans les carrosseries.

Les mains d'avant sont également, en général, avancées et l'on a

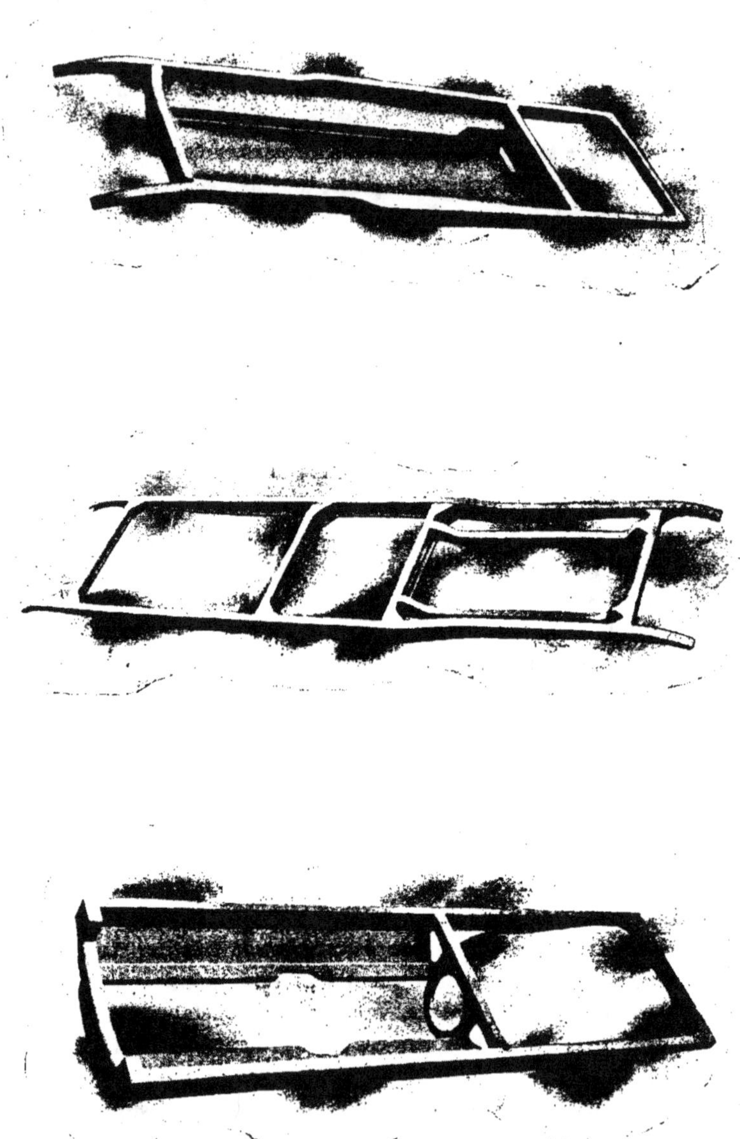

Fig. 211. — Types divers de châssis Arbel.

tendance, dans la disposition générale, à faire coïncider maintenant le radiateur avec le plan de l'essieu directeur.

Nous ajouterons que, dans la construction des voiturettes, le châssis en tubes d'autrefois ou le châssis en bois armé ou demi-armé nous raissent les meilleures solutions à adopter à tous points de vue.

Faux châssis. — Pour renforcer les châssis et surtout pour éviter d'avoir des pattes d'attache de moteur et de changement de vitesse trop longues, on a également adopté le système du faux châssis, qui consiste, quel que soit le type adopté, à disposer à l'intérieur des longerons du châssis proprement dit un petit châssis partiel plus étroit, sur lequel viennent reposer les organes mécaniques. Notamment la Société Panhard-Levassor a toujours employé le faux châssis, et certains constructeurs qui employaient le châssis tubulaire d'une façon générale ont également adopté le faux châssis soit en tubes, soit en fers profilés, le châssis proprement dit restant constitué par des pièces de tôle emboutie.

Angle de braquage. — Quel que soit le système du châssis, il importe de permettre le braquage des roues d'avant avec l'amplitude voulue et, à ce point de vue, on peut dire que la question dépend un peu de la nature de la voiture à construire.

Pour des voitures de ville, fiacres ou omnibus, il importe que l'angle de braquage puisse être très grand, de façon à permettre de s'échapper d'une file de voitures ou de virer dans des rues étroites ou partiellement encombrées et, dans ce cas, le rétrécissement du châssis à l'avant s'impose presque toujours pour permettre une amplitude de braquage assez considérable, puisqu'elle atteint 30 et 35 degrès.

Au contraire, lorsqu'il s'agit d'une voiture de vitesse dans laquelle les conditions de stabilité et de solidité doivent primer tout, on adopte plus généralement le châssis droit en donnant à la voie du véhicule une largeur suffisamment supérieure à la largeur du châssis pour que le braquage puisse se faire avec une amplitude convenable.

Enfin, le châssis doit être disposé de telle sorte que le centre de gravité du véhicule soit placé le plus bas possible, tout en permettant une adaptation facile de la carrosserie, et c'est pourquoi plusieurs constructeurs sont arrivés à relever les châssis à l'arrière, pour permettre le passage et l'oscillation de l'essieu des roues motrices, tout en abaissant le centre de gravité par la position la plus rapprochée du sol des organes lourds, tels que le moteur et le changement de vitesse.

Fig. 212. — Châssis embouti des voitures Renault frères.

Unification des dimensions des châssis. — La Chambre syndicale de l'Automobile (9ᵉ section) a, en 1905, établi les premières bases de l'unification des châssis d'automobiles.

En ce qui concerne les dimensions générales de la carrosserie, on a adopté les suivantes :

Voiturettes	1,80 m. × 0,80 m.
Voitures légères	1,90 m. × 0,80 m.
Voitures	2,00 m. × 0,85 m.
Voitures de route.	2,50 m. × 0,95 m.

Cette unification a pour but de faciliter grandement l'exécution des organes d'un constructeur ayant un point commun avec ceux d'un autre constructeur et de permettre aux carrossiers l'interchangeabilité de leur fabrication, en diminuant par suite les prix de revient par le plus grand nombre des carrosseries de mêmes dimensions.

La Chambre syndicale a déterminé en détail deux catégories principales de véhicules :

1° Grosses voitures établies pour une carrosserie confortable à entrées latérales, pouvant supporter, en dehors du poids mort du châssis, une surcharge de 1.000 à 1.200 kilogrammes et susceptibles de recevoir un moteur de 24 à 30 chevaux.

Dans ces châssis, la dimension à réserver à la carrosserie, c'est-à-dire la longueur du châssis qui ne doit être nullement encombrée entre le tablier vertical d'avant et l'arrière, est de 2 m. 40, y compris une distance de 0 m. 60 entre le tablier et la parclose des places d'avant.

Dans ce châssis, la cote tangentielle, c'est-à-dire la distance entre le tablier d'avant et les tangentes verticales des roues motrices, est de 1 m. 60. Si on admet des ressorts de 1 m. 20 de long, on est forcé d'adopter des mains de ressorts débordant de 240 mm. et, pour des roues de 880/120 à l'avant et à l'arrière, on arrive à un empattement de 2 m. 95.

Vers l'avant, la longeur disponible pour le moteur est de 0 m. 90 et, en avant de celui-ci, une épaisseur de 225 mm. est réservée pour le radiateur.

Enfin, pour des ressorts avant d'un mètre de long, la saillie des mains de ressort devant le radiateur est de 265 mm.

La hauteur du centre du guidon au-dessus de la partie supérieure du châssis est de 840 mm., et la hauteur du châssis au-dessus du sol de 630 mm.

En largeur, on a admis que la voie des véhicules devait être de

1 m. 40, ce qui correspond à une distance entre ressorts arrière de 1 m. 05.

La largeur normale du châssis est de 90 centimètres, avec rétrécisse-

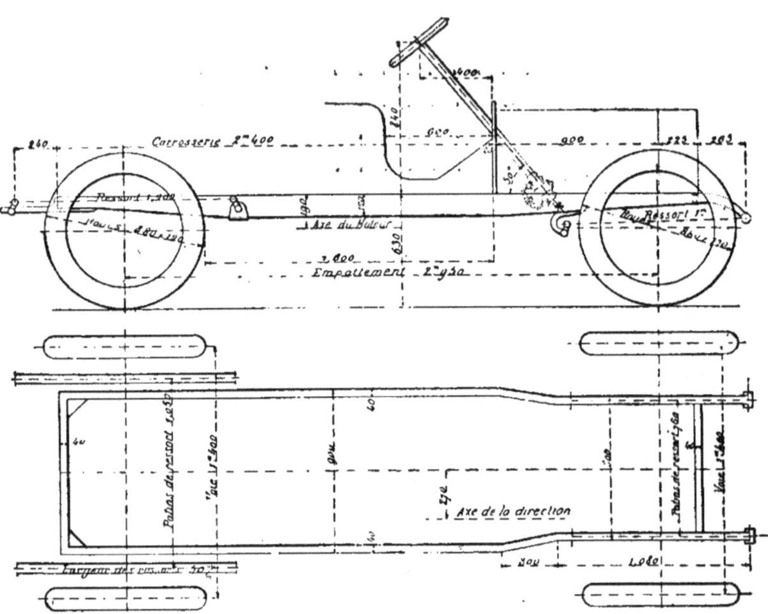

Fig. 213. — Châssis type grosses voitures, Chambre syndicale de l'Automobile.

ment à l'avant, de 5 centimètres de chaque côté. On admet, comme largeur des patins de ressort, la distance de 76 centimètres.

Si on dispose sur ce châssis un faux châssis, il doit être placé à 10 centimètres au-dessous du châssis proprement dit et, dans ce cas, les pattes ont 90 mm. au-dessus de l'axe du moteur. Le diamètre maximum du volant à adopter est de 450 mm. pour un écartement intérieur des joues du faux châssis de 500 mm.

2° Voitures légères destinées à recevoir une carrosserie avec petite entrée latérale ou siège pivotant; on a prévu une surcharge totale de 600 kilogrammes environ avec un moteur de 12 à 20 chevaux. Dans ce cas, la longueur disponible pour la carrosserie est de 2 m. 20, avec cote tangentielle de 1 m. 40.

Pour les roues égales de 810/90, l'empattement est de 2 m. 50 et, avec des ressorts de 1 m. 10 à l'avant et 0 m. 95 à l'arrière, on arrive à des mains de ressorts faisant saillie de 0 m. 15 à l'arrière et de 0 m. 270 à l'avant.

La hauteur du châssis est de 0 m. 615 au-dessus du sol, et la longueur disponible pour le moteur et le radiateur est de 0 m. 88.

On a admis que, pour ce type de voitures, il n'y avait pas lieu à
rétrécissement, et on a adopté la largeur générale de 0 m. 800 pour

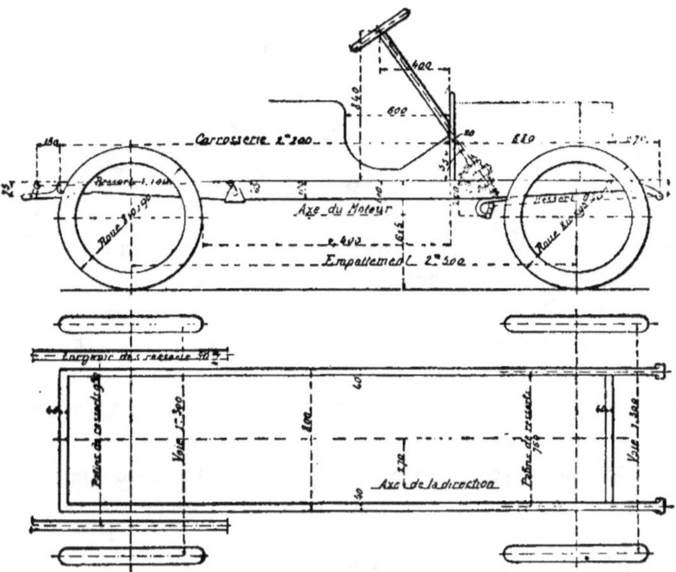

Fig. 214. — Châssis type voitures légères, Chambre syndicale de l'Automobile.

le châssis. La voie des roues avant et arrière est de 1 m. 30, soit une
largeur de 0 m. 95 entre les patins de ressorts arrière et de 0 m. 760 entre
les patins de ressorts avant, pour permettre le braquage.

Bien entendu, ces dimensions ont été déterminées de façon à permettre aux constructeurs d'adopter la transmission soit par chaîne, soit
par cardan longitudinal.

Enfin, sur ces mêmes dimensions, on peut adapter également soit des
ressorts simples, soit des ressorts à plusieurs éléments.

CHAPITRE II

LES ESSIEUX

Diverses classes d'essieux. — On distingue dans la construction automobile trois catégories bien spéciales d'essieux :

L'essieu *porteur* lorsqu'il ne participe pas au mouvement de la voiture, comme dans une voiture attelée, ou bien quand il sert simplement de support à des roues motrices actionnées par des chaînes.

L'essieu *moteur* est un organe mécanique qui renferme le mécanisme de transmission entre le changement de vitesse et les roues [1]. Cet essieu est exclusivement réservé aux voitures à cardan longitudinal. Dans les voitures de Dion-Bouton, à cardans latéraux, l'essieu est simplement porteur.

Enfin, l'essieu *directeur* est celui qui sert à assurer la direction de la voiture automobile. Il est toujours placé à l'avant de la voiture ; mais il n'en a pas toujours été ainsi : dans certaines voitures de la première heure, notamment dans les omnibus Weidknecht et les tricycles à vapeur de Dion-Bouton, l'essieu directeur était placé à l'arrière, ce qui présentait certains avantages, mais ceux-ci n'étaient pas suffisamment compensés par les inconvénients qui résultaient de ce dispositif, principalement pour la circulation urbaine, pour que ce dispositif original se soit généralisé.

Nous emploierons donc indistinctement les mots d'essieu avant ou d'essieu directeur pour désigner l'essieu chargé de la direction de la voiture automobile.

Calcul des essieux. — Quelle que soit la nature de l'essieu, sa section doit être calculée pour résister, avec un très large coefficient de sécurité, aux efforts multiples qu'il subit ; on lui donne une section ronde, carrée, polygonale ou en forme de double T.

---

(1) Nous avons étudié l'essieu moteur dans un chapitre précédent, p. 311.

Soient P la charge supportée par l'essieu et par suite $\dfrac{P}{2}$ la charge appliquée au point d'attache de chaque ressort à une distance a du centre du moyeu ; I étant le moment d'inertie de la section, μ le moment de flexion et β l'effort de la fibre la plus fatiguée, on a :

$$\mathcal{R} = \frac{\beta\mu}{I},$$

$\mathcal{R}$ étant la résistance par unité de surface.

Le moment de flexion est maximum et constant entre les points d'attache des ressorts, et l'on a :

$$\mu = \frac{P}{2}\, a.$$

En faisant le calcul, on trouve pour une section circulaire de diamètre d :

$$\mathcal{R} = 5{,}009\,\frac{Pa}{d^3} \; ;$$

pour une section rectangulaire de côtés égaux à b et à h :

$$\mathcal{R} = 3\,\frac{Pa}{bh^2}$$

et pour une section carrée de côté égal à b :

$$\mathcal{R} = 3\,\frac{Pa}{b^3} \, .$$

On calcule de même la résistance des essieux de forme complexe, telle que la forme double T.

Métaux employés. — L'importance des essieux dans une voiture automobile est telle que les questions de métallurgie et de fabrication des pièces principales des essieux sont primordiales. Les métallurgistes ont donc étudié des métaux spéciaux pour cette construction, principalement des aciers au nickel ; cependant, quelques constructeurs continuent à préférer l'essieu en fer ordinaire.

Comme acier au nickel, on emploie, en général, des aciers contenant en moyenne 2,5 0/0 de nickel qui, après forgeage et recuit, résistent à une charge de 60 kilos par millimètre carré, avec une limite élastique de 35 à 40 kilos et environ 20 0/0 d'allongement.

Dans les mêmes conditions, les aciers au nickel chromé donnent une résistance de 65 kilos par millimètre carré comme charge de rupture et une limite élastique un peu supérieure au chiffre précédent, avec le même allongement.

Voici, par exemple, quelques chiffres relatifs à des essieux fabriqués en acier ou en fer :

Essieux porteurs. — Essieux pour grosses voitures, en acier au nickel, pour roulements lisses, poids 21 kilos environ, pouvant supporter une charge de 3.800 kilos. Pour voiture moyenne (25 chevaux) le même essieu disposé pour des roulements à billes pèse 17 kilos et peut supporter 4.500 kilos. Enfin, pour de très fortes voitures, on arrive à des essieux pesant 23 kilos et pouvant supporter 6.000 kilos sans déformation permanente.

Les essieux porteurs en fer pour voitures légères pèsent 22 kilos et peuvent supporter 2 tonnes dans les mêmes conditions. Enfin, les essieux légers, en acier au nickel, pèsent 12 kilos et peuvent également supporter 2.000 kilos.

Pour les camions, on fait des essieux porteurs pesant environ 36 kilos et pouvant supporter 6 tonnes.

Essieux directeurs. — Essieux pour grosses voitures, acier au nickel chromé, poids de l'essieu 16 k. 500, charge supportée 4.000 kilos. Le même, pour roulements à billes, poids de l'essieu 15 kilos, charge supportée 3.500 kilos.

Pour voitures de puissance et de poids moyens, l'essieu avant pèse 21 kilos en acier ordinaire et peut supporter 3.000 kilos de charge.

L'essieu directeur en fer pèse 31 kilos en supportant 1.250 kilos tandis que le même essieu, en acier au nickel chromé, pèse 15 kilos et peut supporter 2.000 kilos.

Enfin, pour les essieux directeurs de camions, on arrive à un poids de 36 kilos environ, avec une charge supportée de 4.500 kilos.

Fusée et roulements. — Quel que soit le type d'essieu, il se termine toujours par une fusée sur laquelle vient se placer le moyeu de la roue et, si on se reporte aux considérations théoriques que nous avons données dans le premier chapitre du présent ouvrage, on verra que la dimension des fusées, et par conséquent leur résistance, est loin d'être indifférente pour le roulement de la voiture.

Quelques constructeurs du premier âge de l'automobile avaient pensé pouvoir adapter à cette construction les roulements à billes, par cônes et cuvettes, usités dans la construction vélocipédique ; mais, dès qu'on a fait des voitures autres que des voiturettes, on s'est bien vite aperçu

de l'impossibilité où l'on était d'employer utilement ce système de
construction ; d'autre part, les constructeurs qui, comme Panhard-
Levassor, n'ont jamais fait que des voitures relatiment lourdes et con-
fortables n'ont pas adopté ce système et s'en sont tenus longtemps aux
roulements lisses, dérivés des types employés pour les voitures attelées.

Toutefois, le roulement lisse a été perfectionné dans son mode de
construction et dans le choix des matériaux employés.

En ce qui concerne les surfaces en contact, on avait placé d'abord
des moyeux en bronze sur des fusées en acier, mais on s'est aperçu des
inconvénients qu'il y avait à ce dispositif pour l'entretien de la voiture,
par suite de l'obligation de changer le moyeu en entier, lorsque l'usure
commençait à être sensible. Pour diminuer le coefficient de frottement,
certains constructeurs, notamment dans les voitures de course, n'ont
pas craint de placer des roulements lisses acier sur acier, et ce système a donné d'excellents résultats au point de vue de la résistance
théorique du roulement ; malheureusement, entre les mains des clients,
des négligences de graissage ont provoqué des grippements et des
accidents mortels qui ont dû faire abandonner ce système pour des
raisons exclusivement pratiques.

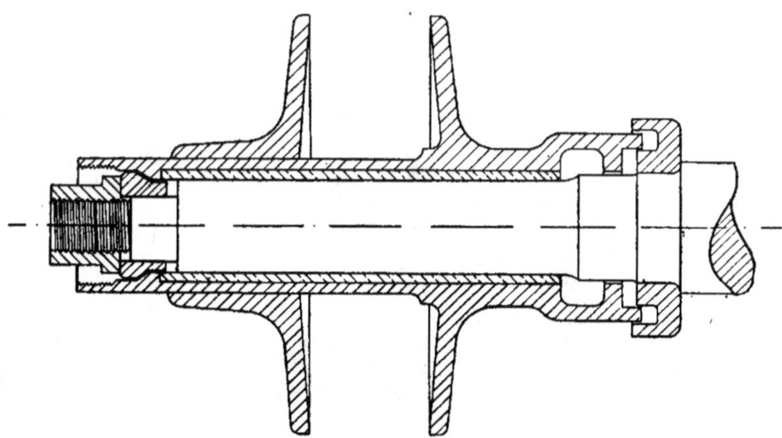

Fig. 215. — Moyeu lisse à chemise de bronze.

On a alors fait des moyeux en acier avec chemise de bronze dur qui
empêchent le grippement, tout en permettant une usure faible et un
remplacement facile des parties présentant de l'usure.

Depuis quelques années, la fabrication des roulements à billes a fait
de grands progrès ; l'importation de roulements américains et alle-

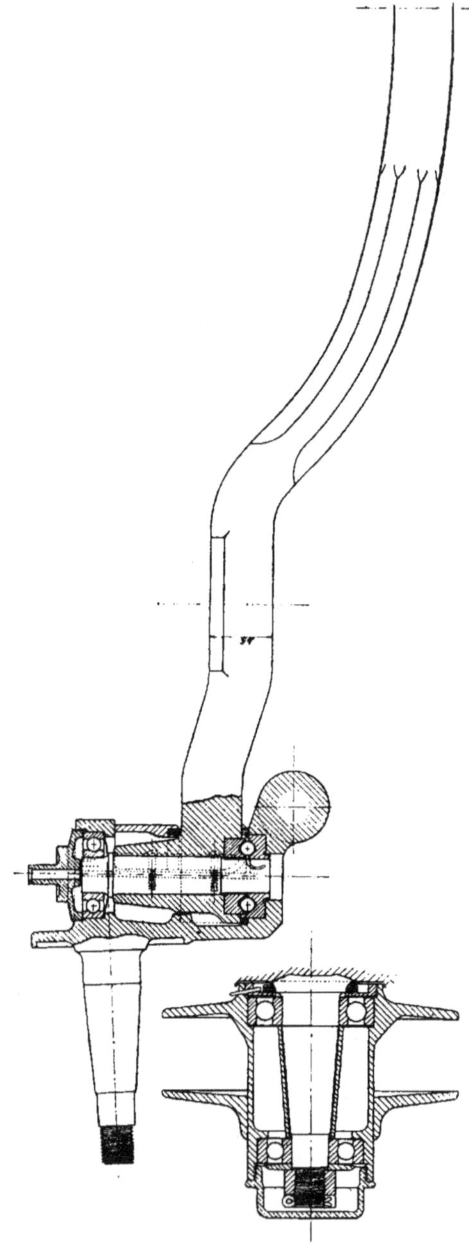

Fig. 216. — Essieu directeur, pivot et moyeu montés à billes (Lemoine).

mands et le perfectionnement de la construction française ont permis
l'utilisation de ces organes dans d'excellentes conditions pratiques.

Nous avons examiné la question des roulements à billes, au point de
vue théorique, dans le premier chapitre du présent ouvrage; nous n'y
reviendrons donc pas ici, mais nous signalerons que les roulements à
billes pour les fusées et moyeux ont pris actuellement une extension
considérable, parce que leurs inconvénients se réduisent à un très faible
minimum et que leurs avantages de douceur de roulement et de graissage facile ont généralisé leur emploi d'une très large façon. On admet,
en général, que le frottement des roulements montés sur billes est de
7 à 8 0/0 inférieur à celui des roulements lisses.

Au surplus, les constructeurs allemands et américains ont fait des
roulement à billes pour de très grosses voitures, sans rencontrer de
réels inconvénients, et leur exemple est suivi maintenant par un

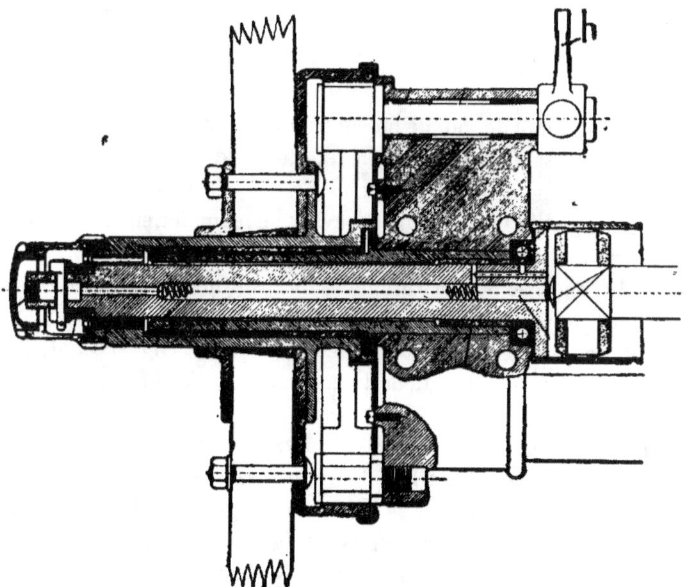

Fig. 217. — Fusée creuse avec frein de roue intérieur (de Dion-Bouton).

grand nombre de constructeurs français, soit pour les moyeux et les
pivots, soit pour les paliers de changements de vitesse et même en
certains cas pour les organes de moteurs.

Cependant, lorsque la charge dépasse 1.000 kilos par roue, il semble
intéressant d'employer non pas le roulement a billes, mais le roulement

à rouleaux qui répartit la charge dans de meilleures conditions et permet de diminuer la fatigue des fusées et par conséquent leur **prix** d'entretien.

Quant au moyeu proprement dit de la roue, il est, d'une façon absolument générale actuellement, du type dit « artillerie », qui consiste en un tube portant une rondelle ou disque fixé du côté intérieur de la

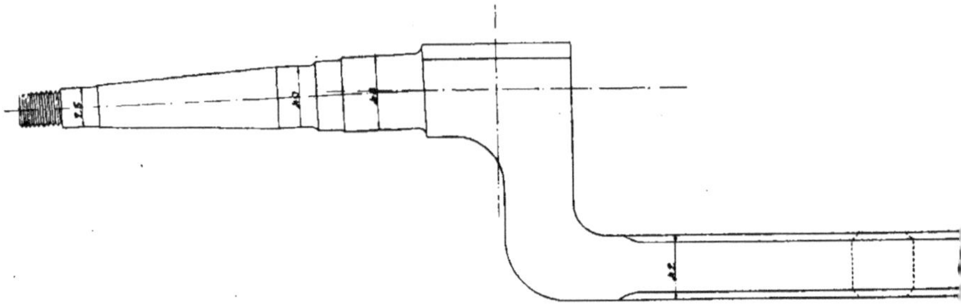

Fig. 218. — Essieu porteur pour roue motrice actionnée par chaine (Lemoine).

roue, avec une rondelle mobile ou contre-disque qui vient du côté extérieur, serrer entre elle et la rondelle fixe le bas du hérisson de la roue. Pour assurer un bon serrage, on donne, en général, à ces disques ou rondelles une forme légèrement concave et on les maintient par des boulons qui assurent un serrage bien égal sur les embases des rais.

En ce qui concerne la fabrication des fusées proprement dites, rappelons qu'elles doivent être cémentées et trempées très dur, et ceci avec un soin particulier, de façon à diminuer l'usure, tout en abaissant, dans une grande proportion, la valeur du coefficient de frottement.

Essieux creux. — Pour les voitures de course, M. Lemoine a créé des essieux creux dont la fabrication est très remarquable. Le métal employé est de l'acier à faible teneur de nickel donnant une résistance qui va jusqu'à 70 kilos, avec une limite élastique de 52 kilos par millimètre carré et un allongement de 16 0/0. Lorsque ce métal est trempé et recuit, sa résistance dépasse 100 kilos et la limite élastique est très proche de ce chiffre ; par contre, l'allongement es réduit à 9 ou 10 0/0. De plus, ce métal, essayé au choc, donne des résultats tout à fait remarquables.

Le corps d'acier est forgé d'une seule pièce au pilon, puis recuit pendant environ huit heures ; ensuite, après un refroidissement très lent, l'essieu passe au dressage puis est charioté entre les patins. On le fore

ensuite, avec une machine à percer double, au moyen de forets spéciaux et d'eau de savon envoyée sous une pression de 4 kilos. L'essieu
creux est alors cintré suivant la forme appropriée à la voiture à laquelle
il est destiné. On procède enfin à la trempe et au recuit, en chauffant
dans un four à gaz la pièce pendant environ une demi-heure, puis en
la plongeant verticalement dans de l'eau à la température de 20°. La
pièce est alors recuite et terminée comme une pièce ordinaire.

Dans les essieux creux à corps cintré, le trou percé dans l'axe est de

Fig. 219. — Essieu directeur tubulaire (Renault).

diamètre variable et est proportionnel à l'effort que ces essieux subissent en leurs différents points sous l'action de la charge et des trépidations.

On fait par cette méthode soit des essieux directeurs soit des essieux
creux coudés avec attaches de supports de freins, pour voitures à
chaînes, et on obtient ainsi des pièces pouvant supporter aisément un
poids de 1.000 kilos sans aucune déformation permanente et pesant seulement une quinzaine de kilos. Ces essieux sont essayés jusqu'à
1.800 kilos et, sous cette charge, l'essieu fléchit en son milieu de 28 mm.
sans subir de déformation permanente.

CHAPITRE III

LA DIRECTION

L'ensemble des organes qu'on dénomme « direction » dans une auto-mobile comprend quatre parties distinctes :

1° L'essieu directeur avec ses fusées à pivots conjugués ;

2° Les liaisons des pivots aux organes de direction ;

3° La commande de direction, c'est-à-dire les organes mécaniques sur lesquels le conducteur agit directement pour diriger le véhicule ;

4° La tige de direction et le volant.

A. Essieux directeurs. — Pour l'essieu directeur, le système adopté d'une façon absolument générale sur les automobiles est le système dit à pivots conjugués.

Quelques spécimens de voitures électriques ont été établis avec des pivots tournants ou chevilles ouvrières analogues à celles des voitures attelées, mais ces essais n'ont pas été continués et, au surplus, ce dispositif ne peut servir qu'exclusivement à des voitures de faible vitesse, pour des services essentiellement urbains. En effet, les chocs agissant sur la cheville ouvrière avec un bras de levier égal à la demi-largeur de l'avant train et il en résulte des efforts considérables sur le levier de direction ; c'est pourquoi on n'a pu y remédier que par l'emploi d'engrenages irréversibles à faible développement, qui obligent à une grande dextérité de la main et sont, par suite, incompatibles avec la direction des voitures rapides.

Le système à pivots conjugués aurait été imaginé par un mécanicien Bavarois en 18 8. Il consiste essentiellement en un essieu fixe, analogue à un essieu porteur, qui présente, à chacune de ses extrémités, un pivot autour duquel chaque roue est mobile dans un certain secteur, et on voit immédiatement toute l'importance qu'il y a, pour réduire l'action le bras de levier de la roue sur le système directeur, à réduire le plus possible la distance entre le plan médian de la roue et le pivot de direction ; c'est pourquoi on est arrivé à faire des roues dans lesquelles l'axe de symétrie de la roue coïncide avec l'axe du pivot de direction.

En 1873, M. Amédée Bollée construisit une direction dans laquelle il commandait les deux pivots par un système de cames ; mais c'est M. Jeantaud qui a donné le premier la méthode de construction scienti-

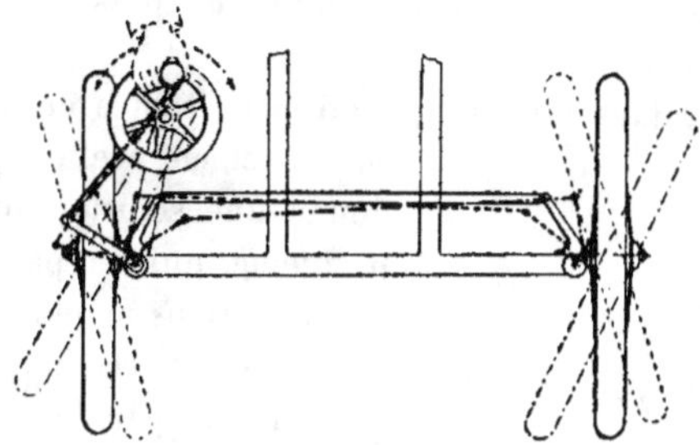

Fig. 220. — Schéma de la direction à pivots conjugués (Voiturette Bollée).

fique de la direction à pivots conjugués, qui est actuellement adoptée partout et qui permet des braquages jusqu'à un angle de 30°.

Sans entrer dans le détail de la démonstration, nous dirons de suite

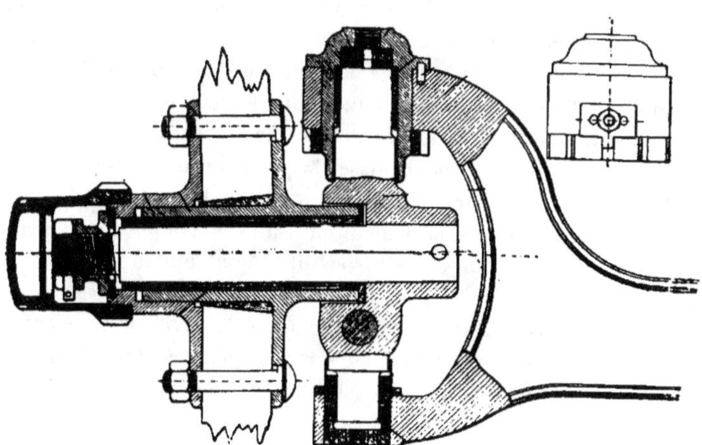

Fig. 221. — Pivot à chape et fusée de roue directrice, roulements lisses (de Dion-Bouton).

qu'il est nécessaire, pour assurer la stabilité de la direction, que celle-ci remplisse les deux conditions théoriques suivantes :

1º Les prolongements des deux biellettes de direction doivent se rencontrer à l'intersection de l'axe longitudinal de la voiture avec l'axe des roues motrices ;

2º Le braquage des roues doit être combiné de telle sorte qu'à tout moment des axes perpendiculaires au plan de chaque roue se rencontrent sur le prolongement de l'axe des roues motrices.

Cette dernière condition n'a rien d'absolu, mais il est nécessaire que la solution adoptée se rapproche autant que possible des conditions théoriques ci-dessus.

M. C. Bourlet, dans une étude qu'il a présentée en 1899, a étudié complètement cette question et a donné une solution intéressante du problème, qui n'a pas toutefois reçu d'applications nombreuses.

L'essieu directeur proprement dit est constitué par un corps plein, droit ou cintré suivant les différents types adoptés, et le pivot qui se trouve à chacune de ses extrémites peut présenter des dispositifs très nombreux et très différents.

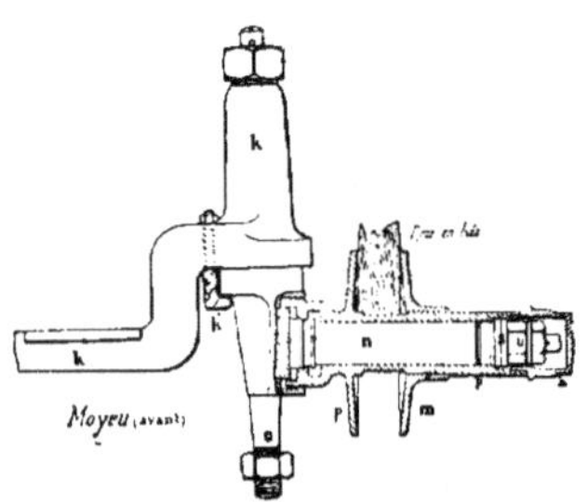

Fig. 222. — Pivot de direction supérieur et moyeu lisse (type Panhard-Levassor).

On a commencé par faire des essieux avec un simple pivot supérieur (fig. 222), mais ce dispositif a dû être abandonné, en raison de la hauteur assez considérable qu'il exige et par conséquent des difficultés de fabrication de l'essieu proprement dit, qui a besoin d'être doublement coudé pour permettre le passage des ressorts sans surélever trop le centre de gravité et aussi pour laisser la place du moteur sans risquer de détériorer celui-ci par un contre-choc dans les cahots. Le pivot simple, à grain de butée supérieur, produisait souvent des coincements, aussi est-on arrivé bientôt à des dispositifs à double bain d'huile, c'est-à-dire avec cuvettes en haut et en bas, et de là est né le type à roulement à billes inférieur, supportant la charge, le pivot proprement dit et son grain de butée supérieur ne servant qu'au centrage des deux pièces l'une par rapport à l'autre (fig. 223). Dans certaines voitures, pour lesquelles le centre de gravité devait être surbaissé, on est arrivé à des dispositifs analogues en retournant la pièce et en faisant les pivots inférieurs.

Enfin, depuis quelque temps, le dispositif à chape fermée, c'est-à-dire dans lequel l'essieu proprement dit est bifurqué de façon à maintenir le pivot tant à sa partie supérieure qu'à sa partie inférieure, a de nombreux partisans, et il semble, en effet, que ce soit là une des meilleures solutions adoptées. Au point de vue de la construction, une

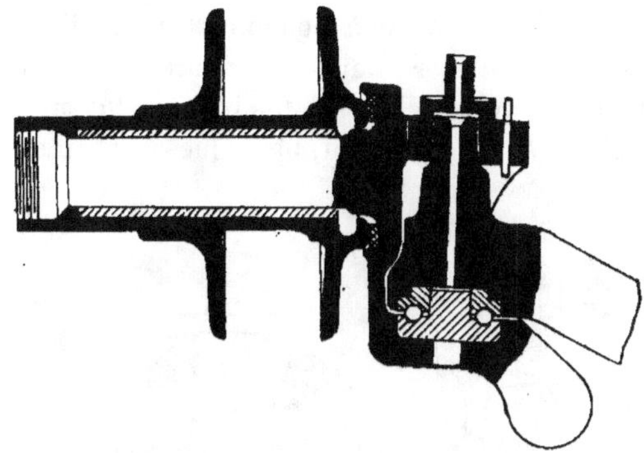

Fig. 223. — Pivot de direction à roulement à billes inférieur (Lemoine).

grande amélioration consiste à rapporter les axes après trempe et rectification, ce qui assure un centrage parfait des deux portées. On dispose aussi des cache-poussière assurant l'étanchéité absolue du pivot et de

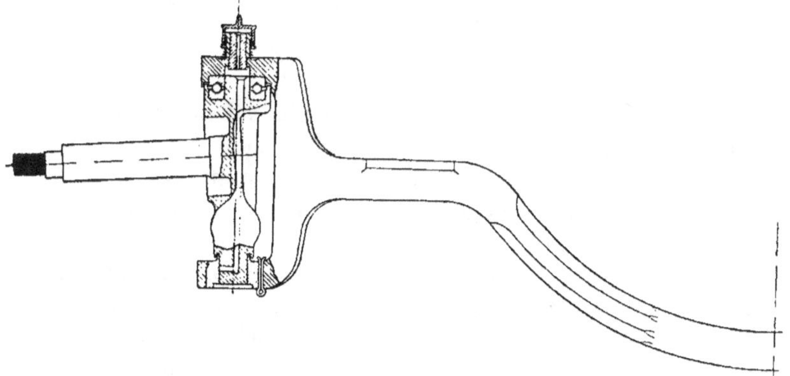

Fig. 224. — Essieu directeur à chape avec roulement à billes supérieur (Lemoine).

la fusée. Dans ces dispositifs, le porte-à-faux dû à la grande distance des deux axes est très diminué, et il suffit d'assurer le graissage des chemins de roulement pour obtenir de ces appareils un fonctionnement très convenable. Dans le même ordre d'idées, on a fait des essieux à chapes inclinées qui ont cependant l'inconvénient de compliquer un peu les attaches des connexions.

En renversant la solution du problème donnée par l'essieu à chape, on arrive à la solution du pivot dans le plan de la roue, dans lequel c'est cette roue même qui semble former la chape, le pivot étant fortement réduit de longueur de façon à pouvoir être logé dans le moyeu. Cette disposition, créée d'abord dans des voitures américaines électriques, a été adopté par Krieger et par Hotchkiss ; elle supprime complètement le porte-à-faux ; cependant, bien que séduisante en théorie,

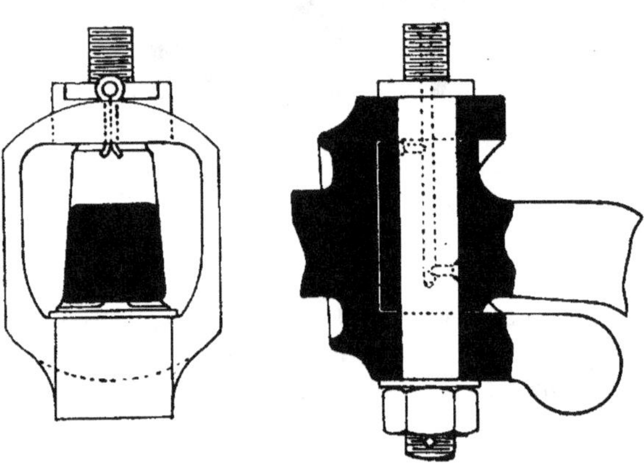

Fig. 225. — Pivot à chape pour poids lourd, pivot lisse à graissage intérieur.

elle n'a pas reçu de très nombreuses applications pratiques, parce qu'elle a le grave inconvénient de rendre assez délicat le démontage de la roue et sa fabrication. De plus, les roues ainsi constituées ont nécessairement des moyeux très gros qui troublent un peu les conditions esthétiques de la voiture automobile.

Pour limiter l'angle de braquage autrement que par le contact des roues sur le châssis, qui donne des résultats désastreux pour la conservation des bandages, on dispose dans la construction des pivots des taquets ou épaulements limitant la course de la fusée, dans la limite de secteur à faire parcourir à la roue.

B. Liaison des organes de direction. — M. Jeantaud a indiqué, comme moyen de liaison des pivots, la solution dite du quadrilatère intérieur, dans laquelle ledit quadrilatère est constitué par un trapèze régulier dont la grande base est formée par l'essieu proprement dit, la petite base par la barre d'accouplement et les petits côtés par les biellettes ou doigts réunissant les pivots aux extrémités des barres d'accouplement, biellettes dont les axes prolongés doivent se couper au centre de l'essieu arrière, en faisant par suite un triangle isocèle.

Ce dispositif, qui ne permet qu'un angle de braquage de 30° a été remplacé, dans les voitures Panhard-Levassor notamment, par un quadrilatère extérieur, c'est-à-dire placé vers l'avant de la voiture, qui assure un angle de braquage plus grand et surtout qui fait travailler les pièces de liaison exclusivement à la traction.

On a proposé, également, un très grand nombre de systèmes de liaisons par double quadrilatère, la partie centrale étant commandée par une chaîne comme dans les voitures Benz ou Delahaye, par pentagone concave, ou par cames et glissières ; mais, actuellement, la plupart des directions sont montées avec quadrilatère avant. On constitue généralement la barre d'accouplement par un tube parfois renforcé par une nervure en bois ; ce dispositif est dérivé de celui qu'on a adopté pour les voitures de course, lequel

Fig. 226. — Rotule de commande de direction (Malicet et Blin).

a surtout pour but d'empêcher la rupture totale de la barre et, par suite, la suppression de toute direction après un choc contre un obstacle, pierre ou animal.

Certains constructeurs, dans la même préoccupation, relèvent la barre d'accouplement par un dispositif de doigt à double courbure.

La barre de commande de direction agit en un point de ce quadrilatère, et ce point peut être, à volonté, proche de l'un des pivots ou, au contraire, proche de l'un des points d'articulation, ou même en un point d'articulation spécial, créé sur la barre d'accouplement des pivots. Les dispositifs varient avec chaque constructeur.

MM. Malicet et Blin, les spécialistes en pièces détachées d'automobiles ont donné pour l'installation des directions des renseignements spéciaux qu'il nous semble intéressant de résumer ici.

Pour déterminer les transmissions de la direction, c'est-à-dire la longueur de la manivelle CD et sa position, ainsi que la longueur à donner à la bielle OD, on doit se rappeler que, quel que soit le système adopté, pour égaliser les efforts à faire sur le volant, dans les deux sens, il convient, pour un déplacement égal en avant et en arrière de la position moyenne du doigt ou biellette, que l'angle fait par la roue droite lorsqu'on braque à droite, soit égal à l'angle fait par la roue de gauche lorsqu'on braque à gauche. Ces conditions indispensables sont remplies lorsque l'angle b, que fait la manivelle de commande

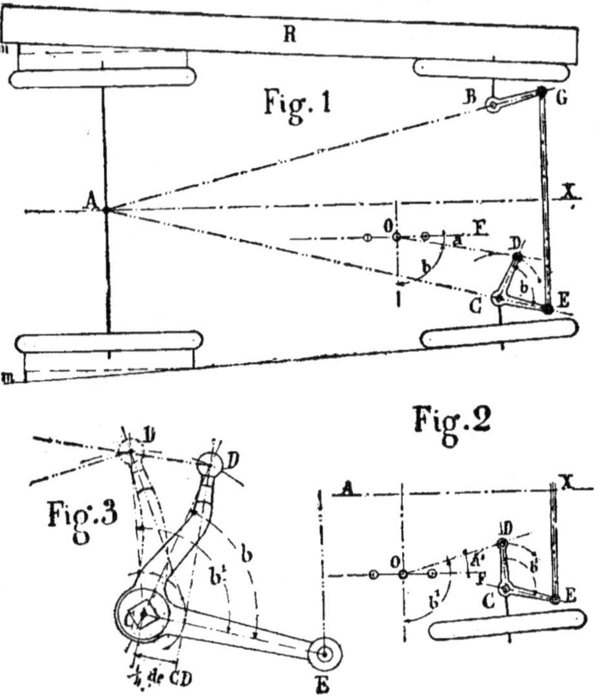

Fig. 227. — Schéma de construction d'une direction (Malicet et Blin).

avec la manivelle d'attelage, est égal à 90° moins l'angle a que peut faire la bielle OD avec une parallèle à l'axe longitudinal de la voiture (fig. 227).

Le premier soin est donc de déterminer l'angle b, après avoir relevé très exactement la position respective des points O, C et E par rapport aux axes de la voiture, ainsi que le rayon de la manivelle CD. Ayant déterminé ensuite l'angle de braquage à donner à la voiture et, d'autre part, l'angle total que fait le doigt de la direction qu'on veut employer, on détermine par proportion le rayon d'action de ce doigt. On admet, par exemple, que, pour un angle total de braquage de la voiture

de 60° (ce qui est un maximum) et un angle total du doigt de 60° également, le rayon d'action de ce doigt doit être égal à la longueur CD.
Si l'angle de braquage n'est que de 50°, on obtient le rayon d'action
par une règle proportionnelle. Pour déterminer exactement la longueur de la bielle de commande CD, on procède en général sur la voiture elle-même avec une jauge et des repères qui permettent de se
rendre compte exactement de cette longueur, en ayant soin de tenir
compte de la compression des ressorts d'amortisseurs.

Afin d'éviter l'inégalité d'inclinaison de la manivelle CD par rapport
à la bielle de transmission OD vers les bouts de course, on donne, souvent, à cette manivelle une forme incurvée telle que l'axe prolongé de
l'extrémité sphérique passe à une distance du centre égale au quart de
la longueur de la manivelle ; de la sorte, l'inclinaison aux extrémités
est bien moins grande, et la commande de la direction se fait bien plus
aisément.

Les barres de direction sont munies actuellement, d'une façon
générale, de rotules et d'amortisseurs à ressorts, permettant les dépla-

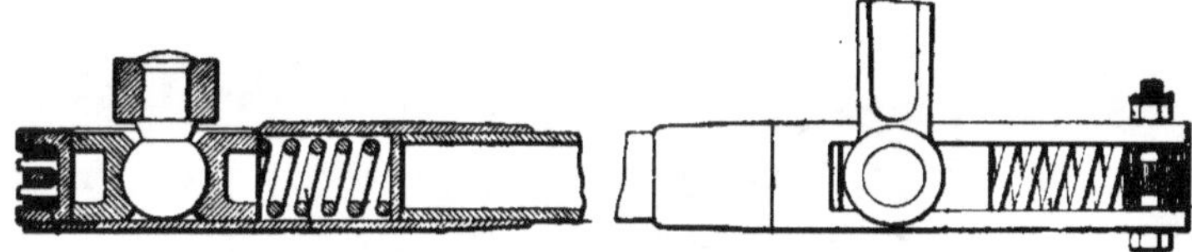

Fig. 228. — Rotules et amortisseurs à ressorts.

cements latéraux et longitudinaux sous l'influence des cahots, afin
d'éviter de faire travailler les pièces au delà d'une certaine limite de
résistance, tout en permettant aux conducteurs une grande douceur de
conduite de la direction.

C. Commande de la direction. — Nous avons défini, sous ce
titre de commande de la direction, les organes mécaniques qui trans-
mettent l'effort développé par le conducteur de la voiture automobile
aux organes de liaison étudiés ci-dessus ; ce sont ces dispositifs de
commande qui sont destinés à obtenir la démultiplication du mouvement, pour diminuer d'autant l'effort à développer par le conducteur.

C'est ici que nous devons dire un mot des directions irréversibles.
On appelle ainsi un mécanisme qui permet de commander les roues
directrices par un volant sans que les actions diverses de la route sur
les roues se fassent sentir sur ce volant et influent sur sa position. Dans
les premières voitures automobiles qui allaient à faible vitesse, le

besoin de ce dispositif ne s'est pas fait sentir; dans la voiturette Bollé, par exemple, le conducteur actionnait de sa main droite un petit volant à axe vertical qui commandait une crémaillère, laquelle agissait directement sur l'un des pivots (fig. 220).

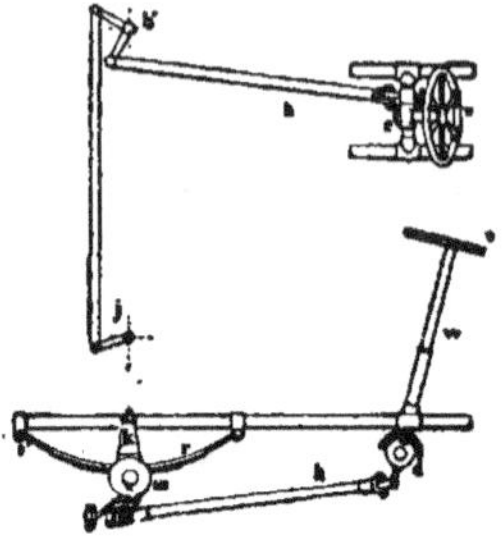

Fig. 229. — Schéma d'une commande de direction.

Dans le type Panhard-Levassor, on actionnait d'une façon très simple les roues directrices, au moyen d'une barre de direction dite barre-franche, analogue à celles qui agissent sur le gouvernail des bateaux. Cette barre-franche actionnait un pivot central qui commandait directement les organes de liaison. Ces dispositifs, possibles avec des voitures de faible allure, sont des plus dangereux dès qu'on atteint ou dépasse une vitesse d'environ 30 kilomètres à l'heure. En effet, ces directions ne sont tenues que d'une seule main, la main gauche dans le cas des Panhard-Levassor, et il suffit qu'un des chocs de la roue vienne produire une réaction

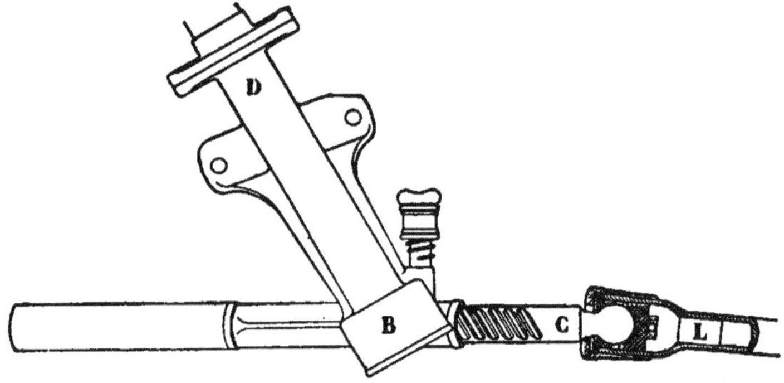

Fig. 230. — Direction à crémaillère héliçoïdale (petite voiture Peugeot).

brusque sur le système pour que, la main lâchant la barre, la voiture ne soit plus dirigée.

Les directions modernes sont irréversibles ou semi-irréversibles, et nous dirons de suite que les divers dispositifs adoptés sont, en général, basés sur l'emploi de transmissions à vis sans fin. Il faut en effet considérer, au point de vue de l'entretien de la voiture, que la direction ne doit pas être complètement irréversible, sinon les chocs de la route produisent, dans les organes de liaison et de commande, un travail intérieur qui ne peut intervenir qu'au détriment de la conservation des pièces, et on a intérêt à laisser une certaine élasticité dans ces différents organes, pour éviter justement la rupture ou même l'usure exagérée des pièces en contact.

Fig. 231. — Direction Mors.

C'est l'une des raisons qui ont fait adopter, pour les organes de liaison, les amortisseurs à ressorts et les rotules dont nous avons parlé plus haut.

L'une des directions les plus simples est le dispositif à crémaillère, dans lequel l'axe du volant de direction agit sur une crémaillère placée sur le prolongement de la barre d'accouplement : il suffit, dans ce cas, de donner à la roue dentée et à la crémaillère des dentures hélicoïdales pour obtenir, par l'inclinaison de ces dentures, une direction irréversible ou semi-irréversible dans des proportions variables (fig. 230).

Un deuxième dispositif, qui est certainement le plus généralement adopté, est celui par secteur ; le volant de direction agit sur une vis à large filet, laquelle engrène avec un secteur sur l'arbre horizontal auquel est fixée la bielle verticale qui commande la tige d'accouple ment. Dans le dispositif Richard-Brasier, les organes sont calculés de façon à permettre à cette bielle une oscillation de 34° en avant et en arrière de la verticale, et un assez grand nombre de constructeurs emploient des dispositifs analogues (fig. 232).

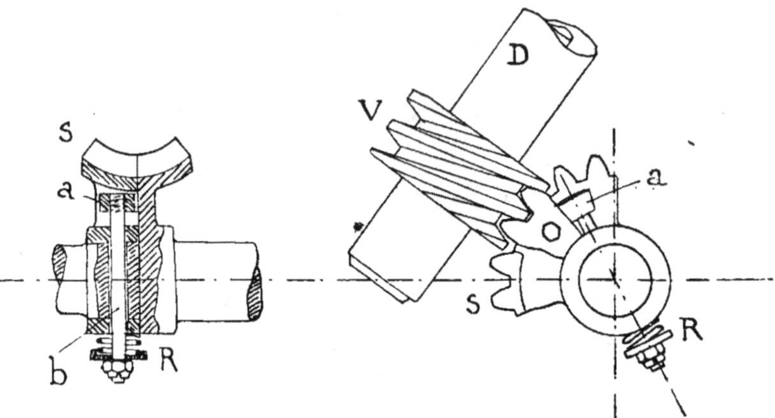

Fig. 232. — Détails de la direction Mors.
D tige de direction ; V vis à quatre filets ; S secteur à denture héliçoïdale ;
aR mécanisme de rattrapage de jeu.

La Société Panhard-Levassor emploie la direction à vis tangente et à secteur denté, avec démultiplication de 3 à 4 qui correspond à un braquage des roues de 30 à 35° pour environ trois quarts de tour du volant. Ce dispositif est adopté également par Charron-Girardot et Voigt, Mors (fig. 231), etc.

Au lieu d'agir sur un secteur, la vis de direction peut agir sur un écrou, et cet écrou lui-même commande la bielle verticale, soit par un secteur, soit directement. Par exemple, la direction Peugeot (fig. 233) comprend le dispositif par écrou, agissant par un petit bras de levier sur la bielle verticale ; il en est de même des types Hurtu, Rebour, etc.

Dans les voitures de Dion-Bouton, la vis agit sur un écrou, et cet écrou porte une crémaillère qui agit elle-même sur un secteur denté.

Dans certains dispositifs on s'arrange pour que les vis et secteurs aient un assez grand nombre de dents en prise ; l'effort est mieux réparti et, par conséquent, l'usure est réduite.

Dans les voitures Renault, la barre de direction se termine par un pignon d'angle, qui engrène avec un autre pignon solidaire de l'écrou tournant.

Pour rendre plus pratique l'entretien des directions, on a créé des dispositifs spéciaux, tels par exemple que celui des voitures Mors (fig. 232), pour rattraper le jeu lorsque celui-ci vient à se produire.

MM. Malicet et Blin ont créé, enfin, une direction spéciale à rattrapage de jeu, dans laquelle l'écrou vient agir sur un galet solidaire d'un petit balancier, tandis que la vis agit sur un galet opposé. On a ainsi

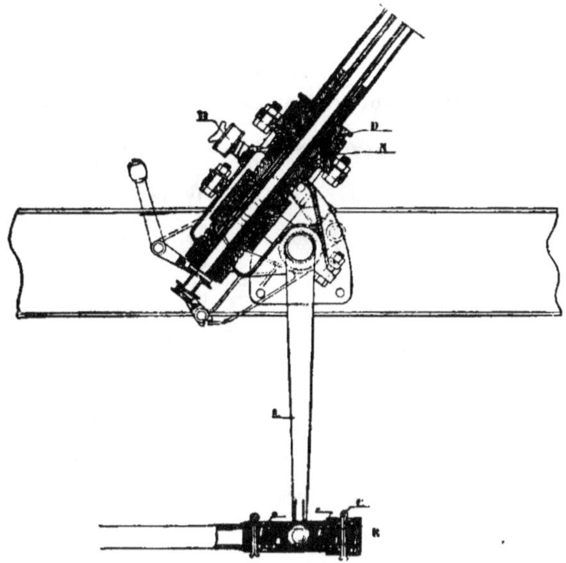

Fig. 233. — Direction à vis tangente (Peugeot).

un dispositif qui permet de rattraper le jeu facilement, tout en donnant une grande sécurité de direction et une irréversibilité très suffisante, malgré le faible effort supporté par les organes susceptibles d'usure.

D. Tige de direction. — Le conducteur de la voiture automobile agit des deux mains sur un volant de direction perpendiculaire à la

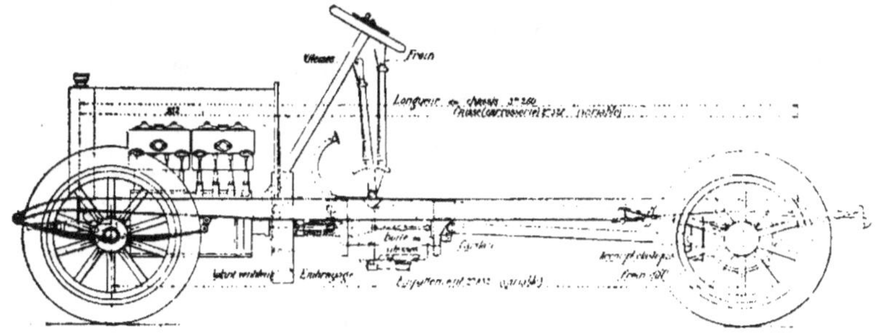

Fig. 234. — Schéma d'un châssis avec tige de direction attachée à la base du tablier d'avant.

tige ou tube de direction ; celui-ci, qui est placé, dans les voitures françaises, suivant l'axe du siège du conducteur, présente des inclinaisons
très variables, suivant les différents types de voitures. M. Baudry de
Saunier a pu dresser, par exemple, le curieux tableau suivant qui
indique l'angle, avec la verticale, de l'axe de la direction de quelques
voitures très connues :

Tableau 28. — Inclinaison des tiges de direction

Mors	19 chevaux	20	degrés
Panhard-Levassor.	35	»	22	»
Charron-Girardot et Voigt.	20	»	27	»
Renault.	20	»	30	»
Bollée.	30	»	33	»
Mercédès.	18	»	34,4	»
Richard-Brasier	40	»	35	»
Diétrich	24	»	37	»
Fiat	24	»	42	»
De Dion-Bouton.	40	»	45	»

On comprend que cette inclinaison est fonction de la position respective du siège avant et du point où le constructeur a attaché sa direction.
Il est vrai d'ajouter que, la mode étant dernièrement aux directions
très inclinées même sur les voitures de tourisme, dont certaines présente même une inclinaison supérieure à 45°, le constructeur est obligé
d'aller placer son attache de direction sur le côté de son moteur très
loin du siège avant.

Le volant sur lequel agit le conducteur est, en général, en métal
(aluminium ou bronze) garni de bois, et le diamètre de ce volant varie
suivant les convenances de chacun, le diamètre moyen étant d'environ
35 centimètres.

Nous signalerons, en terminant ce qui est relatif à la direction, que
ces organes doivent être toujours protégés contre les agents extérieurs
et que, dans des directions irréversibles, il est indispensable que les
parties à vis soient enfermées dans des carters métalliques étanches ;
les autres points d'articulation et, en général, les organes de trans-

mission moins délicats que les vis peuvent être simplement protégés de l'eau et de la poussière par des gaines en cuir mobiles, qu'on remplit

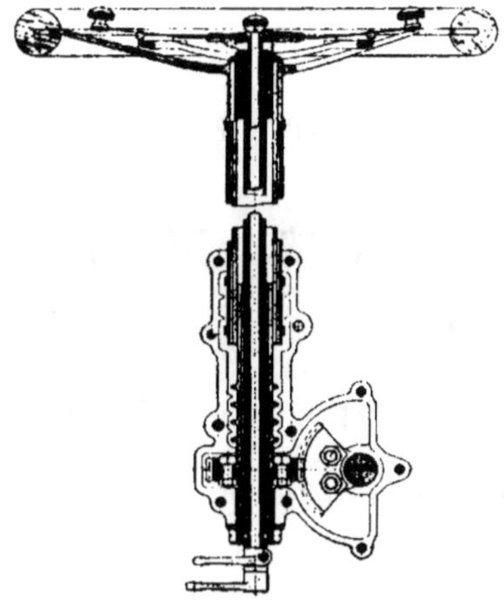

Fig. 235. — Tige de direction et commande irréversible (de Dion-Bouton).

de graisse consistante et qui assurent une bonne lubrification et une protection suffisante de ces organes.

Le graissage des pivots se fait facilement au moyen de Stauffers à graisse consistante, placés à la partie supérieure et qui, par un canal central, envoient la graisse dans toutes les parties à lubrifier. Au surplus, les frottements qui résultent des oscillations dans les pivots directeurs ne sont pas très considérables, et l'effet du graissage à la graisse est encore plus nécessaire pour empêcher les impuretés de pénétrer dans les roulements que pour la lubrification proprement dite.

Inutile d'ajouter que, les accidents par rupture de direction étant les plus graves qui puissent arriver en vitesse, puisque le conducteur est impuissant à y porter remède avant d'être arrêté, il faut que les constructeurs portent sur l'établissement de ces organes un soin tout particulier et que les automobilistes en assurent un entretien et une surveillance journaliers, pour prévenir tout accident.

CHAPITRE IV

SUSPENSION ET AMORTISSEURS

Suspension. — Les expériences de Morin, au commencement du XIXe siècle, ont montré l'influence de la suspension sur la progression des voitures automobiles et, dans le chapitre de l'étude théorique, nous avons traité ces questions avec le développement qu'elles comportent.

La suspension d'une voiture automobile a pour but d'absorber les vibrations et les trépidations qui résultent de la progression du véhicule sur une route inégale ; il y a, à ce sujet, une grande différence entre les automobiles et les trains de chemin de fer parce que ceux-ci roulent sur un chemin lisse, le rail d'acier, qu'on peut admettre à priori parfait, et que les vibrations et les trépidations proviennent d'autres causes que celles qu'on trouve sur la route, en particulier de l'action d'une machine à vapeur à pistons alternatifs, attelée à la tête du train.

Contrairement à ce que certains auteurs ont soutenu, on ne peut assimiler les vibrations et les trépidations d'une automobile aux trois mouvements de lacet, de galop et de roulis qu'on constate et qu'on a si complètement étudiés sur les chemins de fer. Dans les automobiles, ces vibrations et trépidations proviennent à la fois de l'accélération positive ou négative et des réactions du sol. Elles se traduisent par des oscillations verticales ou obliques, et l'effet résultant de ces oscillations produit des vibrations dans l'appareil mobile, qui s'atténuent souvent lorsqu'on arrive à un synchronisme parfait entre les vibrations du moteur et celle de la route.

On a constaté, en effet, que certains véhicules donnaient le minimum de vibrations pour une vitesse correspondant à un certain nombre de tours du moteur et qu'il suffisait de faire varier la vitesse de propulsion de seulement 5 0/0, c'est-à-dire de passer par exemple de 40 à 42 kilomètres à l'heure, pour voir instantanément cesser ce synchronisme et augmenter les vibrations d'une façon très nette. Les caractéristiques des moteurs influent donc sur la suspension du véhicule, et les conditions d'une bonne suspension sont si nombreuses et si particulières à chaque système qu'il est impossible d'édicter des règles générales pour celle-ci.

Le moyen exclusivement employé pour réaliser la suspension dans les automobiles est maintenant l'emploi des ressorts à lames. Au début de la construction des voitures mécaniques, on a essayé d'appliquer

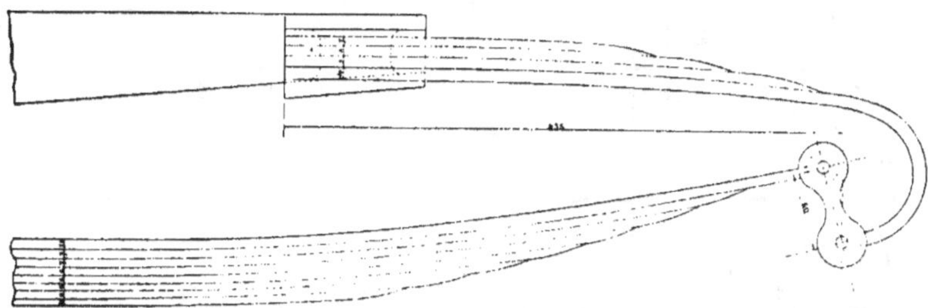

Fig. 236. — Ressort demi-pincette pour voiture de ville (Lemoine).

les ressorts à pincettes, utilisés dans les voitures à chevaux, et nombre de voitures Panhard et Mors circulent encore avec ce mode de suspension ; mais il n'est pas entièrement compatible avec l'abaissement du centre de gravité que nécessitent les allures rapides, et ce système de suspension a été abandonné pour les voitures de tourisme, bien qu'il fût très recommandable au seul point de vue de la suspension ; on adopte souvent le ressort à lames terminé par un ressort à crosse ou demi-pincette à l'arrière.

Il en est de même de la suspension par ressorts à boudin, dont on n'a vu que quelques spécimens sur routes.

Nous verrons plus loin qu'on a complété l'action des ressorts de suspension par un freinage de ceux-ci, obtenu au moyen d'appareils annexes dits : amortisseurs de suspension.

Les ressorts sont constitués par des lames flexibles superposées en nombre variable, suivant le poids à supporter et la flexibilité à obtenir, et leur composition varie, par conséquent, suivant qu'ils sont destinés à l'avant ou à l'arrière du véhicule.

L'épaisseur des feuilles varie, en général, de 5 à 10 mm. et leur largeur de 35 à 80 mm. ; leur nombre varie de 4 à 9.

Nous avons réuni dans le tableau n° 29 les principaux chiffres

Tableau 29. — Ressorts pour Automobiles

(AV = avant, AR = arrière)

Nombre de feuilles AV	Nombre de feuilles AR	Largeur des feuilles AV (mm)	Largeur des feuilles AR (mm)	Épaisseur Maîtresse AV (mm)	Épaisseur Maîtresse AR (mm)	Épaisseur Suivantes AV (mm)	Épaisseur Suivantes AR (mm)	Flèche à l'état libre AV (mm)	Flèche à l'état libre AR (mm)	Flèche sous charge normale AV (mm)	Flèche sous charge normale AR (mm)	Charge normale AV (kilos)	Charge normale AR (kilos)	Flexibilité par 100 kilos AV (mm)	Flexibilité par 100 kilos AR (mm)	Corde à l'état libre AV (mm)	Corde à l'état libre AR (mm)	Corde sous charge AV (mm)	Corde sous charge AR (mm)	Longueur développée AV (mm)	Longueur développée AR (mm)	Poids d'un ressort AV (kilos)	Poids d'un ressort AR (kilos)
7	7	50	50	7	8,5	$\frac{2\ \ 2\ \ 2}{6{,}5\ \ 6\ \ 5}$	$\frac{2\ \ 3\ \ 2\ \ 1}{8\ \ 7{,}5\ \ 7\ \ 6{,}5}$	63	62	120	160	380	500	14	20	880	1.340	900	1.380	915	1.390	10.0	25.0
7		50		7		$\frac{4\ \ 1\ \ 1}{6{,}5\ \ 5\ \ 5{,}5}$		75		151		420		17,8		965		1.000		1.015		12.0	
7	7	45	45	7	7	$\frac{1\ \ 2\ \ 3}{7\ \ 6{,}5\ \ 6}$	$\frac{1\ \ 2\ \ 3}{7\ \ 6{,}5\ \ 6}$	106	68	185	153	475	475	18	18	965	960	1.000	1.000	1.030	1.010	11.0	11.0
5	6	45	45	7	7	6	$\frac{2}{7}\ \ \frac{3}{6}$	48	28	70	90	175	205	12,6	30,3	900	1.100	910	1.120	920	1.125	8.0	11.0
6	9	50	50	7	7	7	7	56	43	90	140	325	450	10,6	21,7	880	1.380	890	1.410	910	1.420	10.2	22.6
4	6	40	50	7	8	$\frac{1}{6{,}5}\ \ \frac{2}{3}$	$\frac{4}{7}\ \ \frac{1}{6}$	80	90	108	103	200	220	27	24,6	880	1.170	900	1.200	910	1.205	5.2	13.0
	7		50		8		$\frac{1\ \ 3\ \ 2}{7\ \ 6{,}5\ \ 6}$		100		165		225		11,3		980		1.000		1.020		7.0
5		40		6		$\frac{1\ \ 3}{5{,}5\ \ 5}$		110		110		150		17,3		790		800		830		5.0	
6		45		7		$\frac{1\ \ 2\ \ 2}{7\ \ 6{,}5\ \ 6}$		106		106		250		13,6		880		900		915		8.0	

relatifs aux ressorts fabriqués par une de nos plus grandes sociétés industrielles.

Dans une étude très complète qu'a présentée M. Lemoine, le grand fabricant de ressorts et d'essieux, les règles suivantes sont formulées :

La *flexibilité d'un ressort*, c'est-à-dire la diminution de flèche qu'il subit sous une charge déterminée, est le quotient de la flexion par la charge, et elle se mesure industriellement en millimètres par cent kilogrammes. On a donc la formule

$$\gamma = \frac{f}{P} \cdot$$

Les ressorts sont constitués par des lames d'épaisseurs et de longueurs décroissantes; la maîtresse-lame c'est-à-dire la plus longue, est, en général, la plus épaisse. La diminution d'épaisseur peut être irrégulière, et on constate qu'on emploie souvent plusieurs lames de même épaisseur dans la composition d'un ressort, bien qu'elles soient de différentes longueurs.

Exemple : Un ressort portant 300 kilos et ayant 26 mm. de flexibilité, fléchira de 78 mm.

De plus, pour éviter les tamponnements de l'essieu sur la caisse au moment des oscillations importantes de la route, on admet que le ressort doit pouvoir subir une flexion supplémentaire de 100 mm. sans que ce tamponnement se produise.

La flexion, c'est-à-dire la perte de flèche, qu'un ressort peut subir sans déformation permanente est, en général, calculée dans les chemins de fer par la formule :

$$\varphi = \frac{L^2 \, \alpha}{6 \, e} \cdot$$

M. Lemoine estime que cette formule ne doit être appliquée aux automobiles qu'avec une modification de coefficient, et il a proposé la formule suivante :

$$f = \frac{L^2 \, \alpha}{4 \, e} \, ,$$

dans laquelle f est la flexion cherchée ;

L la longueur développée de la maîtresse lame ;

e l'épaisseur de la maîtresse lame ;

Quant à α, il représente l'allongement élastique de l'acier, c'est-à-dire le rapport de l'allongement à la longueur et, ceci, pour les fibres du métal les plus fatiguées.

On peut donner à α une valeur en travail courant de 5 mm. par mètre ; mais, avec des aciers supérieurs comme ceux que nous avons définis plus haut, on arrive, en travail courant, à 6 mm. par mètre et, aux essais, à 8 et 9 mm. par mètre. C'est ce qu'indique le tableau ci-dessous qui a été calculé sur un allongement élastique de 5 mm. par mètre.

Tableau 30. — Flexions (en millimètres) correspondantes à un allongement élastique de 5 millimètres

Épaisseur de la maîtresse-lame en millimètres	Longueur développée de la Maîtresse-lame d'axe en axe des rouleaux en millimètres :														
	800	820	840	860	880	900	950	1.000	1.050	1.100	1.150	1.200	1.250	1.300	1.40
6	133	140	146	154	161	168	188	»	»	»	»	»	»	»	»
7	114	120	125	132	138	144	161	178	196	216	236	»	»	»	»
8	100	105	110	115	120	126	141	156	172	189	206	225	244	264	300
9	88	93	98	102	107	112	125	138	153	168	185	200	217	234	272
10	»	»	»	92	96	101	113	125	137	151	165	180	195	211	243
12	»	»	»	»	»	»	»	»	▸	126	157	150	162	176	204

Il est donc inexact de dire qu'il y a des ressorts doux, durs ou moelleux. On ne doit scientifiquement considérer que la flexibilité et celle-ci dépend exclusivement des dimensions données aux ressorts. On a toujours intérêt à donner à ceux-ci une grande longueur pour leur permettre de supporter les plus grandes flexions possibles, et on ne doit pas craindre de leur donner une largeur assez forte pour résister aux efforts transversaux et donner ainsi une meilleure assiette au véhicule.

Ajoutons qu'il a été démontré par la pratique que, dans ses limites élastiques, la flexion d'un ressort est sensiblement proportionnelle à la charge qu'il supporte. Quant au poids, il est proportionnel à la flexibilité et au carré de la résistance absolue du ressort, résistance mesurée par l'allongement. Il en résulte que, si deux ressorts de poids différents ont été calculés pour remplir des conditions identiques, le plus léger a une flexibilité plus petite, bien que le métal travaille dans des conditions de moins grande sécurité.

Pour déterminer les dimensions à donner aux ressorts, **M. Lemoine** indique la formule approchée suivante, qui donne la flexion sous la charge 2 Q :

$$i = \mathrm{K}\, \frac{Q\,l^3}{3\,(\mathfrak{M} + \mathfrak{M}' + \mathfrak{M}'')},$$

K coefficient variable suivant la construction du ressort qu'on prend en général égal à 1,03,

l demi-longueur développée de la maîtresse lame,

$\mathfrak{M}$, $\mathfrak{M}'$ et $\mathfrak{M}''$ moments d'élasticité des lames composant les ressorts.

Définissons donc le *moment d'élasticité*.

Il est égal au produit du moment d'inertie de la section de lame, par rapport au grand axe de cette section, par le coefficient d'élasticité. Il s'obtient donc par la formule

$$\mathfrak{M} = E\,\frac{ae^3}{12},$$

dans laquelle E, coefficient d'élasticité de l'acier généralement employé, est d'une valeur constante de 20.000 kilos par millimètre carré,

a et *e* sont la largeur et l'épaisseur de la lame considérée, exprimées en millimètres.

Le moment d'élasticité d'une lame est donc proportionnel à sa largeur et au cube de son épaisseur.

Le tableau n° 31 donne les moments d'élasticité des lames de dimensions courantes et, en appliquant la formule ci-dessus et le tableau précédent des flexions, on peut déterminer théoriquement la limite élastique du métal dont il est composé.

Tableau 31. — Moments d'élasticité des lames de ressorts usuelles

en millimètres	Largeurs en millimètres :								
	35	40	45	50	55	60	65	70	80
4	3,733	4,266	4,8	5,233	5,866	»	»	»	»
5	7,291	8,333	9,374	10,416	11,458	12,5	»	»	»
6	12,0	14,4	16,2	18	19,8	21,6	23,4	25.2	»
7	20,008	22,866	25.744	28,583	31,441	34,3	37.158	40.016	45,733
8	»	34,133	38,4	42,666	46,833	51,2	55,466	59,733	68,266
9	»	»	54,675	60.75	66.825	72,9	78.975	85,05	97.2
10	»	»	»	83,333	91,666	100	108.333	116,666	133,333
11	»	»	»	»	122,008	133,1	144,191	155,283	177,466
12	»	»	»	»	»	172,8	187,2	201.6	230,4

Ces calculs de ressorts ne sont pas inutiles, car il arrive souvent que les constructeurs ne s'en préoccupent pas suffisamment et fournissent à la clientèle des châssis dont les ressorts sont les mêmes, quelle que soit la nature des carrosseries employées, ce qui provoque fréquemment des déboires.

D'après M. Pozzi, on doit adopter les chiffres suivants de flexibilités :

Voiture légère, ressorts		avant	. . . . . .	22 à 25	millièmes.
»	»	»	arrière.	25 à 30	»
»	lourde	»	avant	20 à 22	»
«	»	»	arrière.	25 à 28	»
Véhicule industriel, ressorts avant et arrière.				10 à 12	»

Essais des ressorts. — Lorsque les ressorts sont fabriqués, ils doivent être essayés et, pour cela, on emploie dans les usines de fabrication des méthodes très simples, mais intéressantes cependant à signaler.

Le ressort fabriqué est placé sur un banc d'essai au moyen de deux chariots minuscules roulant sur rails, sur lesquels reposent ses extrémités. On mesure alors la limite élastique d'allongement du ressort terminé au moyen d'un levier mobile muni d'un contrepoids, qui appuie sur la partie médiane du ressort ; on calcule le poids et le bras de levier, de façon que la feuille ou le ressort entier qu'on expérimente retrouvent leur flèche initiale sans aucune perte, lorsque l'allongement élastique ne doit pas être dépassé.

On mesure la flexibilité du ressort terminé par les épreuves du balancement au moyen d'un levier analogue au précédent ; après ces épreuves, le ressort doit être démonté pour que chaque feuille soit examinée séparément, afin de s'assurer qu'aucune d'elles n'a perdu sa flèche primitive.

Enfin pour déterminer exactement la flexibilité du ressort, on emploie un banc d'essai sur pont bascule qui enregistre les efforts exercés sur le ressort, et on compare ces efforts avec la perte de flèche mesurée sur une réglette appropriée ; on a ainsi la flexibilité du ressort ou sa perte de flèche sous l'unité de poids.

Mains de ressorts. — Les ressorts à lames s'attachent au châssis au moyen de mains soit directement sur celles-ci, soit par l'intermédiaire de jumelles assez analogues à celles des chemins de fer, et des discussions intéressantes ont eu lieu pour savoir si les mains devaient être intérieures ou extérieures, c'est-à-dire si l'angle qu'elles font avec la tangente de l'extrémité de la maîtresse-lame doit être aigu ou obtu. La main proprement dite se fixe sur une crosse qui est parfois déjetée extérieurement à l'arrière, pour augmenter l'assise du véhicule. Un grand nombre de ressorts ne comportent qu'une seule jumelle à l'une des extrémités arrière.

Pour augmenter la flexibilité de la suspension, certains constructeurs emploient à l'arrière des ressorts en C qui viennent s'assembler sur un ressort à lames droites par une jumelle spéciale. D'autres (Renault, Charron et de Dion-Bouton) se contentent d'un ressort transversal analogue à celui qu'on emploie sur un grand nombre de voitures attelées et qui vient s'assembler avec l'extrémité du ressort à lames ordinaires. Cependant, cette attache ne se fait pas sans difficultés et nous signalerons, à ce sujet, l'ingénieuse disposition à double cardan, adoptée par la maison Mors pour ce détail de construction.

Dans certaines voiturettes, on est arrivé à simplifier les ressorts en se contentant, à l'avant, d'un ressort transversal unique et, à l'arrière, de deux demi-ressorts, ce qui, pour des voitures très légères, donne une suspension suffisamment douce et stable (Sizaire et Naudin).

Enfin, il faut signaler que, pour abaisser le centre de gravité, certains constructeurs n'ont pas hésité à disposer leurs ressorts, non plus en dessous du chassis, mais comme dans les locomotives, au dessus de celui-ci et, dans ce cas, les attaches nécessitent des conditions particulières dans le détail desquelles nous ne pouvons entrer ici, mais qui ont été réalisées notamment dans les voitures de course Renault en 1905.

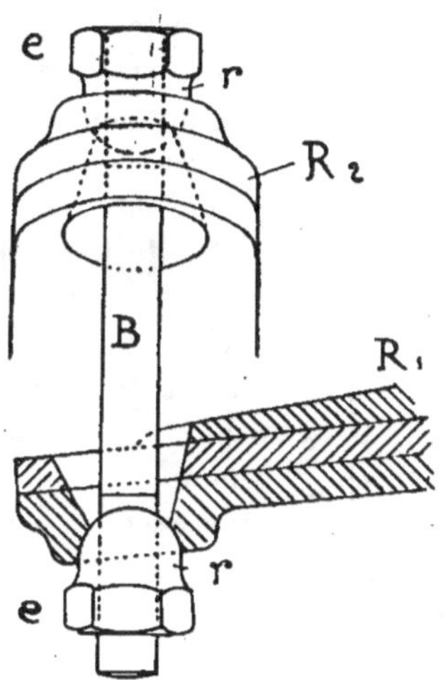

Fig. 237. — Attache des ressorts transversaux (Mors).

Dans certains châssis spéciaux, à roues multiples, comme ceux qui ont été adoptés pour le train Renard, on est arrivé à une suspension à ressorts multiples compensés l'un par l'autre, de façon à assurer l'adhérence continue et uniforme de toutes les roues, ainsi que nous l'indiquons plus loin.

Il convient de signaler, en terminant, que la suspension et, par conséquent, le fléchissement, dans les voitures automobiles, ne sont pas sans influer gravement sur la direction, ainsi que sur la propulsion et le freinage de la voiture. C'est ce qu'a fait ressortir une étude très complète de M. Ravigneaux, qui donne d'intéressants renseignements pratiques tant sur les essieux directeurs que sur les essieux arrière, suivant les différents types adoptés pour la transmission.

Quoi qu'il en soit, de grands progrès sont encore à réaliser dans la suspension des automobiles et rien ne dit qu'on n'arrivera pas à remplacer un jour le pneumatique par des châssis à double suspension, analogues à ceux des chemins de fer.

Amortisseurs. — **Considérations théoriques et générales**. — Les amortisseurs sont des appareils modérateurs, destinés à régulariser l'action des ressorts et à maintenir entre certaines limites les déplacements respectifs de l'essieu et du châssis. Le confortable du véhicule est ainsi grandement amélioré, en même temps que son entretien est facilité. L'action de l'amortisseur dépend de deux conditions : la qualité de la suspension proprement dite et la nature des chocs qui sont tranmis par la route.

En ce qui concerne la qualité de la suspension, il faut distinguer deux catégories de véhicules :

1º Les voitures de tourisme marchant à vive allure, munies de ressorts très flexibles, cette flexibilité atteignant 20 et 25 mm. par mètre, et dans lesquelles la charge utile est faible, par rapport au poids mort et, en tout cas, inférieure à celui-ci :

2º Les véhicules industriels ou qu'on peut assimiler à des véhicules industriels, comme les voitures de ville, dans lesquels la solution du problème est inverse de la flexibilité.

Nous avons, d'autre part, dans un chapitre précédent, étudié l'action des dénivellations du sol ; il faut cependant classer celles-ci suivant que ces dénivellations sont courtes ou longues : les petits obstacles tels que les pierres de la route, qui provoquent un brusque soulèvement de la roue et de l'essieu, sont de courtes dénivellations et elles sont absorbées suffisamment par le pneumatique ; mais l'action des dénivellations longues sur l'état d'équilibre du poids suspendu est bien différente. Lorsqu'une telle dénivellation se présente, la roue, en la franchissant rapidement, comprime le ressort en diminuant sa flèche d'une quantité à peu près égale à la hauteur de la dénivellation ; le châssis suspendu se déplace sous l'influence de ses ressorts afin de ramener les flèches de ceux-ci à la dimension d'équilibre, mais, en même temps, il emmagasine, sous forme de mouvement, une certaine quantité d'énergie et prend ainsi un mouvement pendulaire qui peut atteindre théoriquement une amplitude égale au double de la dénivellation. De plus, le véhicule rencontrant presque toujours une série successive de dénivellations, il peut se produire un synchronisme entre les dénivellations de la route et les oscillations propres de la voiture, et on peut atteindre ainsi des amplitudes dangereuses.

M. Krebs a fait toute une série de démonstrations auxquelles il convient de se reporter, et il a montré que la hauteur h de la dénivellation pouvant être franchie avec amortissement complet de l'oscillation est proportionnelle à la flèche a que prend le ressort sous la charge P, c'est-à-dire qu'elle est proportionnelle à sa flexibilité, ainsi qu'au frottement produit dans le ressort et ses attaches. C'est ce que M. Georges Marié a appelé la condition de convergence.

La flexibilité est limitée :

1º Par la variation des charges que doit recevoir la voiture ;

2º Par la nécessité de limiter les inclinaisons que prend la caisse sous l'action des efforts latéraux résultant des inclinaisons de la route, ou des efforts centrifuges développés dans les virages.

On pourrait, il est vrai, augmenter les efforts de frottement résultant des ressorts, en les constituant avec des lames plus courtes, beaucoup plus minces, mais en nombre plus considérable ; seulement, dans la pratique, les fabricants se sont toujours refusés, avec juste raison, à entrer dans cette voie.

On a donc été obligé de chercher à produire ce frottement par d'autres procédés, au moyen de pièces convenablement disposées, qui permettent de régler l'amplitude du mouvement, et c'est de cette idée qu'est née la création des amortisseurs, dont la suspension Trulfaut a été l'une des premières et non des moins intéressantes manifestations.

Les appareils amortisseurs doivent remplir les conditions suivantes, pour établir l'amortissement convenable :

1º L'effort de frottement additionnel doit être à chaque instant sensiblement proportionnel à l'augmentation ou à la diminution de flèche que prend le ressort ;

2º L'adaptation d'amortisseurs ne doit pas rendre la suspension plus dure ou, si elle oblige à augmenter la flexibilité des ressorts, elle doit le faire dans la plus faible proportion possible, et l'auteur de la note a fait une démonstration très complète pour montrer que l'effort de frottement x à développer pour une modification de la flèche du ressort est donné par l'équation :

$$x = \frac{P}{y} h (1 - \varphi) - \varphi P,$$

qui montre que cet effort varie en raison inverse de la variation de la flexibilité $\dfrac{y}{P}$ et croît comme la dénivellation h, sous réserve de la soustraction de la petite quantité φP qui représente l'effort de frottement provenant du ressort.

Le problème consiste donc à réaliser un appareil qui, par le déplacement relatif de ses organes, dans un sens ou dans l'autre à partir d'une position donnée, produit d'abord un effort sensiblement nul pour un certain écart, effort qui ira ensuite s'accroissant proportionnellement au chemin parcouru, et ceci indépendamment de la vitesse avec laquelle les organes de l'appareil sont déplacés.

Les conditions théoriques qui ont été développées dans la note de M. Krebs sembleraient montrer que l'on doit rejeter les dispositifs empruntant un fluide, liquide ou gazeux, lorsqu'il s'agit de voitures de tourisme. Dans ces appareils, le fluide est forcé de s'écouler à travers un orifice de section variable, et la pression qui se produit dans ces appareils est toujours susceptible d'engendrer des fuites désagréables et nuisibles au fonctionnement de l'amortisseur. De plus, dans ce cas, les efforts de freinage varient comme le carré de la vitesse avec laquelle on rencontre la dénivellation, ce qui ne se produit pas avec les amortisseurs à action purement mécanique.

Au contraire, lorsqu'il s'agit de véhicules industriels, munis de ressorts à faible flexibilité, celle-ci dépassant rarement 4 à 8 mm. par mètre, on a intérêt à employer des amortisseurs présentant une résistance au fléchissement variable en raison des réactions très fortes qui se produisent sur la suspension, réactions qui sont non moins violentes à vide ou à demi-charge qu'à pleine charge. Il semble alors que les amortisseurs montés aux extrémités des ressorts et constitués soit par des ressorts annexes, soit par des systèmes utilisant un fluide compressible, donnent un résultat appréciable dans la pratique.

Ces considérations générales exposées, nous décrirons très brièvement quelques dispositifs des plus employés dans les automobiles.

Amortisseurs mécaniques. — *Dispositif Krebs.* — Le dispositif adopté par la Société des Automobiles Panhard-Levassor est dérivé de son système d'embrayage à plateaux multiples. Il se compose d'une boîte fixée au châssis, dans laquelle le freinage se fait circulairement, et d'une transmission à mouvement très simple, au moyen d'un levier horizontal et d'une biellette reliée aux étriers du ressort.

L'appareil amortisseur proprement dit se compose d'une double série de lames dont les unes sont solidaires de l'axe de l'appareil et les autres solidaires de la boîte de celui-ci. Sur les lames viennent se placer deux anneaux dont le développement cylindrique montre des rampes formant des surfaces planes constituées de telle sorte que les deux pièces devront se mouvoir longitudinalement d'une petite quantité, avant que les rampes n'entrent en contact. Dès que celui-ci a lieu, le mouvement relatif des deux anneaux continuant, les rampes glissent l'une sur l'autre et les plans des surfaces extérieures s'écartent de quantités proportionnelles au déplacement relatif des deux anneaux.

Ce déplacement des plans provoque une pression sur les lames et produit le freinage demandé. De plus, sur l'anneau extérieur, un disque conique assure le parfait contact des différentes pièces.

Dispositif Truffaut. — M. Truffaut a été l'un des premiers à créer une suspension applicable facilement aux châssis d'automobiles, et cette invention est exploitée actuellement par la Société des Automobiles Peugeot.

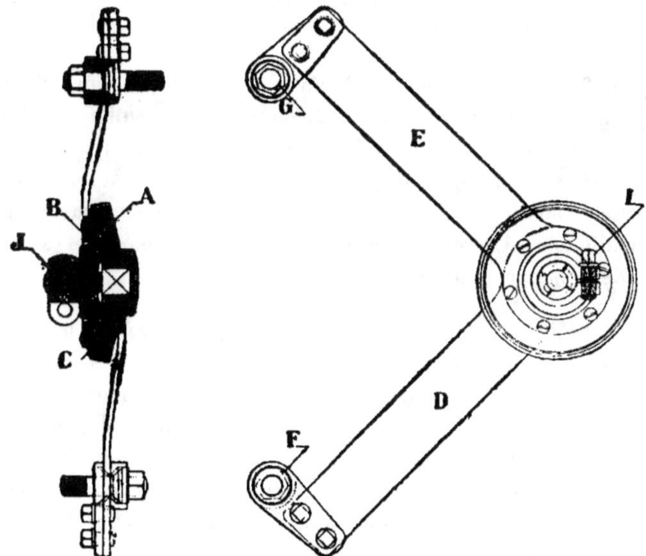

Fig. 238. — Suspension Truffaut.
AB disques de frottement ; ED bras de levier ; GF attaches de l'appareil ;
L réglage.

La suspension Truffaut se compose essentiellement de deux cuirs frottant l'un contre l'autre par leur partie plane et dont la pression respective de l'un sur l'autre peut être réglée au moyen d'un organe à vis. Chaque vis est solidaire d'un plateau métallique relié l'un au châssis et l'autre à l'essieu, au moyen de lames plates formant, en position normale, un angle d'environ 90° ; cet angle augmente ou diminue suivant le fléchissement des ressorts. Le dispositif est tel que, dans le sens de ce fléchissement, la résistance opposée par la suspension est très faible et qu'au contraire, lorsque ce ressort se détend, l'action de cette suspension intervient pour produire un freinage.

Evidemment, ce dispositif présente le mérite d'une grande simplicité, mais il est d'un réglage délicat.

Dispositif Fiat. — La Société italienne Fiat emploie un système de freinage au moyen d'un embrayage à ruban, constitué par un frein cylindrique à tambour. Une couronne d'acier est fixée au châssis et est entourée par un bandage métallique fendu, dont le serrage est obtenu au moyen d'un écrou et d'un ressort en spirale.

La bague de friction est commandée par un levier horizontal qui est relié par une bielle à double articulation.

Dispositif Sans. — Le dispositif Sans est constitué par un collier de frein, dont l'intérieur, brut de forge, reçoit une feuille métallique d'une matière résistante, à base de fibre, laquelle est graissée automatiquement au moyen de graisse consistante. Cette boîte est reliée par un bras articulé au châssis, et le collier est relié également par un bras articulé à l'essieu. Un ressort permet de régler le serrage et de rattraper l'usure de la bande de fibre.

Dispositif Edo. — L'amortisseur Edo réalise, au moyen de la réaction d'un écrou sur une vis, le freinage différentiel dans les **deux** sens. Il se compose d'une vis verticale à pas rapide, qui traverse un écrou relié à l'essieu, la tête de cette vis pouvant tourner dans une pièce supérieure fixée au châssis.

Lorsque les ressorts se compriment, la rotation de la vis s'effectue avec un frottement relativement faible, la tête appuyant de bas en haut sur une butée métallique; au contraire, quand le ressort se détend, la butée de haut en bas se fait sur un disque de cuir, par conséquent avec un coefficient de frottement beaucoup plus élevé que dans l'action précédente, et on obtient ainsi un freinage très réel dans un sens, tandis que la résistance est faible dans l'autre.

L'appareil est très léger, l'organe principal étant une simple tige filetée qui travaille à la traction, c'est-à-dire dans les meilleures conditions de résistance possibles.

Nous venons de passer en revue quelques dispositifs d'amortisseurs essentiellement mécaniques, un certain nombre de dispositifs utilisent le passage de liquides ou de gaz.

Amortisseurs à liquide. — *Dispositif Renault.* — M. Louis Renault emploie, comme amortisseur, un petit cylindre horizontal, dans lequel se meut un piston central percé, de part en part, par une ouverture obstruée partiellement par une tige cylindrique. Les chambres des extrémités sont reliées par un canal dont la section peut être plus ou moins étranglée au moyen d'une vis pointeau. Le cylindre étant fixé au châssis et le piston central recevant les oscillations de l'essieu, le liquide doit passer d'un côté à l'autre sous l'influence de ces oscillations pour produire le freinage des ressorts.

Dispositif de Bréviaire. — Le dispositif de Bréviaire se compose d'une boîte métallique ronde, divisée par deux plots métalliques verticaux en deux compartiments. Au centre de la boîte est un pivot relié à deux palettes qui divisent horizontalement la boîte en deux parties égales ; chacune de ces palettes porte une petite soupape qui s'ouvre dans un sens et se ferme dans l'autre.

Les deux plots portent une ouverture réglable au moyen d'une vis manœuvrée de l'extérieur. La chambre est remplie d'un mastic homogène à base de glycérine, et l'axe relié aux palettes est mis en mouvement par un levier horizontal qui peut prendre une inclinaison positive ou négative d'environ 25°. L'extrémité du levier est relié à l'essieu par une biellette à double articulation, tandis que la boîte est fixée au châssis. Sous l'influence des déplacements de l'essieu, les palettes prennent un mouvement oscillatoire pendant lequel les soupapes laissent passer la matière homogène, lorsque le ressort fléchit ; au contraire, lorsque le ressort se détend, les soupapes se ferment et le liquide a besoin de traverser les ouvertures réglées pour passer de l'un à l'autre compartiment. On a ainsi un freinage à la détente et une action presque nulle à la compression.

Dispositif Dutrieux. — Cet amortisseur se compose d'une boîte en forme de secteur, dans laquelle se meut une palette munie de trous qui peuvent être obturés dans un seul sens par des lames de ressorts superposées. La boîte est remplie d'huile ou d'un mélange de glycérine et d'eau. L'axe de la palette est relié à un bras horizontal qui, au moyen d'une biellette à deux rotules, prend son point d'appui sur l'essieu. La boîte, au contraire, est fixée au châssis et le fonctionnement général est assez analogue à celui du dispositif précédent.

Amortisseurs à gaz. — En ce qui concerne les suspensions à action pneumatique, nous citerons les quelques exemples intéressants suivants :

Dispositif Amans. — La pneumo-suspension Amans se compose d'un tube pneumatique formant corps de pompe, qui est fixé au châssis. Dans ce tube glisse un piston qui, par un renvoi de chaîne à 90°, est relié à l'essieu. Le piston a toujours tendance à être ramené vers le fond du cylindre par un ressort, et cette action se fait sans résistance, en raison de la forme du cuir d'étanchéité. Dans ce cas, l'air qui se trouve dans la chambre d'aspiration passe aisément dans la chambre de compression ; au contraire, lorsque le piston s'éloigne du fond, le cuir du piston, sous la poussée de l'air qui se trouve dans la chambre de compression, se collant aux parois du cylindre et ne permettant pas à cet air de s'échapper, il se produit une compression assez considérable, d'autant plus grande que l'action a été plus rapide.

Dans le fond de la chambre d'aspiration se trouve une petite soupape munie d'un chapeau protecteur pour empêcher la boue de venir obstruer l'orifice d'entrée d'air.

Dispositif de Bonnechose. — M. de Bonnechose remplace les ressorts métalliques de suspension par des ressorts pneumatiques, munis d'organes d'amortissement. L'appareil se compose essentiellement d'un ressort à air et d'un amortisseur, destiné à éviter le rebondissement de l'essieu sous l'influence des ressorts d'air,

Cet amortisseur est constitué par une masse liquide qui est entraînée par le mouvement du corps du piston principal, et il est disposé d'une façon très ingénieuse pour arrêter vers la fin le mouvement de détente de ce ressort.

Contre-ressorts. — Quelques constructeurs de ressorts ont pensé que les amortisseurs pouvaient être remplacés par une fabrication spéciale des ressorts eux-mêmes, et c'est ainsi que sont construits par la maison Hannoyer les ressorts dits : *antichoc au retour.* Ceux-ci se composent d'un premier ressort ordinaire, armé à l'intérieur d'un contre-ressort à lames d'égale largeur, mais bandées en sens inverse du premier et d'épaisseur différente. Cette épaisseur des lames du contre-ressort est calculée de manière à absorber graduellement le travail de réaction du ressort après son fléchissement, et ce contre-ressort est placé à l'intérieur du ressort proprement dit, auquel il est réuni par un boulon. Il n'y a donc aucun changement notable comparativement aux ressorts ordinaires.

M. Potron a présenté un dispositif analogue, mais dans lequel le contre-ressort est composé de ressorts à boudin placés vers le centre du ressort à lames proprement dit.

Citons encore la suspension *Aeros*, constituée par une sphère en tissu caoutchoutée, gonflée d'air, interposée entre la caisse et le châssis, cette sphère travaillant à la compression dans un sens et à l'extension au moment de la détente du ressort.

Enfin, pour les poids lourds, il convient de citer la suspension *Bernard et Patoureau* qui se place à l'extrémité du ressort entre la lame du ressort et la main proprement dite. Cet appareil se compose d'une tige à action verticale, glissant dans une bague reliée à la main de ressort, cette tige étant elle-même reliée à l'articulation inférieure de la jumelle.

La tige porte, à sa partie inférieure, un plateau de déformation qui appuie sur l'amortisseur, constitué par une chambre à air ayant la forme d'un demi-tore, dans lequel la pression convenable peut être obtenue au moyen d'une valve de chambre à air ordinaire. Sous l'influence des trépidations, le plateau vient presser sur la génératrice supérieure du tore et déforme celui-ci avec une intensité d'autant plus considérable que l'effort transmis est lui-même plus grand.

Supposons que la plus grande course adoptée pour l'appareil soit 60 mm. ; soit une charge de 1.000 kgs appliquée sur le coussin pneumatique dont la surface d'appui de tore est 250 centimètres carrés : on voit que, pour équilibrer la charge, il faudra introduire dans la chambre à air une pression de 4 kgs. L'expérience a montré que, sous cette pression, l'incurvation du coussin chargé ne dépasse pas 40 mm.; il reste donc une course possible de 20 mm., ce qui est suffisant.

M. Patoureau a démontré (1) que cet appareil donnait des variations automatiques de résistance au fléchissement de la suspension sous des charges variables et proportionnellement à ces charges.

(1) Société des Ingénieurs Civils de France. *Bulletin* de février 1907.

CHAPITRE V

ROUES ET BANDAGES

C'est à tort qu'on croit, en général, que les roues d'automobiles sont semblables aux roues de voitures quelconques ; il n'en est rien. Les roues d'automobiles et, en particulier, les roues d'arrière, sont des roues vivantes, c'est-à-dire des roues qui produisent un travail et le transforment en chaleur et en chemin parcouru. Les roues porteuses des voitures attelées, analogues en cela aux roues directrices d'une automobile, sont, au contraire, des roues mortes qui se contentent de rouler sur le sol sans y développer de travail. Ce qui montre bien la différence de ces deux catégories de roues, c'est justement le degré d'usure qu'on constate dans l'une et l'autre. et chacun sait maintenant que les bandages des roues d'arrière d'une automobile s'usent beaucoup plus rapidement que les roues d'avant.

De plus, la roue d'automobile doit avoir une solidité et une élasticité qui n'est pas nécessaire à la roue de la voiture attelée, en raison même des vitesses réalisées comparativement au poids transporté.

Enfin, la roue d'automobile est toujours de plus faibles dimensions que la roue d'une voiture attelée, et cette différence n'est pas sans changer certaines conditions du problème à résoudre.

Calcul d'une roue. — On admet, en général, pour les roues de wagons de chemin de fer la formule :

$$P = K.D.L,$$

P étant le poids en kilogrammes que peut supporter la roue, K un coefficient numérique qu'on prend égal à 14 pour les roues en fer de wagons ordinaires, D et L le diamètre et la largeur de la roue mesurés en centimètres. Ce coefficient K représente donc la charge spécifique, c'est-à-dire la charge pour une roue idéale dont le diamètre et la largeur seraient d'un centimètre.

Les expériences faites aux États-Unis sur différentes routes ont permis de donner les valeurs suivantes au coefficient K pour les roues d'automobiles :

Sur une route mal entretenue, avec des ornières, K doit varier de 0,113 à 0,7 ; sur une route en bon macadam, sa valeur varie de 0,26 à 1 kg. ; enfin, pour du petit pavé en bon état ou de l'asphalte, la valeur de K atteint 1,35 à 1,70 kg.

On voit donc, par la comparaison de ces trois séries de chiffres, quelle est l'influence des trépidations de la route sur le travail demandé à la roue d'automobile, comparativement à une roue de chemin de fer, en admettant que la vitesse angulaire de l'une et l'autre roues soit à peu près identique.

Construction de la roue. — La roue comprend un moyeu, des rais et une jante sur laquelle se fixe le bandage.

Nous avons parlé du moyeu dans un chapitre précédent, nous dirons un mot de la jante plus loin. Nous n'avons donc à signaler ici que des questions de construction proprement dite.

Les roues se ramènent à trois catégories différentes : les roues en bois, les roues en fil de fer et les roues métalliques.

Disons de suite que les roues en fil de fer, dérivées de la construction des roues de bicyclettes, ne trouvent plus maintenant leur application que pour les voiturettes. Les derniers essais qui ont été faits pour les voitures de course, pour lesquelles elles ont l'avantage d'une légèreté évidente à résistance normale égale, les ont fait presque toujours abandonner en raison de leur fragilité lorsque survient un accident de route, dérapage ou même choc léger dans le sens transversal.

Quel que soit le système de la roue, celle-ci doit résister à des efforts souvent considérables, en raison même de la progression sur la route. Ces efforts sont normaux, c'est-à-dire verticaux, par réaction du sol ou par pression des ressorts, mais peuvent être et sont souvent latéraux, en raison du glissement qui se produit dans la progression, notamment dans les fringalages ou dérapages. C'est pourquoi les roues doivent résister à des composantes obliques, et c'est pourquoi, du reste, on a été amené, dans les voitures attelées, à donner un devers ou *écuanteur* correspondant au *carrossage*, c'est-à-dire à l'inclinaison égale et de sens contraire donnée à la fusée.

L'écuanteur varie de 2 à 5 0 0 en général et on ne s'est pas encore mis d'accord entièrement, dans le monde de l'automobile, sur la nécessité de ce dispositif pour les roues des voitures mécaniques. Cependant il paraît excellent avec les roues en bois.

L'inconvénient de l'écuanteur, comme l'a fait remarquer M. Férus, est qu'il se prête mal au fonctionnement régulier de la chaîne et du différentiel, mais il semble que les constructeurs ont remédié assez facilement à ces défauts, et l'on ne voit plus maintenant de voitures avec l'écuanteur négatif qu'on constatait souvent il y a quelques années, lequel était disgracieux et révélait un manque évident de solidité.

L'écuanteur, en effet, a pour objet de transformer la roue en une surface conique qui donne à celle-ci de l'élasticité et de la solidité ; l'élasticité provient de ce que, à l'embattage, les rais fléchissent légèrement dans leur plan méridien sous l'action du serrage du cercle, et on constate cette élasticité lorsqu'on fait subir aux roues des épreuves par choc, pour déterminer leur limite élastique.

Quant à la solidité, elle résulte de la grande solidarité que l'embattage établit entre les rais écués et de l'orientation constante que donne l'écuanteur aux efforts obliques, que nous signalions tout à l'heure, par suite de la conicité donnée à la roue.

Roues en bois. — La roue en bois d'automobiles est toujours faite au moyen d'un hérisson, c'est-à-dire de rais ou rayons assemblés par des coins, au centre, sur un moyeu métallique formé de deux flasques serrées l'une contre l'autre au moyen de boulons.

Ces rais sont de construction différente suivant qu'ils sont destinés à recevoir des colonnettes pour fixer les roues de chaîne dans les roues motrices ou, au contraire, qu'ils sont des rais ordinaires, et il convient de signaler ici que plusieurs maisons de construction de machines-outils, notamment la Société Panhard-Levassor, construisent des machines à faire automatiquement les rais des roues au moyen de fraises tournantes à mouvement variable suivant des gabarits.

Les rais sont, en général, constitués en bois d'acacia ou en frêne, exceptionnellement en hickory ou noyer d'Amérique. L'extrémité des rais s'assemble sur une jante en bois ou une jante en fer.

La jante en bois est faite très souvent d'hickory, d'acacia ou de frêne courbé, et l'assemblage se fait par tenon et mortaise. L'assemblage des rais sur les jantes en fer se fait au moyen de sortes de godets métalliques rivés sur les jantes en fer, et on emploie quelquefois ceux-ci également avec les jantes en bois. M. Soulas a eu l'excellente idée de perfectionner ce système en adaptant aux godets des écrous qui permettent de régler le rais en longueur et, par conséquent, de rattraper le jeu qui se produit inévitablement dans le centre de la roue au bout d'un certain temps d'usure.

M. Boulenger fait des roues avec double jeu de rais alternés. Ces rais sont disposés à droite et à gauche du plan médian, et ils forment arc-boutant du moyeu sur la jante, puisqu'ils sont maintenus par deux flasques écartées sur le moyeu de toute la largeur de celui-ci, tandis que les extrémités des rais s'assemblent sur une même circonférence de la jante, les rais extérieurs alternant avec les rais intérieurs. Ce constructeur fait également des roues du même système entièrement métalliques ou avec des rais en bois armé.

Roues en tôle emboutie. — Les roues métalliques en tôle emboutie ont été proposées et présentées au public à diverses reprises, et on ne sait trop quelles sont les raisons qui ont empêché son emploi de se développer.

Serpollet, au concours de Nice de 1902, avait muni sa voiture de course extra-rapide de roues métalliques, afin de diminuer la résistance de l'air produite par les passages successif des rais. A la suite de ce premier essai, M. Arbel a présenté au public des roues métalliques bien étudiées.

Ces roues sont composées de deux troncs de cône très plats, constitués par emboutissage au moyen de tôle d'acier au nickel (1) d'environ 1 à 1 mm. 1/2 d'épaisseur. Ces deux disques emboutis, étant assemblés, d'une part, sur les flasques du moyeu et, d'autre part, sur la jante, forment une sorte de lentille très résistante qui porte simplement quelques ouvertures pour loger et manœuvrer la valve du pneumatique et les écrous des boulons de sécurité.

Lorsque la roue est une roue motrice par chaîne, on boulonne sur la flasque intérieure la poulie de frein qui porte la roue de chaîne.

La roue Stier est de construction analogue et est combinée avec une jante démontable. Il en est de même, du reste, de certaines jantes fabriquées par la maison Arbel.

Ces roues métalliques présentent une très grande solidité, si elles sont constituées d'un métal convenable et convenablement travaillé. Elles n'ont pas l'inconvénient de la roue de bois de former chapelet sous l'influence d'un choc violent latéral, ni même de se voiler, et on admet que la résistance de l'air est diminuée et surtout que la poussière soulevée est beaucoup moindre, en raison de la suppression des rais, qui forment comme des palettes de ventilateur dans les roues en bois.

Certains constructeurs anglais ont fait également, pour les poids

____

(1) L'acier employé contient en général 2,5 à 3 0/0 de nickel.

lourds, des roues en acier coulé, mais il ne semble pas que ce système, bon pour les machines agricoles, ait donné des résultats très pratiques même pour les voitures de très faible vitesse.

Jantes. — Nous distinguerons immédiatement trois sortes de jantes : la jante fixe, la jante amovible et la jante démontable.

La jante *fixe* est celle qui est constituée par un cercle d'acier sans fin, de diamètre convenable et dont les bords sont repliés pour former l'accrochage du talon du bandage.

Leur fabrication est faite de la façon suivante :

Le ruban d'acier étant coupé de longueur. ses bords sont rabattus à froid au moyen d'une machine spéciale ; après recuit, il est cintré et l'on procède au rebèquetage, c'est-à-dire à la préparation des deux extrémités, à leur rivetage, leur dressage et leur brasage, qui supprime toute solution de continuité entre les deux extrémités.

Quant aux jantes *amovibles*, elles ont acquis une très grande popularité, au Circuit de la Sarthe de 1906, car celles qui étaient construites par la maison Michelin avaient été adoptées par quelques constructeurs et n'ont pas été sans être un facteur important de leur succès.

La jante amovible se compose d'une jante sur laquelle est monté le pneumatique tout gonflé et qu'on vient fixer sur une fausse jante reliée à la roue au moyen d'un certain nombre de points d'attache par boulons ou coins. La jante est donc bien amovible, puisqu'on enlève celle-ci avec le pneumatique pour lui substituer une autre jante munie de son pneumatique tout gonflé.

Parmi les jantes amovibles, celle qui a été présentée par M. Vinet est des plus intéressantes ; la fixation de la jante est obtenue par un cercle en forme de coin, l'action des écrous étant, non pas de fixer la pièce, mais plutôt de repousser le coin pour empêcher la jante proprement dite de s'échapper. Les jantes amovibles M. L., basées sur un principe un peu différent, arrivent à un résultat identique.

Les jantes *démontables* sont celles dans lesquelles une partie peut être démontée pour permettre le remplacement du pneumatique sans avoir à procéder aux opérations difficiles et parfois pénible de l'accrochage du talon dans la jante, comme on le pratique d'ordinaire. Un grand nombre de jantes démontables ont été proposées.

Signalons particulièrement celles de MM. Arbel, Stier, Peter, Le Play et la jante démontable « Le Rêve », qui emploient des talons à double courbure empêchant tout arrachement.

Ces jantes démontables ne sont pas encore, il faut le dire, entrées dans le domaine pratique, parce qu'elles n'ont pas eu la faveur de ceux qui possèdent des voitures de très vive allure, mais il semblerait, au contraire, que pour toutes les voitures industrielles ou les voitures de tourisme ne dépassant pas 40 à 45 kilomètres à l'heure, ces roues démontables présenteraient des avantages incontestables, et on peut se demander pourquoi la pratique n'a pas encore sanctionné des inventions qui sont parfaitement viables et utiles.

Pneumatiques. — La question des pneumatiques est si vaste, que nous préférons l'esquisser simplement ici sans avoir aucunement la prétention de la traiter d'une façon complète.

Le pneumatique est le boudin d'air qu'on accroche sur la jante de la roue et qu'on gonfle pour constituer un chemin de roulement élastique, déformable, ayant cette qualité. si justement définie par Michelin, de *boire l'obstacle*.

On a dit que le pneumatique était un mal nécessaire de l'automobile, et peut-être n'a-t-on pas eu entièrement tort, quand on songe à tous les inconvénients qui résultent de la rupture par crevaison de cette fragile enveloppe gonflée d'air. D'autre part, le boudin d'air sur lequel on roule, donne une douceur de marche inconnue jusqu'alors et ménage non seulement le voyageur et la carrosserie, mais encore le mécanisme, et l'expérience a été bien souvent faite de gens qui, par dépit, supprimant leurs pneumatiques, voyaient immédiatement les inconvénients de cette suppression et les ruptures se produire d'une façon fréquente et souvent dangereuse.

Le pneumatique, a dit le marquis de Dion, est à l'automobile, ce que le rail est à la locomotive et, en effet, c'est depuis la création du pneumatique et la perfection de sa construction, que l'automobile a pris le grand essor que l'on sait, de sorte qu'on a pu également lui appliquer le distique célèbre : « Il m'a fait trop de mal pour en dire du bien, il m'a fait trop de bien pour en dire du mal ».

Le pneumatique comprend trois parties bien distinctes : la jante dont nous avons parlé plus haut, la chambre à air qui est destinée à retenir l'air dans une enceinte imperméable et qui est gonflée au moyen d'une pompe par l'intermédiaire de valves qu'on reconnaîtra être des merveilles d'ingéniosité mécanique, si on veut examiner les moyens qui sont adoptés pour retenir des pressions souvent considérables.

La chambre à air est enrobée dans une enveloppe constituée par des toiles et des gommes de caoutchouc résistantes qui viennent s'accrocher dans la jante et qui sont l'organe résistant, de même que la chambre à air est l'organe imperméable.

La fabrication des enveloppes de pneumatiques est fort difficile et très délicate, car il s'agit de travailler avec une très grande précision des matériaux tels que la toile et le caoutchouc, essentiellement déformables et élastiques. Quoi qu'il en soit, les progrès qui ont été faits depuis ces dernières années dans le choix des matières et dans les modes de vulcanisation, notamment la vulcanisation sous pression, c'est-à-dire sous pression mécanique en même temps que sous pression de vapeur, ont permis de faire des bandages résistant à des efforts extraordinairement importants comme ceux que subissent ces bandages dans des voitures à la fois lourdes, puissantes et rapides.

Fig. 239. — Type de bandage pneumatique à bande de roulement plat.

La question du gonflement des bandages pneumatiques étant primordiale, certains constructeurs ont très justement dressé des tableaux de gonflage pour indiquer les caractéristiques de celui-ci, et nous reproduisons ici l'un de ces tableaux très complet (page 389).

Pour réaliser le gonflage, on emploie, en général, une pompe à main qui permet d'obtenir facilement les pressions indiquées au tableau, mais cela ne se fait pas sans une dépense d'énergie assez considérable. Aussi a-t-on combiné certains appareils pour suppléer à la dépense de puissance humaine qui est nécessaire.

Le gonfleur Girip emploie au gonflage les gaz de l'un des cylindres ; ces gaz sont recueillis au moyen d'un boîte à clapet très ingénieuse qui se visse à la place de l'une des bougies. Ils sont ensuite refroidis par une assez longue canalisation, sont purifiés par un appareil qui sépare l'eau et les hydro-carbures provenant de l'huile de graissage et envoyés ensuite au manomètre où sont vissés les raccords de gonflement.

Le tube de canalisation est, en général, constitué en acier recuit de 4 mm. de diamètre intérieur et sa longueur, constituée par des serpentins, doit être d'environ 3 mètres pour assurer le refroidissement convenable. Cet appareil, dont le poids est insignifiant, gonfle un pneumatique de grandes dimensions en quelques minutes et, par conséquent, peut rendre de très grands services.

Tableau 32. — Tableau de gonflage des pneumatiques.

Grosseur du boudin	Maximum du poids à faire supporter au pneu	Lorsque le pneu supporte :	Il faut le gonfler à :	Minimum d'aplatissement. Pneu :	
				plat	rond
65 mm.	275 kg.	150 à 200 k. 200 à 275 k.	3 k. 500 4 k. 500	44 mm.	52 mm.
75	220 kg.	150 à 200 k. 200 à 220 k.	3 k. 500 4 k. 000	»	51
85	300 kg.	200 à 250 k. 250 à 300 k.	4 k. 000 4 k. 500	»	60
90	450 kg.	250 à 350 k. 350 à 450 k.	4 à 5,000 5 à 5,500	62	58
105	520 kg.	300 à 450 k. 450 à 520 k.	4 à 5,000 5 à 5,500	68	67
120	600 kg.	400 à 500 k. 500 à 600 k.	4,5 à 5 5 à 5,500	76	76
150	750 kg.	500 à 650 k. 650 à 750 k.	5 k. 000 6 k. 000	110	94

La maison Morin-Sclaverand a présenté soit une pompe oscillante fixée au châssis, soit une pompe à double effet et prenant son mouvement sur l'arbre moteur, en l'un des points où cette adjonction est le plus facile à installer.

M. Touzelet emploie un gonfleur constitué par deux cylindres mis en marche par le moteur, au moyen d'un excentrique.

Le gonfleur Michelin est actionné par une partie des gaz de l'échappement qui agit, par un renvoi très simple, sur deux cylindres à air à simple effet au moyen de deux bielles articulées, et bien d'autres systèmes analogues ont été également proposés.

Bandages autres que les bandages pneumatiques. — Les inconvénients du bandage pneumatique, au point de vue de la résistance, ne permettent guère de l'employer lorsque les roues ont à supporter un poids assez considérable, et c'est pourquoi les constructeurs ont été amenés à étudier des bandages en caoutchouc plein. Ceux-ci sont constitués soit d'une qualité spéciale de caoutchouc, soit de différentes qualités de caoutchouc comme le bandage compound (fig 240) donnant une très grande souplesse relative et une solidité parfaite ; l'accrochage sur la jante se fait soit par la vulcanisation, soit

par un collage, soit encore au moyen de fils d'acier noyés dans la
masse et fixés par des machines spéciales.

On arrive ainsi à des charges pouvant atteindre plus de 3.000 kg.
par essieu, soit 1.500 kg. par roue, avec une dimension de bandages

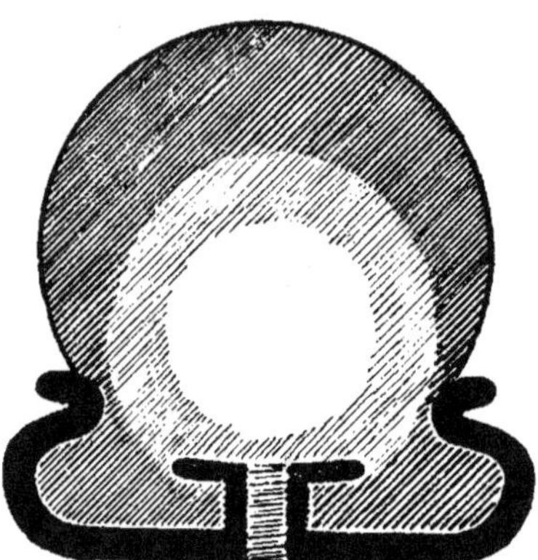

Fig. 240. — Bandage plein dit Compound.

ne dépassant pas, en général, 150 millimètres de diamètre. Malheureusement, les bandages en caoutchouc plein coûtent fort cher, et ils ne
sont pas non plus à l'abri des détériorations, de sorte que lorsqu'une
coupure vient à se produire, le bandage ne tarde pas à être arraché et
met ainsi hors de service une marchandise de haute valeur.

Pour remédier à cet inconvénient, les constructeurs de véhicules
industriels, notamment la Compagnie Générale des Omnibus de Paris,
ont adopté des bandages constitués par une série de blocs en caoutchouc placés les uns à côté des autres et réunis par des plaques boulonnées, qui permettent le changement facile d'un des blocs lorsqu'il a
subi une avarie le mettant hors de service. Ce remplacement est bien
moins onéreux, bien entendu, que celui de la bande tout entière, et il
se fait également avec une très grande facilité.

Pour répartir la charge sur une surface plus grande et d'éviter de
faire travailler le caoutchouc à un coefficient de compression trop considérable, on dispose souvent dans les véhicules lourds deux et même
trois bandes en caoutchouc, l'une à côté de l'autre, séparées par conséquent par un intervalle. Il en est de même pour les blocs.

A côté des bandages en caoutchouc, nous avons vu surgir plusieurs
systèmes intéressants en ce qu'ils ont pour but de substituer à la

chambre à air un corps élastique, tout en conservant l'emploi de l'enveloppe résistante.

Certains produits constitués par un mélange à base de gélatine précipité par le formol ou les chromates (1) sont introduits sous pression dans la chambre à air et, lorsque la réaction chimique s'est opérée, cette chambre ainsi gonflée est placée par des appareils spéciaux dans l'intérieur de l'enveloppe (Elastophore, Elastès, Ridgerton).

Un autre système consiste à mélanger un produit à base organique avec du caoutchouc et à vulcaniser le tout, ce qui permet une grande gamme de résistances, suivant les quantités respectives des produits, la nature et l'intensité de la vulcanisation (Vorax).

Roues élastiques. — On a cherché également à substituer au bandage pneumatique des roues élastiques, mais les premiers essais qui ont été faits dans cet ordre d'idées avec des roues munies de ressorts métalliques n'ont pas été couronnés de succès, malgré une très louable persévérance. La roue de Cadignan, qui recevait son élasticité de ressorts en forme de C, a présenté, à l'usage, des inconvénients qui ont entravé la généralisation de son emploi. C'est du reste le sort réservé probablement à toutes les roues à ressorts dans lesquelles chaque ressort travaille alternativement (roues Guigner, Stretta, Cottineau et Schmitt, Tardieu, etc., etc.). Une roue à ressorts ne semble être viable que si tous les ressorts travaillent automatiquement ensemble et avec la même intensité, quels que soient les cahots de la roue, mais une telle roue ne nous a pas encore été offerte.

Au contraire, dans les concours, plusieurs systèmes de roues élastiques ont présenté des qualités réelles ; ce sont les roues Lévi, Garchey, la roue Soleil, la roue Cosset, etc.

L'élasticité est donnée souvent par des bandes ou disques de caoutchouc comprimé dans le moyeu et ce sont, à vrai dire, dans ce cas, plutôt des roues à moyeu élastique que des roues à jante élastique.

On a essayé également l'emploi d'œufs en caoutchouc, de formes alvéolaires sans pression (Ducasble) ; dans le système métallo-électrique on a interposé entre la jante de la bande de roulement et une contre-jante une série de boules en caoutchouc maintenues par une courroie, qui sont comprimées sous l'influence du roulement et rou-

---

(1) Composition connue depuis longtemps et qui sert notamment à faire les objets en galactite, produit susceptible d'un beau poli, qu'on obtient au moyen de la caséine de lait.

lent les unes sur les autres dans le talc. La roue Viguié est une roue
à jante pneumatique.

Antidérapants. — Pour remédier aux inconvénients si graves du
dérapage, que nous avons signalés dans l'étude théorique du présent
ouvrage, on a été amené à munir les bandes de roulement, principalement les pneumatiques, de dispositifs antidérapants. Nous les classe-
rons dans les quatre catégories suivantes :

Les antidérapants en cuir, constitués par des bandes munies de têtes
de clous (en cuir chromé, en général) collées sur l'extérieur de l'enveloppe ; la dérapance est absorbée par des clous qui forment saillie,
et dont certains du reste ont une forme et une saillie qui sont contraires aux règlements sur la police du roulage, et qui par suite ne sont
pas sans abîmer les routes ; de plus, dans plusieurs systèmes la bande
proprement dite, sur laquelle les clous sont fixés, n'a pas ses bords
complètement fixes, de façon à former une sorte de bavette qui vient
opposer la résistance de son retroussement au glissement latéral de
la roue.

Le type de ces bandages est l'antidérapant Samson ; un grand nombre
d'autres analogues, mais différents par les détails de construction, ont
été mis sur le marché. Ils portent en général des noms rappelant une
idée de puissance ou de force (Jupiter, Éros, Sans-Peur, Marquis, etc.).

La seconde catégorie comprend des antidérapants semblables aux
précédents, mais dans lesquels la bande de cuir, au lieu d'être collée
sur le pneumatique, y est réunie par des moyens mécaniques, soit par
un lien extérieur dont on diminue le diamètre après placement de
l'antidérapant, soit par un petit talon particulier, à agrafes métalliques,
qu'on vient accrocher sur la jante en même temps que le talon de
l'enveloppe proprement dite (antidérapants Durandal, Clerget, Néron,
H. B., etc.).

Quelques antidérapants sont constitués, non d'une bande continue,
mais de petits fragments de bandes qu'on fixe séparément, ou bien de
carapaces, ce qui permet de faire alterner l'antidérapant avec le
caoutchouc Houben.

Dans la troisième catégorie, nous trouvons un antidérapant entièrement métallique, constitué par des lamelles d'acier, estampé et durci,
relié par des chaînes. C'est l'antidérapant Lempereur, qui a donné
d'excellents résultats dans les concours et qui présente l'avantage d'un
démontage rapide et facile.

Enfin, une quatrième catégorie est l'antidérapant destiné aux poids
lourds. En général, on obtient, dans ce cas, l'effet d'antidérapance en

disposant deux bandages l'un à côté de l'autre ou deux séries de blocs parallèles ou alternés. On admet que, lorsque le dérapage commence à se produire, le bandage situé à l'extérieur nettoie la chaussée par frottement et offre par suite à la bande voisine une partie de roulement non glissante où l'adhérence se produit avec sécurité. On peut également ment penser que les matières de la route, s'accumulant entre les blocs ou entre les bandes, viennent opposer une résistance latente qui suffit à arrêter le dérapage.

A la Compagnie Générale des Omnibus, on emploie, pour éviter le glissement des roues de devant qui ne comportent qu'une seule rangée de blocs, un dispositif consistant à placer ces blocs d'une façon oblique par rapport au plan de la roue. On obtient ainsi un demi effet qui est suffisant pour enrayer le glissement latéral.

CHAPITRE VI

FREINAGE

Considérations théoriques et expérimentales. — La
question du freinage est particulièrement importante dans les voitures
automobiles quelles qu'elles soient, puisque dans ces véhicules l'action
des forces naturelles se fait seule sentir et qu'ils n'ont pas, pour les
retenir, l'instinct de l'animal attelé, instinct qui, il faut bien le dire,
semble, dans certains cas, supérieur à l'intelligence du conducteur res-
ponsable de l'arrêt du véhicule.

Dans les voitures de tourisme, rapides et lourdes (le poids de
2.000 kilos en charge complète est souvent atteint pour des voitures de
20 à 30 chevaux), l'étude des freins doit être particulièrement soignée,
puisque c'est d'elle que dépend, en grande partie, la sécurité des
voyageurs et aussi celle des autres usagers de la route.

Dans les véhicules industriels, la question du freinage est non moins
importante et, quoique la vitesse soit bien moindre, la solution du problème est souvent presque aussi difficile que dans les voitures de tourisme en raison de la masse considérable en mouvement et aussi parce
que, les organes mécaniques tournant moins vite, les pièces de freinage
doivent avoir une robustesse bien plus grande que celles des voitures
de tourisme, pour lesquels on obtient des freinages très énergiques
sur des parties frottantes relativement faibles, en raison de la rapidité
de la rotation de ces organes. Il existe cependant entre l'arrêt des voitures automobiles et l'arrêt des voitures attelées des analogies assez
grandes pour que nous soyons désireux de dire quelques mots du
freinage des voitures attelées (1).

Pour arrêter une voiture du poids P marchant à la vitesse V, le
cheval doit absorber la force vive de la voiture, déduction faite du travail de frottement. En ne considérant à volonté que le travail intérieur

(1) Etude du commandant Ferrus, 1903.

développé par le cheval pour arrêter la voiture, ou en tenant compte
du travail intérieur développé par l'animal pour s'arrêter lui-même,
si on appelle F l'effort moyen développé ainsi, f étant la valeur du
frottement et e l'espace parcouru par le cheval avant l'arrêt, on a :

$$\frac{PV^2}{2g} = \left(F + f \right) e.$$

Si on applique cette formule, par exemple, à un coupé de la Compagnie des Petites Voitures, pesant 450 kilos en moyenne et transportant
trois voyageurs et un cocher, soit un poids total de 730 kilos, si on
suppose que le cheval pèse de son côté 425 kilos et qu'il marche à une
vitesse de 3 m. 50 par seconde, soit 12 km. 6 à l'heure, et si on admet
une résistance au roulement de 20 kilos par tonne, résistance plutôt

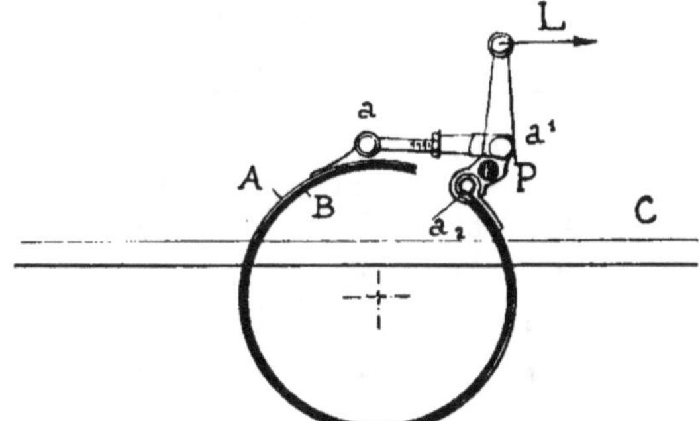

Fig. 241. — Frein à serrage extérieur. A couronne de frein ; $a\ a$, a_2 articulations ; P point fixe : L levier de commande.

inférieure à la moyenne, on trouve les chiffres suivants pour l'effort
moyen exercé par le cheval, soit pour arrêter la voiture seule, soit
pour arrêter le véhicule total (cheval et voiture) en donnant successivement au parcours effectué par le cheval entre le signal d'arrêt et
celui-ci des longueurs de 12 à 4 mètres.

Pour arrêter un fiacre en 6 à 5 mètres il faut donc un effort moyen
de 75 kilos, ce qui correspond à un effort maximum de 110 à 120 kilos,
effort négatif, difficile à obtenir d'un cheval du poids indiqué ci-dessus.

Si on fait le calcul, on voit que le coefficient de frottement des fers
sur le sol doit être d'environ 0,28, condition qui se trouve difficilement réalisée dans Paris, et la conclusion du commandant Ferrus
était la suivante : que dans les meilleures conditions possibles, c'est-à-
dire avec un cheval et un cocher bien dressés, sur un sol en bon état,

un véhicule ne peut s'arrêter en moins de 6 m. 75 à 12 m. 50 suivant qu'il marche à 12 ou à 18 kilomètres à l'heure. Ces chiffres sont aisément dépassés de moitié avec des chevaux médiocres, conduits par des cochers peu expérimentés, et on arrive, dans la pratique à avoir des arrêts en 10 à 18 mètres ; c'est pourquoi il semble parfaitement imprudent de laisser dans les grandes villes circuler des voitures comme les fiacres sans les munir de freins.

Tableau 33. — Efforts du cheval dans l'arrêt.

Parcours nécessaire pour obtenir l'arrêt	Effort moyen exercé par le cheval pour arrêter :			
	à la vitesse de 3 m. 50 ($v = 3.5$) ($V_h = 12,6$)		à la vitesse de 5 m. ($v = 5$) ($V_h = 18$)	
	La voiture seule	Le cheval et la voiture	La voiture seule	Le cheval et la voiture
	kg.	kg.	kg.	kg.
12 m.	—	—	61,4	—
10 m.	30,1	56,1	76,6	129,8
8 m.	41,3	73,8	99,4	165,9
6 m.	59,9	103,3	137,4	226,0
5 m.	74,8	126,9	167,8	274,1
4 m.	97,1	162,2	213,4	346,3

L'établissement des freins de voitures automobiles s'est fait longtemps d'une façon tout à fait empirique et, même actuellement, l'effort retardateur correspondant à chaque modèle de frein est encore très mal connu. Il résulte cependant des études et des expériences faites que les meilleurs freins ne donnent pas, en général, un effort retardateur supérieur à 300 kilogs par tonne, correspondant à une accélération négative de 3 mètres par seconde ; il serait même prudent de ne compter que 250 kilos donnant une accélération négative de seulement 2 m. 50. Si on applique la formule ci-dessus à une voiture pesant 1 000 kilos et marchant à une vitesse de 72 km. à l'heure (20 mètres par seconde), on voit qu'on ne peut arrêter celle-ci que sur une distance de 60 à 80 mètres, et il est évident que c'est là un arrêt tout à fait insuffisant.

Malgré ces conditions défectueuses, cet arrêt ne peut être obtenu que par des efforts considérables exercés sur les tambours de freins et, si on

admet que ceux-ci ont 40 mm. de diamètre pour des roues de 0 m. 80,
on arrive à un chiffre très élevé de puissance vive à absorber par chacune des couronnes. D'autre part, comme il est difficile de demander
aux conducteurs d'exercer sur une pédale un effort supérieur à 14 ou
15 kilogs, il est fort malaisé de transformer cet effort initial, relativement faible, en un travail qui puisse atteindre 6.000 kilos, et ceci
sans faire éprouver au châssis des réactions nuisibles à sa solidité,
d'autant plus que la liaison entre les roues arrière et l'organe de freinage est grandement diminué par le fait du fléchissement des ressorts
qui agissent souvent d'une façon contraire à l'effort développé par le
conducteur.

Le chiffre de 300 kilos par tonne semble cependant un peu faible, et
il résulterait d'expériences faites aux Etats-Unis que l'effort retardateur
pourrait s'élever jusqu'à 700 kilos par tonne, d'où une accélération
négative d'environ 7 mètres à la seconde.

Quoi qu'il en soit, ces questions de freinage sont encore mal connues ;
c'est pourquoi, en novembre 1903, des expériences ont été faites devant
le conseil municipal de Paris au Bois de Boulogne, pour montrer les
avantages, au point de vue de la sécurité du freinage, des automobiles
par rapport aux voitures à chevaux. C'est ainsi qu'a pu être dressé le
tableau 34 (page 398).

Dans une épreuve automobile organisée à Deauville, le parcours était
de 500 mètres, départ et arrivée arrêtés. Une voiture Mors 70 chevaux, pesant 1.000 kilos, a fait un temps de 33 secondes 4/5 correspondant à 53 kilomètres à l'heure, à une vitesse *moyenne* de 14 m. 7 à
la seconde ; l'arrêt a eu lieu sur 50 mètres en 5 secondes.

Cette expérience, malheureusement, péchait par une base non scientifique, car la vitesse instantanée au moment du commencement du
freinage, c'est-à-dire la vitesse maximum développée par la voiture,
n'a pas été mesurée et, en réalité, c'est simplement sur le temps général
et le temps d'arrêt que le classement a été fait.

La question du freinage est très importante dans l'automobile, parce
qu'elle est liée de très près à la question économique et à l'entretien des
pneumatiques. Evidemment, l'effort retardateur d'une voiture automobile est obtenu par le frottement des bandages en caoutchouc sur le sol
ou sur les freins et il a été démontré, à propos d'expériences faites en
Angleterre sur les freins Westinghouse que le freinage était d'autant
plus effectif que sa progressivité était plus grande et qu'on avait intérêt
à ne pas atteindre le moment où, la roue étant bloquée, le bandage ne
roule plus mais frotte sur le sol. Ceci est important avec les pneumatiques, car lorsqu'un tel fait se produit (et cela a lieu trop souvent avec

des conducteurs peu soucieux de leurs voitures), le pneumatique peut être mis hors d'usage en quelques minutes ; en tout cas, il subit des efforts négatifs considérables, plus destructeurs que ceux qui résultent de la progression en avant pour laquelle il a été calculé.

Les coups de frein brusques et le mauvais réglage des freins sont donc une des causes importantes de la destruction rapide des pneumatiques, et c'est encore une raison, après la question de sécurité, qui doit intervenir pour faire étudier les freins des automobiles en vue de réduire ces inconvénients au minimum.

Tableau 34. — Expérience sur l'arrêt des véhicules.

En palier sur sol gras	Poids		Poids total en charge	Vitesse en km. à l'heure	Distance d'arrêt
	voiture à vide	chevaux			
Coupé petites voitures.	450	425	1.250	12	9 m. 6 à 11 m. 7
				16	12 (1) à 16 m.
Coupé Urbaine 2 chevaux . . .	540	870	1.670	18	13 m. 3 à 14 m. 5
Road Car extra-léger	35	145	260	20	20 m.
Automobile de Dion-Bouton, 6 chevaux. . . .	580	—	800	20	8 m. 80
				25	9 m. 50 à 10 m. 49
Automobile Serpollet, 25 chev.	1.260	—	1650	12	3 m. à 3 m. 80
				16	4 m. à 5 m. 30
				20	5 m. 60 à 8 m.
				25	12 m. à 13 m. 50
				40	10 m. 50

(1) Arrêt forcé ayant fait boiter le cheval.

Dispositions diverses des freins. — Réglementairement, les freins doivent être au nombre de deux au moins et, par conséquent, il est tout naturel de penser que l'un d'eux, le frein le plus puissant, dit souvent frein de secours, doit agir sur les roues motrices. Quant au second frein, il peut être placé en plusieurs endroits de la transmission on bien ne pas être placé sur la transmission et être mis également sur les roues.

Signalons de suite, à ce sujet, que les voitures à vapeur Weyher et Richemond sont munies de freins agissant sur les roues avant, et ce dispositif qui semblerait à priori faciliter le dérapage, donne, au contraire, une grande sécurité contre cet inconvénient de l'automobile. C'est ce que M. Richemond démontra au moyen d'un petit appareil fort

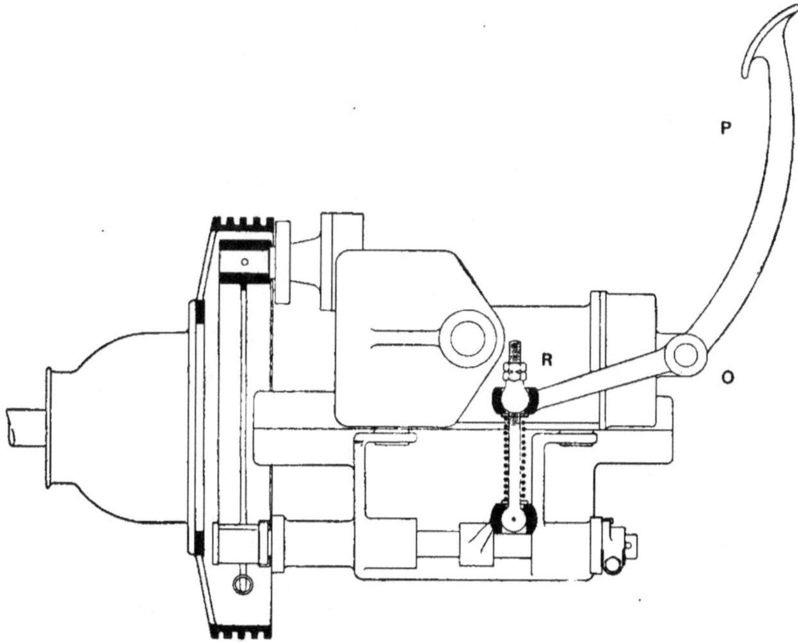

Fig. 242. — Frein à pied prenant son appui sur le changement de vitesse (Renault frères).

simple, dont une paire de roues était immobilisée et qui dérapait lorsqu'on le projetait sur un plan incliné les roues bloquées à l'arrière, tandis qu'il descendait sans déviation appréciable lorsqu'au contraire c'étaient les roues bloquées qui étaient à l'avant.

On a reproché à très juste titre aux freins sur la transmission de fatiguer celle-ci inutilement, notamment en permettant au conducteur de lui faire subir des efforts négatifs plus considérables que les efforts positifs pour lesquels ces transmissions ont été calculées, et c'est ce qui fait que certains constructeurs (Mors, Brasier, Hautier, Gillet-Forest) ont reporté sur les roues arrière deux des freins, soit en les disposant sur deux couronnes côte à côte, soit en établissant un serrage extérieur et un serrage intérieur sur une même couronne fixée à la roue.

Le frein sur la transmission peut être placé des différentes façons suivantes :

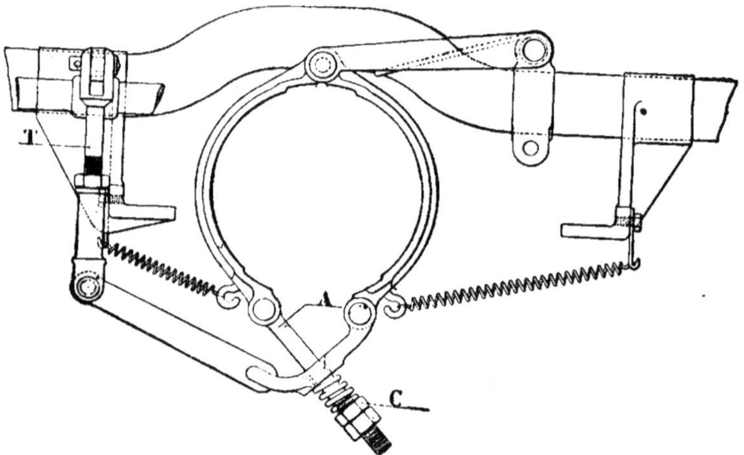

Fig. 243. — Frein de mécanisme à double serrage (Peugeot).

1° MM. Chenard et Walcker placent l'un de leurs freins sur l'embrayage, c'est-à-dire que, par le mouvement de débrayage du volant, la partie reliée au mécanisme vient frotter contre des sabots fixes, d'où résulte le ralentissement de la vitesse de tout le mécanisme.

2° La position la plus généralement adoptée dans les voitures à cardan longitudinal est celle qui correspond à la sortie du changement de vitesse, car le placement de la poulie de frein et l'installation de la commande de la couronne de serrage s'y font dans des conditions aisées et pratiques.

3° Dans les voitures à chaînes, le serrage se fait sur l'un des arbres du différentiel ou, pour éviter de faire travailler cet organe d'une façon anormale dans les grosses voitures, de chaque côté du différentiel sur chacun des arbres latéraux. Ce dispositif est commode, si le constructeur a soin d'égaliser les efforts exercés sur chacune des couronnes de frein.

4° Certains constructeurs (MM. Renault entr'autres, en 1904) ont placé la couronne du frein au pied sur l'arbre d'attaque du différentiel, c'est-

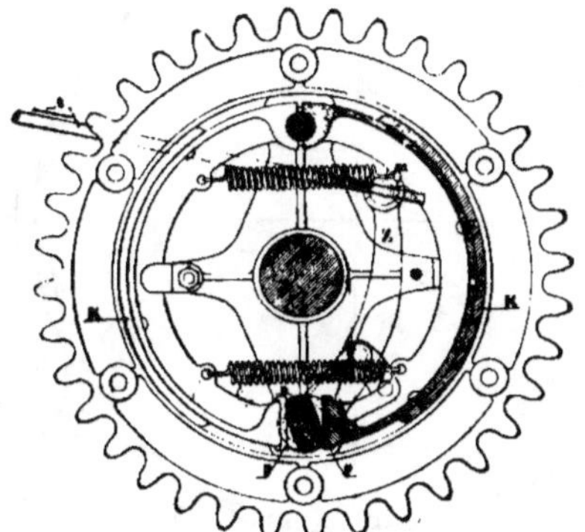

Fig. 244. — Frein à mâchoires intérieures sur la roue motrice (Peugeot).

à-dire entre la tête arrière du cardan et le petit pignon d'attaque de la grande couronne du différentiel.

Ce dispositif a pour but, évidemment, d'empêcher la fatigue du cardan sous les efforts de freinage un peu brusques, et cette disposition

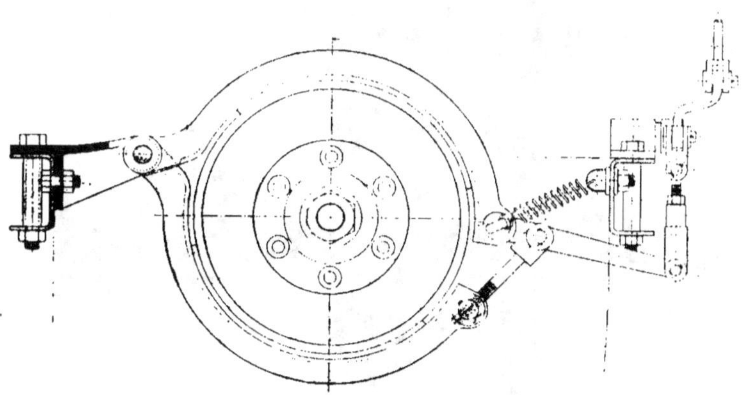

Fig. 245. — Frein à mâchoires en fonte.

serait excellente si elle ne présentait pas de difficultés au point de vue de la précision du réglage, en raison de ce fait que le différentiel, dans ces voitures, est un organe non suspendu et qu'au contraire l'effort de

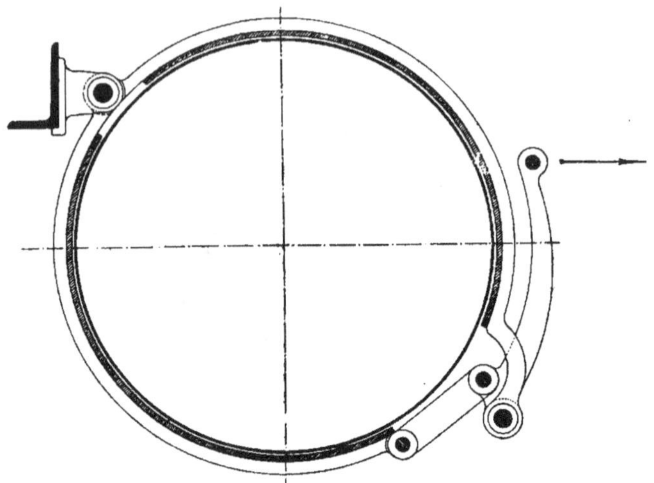

Fig. 246. — Frein à serrage extérieur.

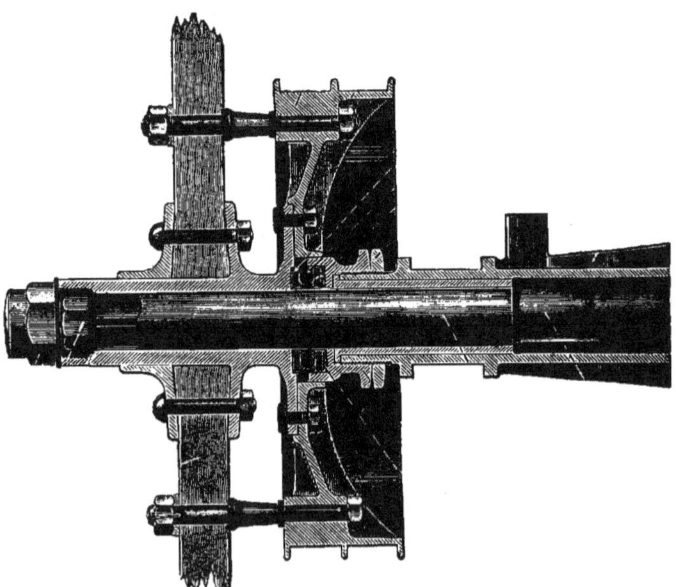

Fig. 247 — Roue d'essieu moteur avec double couronne de freins extérieurs.

la pédale s'exerce par le conducteur placé sur la caisse, c'est-à-dire
sur la partie suspendue du véhicule. Dans les cahots, il se produit des
serrages intempestifs qui rendent difficile le bon réglage de la couronne
et la constance de celui-ci.

5° Signalons enfin que, dans les véhicules industriels où les roues
motrices présentent une démultiplication intérieure par engrenages, il
est avantageux de placer l'un des freins sur l'arbre secondaire avant
démultiplication, l'autre frein agissant, au contraire, directement
sur les roues et étant nécessairement de dimensions et de robustesse
beaucoup plus considérables, par ce fait même que l'organe sur lequel
il agit tourne à une vitesse quatre ou cinq fois moins grande que l'arbre
d'attaque.

En ce qui concerne la construction proprement dite des freins, elle
varie pour ainsi dire à l'infini suivant
les constructeurs. Le dispositif le plus
simple et le plus classique est la bande
à enroulement analogue au frein de
Prony, qui exerce son frottement par
l'intermédiaire d'un corps élastique,
feutre, poil de chameau, courroie Balata,
ou de matériaux à dureté limitée tels
que bois, cuivre, laiton, bronze, etc.

Un autre système consiste à serrer
la poulie de frein sur deux mâchoires
articulées à une extrémité du diamètre,
les deux autres extrémités se rapprochant sous l'influence de leviers très
simples.

En général, les mâchoires sont en
acier, garnies de sabots de fonte ou
de laiton ; le type de Dion-Bouton est

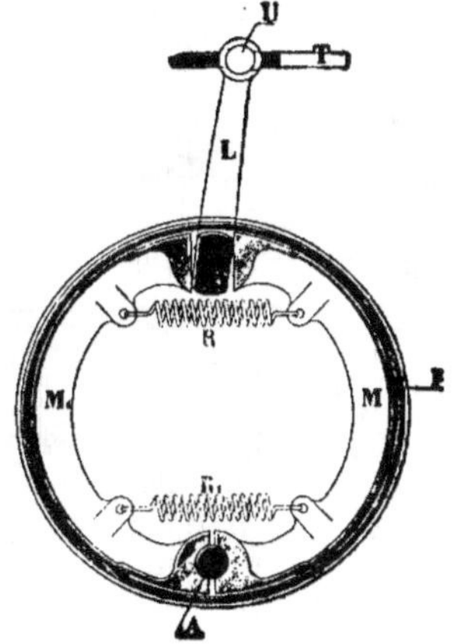

Fig. 248 — Frein intérieur,
serrage par came (Peugeot).

évidemment parmi les plus complètement étudiés et, en tout cas, a
été consacré par la pratique de plusieurs générations de véhicules.

Enfin, depuis quelques années, les constructeurs n'hésitent pas à
employer des surfaces frottantes, acier sur acier, en ayant soin, bien
entendu, de disposer celles-ci de façon que le coefficient de résistance du
collier de serrage soit bien inférieur au coefficient de résistance de la
poulie qui, on le comprend, doit être ménagée dans la mesure du
possible, la partie qui doit s'user étant celle qui doit être le plus facilement remplacée.

Quel que soit le système adopté, il importe qu'un frein remplisse les trois conditions suivantes :

a) Autant que possible, il doit être à l'abri de la boue et des agents extérieurs, car une modification de surface, quelle qu'elle soit, modifie

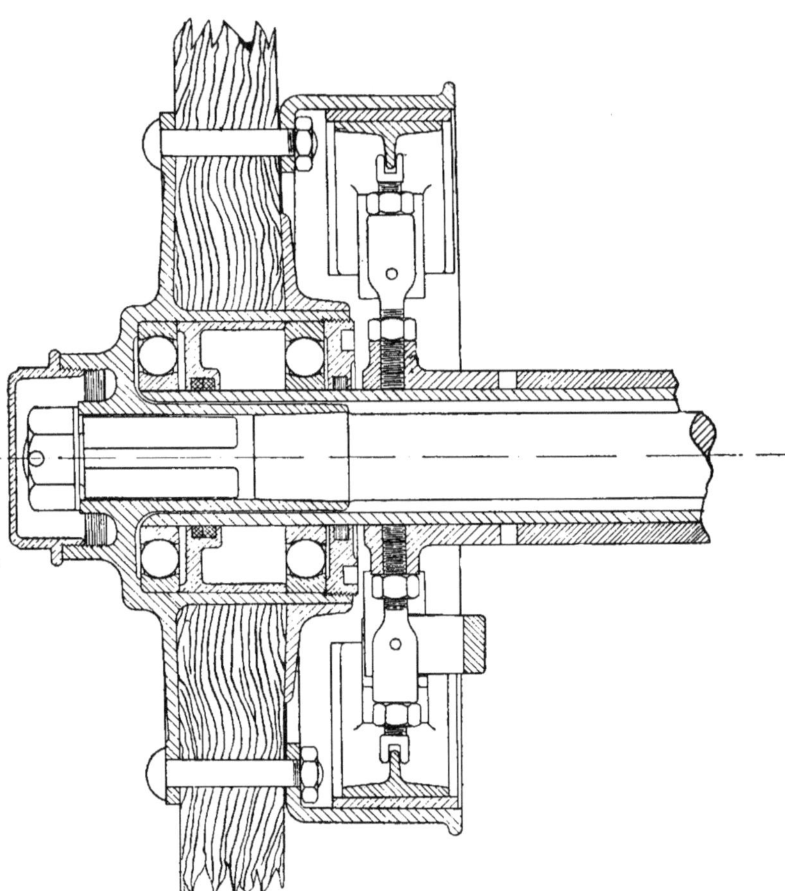

Fig. 249. — Frein à serrage intérieur. Roue montée à billes (Hotchkiss).

gravement le coefficient de frottement et, par suite, la capacité de freinage. C'est ainsi qu'une goutte d'huile malencontreuse vient empêcher l'effort retardateur de se produire et que quelques grains de poussière ou un peu d'eau mêlée de sable viennent faire l'effet contraire ; ces divers inconvénients peuvent être aussi considérables les uns que les autres.

b) La transmission doit être simple, et il faut regretter que l'administration impose le débrayage obligatoire aux deux freins réglementaires, car il peut se produire des accidents au cours desquels ce dispositif est d'un inconvénient grave. Cette obligation force, de plus, le constructeur à disposer des organes de commande de freins quelquefois compliqués, et c'est toujours à regretter parce que les organes les plus simples sont les plus faciles à entretenir et qu'en matière automobile, l'entretien des freins est un coefficient important de la sécurité.

c) Le réglage des freins doit être très facile, il doit pouvoir être fait à

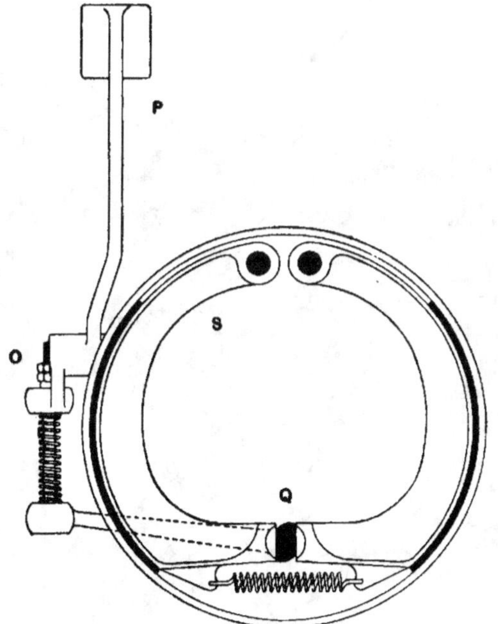

Fig. 250. — Frein intérieur sur le mécanisme (Renault).
P pédale, O arbres articulés, S segments, Q point d'articulation.

la main, et c'est ce qui a été réalisé (de Dion-Bouton. Renault au moyen d'un verrou très simple qui est facilement manœuvrable en descendant de voiture.

Il serait même à souhaiter, si cela était possible pratiquement, que le réglage des freins, et même de chacun des freins de roues par rapport à l'autre, pût se faire par le conducteur sans descendre de son siège pendant la marche, c'est-à-dire au moment où le réglage peut être effectué avec le plus de précision et le plus d'utilité.

d) Pour remédier aux inconvénients d'un serrage inégal sur chacune des roues d'arrière, un grand nombre de constructeurs ont très justement disposé leurs freins avec des organes de compensation, qui sont destinés à répartir également et automatiquement l'effort du conducteur sur chacune des roues. Le moyen le plus simple est la corde qui, passant dans dans un tube, peut glisser latéralement de façon à répartir auto-

Fig. 251. — Segment de serrage d'un frein de roue (Renault).

matiquement la pression de chaque côté de la voiture. Un autre système, peut-être plus mécanique mais qui a l'inconvénient d'être plus lourd et de faire souvent du bruit, est le palonnier dans lequel le point de traction se trouve au centre, chacune des extrémités du palonnier ou balancier venant répartir automatique ment la pression dans les organes de freinage.

En ce qui concerne la disposition des couronnes de freins, la classification se fait aisément de la façon suivante :

Les freins sont dits extérieurs lorsqu'ils agissent à l'extérieur de la poulie et intérieurs lorsqu'ils agissent à l'intérieur de celle-ci. Les freins extérieurs peuvent être à enroulement ou à sabots, les freins intérieurs sont toujours à segments agissant suivant l'extension du diamètre. Dans ce dernier cas, les dispositifs varient beaucoup suivant les constructeurs et la commande se fait d'un très grand nombre de façons.

En général, le plus pratique est de disposer la commande à la partie supérieure, pour éviter autant que possible l'introduction de la boue

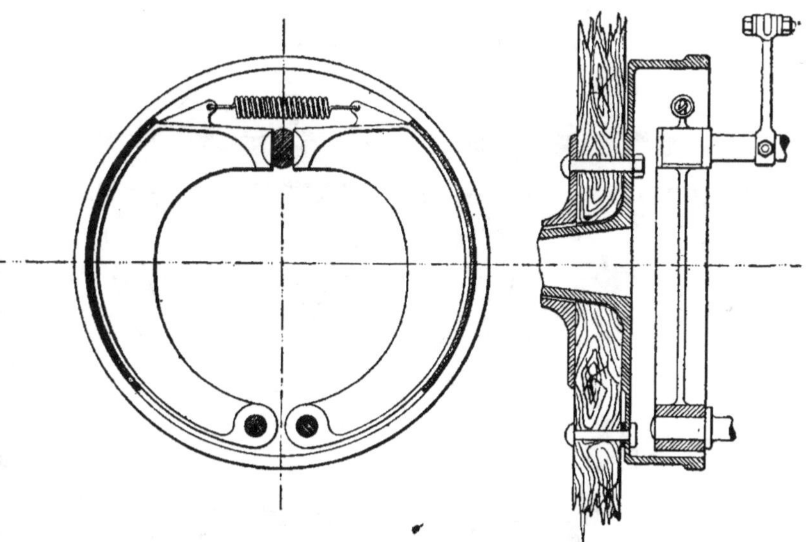

Fig. 252. — Type de frein intérieur à commande supérieure.

par la mortaise du levier de commande du frein. Un ressort de rappel (ou deux ressorts suivant les cas) vient décoller les sabots lorsque le frein n'agit pas et empêche tout frottement intempestif de se produire. Le levier de commande peut agir, soit par un mouvement de sonnette, qui agit lui-même sur deux bras travaillant à la compression, soit par un

galet qui, pénétrant dans un coin, force les sabots à s'écarter l'un de
l'autre et à venir frotter sur la poulie.

Le coefficient de frottement diminuant aux grandes vitesses, il est
nécessaire, pour arriver à un freinage convenable, d'augmenter la
pression au début du freinage, et c'est ce que M. Hallot obtient
automatiquement, en employant un frein double, l'un à pression fixe,
réglé pour éviter le calage des roues, et l'autre commandé par l'effort
centrifuge, qui donne, par suite, une pression d'autant plus élevée que
la vitesse est plus grande.

La maison Mors avait disposé également, dans certains types de voitures puissantes, un frein à entraînement agissant sur le différentiel,
analogue au frein Lemoine des voitures attelées, frein qui, au surplus,
ne peut être employé sur les roues, en raison de l'impossibilité de freiner par des sabots sur le caoutchouc.

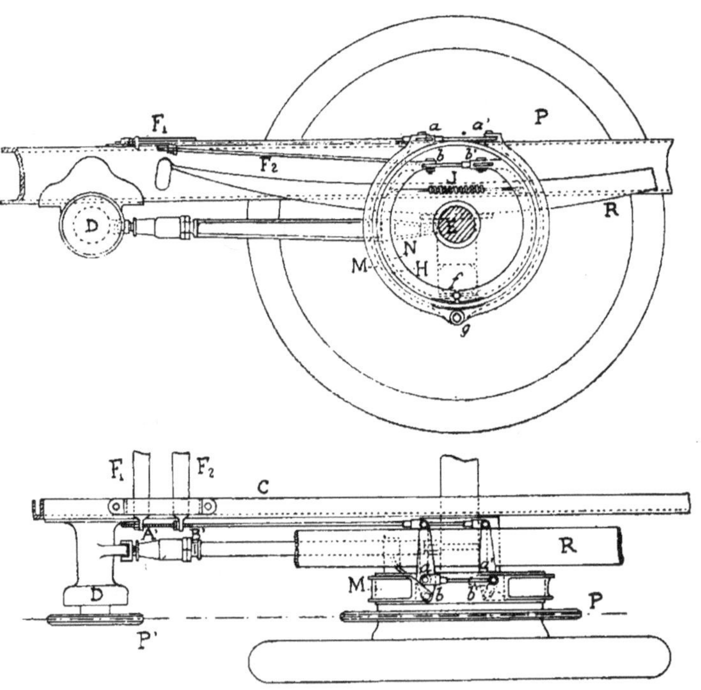

Fig. 253. — Double frein compensé sur les roues arrière (Mors).

Les freins à enroulement, genre Lemoine, ne sont utilisés que sur les
gros véhicules industriels, comme les camions de la raffinerie Say,

dans lesquels le freinage se fait sur les bandages en fer du véhicule.

Le frein à sabots a été employé au commencement de l'industrie automobile pour bloquer la voiture pendant les arrêts, mais les inconvénients d'un emploi intempestif sont si nets qu'on a dû y renoncer.

Rappelons, en terminant, qu'on ménage les freins mécaniques de la voiture dans une très grande mesure, en utilisant le moteur comme organe de freinage. Des dispositifs particuliers ont été créés de façon à porter cette action au maximum, sans cependant qu'elle puisse, en aucun cas, dépasser une assez faible proportion de l'effort exercé par le moteur dans l'accélération positive de la voiture. Nous avons, au surplus, traité cette question dans un chapitre spécial du moteur.

CHAPITRE VII

CHASSIS SPÉCIAUX

Pour terminer cette quatrième partie de notre ouvrage relative aux châssis, nous avons pensé utile de dire quelques mots des châssis de types spéciaux différant, par conséquent des châssis à quatre roues de type ordinaire dont nous venons d'exposer en détail la construction et le fonctionnement.

Châssis à six roues. — Différents types de châssis à six roues ont été présentés au public. Ces châssis peuvent se classer en deux catégories, ceux dans lesquels la roue motrice est placée au centre de la voiture et ceux dans lesquels l'essieu moteur est placé à l'arrière, de la façon ordinaire.

L'avantage que présente le châssis à roues motrices centrales est qu'il est assez facile de rendre directrices les quatre roues d'extrémité, en les conjuguant au moyen d'une transmission simple, de sorte que les virages se font dans un rayon bien moindre que lorsqu'il s'agit d'une voiture à quatre roues sans que la stabilité du véhicule soit modifiée, et ceci tient à ce que, justement, la distance entre l'essieu moteur et l'essieu directeur se trouve très réduit dans la voiture à six roues, malgré une très large base de sustentation. De plus, le dérapage est pour ainsi dire impossible, puisque le châssis repose sur le sol par six points et que l'essieu moteur, qui provoque le dérapage, se trouve enfermé entre quatre points d'appui qui s'opposent à cette action.

Enfin, un avantage appréciable est que, par la multiplicité des roues, on diminue d'autant la charge par essieu et par suite l'usure des bandages; on peut même, dans certains cas, employer les roues à bandages pleins au lieu de bandages pneumatiques, en raison même de cette meilleure répartition du poids et du plus faible effort supporté par chacune des roues, d'où une diminution de fatigue pour les organes du

chàssis permettant l'emploi de bandages moins élastiques que le pneumatique.

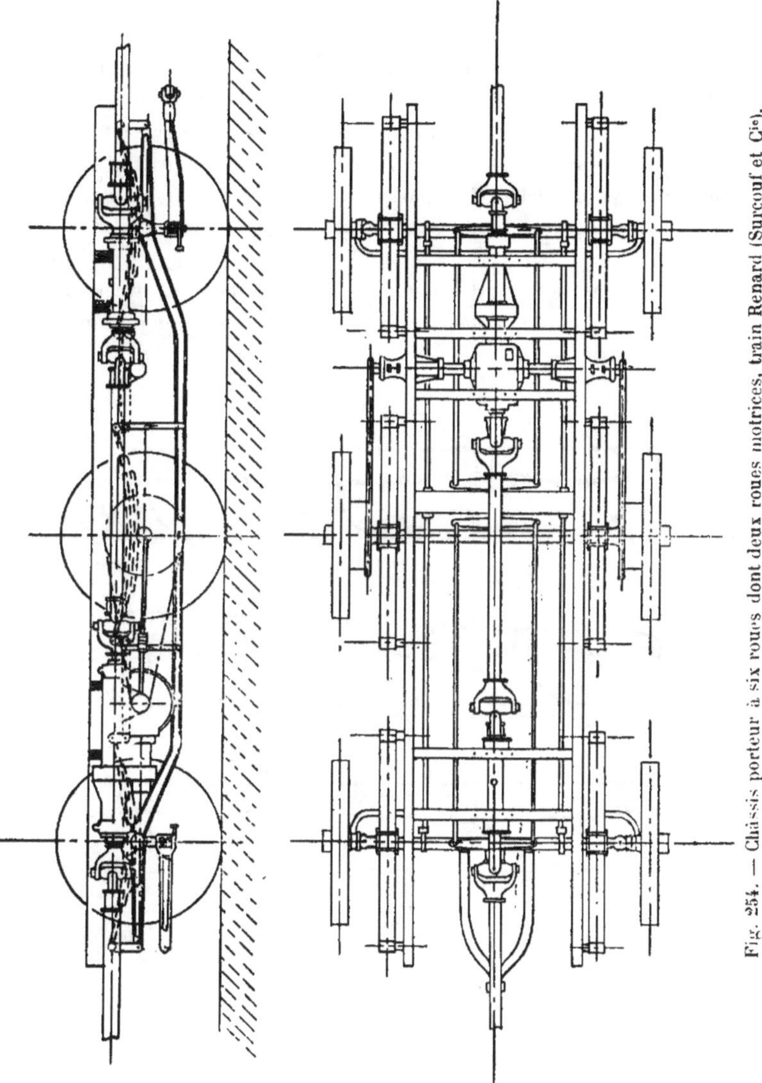

Fig. 254. — Châssis porteur à six roues dont deux roues motrices, train Renard (Surcouf et Cie).

Ce sont ces considérations qui ont amené la création des voitures
à six roues Borderel, de Diétrich et Brillié.

Toutefois, dans les voitures à six roues, il a été nécessaire d'étudier des suspensions spéciales, de façon que l'adhérence de la roue motrice ne cesse pas, quelle que soit la hauteur du sol par rapport au châssis ; en un mot, il ne faut pas que la charge passe brusquement de la totalité à zéro sur la roue motrice, sous crainte de lui faire subir des efforts anormaux ou de voir l'adhérence tomber à zéro et, par conséquent, le patinage et même l'emballement se produire. C'est pourquoi, dans les voitures à six roues, on a été amené à disposer des suspensions compensées pour répartir, autant que possible, uniformément la charge sur les roues et permettre les passages de dénivellations positives ou négatives du sol, sans modification sensible des conditions d'adhérence.

Cette compensation n'est cependant pas absolument nécessaire ; notamment pour les véhicules marchant à faible allure et portant des charges importantes, l'adhérence peut être obtenue par la flexibilité

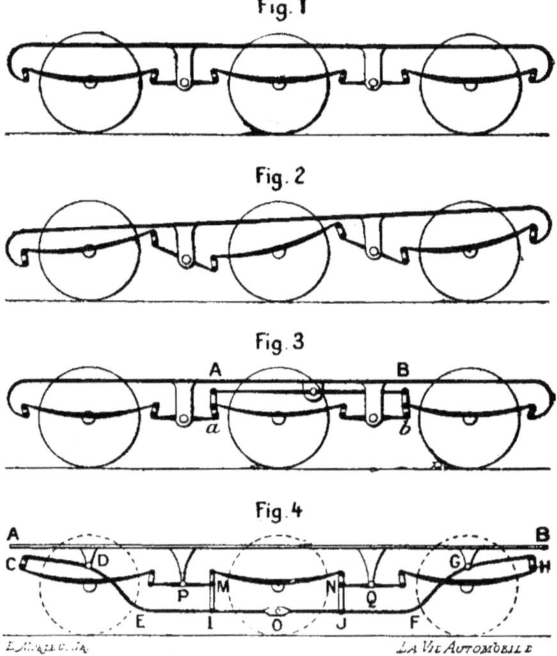

Fig. 255 — Types de suspensions à six roues.

spéciale donnée aux ressorts des roues motrices ; c'est ce qui est réalisé dans les trains Renard destinés au transport des marchandises. Au con-

traire, dans les trains Renard destinés au transport des voyageurs,
M. Surcouf a été amené à étudier une suspension compensée qui
donne une très grande douceur de roulement. Cette suspension se
compose de deux balanciers prenant leur point d'appui sur le châssis et
placés d'une façon intermédiaire aux ressorts normaux des essieux.
Ces balanciers reçoivent, au moyen de jumelles ordinaires, les extrémités du ressort central et les extrémités intérieures des ressorts extrêmes ; ils sont, de plus, reliés par un grand balancier inférieur qui, se
recourbant vers les extrémités, supporte les extrémités extérieures des
ressorts des roues directrices, ces grands ressorts tournant eux-mêmes
sur des points fixes reliés au châssis.

La suspension créée par le capitaine Lindecker résout la question,
par l'emploi, de chaque côté du châssis, de quatre ressorts pour les
trois essieux ; les essieux extrêmes sont supportés non pas par la
partie centrale d'un ressort, mais par l'extrémité de deux ressorts intermédiaires, et le point de résistance de ceux-ci se trouve sur une articulation reliée d'un façon rigide au châssis.

Lorsque le châssis est dans la position normale, les quatre ressorts
forment une ligne à peu près continue, reliée par les brisures des jumelles ; au contraire, lorsqu'une dénivellation se présente, la roue motrice
s'enfonce en déformant les deux ressorts intermédiaires pour franchir
la dénivellation. Il en est de même d'un dos d'âne, la déformation se
produisant alors en sens contraire.

L'inventeur admet que, la dénivellation ne dépassant pas 12 à
15 centimètres, il suffit que les niveaux relatifs des essieux diffèrent de
15 à 18 centimètres, par suite du jeu des ressorts balanciers, ce qu'on
réalise au surplus assez facilement sans surélever outre mesure le centre de gravité. Il a, du reste, démontré, par le calcul, que la répartition des charges sur les trois essieux reste constante, quelles que
soient les dénivellations, et que la charge des roues centrales est toujours égale au tiers du poids total de la voiture, quelle que soit la
répartition de la charge ; ceci est important, car l'adhérence des roues
motrices se trouve ainsi indépendante de la façon dont le véhicule est
chargé.

Une autre catégorie de voitures à six roues est celle de M. Janvier.
Le système de ce constructeur comprend un boggie directeur à quatre
roues, composé de quatre roues directrices conjuguées l'une à l'autre
par pivots, comme les roues directrices ordinaires ; il diffère donc sensiblement du boggie porteur des locomotives, qui comprend toujours une
cheville ouvrière, et l'emploi de celle-ci en automobile serait plutôt de
nature à favoriser le dérapage, tandis qu'au contraire celui-ci se trouve

fortement atténué par la résistance latérale qu'offrent les quatre roues directrices conjuguées. Celles-ci sont montées sur deux essieux qui sont accouplés de chaque côté du châssis par deux balanciers longitudinaux montés fous sur un axe commun, et c'est cet axe qui repose sur les ressorts de suspension avant du châssis; la connexion des balanciers avec les essieux est faite par un système de cardan spécial qui permet l'indépendance des réactions verticales ou des déplacements latéraux dus à la route, sans modifier sensiblement l'inclinaison des balanciers du boggie. On peut ainsi passer aisément sur toutes les dénivellations sans faire subir au châssis des déplacements quelque peu considérables, et on améliore la suspension, tout en ménageant fortement les bandages par une meilleure répartition du poids.

Châssis démontables. — M. Lacoin a eu l'excellente idée de chercher à réaliser la transformation rapide des voitures automobiles, suivant la destination de la carosserie ; pour cela, il monte la partie motrice, moteur et changement de vitesse sur un faux châssis qui porte les roues directrices ainsi que la tige de direction, les réservoirs, etc. La partie arrière comprend la carosserie, l'essieu arrière, le cardan de transmission, et le tout est porté par un châssis terminé par deux brancards qui peuvent venir s'engager de chaque côté du faux châssis du moteur. La liaison entre la partie arrière et la partie avant se fait au moyen de verrous très bien combinés permettant de rattraper automatiquement l'usure qui pourrait se produire : ils constituent une des particularités les plus intéressantes du système. La connexion mécanique se fait simplement en plaçant le boulon d'articulation de l'arbre à la cardan ou en faisant l'emboîtage ordinaire suivant le systèmo.

Le grand avantage de ce châssis démontable est que le pont arrière peut être disposé avec une multiplication qui convient à la nature de la carrosserie qu'il supporte et que, sans rien changer au système moteur, on peut ainsi atteler celui-ci soit à une voiture de tourisme rapide, soit à une carosserie de camion permettant le transport de marchandises lourdes à faible allure. De plus, dans le cas d'un service public ou particulier, le démontage et le remontage se faisant très rapidement et sans nécessiter aucun outil spécial, il est très aisé de procéder au chargement et au déchargement des véhicules après disjonction de la carrosserie, tout en permettant une meilleure utilisation du moteur et de la partie motrice.

C'est à ce double point de vue qu'il était intéressant de signaler ici les châssis Lacoin qui présentent évidemment une solution d'avenir de l'utilisation des véhicules automobiles.

Avant-trains moteurs. — En terminant ce chapitre des châssis spéciaux, indiquons que certains constructeurs ont pensé avantageux de rendre les roues d'avant à la fois motrices et directrices et, de là, est née l'idée ingénieuse et intéressante des avant-trains moteurs.

Il faut signaler que, depuis que la voiture électrique existe, la solution des roues d'avant motrices et directrices a été réalisée très ingénieusement par Krieger ; mais, lorsqu'on a affaire à des voitures à pétrole, la solution du problème est bien plus difficile et bien plus compliquée, en raison de l'encombrement des organes mécaniques du moteur à explosion par rapport à la faible place dont on dispose pour un avant-train.

Nous avons avons vu surgir, il y a quelques années, de très nombreux types d'avant-trains moteurs, notamment les systèmes Prétot, Ansaloni, etc., qui ont procédé à des essais avec les fiacres parisiens ; ces essais n'ont pas été du reste couronnés de succès.

M. Latil, au contraire, a réussi à montrer que le problème n'était pas insoluble et a réalisé déjà un assez grand nombre d'applications pratiques.

On a pu voir, notamment à un des concours de véhicules industriels, plusieurs camions actionnés par l'avant-train Latil dont la marche a

Fig. 256. — Camion à avant-train moteur (Latil).

été entièrement satisfaisante ; les industriels et les commerçants trouvent à cette solution le grand avantage de pouvoir utiliser sans les modifier leurs véhicules attelés par une simple modification des attaches de l'avant-train porteur pour y fixer l'avant-train moteur Latil.

Le dispositif mécanique de M. Latil est très simple, et son mérite repose uniquement sur l'ingéniosité des solutions mécaniques adoptées. Il se compose d'un moteur et d'un changement de vitesse ordinaire qui, au moyen d'un cardan unique transversal, vient actionner un arbre différentiel. Cet arbre est relié à chacune de ses extrémites, par une rotule, à la fusée de la roue directrice, ladite rotule n'ayant pour effet que de permettre le braquage en direction, les oscillations verticales dues aux ressorts étant absorbées par le cardan transversal.

MM. de Dion-Bouton ont présenté autrefois un système analogue, mais dans lequel ces cardans longitudinaux servaient à la fois au fléchissement des ressorts et au braquage des roues.

La puissance des avant-trains moteurs est forcément un peu limité, en raison du manque de place des organes mécaniques au-dessus d'un essieu directeur; mais, pour les capacités moyennes qui conviennent en général aux véhicules industriels de ville, cette solution est parfaitement acceptable.

CINQUIÈME PARTIE

ESSAIS DE MOTEURS
ET D'AUTOMOBILES

Les essais de moteurs et d'automobiles prennent chaque jour une importance d'autant plus grande que la construction se perfectionne davantage et qu'il est nécessaire de connaître plus complètement les résultats obtenus précédemment, pour réaliser sur les nouveaux types une marche ascendante que tous les constructeurs recherchent avec de louables efforts.

Cette question, dont l'importance n'avait pas échappé aux organisateurs des Congrès de l'Automobile, a fait l'objet de notre part d'un rapport à la quatrième section du Congrès de 1902, et c'est en reprenant, pour les développer, les résultats indiqués alors que nous pourrons faire connaître dans tous leurs détails les conditions obligatoires auxquelles doivent satisfaire les essais de moteurs, aussi bien que les essais d'automobiles.

La présente partie va donc se diviser très facilement en plusieurs chapitres ; nous examinerons d'abord les essais de moteurs à explosion, puis les essais des voitures automobiles au banc, c'est-à-dire les mesures à effectuer pour déterminer le travail disponible à la jante des voitures automobiles. Nous donnerons enfin quelques indications sur l'installation du Laboratoire de l'Automobile-Club de France.

———

CHAPITRE PREMIER

ESSAIS DES MOTEURS

Les moteurs doivent être essayés, non seulement au point de vue du fonctionnement proprement dit, mais encore et principalement au point de vue de la puissance développée, et ces essais peuvent se répartir en trois groupes :

1° *Essais de puissance maxima*, c'est-à-dire détermination du travail que peut fournir le moteur à charge entière et en charge nominale maxima ; par exemple, lorsque le moteur est du type 18 chevaux, il arrive fréquemment qu'il peut développer 20 chx et plus, bien que sa puissance maxima normale en marche doive rester dans les limites de sa valeur nominale.

Il y aura également intérêt à pousser les essais de puissance jusqu'à leur extrême limite, sans pour cela risquer de fatiguer outre mesure les organes ; c'est là l'essai de puissance maxima.

2° *Essai de consommation* qui devra se faire dans des conditions se rapprochant de la pratique courante et pour lequel on devra considérer en général la consommation correspondant à la vitesse nominale, qui n'est en général pas tout à fait la vitesse maxima.

Il sera également bon de connaître quelle est la consommation à moitié de la charge nominale, c'est-à-dire lorsque le moteur développe 9 chx, pour le cas relaté plus haut.

Enfin, dans certains cas, la mesure de consommation du moteur à vide est un élément d'appréciation qu'il ne faut pas négliger parce qu'il présente parfois de l'intérêt.

3° Une troisième catégorie d'essais de moteurs qui est effectuée avec profit est celle qui consiste à se rendre compte de la durée que peut atteindre la marche sans arrêt d'un moteur fonctionnant à charge normale, afin de juger notamment si les conditions de graissage et de refroidissement sont suffisamment assurées, et c'est ce que l'on peut appeler l'*essai d'endurance* du moteur.

Quels que soient ces essais, il est indispensable de disposer sur l'arbre moteur un frein dynamométrique destiné à observer la puissance développée, puisque cette constatation est la base des essais indiqués plus haut. Nous allons passer en revue les conditions d'installation et de fonctionnement des différents appareils dynamométriques les plus usités dans les ateliers automobiles.

Frein de Prony. — Les freins à leviers, dits freins de Prony, sont des plus connus et peuvent présenter des dispositifs très différents.

Quels que soient les dispositifs, les freins de Prony sont basés sur le principe d'un volant tournant avec l'arbre moteur et sur lequel viennent serrer des sabots en bois réunis à un bras de levier qui porte les poids constituant la charge du frein ; la rotation du volant fait équilibre au frottement développé sur les sabots en bois, et par conséquent

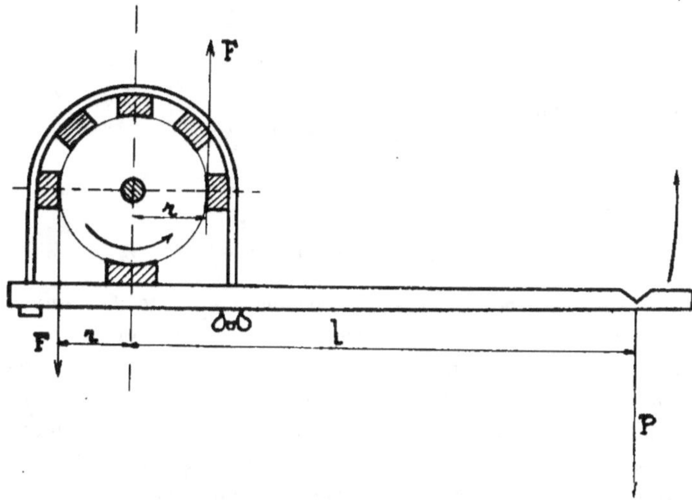

Fig. 257. — Frein de Prony type ordinaire.

la lecture des poids, d'une part, et la vitesse de rotation, de l'autre, permettent de déterminer par une formule très simple le travail moteur développé ε.

Appelons l la longueur du bras de levier, n le nombre de tours par minute, P le poids soulevé, r le rayon de la poulie du frein, F les deux forces tangentielles tendant à soulever la barre du frein, qui produiraient un couple égal au couple effectif.

Quand le frein est en équilibre on peut écrire :

$$P \times l = 2F \times r ;$$

d'autre part, le travail moteur est égal aux forces F multipliées par le chemin parcouru en une seconde par les points d'application de ces forces ; on a donc :

$$\mathfrak{C}_{kgm} = 2F \times \frac{2\pi r n}{60}$$

$$= 2Fr \, \frac{2\pi n}{60}$$

ou, en remplaçant $2Fr$ par sa valeur ci-dessus indiquée :

$$\mathfrak{C}_{kgm} = Pl \, \frac{2\pi n}{60}$$

$$= \frac{2\pi n l}{60} \times P.$$

La puissance en poncelets est :

$$\mathcal{P}_{pt} = \frac{\mathfrak{C}}{100} = \frac{2\pi n l}{6.000} P ;$$

en chevaux-vapeur :

$$\mathcal{P}_{chx} = \frac{\mathfrak{C}}{75} = \frac{2\pi n l}{60 \times 75} P$$

ou, en chassant le dénominateur :

$$\mathcal{P}_{chx} = 0,001396 \, nl \, P.$$

L'un des inconvénients du dispositif ordinaire du frein de Prony est le danger qui peut naître de la projection des poids lorsqu'un arrêt se produit fortuitement avant qu'on ait le temps de le prévenir. Pour empêcher cet accident de se produire, on dispose le levier de telle sorte qu'au lieu d'avoir tendance à se soulever il ait au contraire tendance à s'abaisser, et il suffira dans ce cas de mesurer l'effort produit en faisant appuyer l'extrémité du levier sur le plateau d'une balance romaine qui indiquera la valeur de P par une lecture beaucoup plus facile que celle du poids accroché à un levier oscillant.

Ces deux systèmes de freins de Prony présentent, en outre, un autre inconvénient, c'est qu'il est nécessaire de procéder avant les expériences de puissance à ce qu'on appelle le *tarage* du frein, c'est-à-dire qu'il faut rechercher expérimentalement, par un système de balance rudimentaire, le poids propre du levier qui doit être soit ajouté au poids d'équilibre, soit retranché de celui-ci selon le sens de rotation et le dispositif du frein.

Pour éviter cette petite opération, qui est parfois difficile dans les
appareils de grandes dimensions, on se contente souvent de disposer

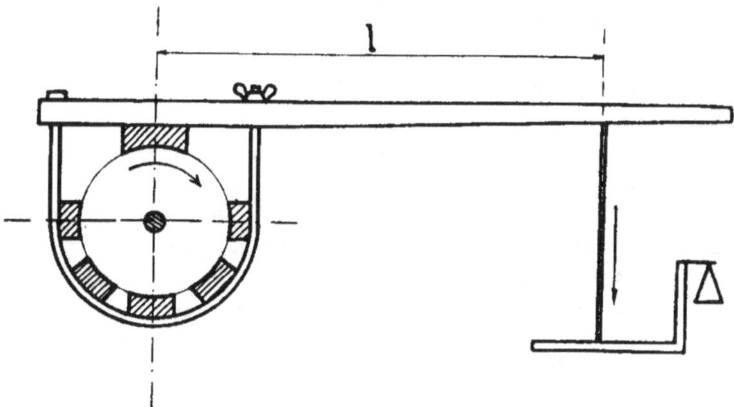

Fig. 258. — Frein de Prony à bascule.

à l'opposé du levier une tringle munie d'un contrepoids permettant
d'équilibrer au repos le poids propre de l'appareil dynamométrique ;
mais ce système n'a une exactitude suffisante que si l'on a soin de
desserrer bien à fond la couronne mobile pour la poser sur un couteau
placé sur la génératrice supérieure de la poulie.

Enfin, on a très ingénieusement résolu le problème en disposant le

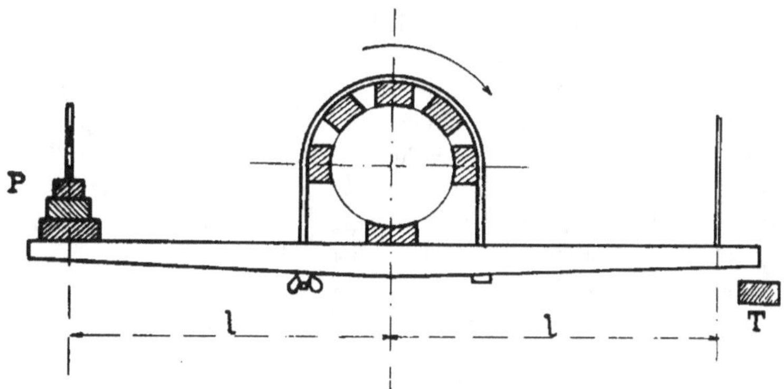

Fig. 259. — Frein de Prony à bras symétriques.

frein avec deux bras symétriques, c'est-à-dire présentant de chaque
côté de l'axe des bras de levier de longueur et de poids égaux qui per-

mettent de se dispenser de tout tarage et qui ont en outre l'avantage de présenter une grande sécurité ; en effet le bras opposé à celui qui porte les poids sert tout naturellement de taquet d'arrêt en cas de mouvement intempestif, et c'est ce frein qu'on emploie à la station d'essais des machines agricoles pour les moteurs à grande vitesse munis de poulies de petit diamètre.

Lorsque la vitesse des moteurs est assez considérable, le réglage du frein de Prony, qui est des plus simples en théorie, présente souvent dans la pratique des difficultés très sérieuses.

En effet l'appareil convenablement choisi étant réglé, les poids approximatifs disposés, les coins en bois bien suifés, on met le moteur en marche après s'être assuré que le frein ne produit aucun frottement appréciable. Lorsque le régime du moteur est établi et qu'on veut procéder à un essai de puissance, il faut diminuer la longueur de la lame enserrant la poulie, et pour cela cette lame est terminée, à l'une de ses extrémités au moins, par une tige filetée qui traverse le levier du frein et se termine par un écrou à oreille agissant sur un filetage de pas approprié. Lorsqu'on vient serrer ce boulon à oreille, on produit un frottement sur la poulie et on arrive, parfois après des tâtonnements nombreux, à maintenir l'appareil dans un état d'équilibre suffisant pour procéder pendant ce temps à un essai de vitesse du moteur.

Dans la pratique et en particulier quand on essaie des moteurs à explosion à quatre temps, il arrive que l'équilibre du dynamomètre ne tarde pas à être rompu, et c'est pourquoi il est presque toujours nécessaire d'avoir un homme à poste fixe pour régler continuellement la tension de la lame au moyen de l'écrou à oreille. Cette obligation est fastidieuse et révèle une des défectuosités principales du système. De plus, il est indispensable, dans la plupart des cas, de refroidir la poulie du frein par une circulation d'eau ; pour éviter la projection de cette eau en tous sens, on emploie des poulies creuses où l'on fait arriver un filet d'eau : celle-ci se colle à l'intérieur de la jante sous l'effet de la force centrifuge et s'y évapore, assurant ainsi une certaine constance à la température de la surface frottante.

Une variante du frein de Prony a été étudiée par M. Ringelman, directeur de la Station d'essais des moteurs agricoles, à propos du concours de la Société d'agriculture de Meaux, en 1894, concours qui a été, on peut le dire, le point de départ du développement en France des moteurs agricoles.

Ce frein est composé d'un ruban en fer feuillard, lubrifié au moyen d'un courant d'eau de savon tombant d'une manière continue à la partie supérieure du volant, lequel est disposé de façon à éviter le réglage à la main, si difficile dans un moteur à explosion où les quatre temps se font sentir par des à-coups de marche différents. M. Ringelmann a eu recours, pour réaliser un réglage automatique sans faire varier l'effort tangentiel, au déplacement même du frein sous l'influence de la variation du travail fourni par le moteur.

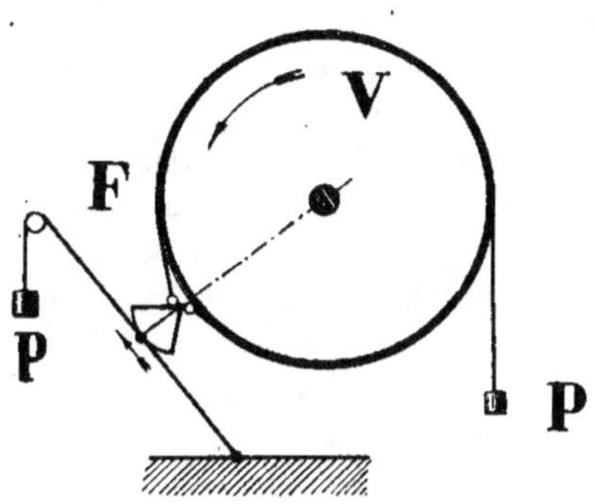

Fig. 260. — Frein automatique Ringelmann.

Pour cela, le fer se compose de deux parties, dont l'une reçoit le crochet auquel on suspend le poids principal ; les extrémités des deux parties sont réunies par une entretoise qui supporte, par un système de bras de levier très ingénieux, un secteur relié à une corde qui est tendue sous l'influence d'un poids faible.

Lorsque le fer est entraîné par le volant, le secteur glisse sur la corde tendue, et les points d'attache du ruban métallique se rappro-

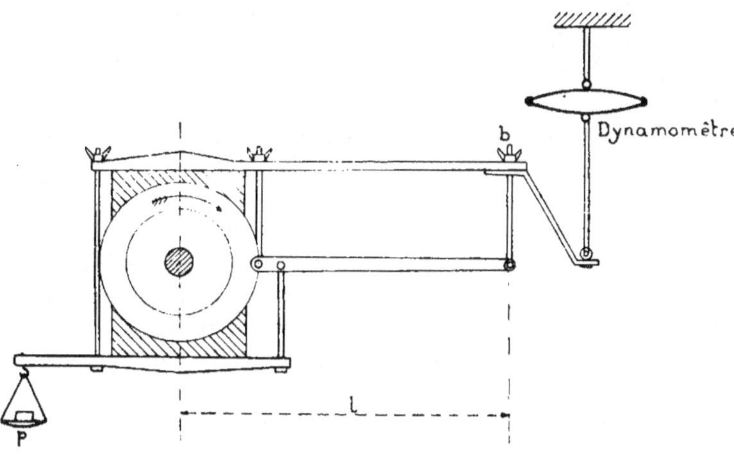

Fig. 261. — Frein américain à bras articulés.

chent ou s'éloignent du volant, produisant un serrage d'autant plus intense que le mouvement angulaire primitif a été plus grand.

Ce frein, qui peut être appliqué sur le volant même du moteur à essayer sans avoir en rien à modifier le moteur, est donc automatique, c'est-à-dire qu'il prend seul la position d'équilibre pendant toute la durée de l'expérience, de sorte qu'il suffit de constater les poids agissant sur le frein pour en déduire simplement la puissance observée : il permet, en outre, grâce à son système de lubrification bien compris, de fonctionner plusieurs heures de suite sans qu'on ait à craindre un échauffement trop considérable, ni un déréglage quelconque.

On a essayé également, aux Etats-Unis, des freins multiples combinés pour donner une grande sensibilité au réglage par une bonne combinaison des bras de leviers (fig. 261).

Enfin certains constructeurs ont réalisé des freins de Prony complètement enfermés pour empêcher les projections d'eau de refroidissement, refroidissement qui est utile dans certaines mesures de haute puissance, comme celles de certaines turbines modernes.

Freins à cordes. — Pour remédier aux inconvénients du frein de Prony dans les moteurs à explosion, inconvénients qui résultent surtout de la présence des quatre temps du cycle que parcourt le moteur et de la vitesse angulaire des moteurs à explosion toujours assez considérable, on a été amené à combiner un autre système dit : freins à corde, dans lesquels la pression est obtenue sans bras de levier, par la simple action de cordes frottant sur le volant.

Ce frein se compose essentiellement de plusieurs cordes parallèles, embrassant la demi-circonférence du volant et terminées aux deux extrémités pendantes soit par deux poids, soit par deux dynamomètres, soit enfin, ce qui est le cas le plus général, par un poids d'un côté et un dynamomètre de l'autre.

Suivant la puissance des moteurs, on emploie une, deux, trois ou quatre cordes parallèles et, pour éviter qu'elles ne s'échappent du volant latéralement, on les maintient sur celui-ci par des étriers en bois ou en tôle, fixés à l'extérieur de la corde et dont les deux joues viennent frotter contre les faces latérales du volant lorsqu'un déplacement tend à se produire et par suite risque de faire tomber tout l'ensemble de l'appareil.

Par exemple lorsqu'on emploie, pour les expériences de freinage, non pas le volant lui-même, mais une poulie à joues, il est inutile de disposer ces étriers, il suffit simplement de maintenir l'écartement des cordes par le guide-entretoises en bois, puisque les joues de la poulie empêchent le déplacement latéral du système de freinage.

Lorsque le volant tourne dans le sens des aiguilles d'une montre, on dispose un poids sur la gauche et l'extrémité de droite est reliée à un dynamomètre, au besoin à un appareil enregistreur ; la différence des efforts constatés sur les deux bras donne un des éléments du calcul du moteur.

Le déplacement linéaire qui se fait par tour de poulie étant égal à

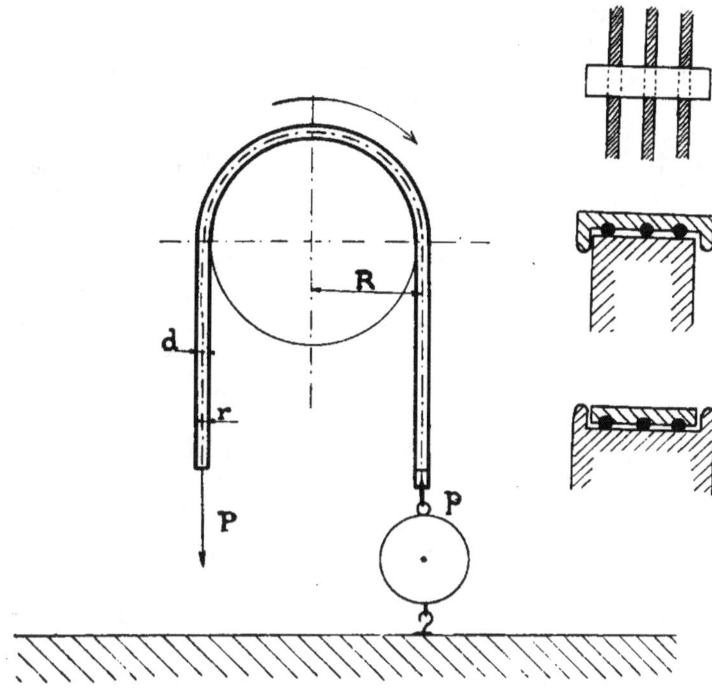

Fig. 262. — Freins à cordes.

$2\pi\,(R + r)$, R étant le rayon de la poulie du frein et r étant le rayon de la corde employée, le travail moteur est donné par la formule :

$$\mathfrak{E}_{kgm} = \frac{2\pi n\,(R + r)}{60}\,(P - p),$$

et la puissance en chevaux, toute simplification opérée, est déterminée par la formule suivante :

$$\mathcal{P}_{chx} = 0{,}001396 \,.\, n\,(R + r)\,(P - p).$$

Dans cette formule, P est le poids suspendu à gauche du frein, p l'effort indiqué au dynamomètre de droite. Toutefois, si on voulait avoir une appréciation tout à fait rigoureuse des efforts, il faudrait tenir compte de ce que l'effort négatif représenté par la tension du dynamomètre pendant le fonctionnement doit être diminué de la tension que ce dynamomètre indique lorsque le moteur est au repos sous la tension du poids P.

Le facteur $(R + r)$ de la formule ci-dessus indique que le poids est considéré comme suspendu à la fibre centrale de la corde, qui se trouve à une distance égale à son rayon de la surface de la jante de la poulie.

On comprend qu'il ne soit pas inutile de faire intervenir ces corrections lorsqu'on emploie des freins à corde pour évaluer des puissances un peu élevées, et c'est pour pallier ces causes d'erreur que M. Bourdon, professeur à l'Ecole centrale, a créé un frein à cordes spécial en vue de l'essai de réception d'un gros moteur de 60 chevaux. Le système comportait quatre cordes et deux dynamomètres : l'un d'eux était relié à la charpente par un palan et recevait l'extrémité des cordes, l'autre extrémité de celles-ci recevait le plateau porte-poids ; enfin le deuxième dynamomètre, relié au sol, assurait la stabilité de l'appareil en agissant sur le système entier.

L'effort qui agit sur la corde du frein est la différence entre la somme des poids suspendus et du poids indiqué par le dynamomètre d'équilibre d'une part et la tension du dynamomètre de mesure d'autre part.

Freins spéciaux. — Un certain nombre de freins spéciaux ont dû être créés pour les mesures de précision destinées aux appareils électriques ; aussi les freins dynamométriques à action magnétique et électro-magnétique sont assez nombreux, et on en trouve des applications présentant de grandes différences entre elles (1).

Le disque de Foucault est en lui-même un appareil de mesure quand on le dispose de manière à mesurer le couple électro-magnétique, qui prend naissance quand le champ magnétique est excité ; cet appareil n'est alors qu'une génératrice dont l'induit est en court-circuit. Sur ce principe, ont été établis des freins à haute pression construit par la Société Siemens et Halske et MM. Pasqualini, Feussner et de Rieter.

Dans l'appareil Siemens et Halske, la mesure se fait sur un fléau de balance, et la formule est la suivante :

(1) *L'Eclairage électrique*, novembre 1901, Freins dynamométriques, par M. Jacques Guillaume.

$$P_{chx} = \frac{2\pi n B}{60 \times 75}\, P,$$

dans laquelle n est le nombre de tours par minute de l'appareil, B la lecture faite sur le fléau de la balance et P le poids appliqué sur ce fléau en kilogrammes ; comme ce poids est invariable, on s'arrange pour que la constante de l'instrument, c'est-à-dire le facteur $\frac{2\pi P}{60 \times 75}$, soit un nombre entier et simple, ce qui augmente beaucoup la facilité d'emploi de la formule.

Le frein Pasqualini est disposé pour faire des mesures plus importantes que celles qui sont permises avec l'appareil ci-dessus : il est basé sur le même principe.

Le frein de Feussner permet de se rendre compte du rendement d'une dynamo à 1 0/0 près, et il permet des mesures jusqu'à dix chevaux. La mesure de vitesse est faite par un giromètre qui se compose d'une ampoule de verre fermée, dans laquelle se trouve de la glycérine ; cette ampoule étant animée d'un mouvement de rotation, la surface du liquide devient une surface de révolution variable avec cette vitesse, et la mesure se fait par l'observation de la hauteur du plan tangent perpendiculaire à l'axe de rotation. Cet appareil très sensible permet d'accuser des variations de $1/300^e$ dans la régularité d'une machine tournant cependant à 400 tours seulement.

Enfin, le frein de Rieter, qui fut récompensé il y a quelques années par la Société industrielle de Mulhouse, est un frein électro-magnétique analogue aux dynamo-dynamomètres dont nous avons parlé ci-dessus. Le professeur H. F. Weber de Zurich a déterminé que la puissance absorbée par ce frein à vide ne dépassait pas 0.00143 n, ce dernier chiffre étant estimé en tours par minute et le résultat indiqué en chevaux. La précision est de 1 0/0 jusqu'à 10 chx et de 0,025 0/0 de 20 à 30 chevaux.

Frein de grande puissance. — Lorsqu'il est nécessaire d'absorber de grandes puissances, on est obligé de créer de véritables machines qui nécessitent une installation compliquée ; c'est le cas des moteurs utilisant le gaz de hauts fourneaux et celui des machines locomotives ou marines.

Le frein Alden, qui a été employé aux États-Unis sur le banc d'essais des locomotives du Pensylvania Rail-Roads et qui figurait à l'exposition de St-Louis en 1904, se compose de deux manchons calés sur l'arbre moteur et portant chacun un disque de 1 mètre environ de diamètre et de 20 m/m d'épaisseur, poli soigneusement sur les deux faces.

Autour de ces disques est disposée une chambre étanche dont les cloisons extérieures sont en fonte et dont les cloisons intérieures sont en cuivre rouge de 1,5 m/m d'épaisseur ; on fait arriver de l'eau sous

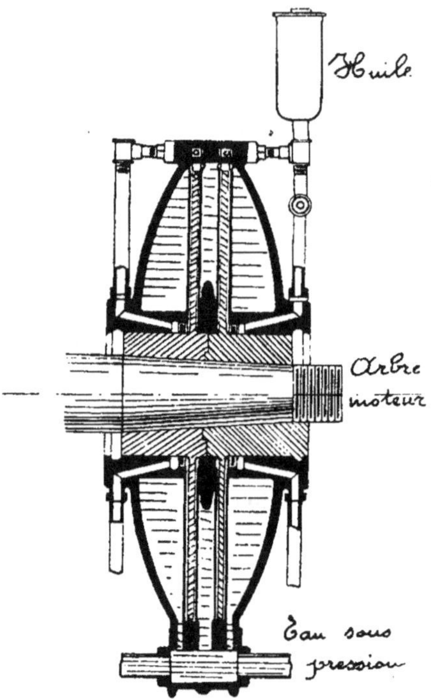

Fig. 263. — Frein Alden pour locomotives.

pression dans la dite chambre, et cette eau vient appliquer les cloisons de cuivre contre les disques tournants avec d'autant plus de puissance que la pression est plus grande ; cette eau assure en outre le refroidissement de tout l'ensemble grâce à la vitesse de l'eau provoquée par la pompe de refoulement.

Enfin une circulation d'huile vient distribuer le lubrifiant au centre du système, d'où il est projeté par la force centrifuge entre les disques et les parois frottantes pour être évacué à la périphérie.

Inutile d'ajouter que les boîtes à eau sont solidement maintenues à

un point fixe par des bielles réglables, pour les empêcher d'être entraî-
nées dans le mouvement de rotation.

On tare ces appareils avant les essais pour déterminer à quelle puissance absorbée correspondent les différentes pressions de l'eau.

Freinage du moteur sur la voiture. — M. Albert Hérisson,
le regretté professeur de mécanique de l'Institut national agronomique,
a créé un dispositif spécial de freins permettant de mesurer la puissance du moteur sur une voiture automobile et sans aucun démontage.

Son frein se compose d'un bras double avec sabot central, qui reçoit
un collier en fer feuillard servant à produire la pression. Ce collier qui
porte, en général, deux sabots en bois s'attache d'un côté directement
sur le bras du frein et, de l'autre, sur un système de leviers secondaires
pouvant être rapprochés ou écartés à volonté au moyen d'une transmission à roue d'angle.

Un poids sert à équilibrer exactement le frein, de façon à éviter tout
calcul de tarage. De plus, on a donné au bras du levier de frein une
longueur de 955 m/m pour laquelle :

$$\frac{2\pi l}{60} = 0,1,$$

ce qui simplifie beaucoup la formule générale du frein de Prony,
laquelle devient :

$$\mathscr{P}\,ch.x = \frac{nP}{750}\,.$$

Le poids est remplacé par un peson qui prend son point d'appui sur
un trépied placé à l'extérieur de la voiture automobile ; le frein est
suspendu par son extrémité au crochet du ressort du peson ; celui-ci a
l'avantage d'amortir les oscillations du levier et, lorsqu'il est taré
exactement, il permet des lectures très exactes, à 100 grammes près.
L'opérateur lit la pression sur le peson, tandis que, de la main, il agit
sur la transmission d'angle et provoque le serrage ou le desserrage
utile du collier de frein.

L'extrémité du collier est fixée sur le bras du levier proprement dit,
par l'intermédiaire d'un écrou à vis avec interposition de ressorts
amortisseurs, qui suppriment les à-coups se produisant forcément avec
un collier ordinaire. Enfin le fer feuillard qui compose le collier de
frein est percé, sur toute sa longueur, de trous sur lesquels on vient
fixer les patins en bois, à la position la plus convenable pour que,
dans leur mouvement d'oscillation, ils ne viennent pas rencontrer une

pièce fixe de la voiture. De plus, les joues de ces patins sont extensibles pour pouvoir s'adapter à toutes les largeurs du volant.

On prévient l'échauffement de ce dernier en le graissant abondamment et en l'arrosant au moyen d'une lance, dont le jet est disposé dans une direction telle que l'eau se trouve rabattue sur le sol.

Quand toutes ces précautions sont prises, les lectures de pression peuvent être faites avec une grande précision, et il suffit, dans ce cas, de mesurer le nombre de tours du moteur, soit directement, soit par un artifice quelconque, pour en déduire la puissance de celui-ci.

Organisation des essais. — Lorsqu'on procède aux essais, quel que soit le mode de freinage adopté, il est nécessaire de relever un certain nombre d'indications pour permettre la comparaison des résultats obtenus avec ceux précédemment trouvés.

Ces indications se rapportent aux moteurs et aux combustibles ; il est nécessaire de noter exactement les dimensions caractéristiques du moteur : alésage, course, nombre de tours normal et, si possible, pression moyenne de l'explosion et de la compression. Il faut également relever les caractéristiques physiques et chimiques du combustible employé, notamment la densité et, si besoin en est, le degré alcoométrique du liquide, sa composition chimique et, s'il est possible de se renseigner à ce sujet, son pouvoir calorifique.

Il est nécessaire également de noter périodiquement, au cours des expériences, la température, la pression barométrique et, si on le peut, le degré hygrométrique de l'air ; ces indications atmosphériques permettent dans certains cas de déterminer un coefficient de correction qui, sans être bien important, peut être utile à indiquer, principalement lorsqu'on opère sur des combustibles gazeux.

Les indications de l'essai proprement dit doivent être les suivantes :

Durée de l'essai en minutes ;

Consommation du combustible pendant la durée de l'essai ;

Consommation en une heure.

Vitesse de régime calculée par la moyenne des observations faites de minute en minute ou à des périodes plus grandes ; la vitesse est exprimée en tours par minute de l'arbre moteur.

Charge du frein en kilogrammes.

Nombre d'admissions par 100 tours, si le moteur est muni d'un régulateur agissant par tout ou rien.

Travail effectif en chevaux-vapeur ou poncelets.

Consommation du combustible sous l'effort effectué par la charge maxima, à demi-charge et consommation à vide.

Si l'on connaît le pouvoir calorifique du combustible employé, on peut en déduire le rendement thermique effectif du moteur, bien que ce renseignement ne soit pas dans tous les cas indispensable.

Il est utile également de noter, quand il s'agit d'un moteur fixe, la quantité d'eau employée pour le refroidissement du cylindre, avec la température de l'eau à l'entrée et à la sortie du cylindre ; si cela est possible, une indication intéressante est la température à laquelle les gaz sortent des orifices d'échappement ; enfin, si l'appareil est muni d'un tachymètre de précision ou mieux encore d'un appareil enregis_ treur, il est intéressant de se rendre compte des variations de la vitesse qu'accuse cet appareil.

Il arrive souvent que, dans les moteurs d'automobiles, il est difficile d'atteindre directement l'arbre du moteur en bout. Si, cependant, cela est possible, il suffit de mesurer le nombre de tours avec un appareil compteur ordinaire. Dans le cas où le bout de l'arbre est inaccessible au compte-tours, on a proposé un dispositif qui donne de bons résultats : il suffit de caler sur l'arbre de commande des soupapes, et c'est presque toujours possible, une roue de bicyclette de huit dents, qu'on fait engrener avec une roue de trente-deux dents portée par un fer coudé, fixé d'une façon quelconque. Sur le moyeu de la roue de trente-deux dents, on place un bossage qui permet de compter, avec le doigt et un chronographe ordinaire, le nombre de tours ainsi démultiplié par quatre de façon pratique pour les limites de vitesses des moteurs à explosion actuels.

Quand on fait cette mesure avec un compteur, il est bon d'interposer, derrière la pointe de l'appareil, un ressort amortisseur qui rend les lectures beaucoup plus exactes, en empêchant tout glissement sous l'influence des trépidations.

Dynamos-freins. — Un des moyens les plus employés pour procéder à des essais de voitures, surtout lorsqu'il ne s'agit pas de relever des mesures absolues, mais simplement d'établir une comparaison entre divers appareils, est d'employer comme frein une dynamo-génératrice ; celle-ci peut être accouplée directement, c'est-à-dire que son induit peut être monté en prolongement de l'arbre du moteur par l'intermédiaire d'un manchon élastique, ou bien être reliée au moteur par une courroie convenablement tendue.

Pour produire la résistance nécessaire, on emploie soit des groupes de lampes à incandescence soit des bacs rudimentaires pour résistances liquides, soit enfin des batteries d'accumulateurs qui ont l'avantage d'être très commodes pour mettre en marche le moteur en se servant de la dynamo pendant quelques instants comme réceptrice.

Dans cet ordre d'idées, les groupes électrogènes montés sur bâti unique, en raison même de leur commodité d'installation, peuvent servir aisément aux essais de puissance comparative, à ceux des carburateurs, des divers combustibles liquides ou des silencieux.

On sait que la puissance électrique est donnée par le produit $E \times I$, E étant la force électromotrice exprimée en volts et I l'intensité du courant exprimée en ampères.

Le produit EI est exprimé en watts et, l'équivalent mécanique du cheval-vapeur en watts étant de 736, la puissance est exprimée en chevaux par la formule :

$$\mathcal{P}_{chx} = \frac{E \times I}{736}.$$

Cette formule rudimentaire a l'inconvénient de ne pas tenir compte du rendement de la dynamo.

C'est pourquoi, lorsqu'on veut avoir un résultat exact, on doit procéder à des expériences très minutieuses pour établir la courbe du rendement des dynamos employées comme appareils de freinage.

Pour déterminer le rendement des inducteurs, il faut procéder d'abord à la détermination des pertes à vide par hystérésis, courants de Foucault et frottements aux différentes vitesses auxquelles la dynamo devra ultérieurement tourner, et l'on obtient ainsi la courbe des pertes à vide en fonction de la vitesse et du travail exprimé en watts.

Ceci établi, on a étudié pour chaque vitesse une courbe d'étalonnage en fonction du débit et du rendement, ce dernier étant calculé par la formule :

$$\rho = \frac{E \times I}{EI + RI^2 + P}.$$

Dans la détermination de la puissance effective d'un moteur au moyen de la dynamo de freinage, il est nécessaire de s'assurer, en cours des essais, que les trois conditions suivantes ont bien été remplies :

1° Le débit d'excitation en cours de l'essai doit être sensiblement égal à celui de l'étalonnage ;

2° La vitesse du moteur et par suite la force électromotrice doivent rester bien constantes pendant la durée des expériences ;

3° La lecture de l'ampèremètre indique que la limite de charge est obtenue.

La formule précédente devient ainsi :

$$\mathcal{P}_{chx} = \rho \cdot \frac{EI}{736}.$$

Dynamo-dynamomètres. — On a été amené à combiner les moyens mécaniques du frein de Prony avec les moyens électriques de la dynamo, et l'on a créé ainsi un appareil nouveau des plus intéressants au point de vue de l'étude des moteurs, qu'on appelle *dynamo-dynamomètre*, ou *dynamo-balance*.

Cet appareil est basé sur le principe suivant : on sait que la dynamo en tournant tend à entraîner son inducteur dans le même sens ; si donc cet inducteur peut osciller autour de l'axe moteur, il le fera dans les limites que la construction lui aura permises, et on pourra équilibrer cet effort en disposant des poids à l'extrémité d'un levier fixé à la carcasse de l'inducteur.

On équilibre donc l'action du couple moteur (et ceci d'une façon tout à fait indépendante du rendement de la dynamo qui n'a pas à intervenir dans la lecture des résultats), et on constitue ainsi un véritable frein de Prony dans lequel l'entraînement des sabots par frottement dégageant de la chaleur est remplacé par un entraînement magnétique produisant dans la dynamo un courant utilisable, courant qui peut être mesuré avec les corrections indiquées ci-dessus.

La formule du frein de Prony s'applique également dans ce cas en observant que la longueur du levier est égale à la distance de l'axe de la machine à l'axe du crochet supportant les poids.

La dynamo-dynamométrique a le grand avantage de ne pas émettre sensiblement de chaleur et par conséquent d'éviter tous les inconvénients du refroidissement des freins à frottement. Elle peut donc fonctionner dans de bonnes conditions pendant de longues heures consécutives. Sa sensibilité est très grande et son réglage est pour ainsi dire automatique.

On peut avec cette machine essayer les moteurs à des vitesses très différentes et sous des charges très variables ; elle permet donc une très grande élasticité d'action.

Plusieurs constructeurs électriciens fabriquent ces dynamo-dynamomètres et nous décrirons avec quelques détails celle qui a été installée au Laboratoire d'essais du Conservatoire National des Arts et Métiers dans la section des machines.

En décembre 1902, la Société Panhard-Levassor exposait dans le sous-sol du Grand Palais une dynamo-dynamométrique étudiée par ses soins en vue des essais de ses moteurs de voitures et dont la construction avait été confiée à la maison Bréguet : c'est ce type légèrement modifié qui a été choisi par le Laboratoire du Conservatoire National des Arts et Métiers.

Cet appareil se compose d'une dynamo ordinaire à quatre pôles, dans laquelle les inducteurs sont mobiles et peuvent tourner avec la carcasse tout entière autour de l'axe de l'induit.

Cet ensemble mobile porte d'un côté le bras du frein qui supporte le poids destiné à mesurer le couple d'entraînement, égal et de sens

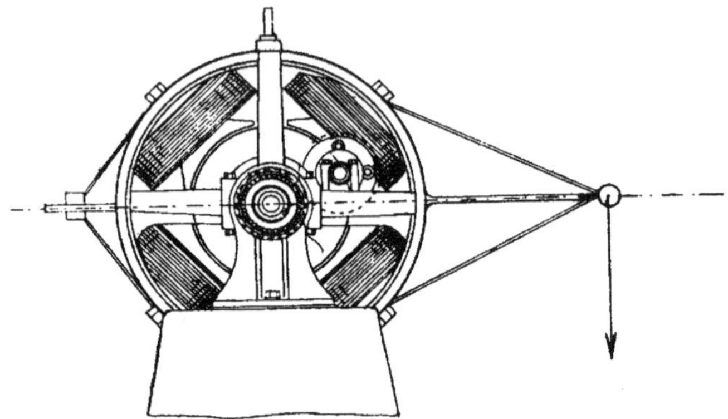

Fig. 264. — Schéma de la dynamo-dynamomètre.

contraire au couple de rotation de l'inducteur. Cette carcasse porte en outre, diamétralement opposé au levier du frein, un petit contrepoids permettant d'équilibrer complètement le poids mort de celui-ci, ce qui supprime l'introduction dans le calcul de la tare du frein dont nous avons parlé plus haut.

L'induit construit à la manière ordinaire tourne dans des coussinets à billes, portés par la carcasse de l'inducteur, et le tout repose également sur des paliers à billes qui permettent le déplacement de l'ensemble autour de l'axe longitudinal de l'appareil comme un fléau de balance sur ses couteaux de suspension. Les inducteurs sont excités indépendamment.

Quant à l'appareil à essayer, il est relié par un arbre muni de joints à la cardan à l'extrémité de l'arbre de l'induit, et le courant produit par celui-ci est absorbé par des résistances liquides ou bien une batterie d'accumulateurs ou de lampes avec rhéostats de réglage. Le mouvement de rotation des inducteurs est limité par des taquets en caoutchouc, et l'appareil est très sensible en raison des roulements à billes employés pour les paliers d'oscillation.

On applique à la dynamo-dynamométrique la formule ordinaire du frein de Prony pour calculer le travail moteur en fonction de la vitesse de rotation, et l'avantage de ce système est que le rendement de la dynamo n'intervient pas dans le calcul ; mais elle peut être employée également comme dynamo-frein, si l'on veut avoir une vérification des chiffres obtenus.

Au Conservatoire des Arts et Métiers on a pensé qu'il était utile, en raison des applications très diverses qui allaient être demandées à l'appareil, de prévoir un train d'engrenages permettant à l'induit de

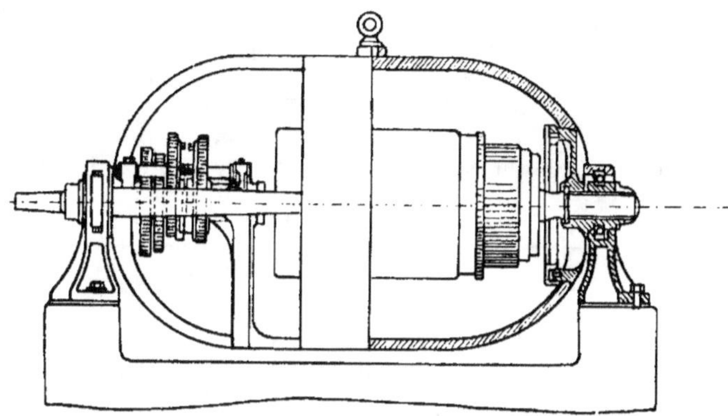

Fig. 265. — Dynamo-dynamomètre à changement de vitesse du Conservatoire des Arts et Métiers.

tourner avec un nombre de tours à peu près constant (1.200 tours à la minute), bien que les moteurs en essai puissent tourner normalement à des vitesses de régime supérieures ou inférieures à ce chiffre.

On a donc disposé, à l'intérieur de la cage des inducteurs, un train d'engrenages pouvant être modifié à volonté et constituant un modificateur de vitesse qui permet, par le choix de pignons convenables, de ramener toujours la vitesse de l'induit dans les environs de la vitesse normale.

M. Boyer-Guyon a fait une étude très complète de cette dynamodynamométrique, et nous en extrayons les parties concernant l'étude des forces en jeu dans la dynamo-dynamométrique.

La cage mobile des inducteurs se trouve entraînée dans le mouvement de rotation par les couples C, C_1, C_2, C_3 résultant du frottement de l'arbre sur les coussinets et les balais. Elle est de plus sollicitée par le couple K résultant de l'action de l'induit sur les inducteurs.

Pour chacun de ces couples, on peut écrire une équation d'équilibre de la forme suivante :

$$f = pln \; \frac{2\pi}{60 \times 75}$$

et, la somme des couples en question produisant le freinage du moteur, on a :

$$f + f_1 + f_2 + f_3 = \frac{2\pi}{60 \times 75}\,(pln + p_1l_1n_1\ldots);$$

mais, dans cette équation, toutes les vitesses n sont égales entre elles, et les bras de levier sont égaux à 1 mètre.

On a donc pour le travail total :

$$\mathcal{P} = \frac{2\pi}{60 \times 75}\,n\,(p + p_1 + p_2 + p_3),$$

dans laquelle on voit que la somme $p + p_1 + p_2 + p_3$ est la somme

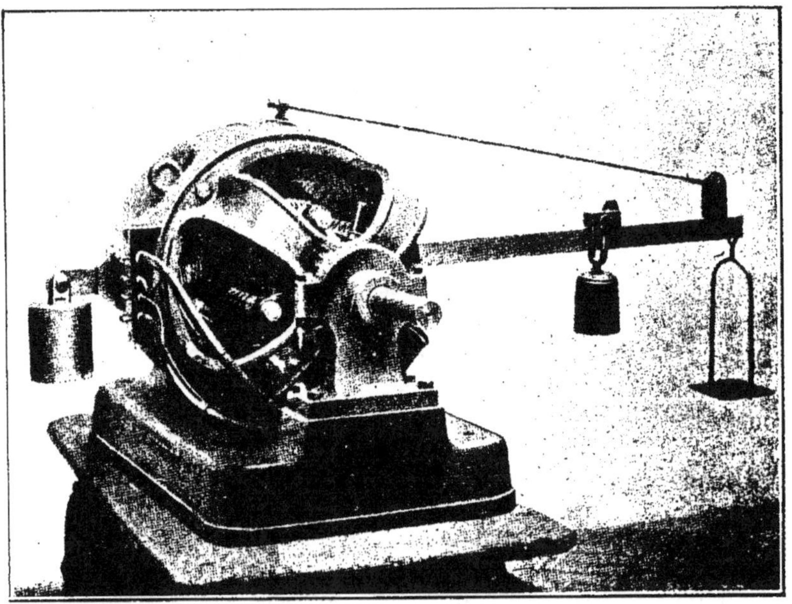

Fig. 266. — Dynamo-dynamomètre type La Française Électrique.

des poids suspendus au bout du bras de levier, soit P. On arrive donc finalement à la formule :

$$\mathcal{P} = \frac{2\pi}{60 \times 75}\,n\mathrm{P},$$

qui est celle d'un frein de Prony où $l = 1$ mètre.

Telles sont les forces en jeu lorsque la dynamo est montée à accouplements directs, c'est-à-dire sans modificateur de vitesse.

Quand il en existe au contraire, il faut faire intervenir le frottement des engrenages et le frottement des arbres du modificateur de vitesse. qui ne peut plus, comme précédemment, être assimilé à des freins élémentaires, puisque leur bras de levier est différent du bras de levier du frein.

De plus, la vitesse de ces freins élémentaires est différente de la vitesse de l'induit du fait même de leur mise en action. On a donc une série de nouveaux couples dus au frottement de l'induit dans ses tourillons, etc., et l'équation précédente donne la formule :

$$\mathcal{P}_1 = \frac{2\pi}{60 \times 75} \; (np + n_1 p_1 + n_2 p_2 \ldots).$$

C'est pourquoi il a été nécessaire de tarer expérimentalement la dynamo-frein fonctionnant avec ses différents trains d'engrenages

Fig. 267. — Dynamo-dynamomètre type Fabius-Henrion avec son tachymètre.

modificateurs de vitesse. Pour ce tarage. M. Boyer-Guyon a employé une dynamo ordinaire montée sur l'extrémité de l'arbre de l'induit, et il a tracé les courbes qui ont permis de déduire les rendements respectifs des deux appareils et, par suite, de déterminer le coefficient de correction qu'il est utile de faire intervenir dans chaque cas.

En général, chez les constructeurs d'automobiles, l'appareil réducteur n'est pas nécessaire et serait même souvent un impedimentum nuisible, car il est préférable d'avoir une dynamo différente pour chaque type de moteur.

Les constructeurs, qui ont toujours un assez grand nombre de moteurs en essai, peuvent avoir par exemple un appareil pour leurs moteurs jusqu'à 12 chx, un autre pour les moteurs de 12 à 30 chx, et enfin un troisième type sert pour les moteurs de puissance exceptionnelle dont la construction est moins courante que celle des précédents.

Pour faciliter les opérations, on a établi des tables-barèmes qui, pour un bras de levier donné, fournissent immédiatement l'indication de la puissance en fonction de la vitesse.

Dans certains appareils on dispose le bras de levier en forme de fléau de romaine, de façon à pouvoir faire des observations en employant des bras de levier différents. On a ainsi facilement le moyen d'essayer presque tous les moteurs avec seulement un ou deux types de dynamos-dynamomètres.

Moulinet dynamométrique du colonel Renard. — Le colonel Renard, le regretté directeur du Laboratoire aérostatique de Chalais-Meudon, a créé pour ses études de résistance de l'air une balance dynamométrique simple, au moyen de laquelle il est arrivé à établir et à tarer des appareils excessivement pratiques pour la mesure de la puissance des moteurs, appareils qu'il a appelés : « Moulinets dynamométriques ».

Rappelons-en très brièvement le principe : une barre en bois, perpendiculaire à l'axe du moteur, porte deux plans symétriques se mouvant orthogonalement dans l'air ; ces plans peuvent varier de dimension et d'écartement, tout en restant symétriques, par le déplacement, pendant le repos, des boulons de fixation.

La résistance offerte par l'air au mouvement de rotation des plans varie avec la surface de ceux-ci et leur vitesse tangentielle résultant de l'écartement de l'axe du moteur.

Le travail en kilogrammètres est donnée par la formule :

$$\mathcal{C} = a \mathrm{K}_t \left(\frac{n}{1.000} \right)^3,$$

a étant le poids de l'air en fonction de la température et de la pression au moment de l'expérience ; cette valeur de a varie dans la pratique entre 950 et 1500 grammes pour un mètre cube d'air ;

n le nombre de tours par minute ou « vélocité » ;

K_t le coefficient de travail du moulinet dont la valeur varie suivant le trou correspondant à la partie médiane du plan.

A titre d'exemple nous indiquons que le moulinet n° 1 *bis*, qui nous avait été gracieusement prêté pour l'exposition de Vienne par le colonel Renard, était constitué par une barre en frêne de 860 mm. de longueur et dont la section était de 69 mm. sur 34 mm.

Dix-sept trous étant percés de chaque côté de l'axe, ils étaient distants de 20 mm. d'axe en axe.

Les plans en aluminium de 200 mm. $\times$ 200 mm. étaient maintenus par deux boulons avec contre-plaque, distants chacun de 80 mm.

Les valeurs de K_t calculées par le colonel Renard étaient les suivantes :

Barre seule.	$K_t = 35{,}09$
Trou n° 3	96,00
4	119,4
5	146,00
6	180,00
7	219,00
8	264,00
9	311,00
10	362,00
11	414,00
12	469,00
13	527,4
14	589,00
15	652,00

Pour faciliter les mesures, le colonel Renard a dressé des abaques qui donnent pour chaque moulinet la valeur en chevaux en fonction de la vitesse, pour a égal à l'unité.

Par exemple, pour le trou n° 13, celui qui était le plus fréquemment employé dans nos expériences, les valeurs des puissances en chevaux étaient les suivantes :

		Chevaux.
A 700 tours		2,41
750	—	2,96
800	—	3,60
850	—	4,32
900	—	5,13
950	—	6,03

Chevaux.

1.000 —	7,03
1.050 —	8,14
1.100 —	9,36
1.200 —	12,10

De même pour les valeurs de a une abaque ou une table à double entrée permet de déterminer instantanément la correction à faire pour tenir compte de la pression atmosphérique et de la température au moment de l'expérience.

Fig. 268. — Essai d'un moteur 4 cylindres avec le moulinet Renard.

La balance dynamométrique qui sert à tarer les moulinets se compose d'une petite dynamo, munie d'un appareil compte-tours débrayable qui permet de mesurer la vitesse angulaire, montée sur le fléau d'une balance à chacune de ses extrémités.

La sensibilité de l'appareil peut être réglée par le déplacement vertical d'un poids, et les oscillations sont amorties au moyen d'une palette oscillant dans une cuve à eau ou à huile.

Cette dynamo reçoit son courant de deux fils plongeant dans des godets de mercure, et le moteur actionne soit directement, soit par l'intermédiaire d'engrenages, dont on a déterminé préalablement le rendement, le moulinet dont on veut déterminer la résistance.

On lance le courant dans la dynamo au moyen du rhéostat de démarrage et bientôt le moteur donne au moulinet un mouvement uniforme de rotation : l'équilibre de la balance est détruit, et tout l'ensemble ne peut être maintenu dans sa position première que si on applique un moment égal et de sens contraire au moment de l'action de l'air sur le moulinet à tarer : on rétablit cet équilibre en plaçant des poids dans l'un des plateaux de la balance de façon à ramener l'aiguille au zéro de la graduation ; le moment du poids ainsi ajouté par rapport à l'axe d'oscillation dont on connaît le bras de levier est égal au moment résistant qu'il s'agit de mesurer. Cette méthode de tarage des moulinets est rigoureusement exacte, parce qu'elle permet d'éliminer tous les frottements intérieurs du mécanisme et qu'elle établit une égalité rigoureuse entre le moment à mesurer et le moment du poids à placer dans l'un des plateaux. On peut également placer d'avance un poids connu dans le plateau et faire varier, au moyen du rhéostat ayant servi au démarrage, la vitesse de l'appareil mobile jusqu'à ce que l'équilibre entre les deux forces soit obtenu.

Grâce à ce système de tarage rigoureusement exact et aux avantages qui résultent de l'absorption par l'air de toute la chaleur produite par le travail, les moulinets dynamométriques du colonel Renard ont pris rapidement une place importante dans les appareils de mesure, et leur emploi s'est d'autant plus généralisé que leur prix de revient est relativement faible par rapport aux appareils électriques précédemment décrits.

Installation d'une salle d'essai. — Toutes nos grandes usines ont reconnu l'impérieuse nécessité d'installer une salle d'essai, non seulement comme laboratoire d'étude des types spéciaux ou des moteurs de course, mais pour être sûr que les moteurs livrés à la clientèle sont bien conformes aux conditions de puissance que celle-ci est maintenant en droit d'exiger.

La Société Panhard-Levassor, la Société Georges Richard, MM. Renault frères, les usines Clément-Bayard, pour ne citer que les principales, ont des salles d'essai des mieux organisées, et c'est en partie à cette précaution qu'on doit la sécurité du fonctionnement et la constance du rendement des voitures automobiles actuelles.

Nous ne parlerons pas ici des appareils de mesure dynamométriques adoptés par chacun, mais nous croyons qu'il n'est pas inutile d'indiquer les dispositifs qu'on peut pratiquement réaliser pour les installations proprement dites, en dehors des freins eux-mêmes.

Bancs d'essais. — Les bancs d'essai peuvent être établis dans des conditions très différentes et peuvent varier à l'infini suivant les moteurs qui sont à essayer.

En général, on dispose soit un banc unique, le long duquel on déplace l'appareil de freinage, soit une série de bancs séparés, lorsqu'on dispose d'un certain nombre de freins ; ces bancs sont constitués d'une façon différente suivant que l'on craint ou non les inconvénients du voisinage ; dans le premier cas, ils doivent être constitués par une fondation élastique, établie par exemple sur briques de liège, et surmontés d'un cadre en fer présentant des rainures dans lesquelles on fait glisser les pièces de fonte qui viennent supporter les pattes d'attache des moteurs. Bien entendu, quand on a un grand nombre de spécimens identiques de moteurs à essayer, on établit un bâti sur lequel il suffit de poser le moteur en le fixant par quatre boulons, parce qu'il présente les mêmes surfaces d'appui que le châssis ou le faux châssis de la voiture sur lequel le moteur doit être monté.

A proximité des bancs d'essai est amenée une canalisation d'arrivée d'eau sous pression, de façon à pouvoir essayer les moteurs indépendamment de leurs pompes et à être certain que le refroidissement sera assuré. Un robinet sert au réglage du refroidissement.

Une canalisation de décharge d'eau permet d'envoyer soit à l'égout, soit à un bac de récupération, l'eau chaude qui sort du cylindre; mais il est nécessaire de disposer cette sortie d'eau à l'air libre, c'est-à-dire en projetant l'eau dans un entonnoir en cuivre, non seulement afin de se rendre compte si l'eau a bien le débit voulu, mais encore pour juger si sa température est bien celle qui correspondra sur la route à l'allure moyenne du moteur.

Une canalisation d'échappement est disposée en général à la partie supérieure de l'atelier ; elle communique avec de vastes cheminées d'évacuation rejetant sur le toit les gaz brûlés. Grâce a une très grande section du collecteur d'échappement, ou plutôt même en raison de la construction de celui-ci, disposé comme un vaste silencieux, on peut éviter le retour d'un échappement sur l'autre qui ne manquerait pas de se produire si la plus grande partie de la pression n'était éteinte dans l'appareil.

Pour réunir l'échappement du moteur au pot d'échappement ou silencieux, on peut employer avec avantage les tuyaux métalliques flexibles qu'on trouve dans le commerce depuis peu et qui rendent, notamment dans cette application spéciale, des services à signaler en raison même de leur facilité d'emploi.

Il y a lieu de prévoir également dans la salle d'essai une planchette régnant au-dessus des moteurs à essayer, sur laquelle on dispose, derrière des rebords spéciaux, les accumulateurs et la bobine électrique de façon que les fils descendent directement sur les moteurs sans gêner les opérateurs lorsque les moteurs sont essayés avant la pose de la magnéto ; en dessous de cette planchette, on suspend les réservoirs qui servent à l'alimentation du carburateur et au jaugeage de la consommation.

Enfin, dans une salle d'essai un peu importante et bien organisée, on a le plus grand intérêt, pour faciliter les manutentions, à disposer un palan sur pont roulant électrique, permettant de placer les moteurs et de les enlever avec une main-d'œuvre des plus réduites.

Appareils de mesure. — Pour constater et contrôler les résultats obtenus dans le moteur, il est nécessaire d'avoir à sa disposition un certain nombre d'appareils destinée soit à mesurer certains éléments du programme, soit à étudier ce qui se passe dans le moteur, notamment à contrôler les résultats du frein par les constats du régime des explosions.

Parmi les premiers, les plus importants sont les appareils de mesure de vitesses ; on emploie généralement un compte-tours de précision qui, avec un chronomètre bien réglé, indique par simple lecture le nombre de tours de la machine pendant la durée du contact de son pointeau, d'où l'on déduit facilement la vitesse angulaire.

Il est plus commode d'employer des appareils donnant automatiquement la vitesse et dont les indications sont souvent plus exactes que celles du compte-tours à main. Dans cette catégorie se placent les compte-tours fixes à embrayage mécanique, ainsi que les tachymètres mécaniques ou électriques, comme ceux de MM. Chauvin et Arnoux.

Ce petit appareil se compose d'une magnéto minuscule, commandée par un bracelet en caoutchouc qui envoie son courant dans un galvanomètre, gradué soit en kilomètres à l'heure, s'il s'agit de la mesure de vitesse d'une voiture ou d'un essai à la jante, soit en nombres de tours par minute s'il s'agit d'un essai de moteur proprement dit. Un fil souple qui peut avoir une longueur variable permet d'amener le galvanomètre sous les yeux mêmes de l'opérateur, qui se tient évidemment à proximité des manettes de réglage.

Le cinémomètre de la maison Richard frères est un véritable appareil de précision mathématique dont la commande se fait par une simple ficelle.

Lorsqu'on emploie un appareil de freinage comme une dynamo relié par courroie au moteur à essayer, il est très prudent de disposer un appareil de mesure de vitesse, non seulement sur le moteur, mais encore sur l'appareil de freinage, afin de se rendre compte, par comparaison des deux chiffres observés, si aucun glissement de la courroie n'est venu en cours d'expérience fausser les résultats de celle-ci.

Les appareils, cinémomètres ou tachymètres, bien réglés permettent non seulement de se rendre compte du nombre de tours au moment des lectures, mais encore de s'assurer que la vitesse angulaire du moteur reste bien la même pendant la durée des essais, ce qui est un des meilleurs garants du bon fonctionnement du moteur.

Indicateurs. — Les appareils qui permettent de se rendre compte de ce qui se passe à l'intérieur du moteur portent le nom générique d'indicateurs, et parmi eux le plus connu est l'indicateur de Watt, qui a été créé pour l'étude du moteur à vapeur.

Dans les moteurs à explosion tournant souvent à des vitesses considérables, il est utile de construire les indicateurs avec des précautions tout à fait spéciales, car l'inertie des pièces en mouvement prend, en raison même de leur vitesse linéaire, une importance très considérable et qui peut nuire dans une certaine limite à la netteté des observations.

Ces indicateurs doivent avoir des pistons évidés, des bielles et transmissions calibrées avec soin et de la plus grande légèreté. Ils doivent être munis de capacités de graissage, afin d'assurer une lubrification automatique du petit cylindre de l'indicateur pendant son fonctionnement, en raison même de la haute température qui s'y développe en quelques secondes.

Dans les appareils destinés à relever des diagrammes fermés il est nécessaire, lorsque la vitesse des moteurs dépasse 600 à 700 tours à la minute, de disposer sur la commande du mouvement alternatif un réducteur de course avec embrayage, afin de permettre aux pièces en mouvement de prendre progressivement leur vitesse, sans crainte des efforts d'inertie qui détériorent instantanément les transmissions les plus solides.

C'est pourquoi dans les appareils construits spécialement pour les moteurs d'automobiles, comme ceux de MM. Blot-Garnier et Chevalier, on a disposé un embrayage à glissière, qu'on interpose sur les tiges ou les cordes qui commandent le mouvement alternatif du tambour enregistreur.

Nous ne décrirons pas ici en détail le dispositif, ni la théorie de l'appareil enregistreur. Il nous suffira de rappeler que cet appareil est destiné à inscrire sur le papier la résultante des deux forces suivantes : d'une part, la pression à l'intérieur du cylindre avec toutes ses variations ; d'autre part, la vitesse de rotation du moteur, transformée en un mouvement alternatif circulaire du tambour enregistreur.

Le crayon sert à l'inscription du tracé des diagrammes et reçoit son mouvement, par un parallélogramme, du piston de l'appareil : celui-ci

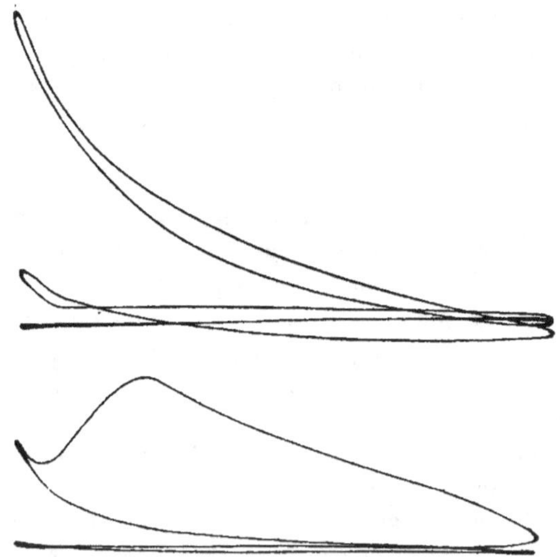

Fig. 269. — Types de diagrammes obtenus avec un indicateur.
Essai de compression à 1.700 tours.
Retard à l'allumage à 1.135 tours.

est mis en communication avec l'intérieur du cylindre par une tubulure spéciale ou même par une petite canalisation disposée à cet effet.

Lorsque le moteur est mis en marche et l'indicateur en action, le mouvement de rotation de l'arbre moteur se traduit par une rotation alternative plus ou moins vive du tambour de l'appareil, et l'amplitude du mouvement de celui-ci correspond avec une réduction connue à la course du cylindre à essayer.

D'autre part, le crayon étant mis en relation avec l'intérieur du cylindre s'élève d'autant plus que la pression à l'intérieur de celui-ci sera plus élevée. La résultante de ces deux mouvements est le tracé d'un diagramme tel que ceux dont nous avons donné quelques spécimens.

Un autre appareil qui fonctionne avec le même cylindre enregistreur de pression est l'indicateur d'explosions à marche continue de M. Mathot.

Dans cet appareil, la commande alternative est supprimée et on enregistre les variations de pression sur une feuille de papier se déroulant à une vitesse constante. Toutefois, cette vitesse de rotation peut être réglée à des degrés différents, ce qui a pour effet soit de tirer des diagrammes très serrés, afin de juger par exemple d'une moyenne de pression maxima ou de déterminer la pression moyenne générale d'une marche qui serait connue, soit au contraire par une grande rapidité du déroulement d'écarter les différentes parties du diagramme pour permettre de se rendre compte de ce qui se passe, soit entre les explosions, soit simplement pendant la période de compression, si l'on fait marcher le moteur à la main sans provoquer l'explosion.

Manographe Hospitalier-Carpentier. — Le manographe Hospitalier-Carpentier est un indicateur dans lequel on a réduit au minimum les masses en mouvement en employant comme index-traceur non plus un crayon minéral, mais un pinceau lumineux issu d'une lampe qui, réfléchi sur un miroir mobile, vient tracer une succession de points sur la glace dépolie d'une chambre noire dans laquelle l'appareil est renfermé.

Le miroir mobile reçoit son mouvement d'abord de l'arbre du moteur par l'intermédiaire d'une transmission flexible tournant proportionnellement à la vitesse de cet arbre ; il reçoit en outre l'action des pressions variables développées à chaque instant dans la chambre d'explosion de cylindre. La transmission de ces pressions se fait sur une membrane métallique flexible qui, sous la pression des gaz du cylindre, prend une flèche et entraîne ainsi le premier support mobile d'un petit miroir sur lequel on projette le pinceau lumineux. Le diamètre de la membrane est des plus réduits puisqu'il ne dépasse pas en général 30 mm.

Les variations de flèche de cette membrane sont réduites proportionnellement aux pressions au moyen d'un système de transmission des plus simples.

En ce qui concerne le mouvement du piston, un mécanisme dit répétiteur suffit à transformer le mouvement de rotation transmis par l'arbre flexible en un mouvement alternatif qui vient se répercuter sur les oscillations du miroir. Une vis de réglage permet d'établir le synchronisme entre le miroir et l'arbre du moteur.

Dans ces conditions, le pinceau lumineux produit par une lampe acétylène ou électrique placée sur le côté de l'appareil est réfléchi dans un prisme qui l'envoie sur le petit miroir, d'où elle est projetée ensuite sur la glace dépolie de la chambre noire.

La persistance des impressions lumineuses sur la rétine fait apercevoir un trait continu sur cette glace dépolie.

Au repos, l'appareil optique donne simplement un point, qui ne tarde pas à se transformer en un diagramme lorsque le moteur entre en action, et cet appareil est très commode et très agréable à utiliser par ce fait même qu'il permet de se rendre compte à tous instants de ce qui se passe à l'intérieur du cylindre et de régler avec une précision remarquable les organes du moteur au cours même de leur fonctionnement.

Ces avantages et la commodité de son emploi compensent largement le petit inconvénient d'une installation optique qui complique évidemment un peu l'installation et en augmente les dépenses.

Indicateur-manographe Schulze. — Cet appareil se compose, comme le précédent, d'un miroir qui reçoit son mouvement à la fois d'une membrane métallique se déplaçant sous l'influence des varia-

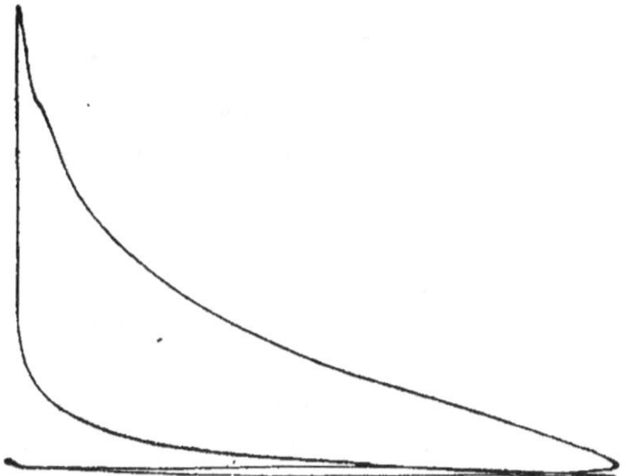

Fig. 270. — Diagramme d'un moteurs 1 1/4 cheval à grande vitesse (1.640 tours) obtenu avec un indicateur optique,

tions de pression du cylindre et d'une liaison mécanique qui vient répéter le mouvement de rotation de l'arbre ; ce mouvement de rotation est transmis par une série de petits arbres rigides avec transmission par roues dentées, qui permettent de placer le manographe très près du cylindre à essayer, réduisant par conséquent au minimum les inconvénients de la canalisation des gaz de l'explosion.

Le miroir est supporté en un point par une lame de ressort qui s'appuie sur un levier horizontal de grande masse formant ressort antagoniste, ce qui permet de réduire au minimum le poids et par suite l'inertie des pièces en mouvement, de sorte qu'en raison même de ces circonstances, le miroir suit très exactement, même à de très grandes vitesses, le mouvement combiné des pressions et du déplacement linéaire du piston.

La transmission du mouvement de l'arbre moteur se fait à un excen-

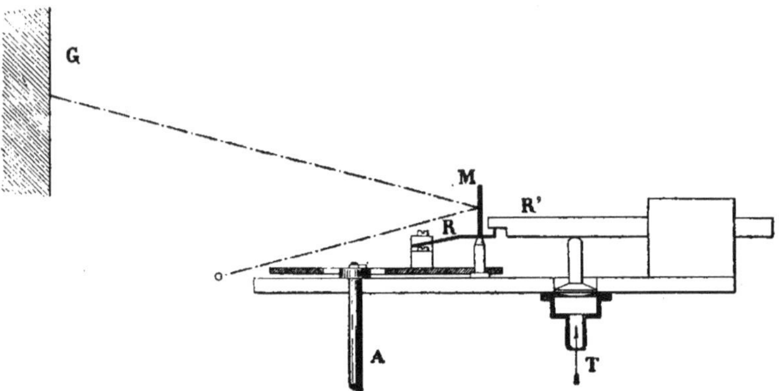

Fig. 271. — Schéma de l'indicateur Schulze.

M miroir ; RR' ressorts ; A commande mécanique ; T tube de pression ; G écran pour formation de l'image.

trique qui déplace le support du miroir dans le sens horizontal tandis que les pressions de la chambre d'explosion agissent, par l'intermédiaire d'un diaphragme métallique, sur le levier formant ressort qui fait mouvoir le miroir dans le sens vertical. Quant à la partie optique, elle a été résolue par l'emploi d'un tube-objectif sans interposition de prisme ; la source de lumière est une lampe spéciale Nernst, donnant une lumière très intense sous un volume des plus réduits. Grâce du reste à la grande intensité du pinceau lumineux, l'apparition du diagramme sur la glace dépolie de la chambre noire ne nécessite aucune interposition de voile, même sous la lumière ordinaire du jour.

Quand on veut conserver le diagramme des appareils manographes, il suffit de substituer à la glace dépolie, une plaque photographique qui se trouve impressionnée par le rayon lumineux et qui donne ainsi un document graphique des plus intéressant.

Dès que l'appareil est mis en mouvement, la pression positive ou négative de la chambre d'explosion soulève ou abaisse le diaphragme métallique, et ce mouvement du diaphragme se transmet au miroir en modifiant son angle de réfraction par rapport au pinceau lumineux ; d'autre part, les oscillations horizontales du porte-miroir suivant le mouvement de rotation de l'arbre moteur, le rayon vient frapper plus ou moins obliquement le miroir et par conséquent se réflète en diffé-rents points de la glace dépolie.

Pour établir le rapport voulu entre la bielle de commande du miroir et la marche du moteur, un système de réglage permet d'arriver facilement à une netteté suffisante ; comme dans le manographe Hospitalier, le diagramme se présente sous la forme d'un trait lumineux, à trait nettement visible sans aucune déformation, ce qui permet l'intégration de la surface, si tant est que cette opération soit nécessaire.

L'inventeur a établi également son appareil pour enregistrer simultanément les diagrammes des moteurs à quatre cylindres, et rien n'est plus instructif, que de voir combien le fonctionnement des divers éléments d'un moteur présente de différences inappréciables sans manographe. Il est rare, en effet, de voir quatre cylindres fonctionner convenablement ensemble, et l'appareil en question permet d'améliorer la marche du cylindre qui donne mal et par

Fig. 272. — Installation d'un manographe sur un moteur à grande vitesse.

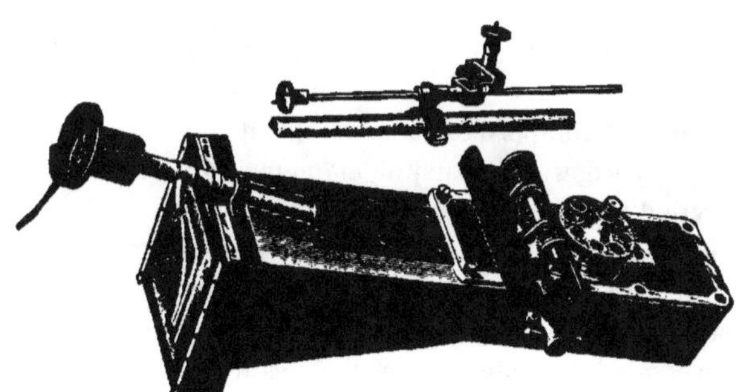

Fig. 273. — Manographe pour moteur à un cylindre.

suite de régulariser les efforts transmis, en augmentant ainsi le rendement du moteur et en diminuant les effets de trépidation produits par un fonctionnement irrégulier.

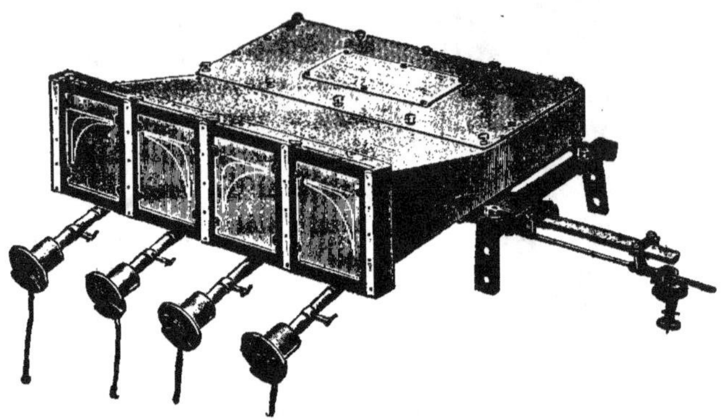

Fig. 274. — Manographe pour moteur à quatre cylindres.

Appareils de contrôle. — Il nous reste à dire un mot des appareils de contrôle pour les automobiles, soit en marche soit sur les bancs d'essais.

Les enregistreurs totalisateurs de marche construits sur le même principe que les enregistreurs destinés à totaliser le nombre de tours des machines à vapeur ou des machines-outils enregistrent des diagrammes de route permettant de contrôler exactement le fonctionnement de la voiture, et il est évident que ces appareils trouveront une application des plus intéressantes lorsque les services industriels auront pris le développement qui leur est réservé. Ils permettent en effet à l'exploitant de contrôler le conducteur de l'automobile et de s'assurer notamment qu'aucun excès de vitesse n'est commis par lui dans les descentes.

L'appareil peut comporter également une deuxième plume qui sert à contrôler les passages, soit par une manœuvre du conducteur, soit par la manœuvre d'un employé contrôleur à poste fixe.

Un appareil analogue permet d'enregistrer en même temps la vitesse et le chemin parcouru dans des conditions analogues à celles qui sont exigées sur un assez grand nombre de lignes de chemins de fer.

Pour les essais à la jante au banc fixe, les dynamomètres de traction hydraulique sont d'un emploi très commode. La traction a pour effet de comprimer le liquide, et la pression en kilogrammes par cm² qui résulte de cette compression est égale au poids total supporté, divisé

par la surface du piston ; on met la cuvette hydraulique en relation
par un tuyau de cuivre souple avec un manomètre enregistreur
qui peut être placé à plusieurs mètres de distance, sous les yeux même
de l'expérimentateur.

Enfin il convient de signaler que l'Automobile-Club de France a
organisé un concours d'odo-tachymètres sur l'initiative de l'Académie
des sports ; des expériences sur route et au laboratoire de M. Hospitalier ont montré que la solution rigoureuse du problème était difficile, et
on ne peut pas dire que les appareils actuels aient atteint encore le
degré de perfection que le public réclame, en même temps qu'un prix
peu élevé d'achat et d'installation.

CHAPITRE II

ESSAIS DES VOITURES AUTOMOBILES A LA JANTE

Depuis la création de l'industrie automobile, on s'est préoccupé de connaître le rendement des mécanismes, et pour cela il était indispensable de mesurer expérimentalement la puissance développée à la jante des véhicules pour la comparer avec la puissance fournie par le moteur et mesurée sur l'arbre de celui-ci.

A. Expériences de rendement du « Times Herald ». — En novembre 1895, à propos d'un concours qu'il avait organisé, le

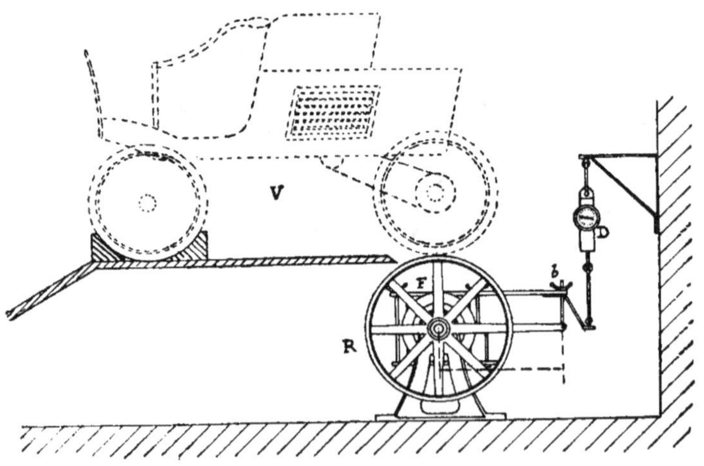

Fig. 275. — Appareil américain pour freinage à la jante.
V voiture ; R rouleaux ; F frein ; *b* écrou de réglage ; D dynamomètre.

journal le *Times Herald* de Chicago institua une série d'essais sur la

Tableau 35. — Expériences de rendement du Times Herald

Voitures	Poids total	Poids adhérent	Rayon des roues motrices	Nombre des cylindres	Diamètre des cylindres	Course de piston	Puissance au moteur	Puissance sur jante	Vitesse par seconde	Rendement	Effort de traction	Consomma-tion par cheval-heure utile (1)
	Kg.	Kg.	m.		mm.	mm.	chx.	chx.	m.		Kg.	gr.
De la Vergne.	765	570	0,593	1	128	165	2,97	1,57	5,10	0,53	23,6	1.290
Duryea. . . .	552	330	0,570	2	100	112	1,75	1,16	2,22	0,65	39,7	1.470
Haynes et Ap-person . . .	569	378	0,445	2	100	100	2,23	0,95	2,02	0,45	17,8	2.740
Lewis.	762	408	0,575	1	125	125	1,06	0,53	1,80	0,50	22,7	2.800
Macy.	829	655	0,595	1	125	175	5,18	2,50	4,8	0,48	39,6	890
Muller	714	570	0,600	1	156	156	1,79	1,18	2,15	0.66	41,9	1.340

(1) Essence gazoline ; densité 0,688.

puissance des premières voitures automobiles circulant en Amérique.

Ces essais ont été effectués avec un appareil assez rudimentaire mais qui permettait toutefois de déterminer la puissance disponible à la jante des roues motrices des voitures, grâce à un dispositif de frein à levier combiné qui donne une assez grande facilité d'emploi.

La voiture, placée sur un bâti en bois, était amenée de façon que ses roues motrices vinssent reposer sur les poulies correspondant à l'appareil de freinage ; préalablement à ces essais, le moteur avait été essayé avec un frein analogue et les résultats obtenus, qui sont évidemment le plus ancien monument de ce genre dans l'industrie automobile, ont été consignés dans le tableau 35 (page 253) :

Vers la même époque, c'est-à-dire au commencement de 1896, des essais pratiqués par M. Levassor sur ses premières voitures à moteurs Phœnix avaient donné 220 kg. aux jantes des roues, soit, pour un moteur faisant quatre chevaux effectifs, un rendement de 0,73 qui paraît du reste bien élevé pour l'époque.

B. Appareil de la Locomotion Automobile. — En 1898, la *Locomotion Automobile* organisait, sous la direction de son rédacteur en chef, un concours dont le programme avait été discuté par un comité de praticiens et qui a eu pour résultat la création d'un appareil étudié par M. Carlo Bourlet et installé en 1899 dans les ateliers de MM. Malicet et Blin, à Aubervilliers.

L'appareil en question se compose essentiellement d'un arbre de 60 millimètres de diamètre, porté par trois paliers à rouleaux. Cet arbre porte deux tambours en bois, sur lesquels on place les roues motrices de la voiture en expérience, et un volant de 955 millimètres de diamètre auquel on applique un frein de Prony.

On place la voiture sur les rouleaux de façon que l'axe des roues motrices et celui des tambours soient sur une même verticale, puis on met la voiture en fonctionnement successivement sur les différentes vitesses. Les roues motrices entraînent les tambours et communiquent un mouvement de rotation à tout le système.

Le poids total de l'arbre, des deux tambours et du volant étant de 175 kg., il est indispensable de mesurer tout d'abord le frottement du système mobile ; pour cela on débarrasse le volant du frein Prony et on enroule sur lui une mince cordelette faisant six ou sept tours, attachée par l'une de ses extrémités au volant et portant à son extrémité libre un poids connu, 20 kilos par exemple.

On maintient ce poids P à une hauteur H du sol en le soutenant par une petite corde supplémentaire fixée au bâti. A un signal donné, on coupe cette petite corde, le poids tombe de la hauteur H en entraînant avec lui le volant. Lorsqu'il est arrêté au bas de sa chute, le système formé par le volant, l'arbre et les tambours continuent à tourner, en vertu de la vitesse acquise, en déroulant la cordelette enroulée sur le volant, puis s'arrête. On compte le nombre n de tours et de fractions de tours effectués par le volant pendant toute l'expérience. On mesure au chronomètre le temps de chute du poids et le temps total de l'expérience, depuis la mise en marche du poids jusqu'à l'arrêt du volant. Par différence, on a le temps pendant lequel le système tournant a marché à vide en vertu de la vitesse acquise.

Ceci posé, voici comment on interprète ces résultats :

Le poids P a effectué un travail PH, qui est égal à la demi-force vive acquise par lui dans sa chute et détruite par le choc sur le sol et au travail perdu dans les frottements.

Si donc v est la vitesse du poids au moment où il arrive au sol et $\mathfrak{C}$ le travail perdu dans les frottements par tour complet du système, on a :

$$\mathrm{PH} = \frac{1}{2}\,\frac{Pv^2}{9,8} + \mathfrak{C}n\,;$$

d'où on tire :

$$\mathfrak{C} = \frac{1}{n}\left[\mathrm{PH} - \frac{Pv^2}{19,6}\right].$$

Dans cette formule, nous connaissons tout, sauf v. Or, cette vitesse peut être calculée de la façon suivante : on sait que, lorsqu'un corps est animé d'un mouvement uniformément accéléré, la vitesse qu'il acquiert au bout d'un certain temps, en partant du repos, est le double de la vitesse moyenne. On peut alors calculer v d'après cela de deux manières :

1° En calculant la vitesse moyenne du poids P dans sa chute :

2° En calculant la vitesse moyenne linéaire d'un point de la circonférence du volant quand celui-ci tourne à vide, car cette vitesse linéaire est égale à v au moment où le poids touche le sol et décroît jusqu'à zéro. Le premier procédé est moins précis que le second, car, le temps de chute du poids étant très court (1 seconde) et les chronomètres ne donnant le temps qu'à 1/5 de seconde près, l'erreur relative commise est très grande.

Le second procédé est meilleur, parce que le temps où le volant tourne tout seul est assez long (9 secondes en moyenne) pour que l'erreur soit moins sensible.

Soient D le diamètre du volant et t le temps pendant lequel le volant a tourné tout seul, n étant le nombre de tours, on a :

$$v = \frac{2(\pi D n - H)}{t} .$$

Les données fixes de l'appareil en question étaient :

$$P = 20 \text{ kg}.$$
$$D = 2 \text{ m}. 98.$$
$$\frac{P}{19,6} = 1,02 .$$

Les formules précédentes deviennent donc :

$$\widetilde{\omega} = \frac{20\,H - 1,02\,v^2}{n}$$
$$v = \frac{18\,n - 2H}{t} .$$

La moyenne des expériences faites a donné :

$$\widetilde{\omega} = 4,3 \text{ kgm.}$$

La perte de frottement du système tournant sous son propre poids de 175 kilos est donc de 4.3 kilogrammètres par tour.

Le travail perdu dans le frottement étant sensiblement proportionnel à la charge, le travail $\widetilde{\omega}$ perdu par tour sous une charge Q exprimée en kg. sera donc :

$$\widetilde{\omega}_{kgm} = \frac{4,3}{175}\,Q = 0,024\,Q.$$

Les résultats obtenus avec cet appareil sont réunis dans le tableau 36 qui permet de déduire que le rendement des voitures ne dépassait pas en général 0.50 à 0,55 à l'époque où le concours en question a été organisé.

Tableau 36. — Essais des automobiles à la jante des roues motrices

(Concours de la Locomotion Automobile 1899)

Types des voitures	Puissance approximative du moteur chx	Vitesse		Travail		Puissance à la jante	
		Nombre de tours de roues par minute	En kilomètres à l'heure	en 1 m. kgm.	en 1 seconde kgm.	Poncelets	chevaux vapeur
Voiture Gobron-Brillié	10	108	9,7	24.353	406	4	5,3
Voiture Gobron-Brillié	10	125	11,2	21.125	352	3,5	4,6
Voiture Delahaye.	12	82	7,4	26.970	450	4,5	6
Voiture Delahaye	12	224	20	28.403	473	4,7	6,3
Voiture Peugeot.	8	85	7,6	15.474	258	2,6	3,5
Voiture Peugeot.	8	154	13,9	16.562	276	2,8	3,7
Voiture Panhard-Levassor . . .	12	113	10,2	24.484	408	4,1	5,4
Voiture Panhard-Levassor . . .	12	201	20	26.937	450	4,5	6
Voiture Panhard Levassor . . .	8	84	7,5	17.943	297	3	4
Voiture Panhard-Levassor . . .	8	122	11	13.686	228	2,3	3

C. Appareils du Ministère de l'Agriculture. — Lors des opérations du Jury du Concours de l'alcool organisé par le Ministère de l'Agriculture en 1902, un appareil dont le principe avait été proposé par M. P. Gasnier dans la *Locomotion*, a fait l'objet d'une étude de la part de M Loreau et de moi-même, et nous avons été assez heureux pour obtenir la construction de cet appareil à la station d'essais des machines agricoles de la rue Jenner.

Le procédé consiste à faire rouler la voiture sur un sol artificiel mobile, à résistance variable à volonté, se dérobant sous la voiture maintenue immobile à la vitesse que lui communiquent les roues motrices. C'est donc un véritable tapis roulant mis en mouvement par la voiture elle-même. La voiture à essayer est attachée à l'arrière, à un point fixe, par l'intermédiaire d'un dynamomètre et de systèmes amortisseurs, si on le juge utile pour la commodité des lectures. Elle peut ainsi être soumise aux essais sans plus de préparatifs et avec la charge normale de voyageurs. Le conducteur de sa place est dans les meilleures conditions pour régler la marche de son moteur.

On a là un système analogue au « truc » employé, il y a quelques années, au Théâtre des Variétés, pour reproduire sur la scène une

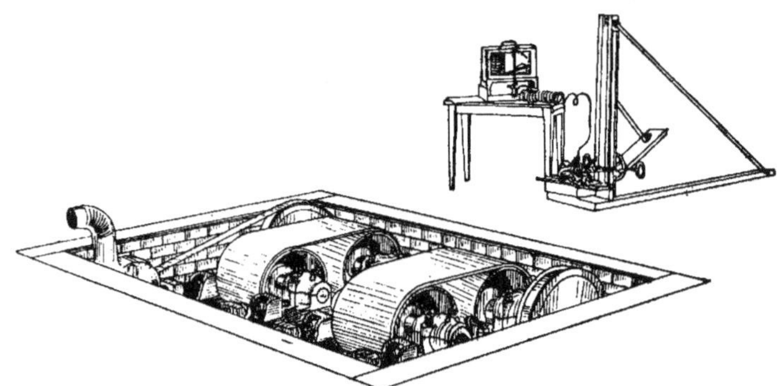

Fig. 276. — Appareil du Ministère de l'Agriculture pour mesurer la résistance au roulement des véhicules.

course de chevaux, avec cette différence que le sol était animé d'une vitesse propre contraire à celle des chevaux, au moyen de moteurs électriques.

Le sol sur lequel roule les roues de la voiture présente une résistance variable qui est réglée au moyen d'un frein quelconque, par exemple à l'aide d'une dynamo génératrice qui a l'avantage de présenter un couple diminuant avec la vitesse. Il n'y a pas du reste à s'occuper de la valeur du freinage ou de la puissance fournie par la dynamo, si ce n'est pour maintenir constant l'un quelconque des deux facteurs à mesurer à chaque expérience et qui sont : 1° l'indication du dynamomètre donnant exactement l'effort de traction produit par la voiture : 2° la vitesse de déroulement du tapis ou, plus simplement, la vitesse des roues motrices, car on peut admettre que, par suite de la composition du tapis, l'adhérence entre les bandages des roues et le sol mobile est telle qu'il n'y a aucun glissement. En tout cas il est facile de mesurer celui-ci par une double lecture des vitesses.

On comprend qu'il y a un grand intérêt, au point de vue de la simplicité, de la commodité et de l'exactitude des mesures, à déterminer l'effort de la traction produit par la voiture, plutôt que la puissance transmise au sol mobile. C'est ce qui caractérise le procédé en question.

Il n'est besoin d'aucune mesure préalable, les frottements du système importent peu, pourvu qu'ils soient suffisamment constants pendant la durée d'une expérience ; on lit directement l'effort de traction produit par la voiture, et la vitesse des roues et du tapis sont des plus faciles à constater. Le produit de l'effort de traction en kilogrammes par la vitesse du tapis, en mètres par seconde, donne directement le travail aux jantes en kilogrammètres par seconde.

Afin de placer le moteur de la voiture dans des conditions de marche aussi voisines que possible de celles dans lesquelles il se trouve lorsque la voiture est lancée, et que l'énergie cinématique qu'elle possède

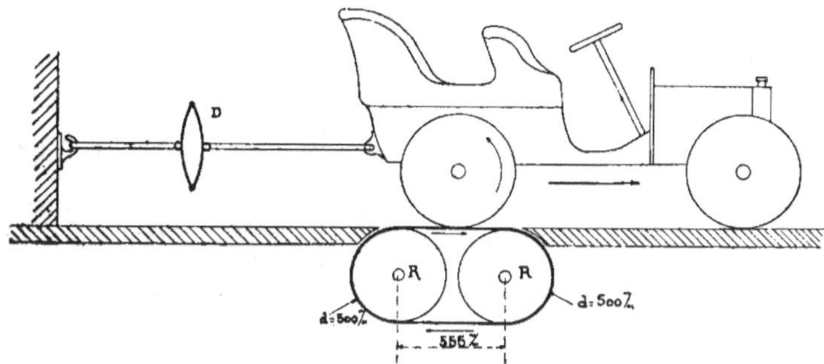

Fig. 277. — Schéma du dispositif de l'appareil à courroie sans fin.
RR rouleaux ; D dynamomètre.

s'ajoute à celle du volant du moteur pour régulariser la marche de celui-ci, il serait utile de donner au système mis en mouvement par la voiture une inertie telle que l'énergie emmagasinée fût sensiblement la même que celle que posséderait la voiture en mouvement, sinon, on est obligé d'aider le roulement du tapis, ce qui ne change en rien du reste les résultats.

Il est facile d'étudier avec ce dispositif comment se comporte une voiture à chacune de ses vitesses en fonction du coefficient de traction, comment varient le couple moteur et la puissance, et quel est leur maximum ; il est possible également de modifier l'état de la surface mobile, par exemple de communiquer ou non des secousses ou vibrations à la voiture, pour en mesurer les effets. La même installation permet d'essayer les différentiels des voitures et de mesurer la perte d'énergie qui s'y produit. En ne faisant porter sur le tapis que l'une des roues

Tableau 37. — Essais à la jante. Circuit du Nord 1902

	Puissance nominale du moteur	Vitesses constatées		Effort constaté	Puissance à la jante
		Kilom. à l'heure	Mètres à la seconde		
	chx			kgs	chx
1° Motocycle et voiturettes					
Peugeot.	4 1/2	16,7 17,4	4,655 4,838	57.5 35	3,559 3,548
Darracq.	6 1/2	10,3	2,854	61	2,321
2° Voitures légères.					
Panhard-Levassor. . . .	5	11,6	3,223	75	3,223
Georges Richard	4 1/2	12,9	3,593	63	3,018
Hurtu.	7	16,1	4,456	60	3,565
Delahaye.	6	14,5 19,9	4,034 5,543	68 62	3,658 4,582
Delahaye.	6	15.6 22,9	4,336 6,359	80 72	4,625 6,105
Gillet-Forest	6	11,6 8,3	3,220 2,319	68 88	2,919 2,720
3° Voitures de plus de 250 kilogs.					
Panhard-Levassor. . . .	8	19,0 26,4	5,285 7,338	77 82	5,426 8,023
Gillet-Forest	10	16,4 22,0	4,556 6,126	70 80	4,25 6,53
Georges Richard	10	12,0 20,5	3,335 5,707	45 55	2,001 4,185
Bardon.	5	12,6 7,6 14,2 16,6	3,512 2,103 3,941 4,656	85 70 100 91	3,981 1,962 5,255 5,649
Chenard-Walcker. . . .	12	29,6 16,1	8,225 4,465	45 62	4,935 3,690
De Dietrich.	12	11,1 17,6	3,075 4,897	60 90	2,46 6,53
Delahaye.	7 1/2	12,7 17,8	3,540 4,955	88 92	4,153 6,079
Herald	9	20,6	5,718	68	5,184
Prunel	12	23,5 18,1 29,2	6,533 5,026 8,129	68 75 90	5,924 5,027 9,755

motrices, l'autre portant sur le sol, toute la puissance motrice passerait dans les engrenages du différentiel.

L'appareil qui a été installé à la station d'essai des machines agricoles se composait de 4 tambours de 500 millimètres de diamètre, formant deux groupes espacés de 1 m. 25, voie moyenne des véhicules de tourisme.

Ils étaient réunis deux par deux par une courroie homogène, c'est-à-dire en cuir de bouts sans couture, de 500 millimètres de large, et deux des tambours étaient disposés sur une semelle en fonte avec vis de réglage pour permettre de donner la tension voulue aux courroies.

Les deux tambours opposés étaient montés sur un arbre général portant à une extrémité une poulie de frein à joue, qui trempait dans un bassin d'eau savonneuse, et, à l'autre extrémité, l'arbre actionnait, au moyen d'une courroie, un ventilateur destiné à envoyer un courant d'air sur le radiateur de la voiture qu'on essayait.

Cet appareil, bien que construit très hâtivement, a permis de faire sans difficultés des essais de puissance à la jante sur les voitures ayant pris part au concours de consommation du Circuit du Nord.

Les résultats qui ont été obtenus sont consignés dans le tableau 37.

On peut dire qu'il résulte des indications de ce tableau que le rendement à la jante, en 1902, atteignait pour certaines machines une valeur de 0,60 à 0,62.

D. Appareils du Conservatoire des Arts et Métiers. — Lors de la création du Laboratoire du Conservatoire des Arts et Métiers, l'installation d'un appareil dynamométrique pour les essais des automobiles à la jante fut décidée, et cet appareil, étudié et construit sous la direction de M. Boyer-Guyon, présente des qualités réelles d'exactitude et de commodité.

L'appareil se compose de deux grands volants en fonte ou tambours de 2 mètres de diamètre dont la jante est recouverte de frises en chêne, sur lesquelles les roues motrices des automobiles à essayer viennent rouler. Ces tambours sont montés sur un arbre porté par trois robustes paliers graisseurs réglables, et ils peuvent se déplacer longitudinalement sur cet arbre pour présenter tous les écartements correspondants à la voie de l'automobile à essayer. Pour cela, ils sont construits en deux pièces, et le serrage se fait au moyen de quatre boulons traversant les moyeux.

Ce dispositif des deux tambours permet l'essai de véhicules dans la limite suivante :

Ecartement intérieur minimum . .   0 m. 53
Ecartement extérieur maximum. .   2 m. 34
Voie minima d'axe en axe . . . .   0 m. 93
Voie maxima d'axe en axe. . . .   1 m. 64

On comprend que cet appareil présente un poids considérable qui remplit les conditions de volant dont nous avons parlé plus haut.

L'un des tambours porte d'un côté un frein de Prony, dont la couronne de 1 mètre de diamètre a été établie pour assurer convenablement une circulation d'eau suffisante pour lui permettre d'absorber 40 chx sans donner un échauffement anormal.

A l'autre extrémité de l'arbre sont disposées deux poulies de 200 mm. de largeur et de 1 m. 50 et 1 m. 34 de diamètre qui permettent d'action-

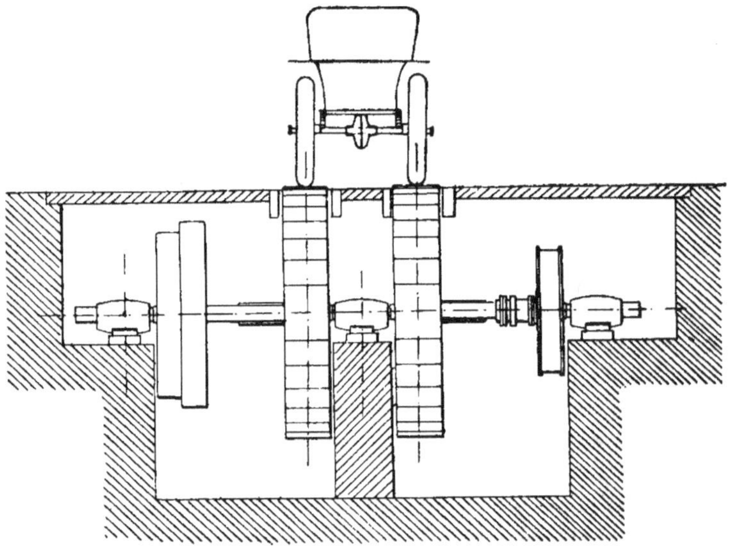

Fig. 278. — Appareil du Conservatoire des Arts et Métiers, coupe transversale.

ner une dynamo au moyen d'une courroie. L'ensemble de cet appareil est installé dans une fosse, située au-dessous du plancher du Laboratoire, de sorte que sur celui-ci, qui est amovible, on ne voit apparaître que la partie supérieure des rouleaux-tambours et le volant permettant la manœuvre du frein et de la courroie.

La dynamo qui a été construite pour fonctionner alternativement comme génératrice et comme réceptrice, peut développer une puissance d'environ 30 chevaux, et, grâce au double jeu des poulies de commande, il est facile de maintenir sa vitesse entre celles de 500 et 1.000 tours pour lesquelles elle a été construite.

Cette dynamo, quand elle fonctionne comme réceptrice, sert à entraîner tout le système dynamométrique : quand elle agit comme génératrice, c'est-à-dire comme frein, elle fonctionne sur un rhéostat et sur des résistances permettant d'absorber 5 ampères sous 450 volts ; son excitation est indépendante et réglable par des appareils spéciaux.

Quand il s'agit de mesurer la puissance à la jante d'une voiture, les roues motrices de celle-ci sont amenées sur les tambours de façon que

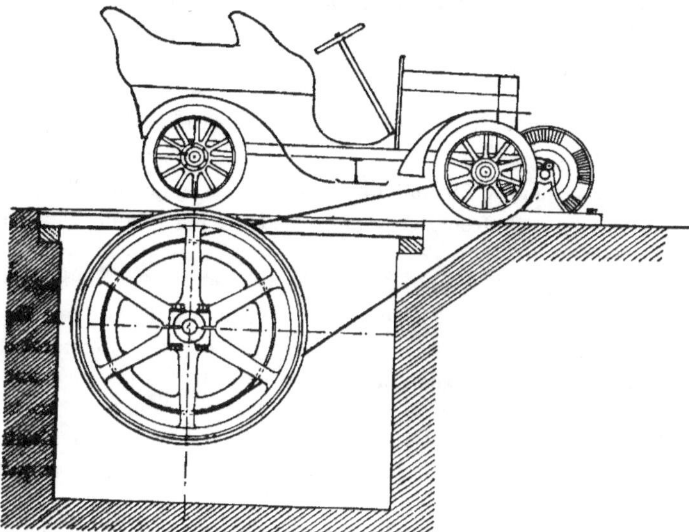

Fig. 279. — Appareil du Conservatoire des Arts et Métiers, coupe longitudinale.

l'axe des moyeux coïncide sensiblement avec l'axe des tambours ; les deux pneumatiques sont gonflés à la même pression, et les rayons des deux roues sont mesurés avec soin en tenant compte de l'écrasement du boudin d'air.

A l'arrière de la voiture on installe un crochet de traction qui vient agir sur un dynamomètre hydraulique enregistreur, qu'on dispose exactement sur la même horizontale que le crochet de traction.

On met en route l'automobile comme si elle était sur le sol, et immédiatement les tambours se mettent à tourner en se dérobant successivement sous l'action de la rotation des roues motrices.

La puissance est absorbée soit par la résistance passive de l'appareil, soit par la dynamo, soit par le frein de Prony, soit par ces appareils réunis et, pour le cas où la puissance développée par la voiture ne serait pas suffisante pour entraîner le système, la dynamo peut agir comme moteur sans que pour cela les résultats soient faussés.

Quand le régime est obtenu, le système est en équilibre sous l'action de la force F exercée sur le crochet de traction et de la force F′ exercée sur la jante des roues.

Le travail par minute en kilogrammètres est donné par la formule :

$$\mathfrak{T} = F' 2\pi r n,$$

dans laquelle n est le nombre de tours des roues par minute et r le rayon des roues motrices en mètres.

On en tire la puissance :

$$\mathcal{P}_{chx} = \frac{\mathfrak{T}}{75 \times 60} = F' n r \frac{2\pi}{75 \times 60} = 0,001396\, n r F'.$$

On retrouve donc la formule du frein de Prony, dans laquelle F est la charge que porte le frein, n le nombre de tours par minute et r le bras de levier du frein.

Il est indispensable toutefois, dans cet appareil, que le centrage des roues de l'automobile par rapport aux tambours soit fait d'une façon tout à fait exacte. En effet, un centrage mal effectué produirait une erreur assez importante suivant que la roue motrice serait en avant ou en arrière du plan principal passant par l'axe des deux tambours : en effet si cette roue est en arrière, le véhicule se trouve dans la situation d'une roue en montée et, si elle est en avant, c'est l'inverse qui se produit.

M. Boyer-Guyon a donné le calcul de l'erreur résultant de cette mauvaise position possible de la voiture (1).

Soient (fig. 280) o_1 et o_2 les roues de l'automobile, O le tambour sur lequel vient rouler la roue motrice, r et R les rayons de la roue et du tambour. P le poids dont est chargé l'essieu arrière, f l'effort sur le dynamomètre et P l'effort de traction que nous voulons mesurer et qui se trouve dirigé suivant la normale à la ligne oo_1. L'essieu arrière de l'automobile se trouve en équilibre sous l'action des forces f, F, P, N et N′.

La force N passant par le point d'appui sur le tambour est détruite par la réaction N′ : il reste à considérer seulement f, F et P.

(1) Le Génie civil, tome XLV, pages 33 et 53.

Décomposons la force F en $F_1 = \dfrac{F}{\cos \alpha}$ et en F_2 qui est détruite ; la force P en $P_1 = P \, tg\,\alpha$, et en P_2 qui est détruite. Puisque le système

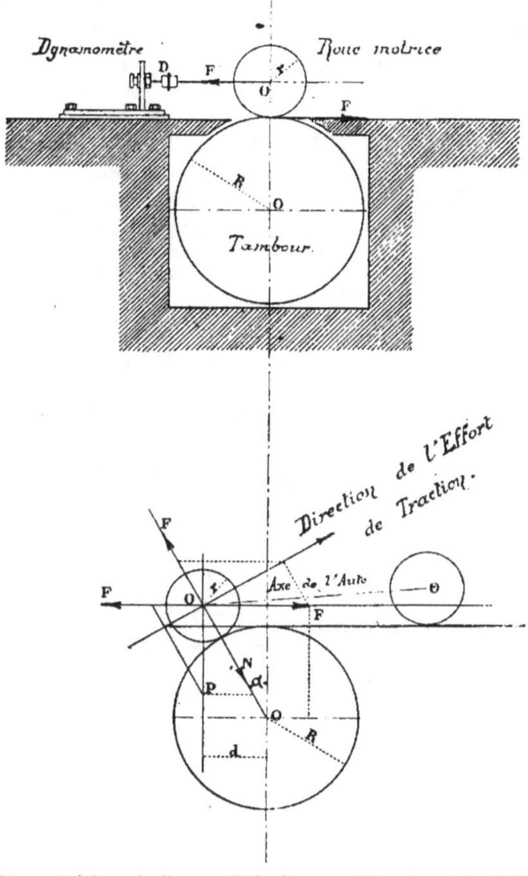

Fig. 280. — Schéma de l'appareil du Conservatoire des Arts et Métiers.

est en équilibre, il suffit d'écrire que la somme algébrique des forces f, P_1 et F_1 est nulle, ou :

$$F_1 = f \pm P_1$$
$$F \frac{1}{\cos \alpha} = f \pm P \, tg\,\alpha,$$
$$F = f \cos \alpha \pm P \sin \alpha \qquad\qquad (a)$$

L'équation précédente peut se réduire à :

$$F = f \pm P \sin a.$$

En effet, $\cos \alpha$ est très voisin de l'unité pour un angle α très petit ; dans le cas présent, on peut centrer l'automobile de telle façon que d soit au plus égal à 0 m. 005 de part et d'autre de la verticale. Comme R $= 1$ mètre et $r = 0$ m. 350, par exemple, on a :

$$\cos \alpha = \sqrt{1 - \frac{d^2}{(R + r)^2}} = \sqrt{0,9999863} = 0,99999$$

et :

$$\sin \alpha = \frac{d}{R + r} = 0,0037037,$$

d'où :

$$\alpha = 0° 12' 44''.$$

Donc la valeur réelle de l'effort de traction est donnée par :

$$F = f \pm 0,0037037 \, P.$$

Supposons une voiture pesant 1.000 kilogr.; l'essieu moteur porte une charge de 600 kilogr. L'effort de traction peut varier de 190 kilogr., pour la petite vitesse, à 50 kilogr. pour la grande ; dans ce cas, et pour $d = 0$ m. 005, les erreurs qu'on peut commettre sont les suivantes :

F	f	Erreur maximum	Erreur relative
32,23 kg.	30 kg.	2,23 kg.	7,5 0/0
102,23 —	100 —	2,23 —	2,23 0/0
302,23 —	300 —	2,23 —	0,75 0/0

Cette erreur peut donc atteindre 7,5 0/0 si l'effort de traction tombe à 30 kilogr. Si P varie de 100 kilogr. à 1.000 kilogr., l'erreur variera de 0 kg. 370 à 3 kg. 700 ; mais c'est précisément pour les voitures légères que l'effort de traction est petit et pour les voitures lourdes que l'effort est grand. L'erreur relative reste généralement très acceptable.

On voit aussi que, toutes choses égales d'ailleurs, il vaut mieux essayer une voiture avec un grand effort de traction f. Cet effort de traction sera grand pour les petites vitesses, ce qui conduit à essayer de préférence les voitures aux petites vitesses.

Si on écrit la dernière équation sous la forme :

$$y = k + 0,0037037\,x$$

et si on construit cette droite, le coefficient angulaire tg $\alpha = 0,0037037$ est très faible, ce qui montre que l'erreur ne croît pas très vite avec la charge portée par l'essieu moteur. On peut même construire une série de droites pour les valeurs différentes de d ; si l'on porte en abscisses les valeurs de P, les ordonnées donnent les valeurs des corrections, en fonction de P et d. En portant au-dessous de l'axe des x une longueur f, on lit immédiatement la valeur F mesurée par l'ordonnée totale. Mais, dans la pratique, on peut presque toujours prendre F $= f$ avec une exactitude suffisante, dans le cas où la voiture est bien centrée.

E. Mesures de la puissance disponible à la roue motrice par moulinets dynamométriques. — Le laboratoire de l'A. C. F. emploie les moulinets dynamométriques du colonel Renard pour mesurer la puissance disponible à l'axe des roues motrices d'une voiture automobile.

Supposons que nous connaissions le rapport $\dfrac{m}{n}$ de la démultiplication du moteur à l'axe des roues motrices ; nous savons donc que, si le moteur donne son maximum de puissance à la vitesse N, les roues motrices devront tourner à N. $\dfrac{m}{n}$. On déterminera donc par tâtonnements la position des plans des moulinets la plus favorable pour que la puissance disponible soit observée lorsque les appareils tournent à cette vitesse de N. $\dfrac{m}{n}$.

Si le rendement était égal à l'unité, nous obtiendrions aux moulinets la vitesse N $\dfrac{m}{n}$, mais, comme évidemment le rendement est inférieur à l'unité, on obtient une vitesse moindre correspondant à une puissance $\mathscr{P}'$ sur l'arbre des roues motrices et, puisqu'on connaît la puissance $\mathscr{P}$ du moteur correspondant à la vitesse en question, le rendement sera :

$$R = \frac{\mathscr{P}'}{\mathscr{P}}\ .$$

Dans ces conditions, rien ne sera plus facile que de faire fonctionner le mécanisme à ses différents crans de vitesse, en ayant soin de se maintenir le plus près possible de la vitesse déterminée précédemment comme étant celle où il donne sa puissance maxima.

Dans un premier essai qui a été fait sur une voiture Peugeot, le moteur fut d'abord enlevé du châssis et essayé au banc, de façon à déterminer la courbe des puissances à ces différentes vitesses ; la tangente supérieure à cette courbe indique une puissance maxima de 19 chx à 1.500 tours, correspondant au moulinet n° 4 muni de plans de 140 mm. de côté, fixés au trou n° 10.

Après cet examen du moteur, la voiture remontée fut placée sur l'appareil dynamométrique et, après quelques tâtonnements, on reconnut que les moulinets n° 6, munis de leurs plans de 600 mm. de côté placés au trou n° 6, donnaient une puissance disponible de 16,7 chx sous une vitesse angulaire de 350 révolutions à la minute correspondant, à la quatrième vitesse, à 1.495 tours du moteur.

On a donc ainsi le rendement mécanique de la voiture par simple division, et ce rendement a été de 0,89, ce qui est très remarquable si l'on considère les résultats précédemment obtenus.

En essayant dans les mêmes conditions la voiture à la deuxième et à la troisième vitesse, on a trouvé, pour la deuxième, une vitesse de 160 tours à la roue correspondant à 1.520 tours du moteur, qui donne par conséquent à la roue une puissance de 14,4 chx et un rendement de 0,76. A la troisième vitesse, le nombre de tours de l'arbre des roues motrices était de 234, correspondant à 1.500 tours du moteur, la puissance développée était de 15 chevaux, soit un rendement de 0,79.

La moyenne des rendements obtenus a donc été de 0,81, ce qui permet de dire que le *rendement moyen* de la voiture considérée était d'environ 0,80.

Ce mode opératoire ne tient pas compte, dans l'évaluation du rendement, de l'effet du bandage puisque ce n'est pas à proprement parler le rendement à la jante, mais simplement le rendement sur l'arbre des roues motrices, qui est déterminé dans l'appareil en question.

Nous avons voulu en effet éliminer la cause d'erreurs qui peut provenir du degré de gonflement des bandages pneumatiques, lequel non seulement modifie le diamètre théorique de la roue mais encore fait varier le coefficient de frottement dans une assez large mesure, suivant la pression intérieure du dit bandage et la nature de la surface sur lequel il roule.

On peut donc dire sans crainte d'erreur que le rendement à la jante calculé au moyen d'un tapis roulant ou d'un tambour tournant ne donne qu'une valeur relative, tandis que le rendement calculé sur l'arbre de la roue motrice a une valeur absolue qui peut servir de base à l'étude ultérieure des bandages.

Evidemment au cours de ces essais il faut avoir le plus grand soin de s'assurer que le moteur fonctionne dans de bonnes conditions de carburation, d'allumage et de graissage et provoquer artificiellement, si besoin est, le refroidissement convenable du radiateur qui, immobile, ne remplit qu'imparfaitement sa fonction. Ces essais, d'une très haute importance pour l'industrie automobile, ont servi de base à toute une série de perfectionnements dans la constructfon des voitures actuelles.

Ajoutons qu'un moyen empirique de mesurer la résistance au roulement d'une voiture peut-être réalisé très facilement par le déplacement du véhicule sur sol horizontal par la chute d'un poids, sans qu'on puisse en déduire du reste aucun renseignement ayant un caractère scientifique.

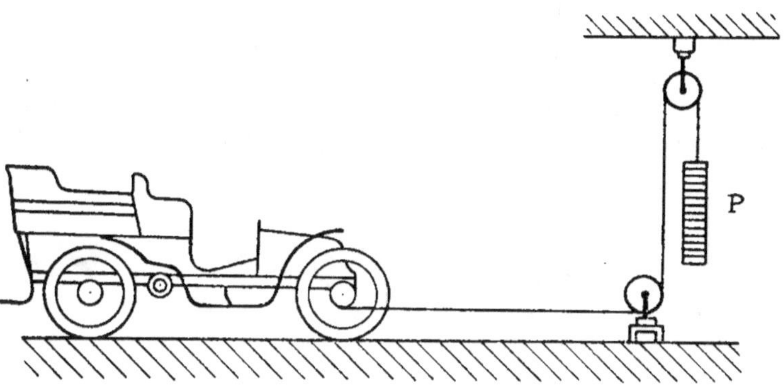

Fig. 281. — Mesure de la résistance au roulement par la chute d'un poids.

Freinage des motocyclettes. — Dans les motocyclettes, dont la commande est faite en général par une courroie, il est très souvent intéressant de savoir quelle est la puissance disponible à la jante de la machine et d'en déduire le rendement du mécanisme, lequel, dans l'espèce, est constitué par la courroie et ses deux poulies.

Le système le plus simple est de poser la motocyclette sur deux tréteaux et de placer un frein à corde, analogue à celui que nous avons précédemment décrit, dans la jante de la roue motrice, après avoir démonté le pneumatique arrière. Il est bon toutefois de placer dans le fond de la gorge une lame d'acier qu'on soude à la jante, pour que les cordes du frein ne soient pas accrochées par les têtes de rayon en saillie ; on met en marche le moteur par la roue arrière, après avoir légèrement soulagé le frein pour permettre le démarrage, puis, lors-

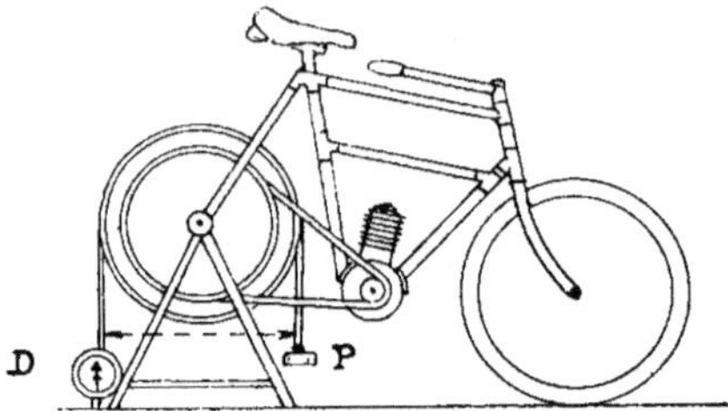

Fig. 282. — Freinage d'une motocyclette ; D dynamomètre ; P poids.

que le moteur a pris son allure, il suffit de faire les lectures de vitesse et d'efforts pour déduire la puissance à la jante, laquelle sera donnée par la formule ordinaire :

$$\mathscr{F}_{chx} = 0{,}001396.\, n.\, (R + r)\,(P - p).$$

Pour déterminer le rendement, il est nécessaire de se rendre compte de la puissance du moteur et, pour cela, de faire un freinage analogue

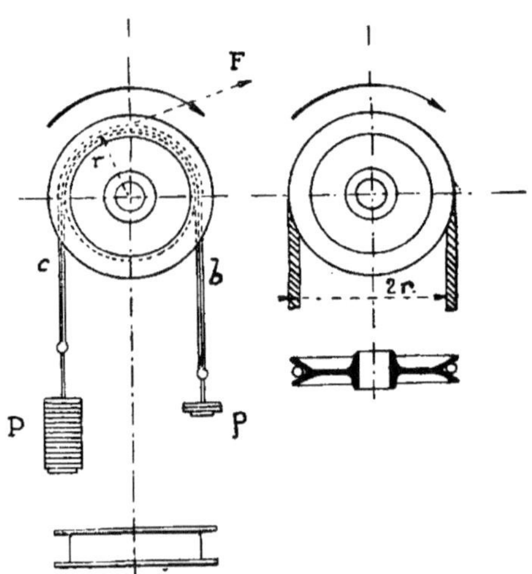

Fig. 283. — Freins à cordes sur poulie de motocyclette.

sur la poulie du moteur après avoir enlevé la courroie ; toutefois, dans ces petits moteurs à grande vitesse, il faut avoir soin de faire attention à ce qu'une fausse manœuvre ne projette pas à la tête de l'observateur le frein et ses poids, et c'est pour cela que les constructeurs de moteurs de motocyclettes préfèrent souvent faire ce freinage au moyen du frein de Prony à double bras équilibré qui donne, sinon des résultats plus exacts, tout au moins une sécurité plus grande.

M. Mohr a donné dans la *Vie automobile* le résultat d'essais faits sur des motocyclettes ; il a trouvé comme puissance du moteur tournant à 1.800 tours 3,3 chevaux. Le travail mesuré sur la jante de la roue, d'autre part, a été trouvé de 2,9 chevaux ; d'où l'on déduit pour rendement de la courroie 0,88.

Or on peut calculer l'effort de traction F nécessaire pour faire progresser une machine pesant 130 kilogs sur une rampe maxima de 14 centimètres par mètre et l'on a :

$$F = P \times r = 130 \times 0,14 = 18,2 \text{ kgs.}$$

Si on calcule d'autre part la force tangentielle développée à la roue motrice par les formule ordinaires on trouve un chiffre de 18,8 kgs.

La différence entre les deux chiffres reste donc disponible, soit pour une rampe maxima un coefficient de sécurité de marche de 4 0/0 environ, ce qui est évidemment largement suffisant pour parer à toutes les éventualités de la route : boue épaisse, partie sablonneuse, rampes imprévues.

CHAPITRE III

DESCRIPTION DU LABORATOIRE
DE L'AUTOMOBILE-CLUB DE FRANCE

Le Laboratoire de l'Automobile-Club de France a été installé en 1901 par les soins de M. Forestier, président de la commission technique de l'Automobile-Club de France. Il est sous la direction effective de M. Georges Lumet, ingénieur, et a été créé en vue de tous les essais mécaniques intéressant la voiture automobile. Au surplus, il est ouvert à toute personne qui veut y faire exécuter des expériences, sur autorisation du président de la commission technique.

Il possède deux salles d'essais :

L'une est aménagée en vue de toutes les études spéciales sur les conditions de fonctionnement de moteurs déterminés, tant au point de vue des organes constitutifs de ces moteurs, qu'à celui des combustibles utilisés par ces moteurs.

L'autre est aménagée en vue de la mesure de la puissance de moteurs-types quelconques et de la mesure de la puissance disponible sur l'axe moteur des voitures automobiles.

Les moteurs d'essai dont dispose actuellement le Laboratoire sont :

Un moteur de Dion-Bouton de 94 m/m d'alésage et 90 m/m de course qui présente une compression d'environ 3 kg. 1/2 et dont la vitesse angulaire en tours par minute est de 1600 tours correspond à une puissance de 4 1/2 chx, environ. Le deuxième moteur est le moteur Gillet-Forest horizontal de 150 m/m d'alésage et de 160 m/m de course ; compression 4 kgs ; nombre de tours par minute 800 ; sa puissance est de 10 chx environ. Enfin un moteur 4 cylindres Renault frères, type 10/14 chevaux, a été installé postérieurement.

Ces moteurs sont disposés pour être refroidis par l'eau au moyen d'un condensateur à surface, pour éviter tous les inconvénients de la pompe ; l'eau est emmagasinée dans un réservoir de 2 m³ de capacité en charge. L'arrivée de l'eau sortant du moteur s'effectue à 5 cm. au-dessous du niveau libre et le départ est disposé à 2 cm. au-dessus du fond. Ce grand réservoir entièrement plein d'eau présente donc une grande surface de refroidissement, et la différence de niveau est telle que la circulation s'effectue normalement et que la température au fond du réservoir reste constante.

Une étude préalable des moteurs a permis de constater l'influence indéniable de la température de l'étincelle d'allumage et cela principalement dans le cas où le mélange explosif n'est pas constitué avec les proportions voulues d'essence et d'air. L'excès d'essence nécessite un allumage plus énergique et l'avance à l'allumage vient dans ce cas à l'encontre du but que l'on se propose. Pour être sûr d'être à l'abri de tous les inconvénients de ce côté, l'allumage du moteur Gillet-Forest est fait au moyen d'un accumulateur à 4 éléments et d'une bobine spéciale susceptible de résister à la tension de 8 volts.

Quant au carburateur, il est monté sur un robinet à trois voies qui permet de passer instantanément du carburateur étalon (qui est un Longuemare étudié spécialement pour cette fonction) à tout autre carburateur en essai.

Ce moteur est accouplé au moyen d'un manchon élastique Piat avec une dynamo du type Postel-Vinay, susceptible d'une puissance de 15 kilowatts, donnant une tension de 110 volts à 1.200 tours. Cette dynamo a été prévue pour l'étude des moteurs à explosion pouvant fournir une puissance de 8 à 20 chx à des vitesses de 600 à 1.500 tours. L'excitation est indépendante et fournie par le secteur de Levallois. Le circuit d'excitation est monté sur un rhéostat avec ampèremètre, pour ramener toujours son courant à sa valeur normale. La dynamo débite sur un tableau de lampes à incandescence disposé pour permettre l'ajustage exact des résistances avec commandes à distance.

Les autres groupes comportent également des dynamos correspondant à chaque moteur. Pour chacune de ces dynamos il a été procédé à un étalonnage très complet, en calculant le rendement et en traçant la courbe des pertes à vide, en fonction de la vitesse angulaire sous une excitation constante.

Nous avons réuni dans le tableau 38 les chiffres relatifs à ces étalonnages.

Tableau 38. — Etalonnage des dynamos du laboratoire de l'A.C.F.

Tension aux bornes de l'induit *volts*	Intensité de l'induit *ampères*	Nombre de *tours par minute*	Puissance perdue *watts*
Groupe électrogène de Dion-Bouton 4 1/2 chx			
(Excitation : 1 ampère. Résistance de l'induit aux balais en ohms : 0,283)			
49	1,2	600	58,8
69,5	1,4	900	97,3
93,5	1,6	1.200	149,6
122	1,8	1.500	219,6
134	1,8	1.800	241,2
153	1,9	2.100	290,7
173	1,95	2.400	337,4
Dynamo Postel-Vinay type H-9. Moteur Gillet-Forest.			
(Excitation : 3 ampères. Résistance de l'induit aux balais en ohms : 0,62)			
45	4,8	408	216
56	5,3	528	296
67	5,7	625	382
74	5,3	700	430
86	6,8	810	541
100	7	950	700
115	7,5	1.100	862
126	7,5	1.200	945
140	7,6	1.300	1.061
150	8	1.400	1.200
Dynamo Postel-Vinay type H-5. Moteur Renault frères.			
(Excitation : 2,25 ampères. Résistance de l'induit aux balais en ohms : 0,24)			
47	4	800	188
74	4,7	1.200	347,8
92	5,1	1.600	469,2
101	4,9	1.800	500
113	5,4	2.000	610
130	5,4	2.400	702

Au moyen des chiffres du tableau, on a pu déterminer, pour chaque dynamo, les courbes de rendement de l'induit en fonction du débit et à diverses vitesses angulaires sous une excitation constante.

Le banc d'essai qui porte le moteur de Dion-Bouton 4 1/2 chx permet l'étude d'organes spéciaux et celle des combustibles. De plus, il permet, dans le cas où le courant vient à faire défaut, l'excitation des dynamos des autres bancs. Un tableau de distribution est installé pour cette double utilisation.

Le deuxième banc est équipé avec le moteur 4 cylindres Renault frères, type voiture de ville, étudié spécialement en vue d'une consommation réduite.

Le banc d'essai du moteur Gillet-Forest a été très fréquemment utilisé pour étudier les carburateurs, les carburants, les tuyauteries d'échappement et les appareils silencieux, pour lesquels des concours très importants ont été organisés depuis quelques années par l'Automobile-Club de France. Les expériences comportent en général une mesure de puissance à différentes vitesses et les essais de consommation correspondants.

Pour ces derniers, un appareil spécial vient compléter les appareils de mesures ordinaires : c'est un wattmètre-enregistreur et enregistreur de consommation construit par MM. Chauvin et Arnoux. Cet appareil est destiné à donner la valeur du travail produit par le moteur après un temps déterminé et en même temps la consommation en carburant correspondant à ce travail ; les courbes tracées par l'aiguille du wattmètre donnent à chaque instant la puissance en watts aux bornes de la dynamo. L'intégration de la surface comprise entre la droite correspondant à la puissance zéro et la courbe tracée par l'appareil, donne le travail fourni par le moteur, pendant la durée de rotation correspondant à la distance entre deux ordonnées curvilignes.

Derrière le wattmètre-enregistreur, sont disposés deux réservoirs : dans l'un d'eux, se trouve un flotteur très large, relié par un fil fin à un contre-poids chargé de l'équilibrer; un petit chariot prend son mouvement du brin horizontal du fil et actionne une plume qui trace sur le papier, en même temps que la courbe de puissance, celle de la consommation. Le wattmètre-enregistreur est à plusieurs sensibilités, pour permettre l'étude de moteurs de puissances différentes : le deuxième réservoir, de son côté, fournit une deuxième échelle pour la mesure de la consommation.

Enfin, le laboratoire possède toute une série d'appareils d'investigation destinés à étudier le fonctionnement du moteur à explosion :

manographe Hospitalier; indicateur alternatif de Garnier; enregistreur d'explosions Mathot etc.

La deuxième salle d'essai du Laboratoire de l'Automobile-Club de France comporte deux bancs pour déterminer la puissance des moteurs et un banc pour la détermination de la puissance à l'axe du moteur des voitures automobiles.

Le premier banc supporte une dynamo-dynamomètre construite par la Société des anciens établissements Panhard-Levassor. Elle est établie pour fournir un courant de 120 ampères sous une tension de 230 wolts à 800 tours. Elle est munie d'une excitation indépendante. L'appareil que possède le laboratoire permet l'étude des moteurs dont la vitesse angulaire varie de 100 à 1.500 tours par minute et d'une puissance variant entre 10 et 50 chevaux. La dynamo débite sur une résistance en fils de maillechort noyés dans des cuves en grès avec circulation d'eau. L'ajustage de la résistance s'opère en déplaçant la prise de courant et se trouve complétée par un tableau de lampes à incandescence. Un appareil enregistreur construit par la Société française électrique, en collaboration avec la maison Jules Richard, enregistre en même temps la vitesse et la consommation du moteur.

Le deuxième banc est équipé avec un moulinet dynamométrique du système Renard, supporté par un bâti fixe en bois. Ce moulinet est muni d'un indicateur de vitesse instantanée, de MM. Chauvin et Arnoux, ainsi que d'un totalisateur de tours.

Le moteur en essai est relié à l'axe du moulinet par un axe à la cardan. Le tableau 39 indique les chiffres obtenus au cours d'un essai d'un moteur au Laboratoire de l'Automobile-Club avec un moulinet du module 6.

Enfin, l'installation se complète par un grand banc d'essai disposé pour l'étude des mécanismes de voitures automobiles.

Les voitures à essayer sont montées sur ce banc à l'aide d'un treuil placé à l'opposé d'un plan incliné. La voiture est ensuite soulevée par des vérins et l'essieu arrière est assujetti sur des traverses en bois boulonnées dans des rainures noyées dans la maçonnerie. A la hauteur des roues arrière et de chaque côté du massif, sont disposés deux chevalets supportant les paliers des moulinets dynamométriques; l'un de ces chevalets est fixe par rapport au banc; l'autre, au contraire, peut en glissant dans des rainures creusées dans le sol s'approcher ou s'éloigner du banc, suivant la largeur de la voie de la voiture en essai.

L'axe moteur de la voiture est relié à chacune de ses extrémités à l'arbre cardan du moulinet, au moyen d'une pièce spéciale formée d'un disque plat vertical, qu'on vient appliquer sur la face extérieure des raies de la roue et qu'on fixe, au moyen d'une contre-plaque et de coins en bois recouverts de feutre, sur les raies de la dite roue. De la sorte, l'entraînement des moulinets est opéré par l'intermédiaire des raies de la roue, sans que celle-ci subisse aucun dommage.

Tableau 39. — Essai d'un moteur au Laboratoire de l'A.C.F.

Dimensions des plans	Numéro du trou	Vitesse angulaire en tours par minute	Pression atmosphérique en m/m mercure	Température en degrés centigrades	Puissance en chevaux lue sur l'abaque	Correction en 100ᵉˢ	Puissance effective en chevaux	Consommation spécifique en litres par cheval-heure disponible sur l'axe moteur
480/480	6,5	415	767	18	20	2	19,6	0,740 (1)
480/480	6,5	395	767	18	17,2	2	16,9	0,620
480/480	7	382	768,5	18	18,2	2	17,8	—
480/480	7,5	358	767	17	17,6	2	17,3	—
480/480	8	335	767	17	16,8	2	16,5	—
840/840	8,5	197	768	17,5	15,2	2	14,9	—

(1) Le gicleur utilisé lors du premier essai avait un trop grand débit.

On obtient ainsi pour chaque voiture une courbe donnant la puissance disponible sur l'axe moteur, en fonction de la vitesse angulaire du moteur en tours, par minute. On en déduit donc facilement les pertes de puissance entre l'arbre du moteur et l'axe des roues motrices aux différents crans de vitesse, ainsi que la différence de rendement entre les trains d'engrenages et la prise directe.

SIXIÈME PARTIE

ORGANISATION GÉNÉRALE

D'UN

ATELIER DE CONSTRUCTION AUTOMOBILE

Plusieurs des fabricants d'automobiles de la région parisienne, et non des moindres, ont bien voulu nous communiquer les plans de leurs usines, ce qui nous permet, comme conclusion du présent ouvrage, de présenter une étude succincte, il est vrai, mais suffisamment exacte de l'organisation générale d'un atelier type de construction automobile.

Nous avons supposé que cet atelier était destiné à la production annuelle d'environ 1.000 véhicules et que ces véhicules se classaient suivant quatre types différents construits chacun en séries à peu près égales.

La superficie des ateliers couverts à rez-de-chaussée doit être d'environ 20.000 mètres carrés, ce qui représente une superficie totale de terrain du double environ.

Nous avons divisé l'usine en dix groupes d'ateliers ou bâtiments dont nous avons fait le groupement dans le plan type (fig. 284), et nous allons donner sur chacun d'eux quelques explications particulières.

Toutefois, il convient de dire que l'idée générale qui a présidé à la conception de ce plan consiste à faire circuler les matières depuis la porte d'entrée jusqu'au fond de l'usine, au cours des transformations nécessaires à leur complète transformation en une voiture automobile ; lorsque les voitures sont achevées, elles peuvent sortir de l'usine par leurs propres moyens.

Il convient, pour être exact, d'ajouter également que cette disposition a été réalisée en partie dans les ateliers Panhard-Levassor et, comme elle est excellente, nous l'avons empruntée pour notre plan-type.

Ces considérations générales exposées, nous allons étudier la constitution de chaque groupe d'ateliers ou de bâtiments.

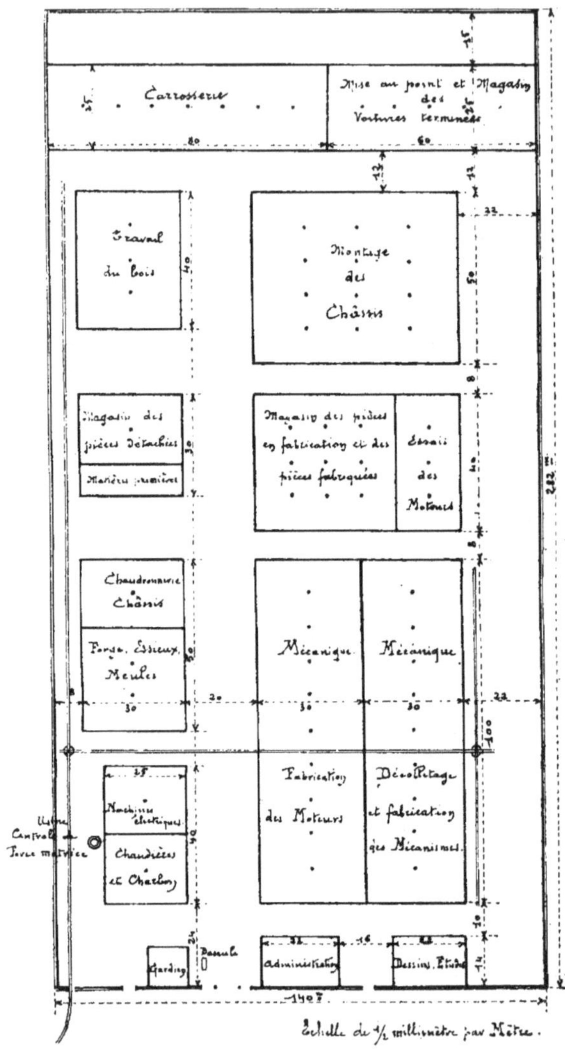

Fig. 284. — Plan schématique d'une usine-type.

A. — Le premier groupe de bâtiments doit renfermer l'administration de l'usine, la direction, la comptabilité générale, le bureau des études et du dessin, les archives, etc. Derrière le bâtiment d'administration, nous plaçons un petit atelier annexe, situé autant que possible dans un angle écarté du terrain ; c'est l'atelier des études spéciales où l'on prépare les modèles nouveaux, où l'on se livre à des études expérimentales avant d'adopter tel ou tel mode de construction, en un mot, où l'on concentre tout ce qui doit être fait à l'abri des yeux indiscrets.

Les bâtiments de l'administration sont élevés d'un ou deux étages et, avec l'atelier des études spéciales, ils représente une surface couverte d'environ 3 0/0 de la surface couverte totale.

B. — Le second groupe de bâtiments est celui qui est relatif à la force motrice. Nous avons admis une usine centrale d'environ 500 chevaux, constituée par trois moteurs à gaz pauvre avec les rechanges nécessaires, un parc à charbon assez important permet d'emmagasiner une réserve de charbon suffisante pour parer à toute éventualité. Cette usine centrale électrique distribue la puissance et l'éclairage par du courant à 220 volts dans toutes les parties de l'usine. La surface occupée par la force motrice pour les moteurs, dynamos, génératrices et approvisionnements de charbon. représente environ 5 0/0 de la surface totale couverte.

C. — Les ateliers de mécanique et de décolletage sont évidemment les plus importants de l'usine-type que nous étudions ; ils comprendront deux ateliers jumeaux de dimensions à très peu de chose près égales, chacun d'eux représentant 15 0/0 de la surface totale ; l'un réservé pour la fabrication des moteurs. l'autre réservé pour la fabrication des mécanismes, changements de vitesse, différentiels, etc. Les bâtiments de mécanique et de décolletage ont donc une superficie totale de 30 0/0 de la surface totale de l'usine.

La disposition des bâtiments rez-de-chaussée à sheds s'impose avec le minimum de transmission supérieure pour assurer un excellent éclairage des machines-outils ; celles-ci, étant des types automatiques les plus perfectionnés, des groupes de quatre ou cinq machines sont surveillés par un seul ouvrier.

Au centre du bâtiment et. par conséquent, à cheval sur l'atelier des moteurs et celui des mécanismes. se trouve un petit atelier central pour l'outillage. Ce petit atelier comprend lui-même des machines-outils utiles pour la préparation et l'affutage des outils : il représente 1/10 ou 1/15 de la surface totale des deux ateliers réunis.

D. — De l'autre côté de l'allée générale qui traverse l'usine dans le sens de la longueur, nous avons placé les ateliers de chaudronnerie, de découpage et de tôlerie. C'est dans ces ateliers que nous assemblons les châssis en tôle emboutie. La surface totale couverte représente environ 5 0/0 de la surface générale couverte et, également de ce côté de l'usine nous avons placé l'atelier des forges qui doit se trouver non loin du parc à charbon. C'est dans cet atelier qu'on prépare la fabrication des essieux et qu'on estampe toutes les pièces brutes. Dans un local voisin, sont disposés les fours à cémentation et, enfin, dans un petit atelier annexe et tout à fait séparé, sont placés les meules et les ébarbeurs ainsi que les machines à sablage des pièces de fonte.

Faisant suite à l'atelier des moteurs, nous avons placé un petit atelier spécial destiné à l'essai de ces moteurs, de façon que l'essayage se fasse entre les fabrications et le montage. Cet atelier d'essai est muni de dynamos-dynamométriques et de moulinets Renard, montés sur des bancs fixes. Les moteurs sont placés sur des bâtis roulants qui peuvent être immobilisés au sol par un système d'attaches spécial.

Des berceaux en fonte et bois pour chaque type de moteur permettent la fixation très solide de ceux-ci sur les bâtis d'essai sans hésitation ni fausse manœuvre ; ils sont manœuvrés par un pont roulant électrique.

En raison de l'importance des essais au frein des moteurs dans les automobiles, nous avons estimé qu'une surface de 4 0/0 devait être réservée à cet atelier.

II. — Le montage des châssis se fait dans un atelier disposé en longueur, pour permettre à un grand nombre d'ouvriers de travailler simultanément, en suivant la progression générale que nous avons indiquée plus haut.

Dans la première partie se trouve l'assemblage des châssis et des essieux. Dès que le châssis peut rouler, il est avancé dans la seconde partie de l'atelier, où il reçoit les moteurs venant des essais et les mécanismes venant d'un atelier spécial de la fabrication où s'est effectué le rodage des engrenages et des paliers, au moyen de mouvements commandés.

L'atelier de montage reçoit d'autre part les pièces de chaudronnerie et de forge, ainsi que les pièces à assembler non fournies par l'usine.

En raison de l'importance qu'il y a à exécuter rapidement le montage des châssis dans les meilleures conditions pour les ouvriers, nous avons pensé qu'une surface de 14 0/0 de la surface totale était absolument indispensable pour cet atelier, qui est desservi par des ponts roulants électriques.

I. — Après avoir traversé la cour, les châssis sont envoyés à la mise au point, qui comprend un atelier inférieur, où des ouvriers spéciaux procèdent aux dernières opérations pour la mise en marche d'essai, fixation des réservoirs, vérification des fils d'allumage, remplissage d'essence et d'eau, etc. Dans la cour qui sépare les deux ateliers on a

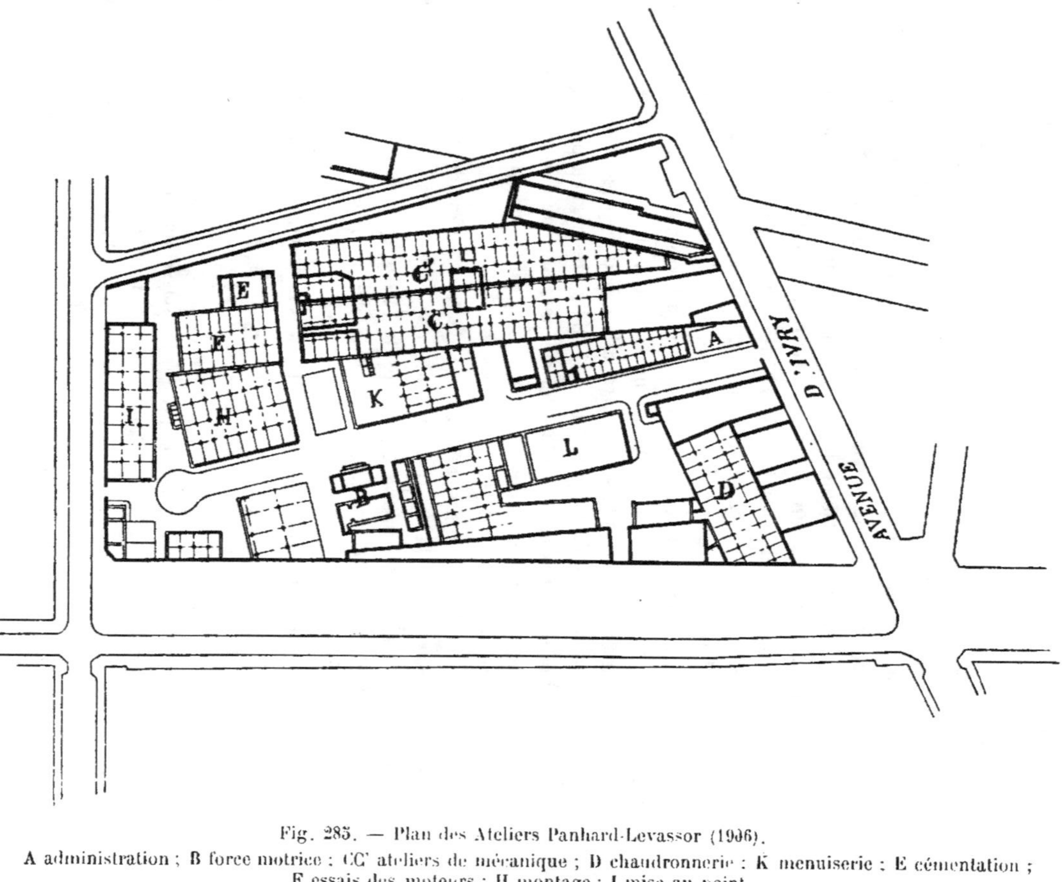

Fig. 285. — Plan des Ateliers Panhard-Levassor (1906).

A administration ; B force motrice ; CC' ateliers de mécanique ; D chaudronnerie ; K menuiserie ; E cémentation ; F essais des moteurs ; H montage ; I mise au point.

disposé un endroit couvert pour le lavage des châssis revenant des essais. C'est de cet atelier de mise au point que le châssis traverse l'usine avec une carrosserie spéciale d'essais pour procéder aux premières expériences sur route. C'est également dans cet atelier que les châssis sont amenés, après fixation de la caisse de carosserie pour les essais définitifs.

Comme la fabrication doit être prévoyante et comme il est absolus ment indispensable de pouvoir emmagasiner un certain nombre de châssis complètement terminés avant qu'ils ne soit réclamés par le client ou le carrossier, il importe que le bâtiment de mise au point soit surmonté de magasins desservis par des ascenseurs dans lesquels on place les châssis dans de bonnes conditions de conservation. Cet atelier de mise au point comprend une surface d'environ 8 0/0 de la surface totale ; il permet de remiser environ 75 châssis terminés par étage.

K. — Un atelier spécial est destiné à tout ce qui concerne le travail du bois : la fabrication des roues notamment se fait au moyen de machines-outils perfectionnées découpant les rais suivant gabarits et façonnant les jantes ; les roues retournent ensuite à l'atelier de forge pour l'embattage à chaud. L'atelier de travail du bois représente environ 5 0/0 de la superficie totale. A côté de l'atelier de mise au point, se trouve l'atelier de carrosserie, le plus éloigné possible par conséquent, des endroits où est employé le charbon, de façon à diminuer d'autant les chances d'incendie.

La production de l'atelier de carrosserie a été supposée ne devoir être que de 30 à 40 0/0 de la production totale des châssis de l'usine, et c'est dans ces conditions qu'une superficie de 11 0/0 a été jugée suffisante, de sorte que tout ce qui a rapport au travail du bois représente 16 0/0 de la superficie totale couverte.

L. — Il nous reste à parler des magasins. Ces magasins sont de plusieurs sortes :

1° Magasin des matières premières brutes, situé non loin de la porte d'entrée, dans lequel on reçoit les pièces brutes venant du dehors et que nous avons supposées être les pièces de châssis, les ressorts, une partie des pièces de fonte et d'estampage, les matières brutes destinées au décolletage et à la mécanique, toutes choses, enfin, que l'usine ne produit pas, mais qu'elle transforme.

2° Un second magasin, placé près de l'atelier de montage, reçoit les accessoires non fabriqués dans l'usine, tels que les magnétos, accumulateurs, distributeurs électriques, bandages de caoutchouc, volants de direction, robinets spéciaux et, dans certains cas, radiateurs.

Ces objets doivent être à proximité de l'atelier de montage pour pouvoir y être transportés facilement.

3° Un autre magasin doit être placé dans les mêmes environs ; c'est celui où s'entreposent les pièces terminées par les ateliers de mécanique et qui doivent être montées. On comprend que la fabrication en séries

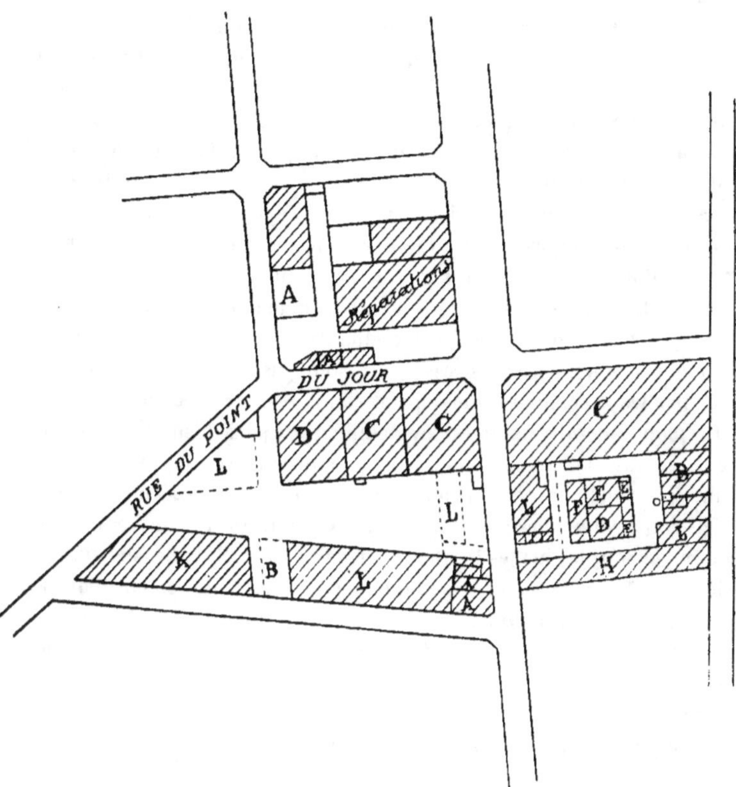

Fig. 286. — Plan des usines Renault frères (1906).

A administration et magasins ; B force motrice ; C C C ateliers de mécanique ;
D découpage, chaudronnerie et emboutissage ; L magasins et essais des châssis ;
K carrosserie ; E meules ; F essais des moteurs ; H montage des châssis.

ne puisse suivre exactement le montage des châssis, et c'est ainsi qu'on a besoin d'emmagasiner dans des conditions tout à fait spéciales d'ordre et d'entretien toutes les pièces terminées avant de procéder à leur montage.

4° Un magasin spécial est destiné aux pièces de rechange. Il doit être situé plutôt vers la porte d'entrée pour éviter que les clients qui viennent acheter des pièces de rechange n'aient à traverser toute l'usine. Ce magasin de pièces de rechange est à la fois magasin de vente et d'expédition, et il est organisé de façon à pouvoir envoyer par les moyens les plus rapides et à première réquisition les pièces de rechange demandées par les clients de province. Il reste ouvert pendant la matinée du dimanche, afin de répondre aux demandes urgentes.

5° Enfin, un dernier magasin, qui peut être relégué dans le haut d'un bâtiment par exemple, est celui qui contient les modèles destinés à la fonderie.

Nous avons estimé que, dans l'usine en question, toutes les pièces seraient fabriquées sur place, sauf cependant la fonderie d'acier et d'aluminium, les pièces spéciales d'emboutissage et d'estampage, les accessoires électriques, bougies, etc. : il est cependant à noter que certains constructeurs exécutent une partie de ces accessoires. La maison de Dion-Bouton a établi dans ses ateliers une fabrication spéciale de bougies électriques; la maison Renault exécute elle-même une partie de sa fonderie, au moyen de fours oscillants portatifs et de machines à mouler perfectionnées ; les ressorts, restent jusqu'à nouvel ordre fabriqués par les spécialistes, ainsi que certains essieux spéciaux.

Ce plan général d'usine est évidemment sujet à bien des modifications, suivant la capacité demandée à la production, la forme du terrain, etc. Nous pensons cependant qu'il est rationnel de s'en rapprocher le plus possible lorsqu'on a affaire à un terrain d'un seul tenant, comme le sont les usines Panhard-Levassor (fig. 285), Brasier, de Diétrich, etc. Les usines de Dion-Bouton ne sont pas entièrement d'un seul tenant, les terrains ayant été acquis successivement et étant séparés par des constructions ne faisant pas partie de l'usine. Enfin, les ateliers Renault (fig. 286) sont séparés les uns des autres par des rues et, par conséquent, forment des usines autonomes, comprenant les unes la mécanique, les autres les accessoires et le montage et le troisième groupe la réparation et l'administration générale.

Quelle que soit la disposition de l'usine, c'est évidemment la science des techniciens et la perfection du travail qui font les bonnes voitures. Il nous est en tout cas glorieux de constater que sur ce point notre vieille industrie française a su tenir et conserver la première place dans la construction des automobiles.

TABLE DES FIGURES

ERRATA

Page 129. La figure 61 a été retournée le haut en bas.

Page 155. Légende de la figure 71, *au lieu de* : automobiles, *lire* : autobus.

Page 190. Légende de la figure 107, *au lieu de* : moteur Lacoste quatre cylindres, *lire* : moteur quatre cylindres (Lacoste).

Page 206. Légende de la figure 116, *au lieu de* : roulement, *lire* : enroulement.

Page 257. Légende de la figure 144, *au lieu de* : Vinot-Deguigrand, *lire* : Vinot-Deguiguand.

Page 278. Légende de la figure 163, *au lieu de* : par arbre transverse et châssis, *lire* : par arbre transverse et chaines.

— Légende de la figure 164, *au lieu de* : Herzld, *lire* : Herald.

Page 280. Légende de la figure 167, *au lieu de* : Maliret, *lire* : Malicet.

TABLE DES MATIÈRES

CHAPITRE III

Carburation 148

CHAPITRE IV
L'allumage

CHAPITRE V
Refroidissement 221

CHAPITRE VI
Graissage

CHAPITRE VII
Freinage par le moteur 248

CHAPITRE VIII
Mise en marche automatique 252

TROISIÈME PARTIE
LES. MÉCANISMES

CHAPITRE PREMIER
Embrayages 255

CHAPITRE II
Transmissions 274

CHAPITRE II

Essais des voitures automobiles à la jante

CHAPITRE III

Description du laboratoire de l'Automobile-Club de France   472

SIXIÈME PARTIE

ORGANISATION GÉNÉRALE D'UN ATELIER DE CONSTRUCTION AUTOMOBILE . .   479

LAVAL. — IMPRIMERIE L. BARNÉOUD ET Cⁱᵉ.

ENCYCLOPÉDIE DES TRAVAUX PUBLICS *(suite)*

OUVRAGES DE PROFESSEURS A L'ÉCOLE NATIONALE SUPÉRIEURE DES MINES

M. Aguillon. *Législation des mines, française et étrangère*. 40 fr. On vend séparément :
— La *Législation en France, dans les colonies et protectorats*, 2ᵉ édition (très augmentée),
1 très fort volume (1.011 pages) . . . . 25 fr.
— Les *Législations étrangères*. . . . . 15 fr.
M. Pelletan. *Lever des plans et nivellement souterrains* (Voir ci-dessus : *Durand-Claye*).
M. Chesneau. *Lois générales de la Chimie*. 1 vol. avec 37 figures. . . . . . 7 fr. 50
MM. Vicaire et **Maison**. *Cours de Chemins de fer de l'Ecole des Mines*; 582 p., 493 fig. 20 fr.

OUVRAGE D'UN PROFESSEUR A L'ÉCOLE NATIONALE FORESTIÈRE

M. Thiéry. *Restauration des montagnes*, avec une *Introduction* par M. Lechalas père. Vol.
de 442 pages, avec 173 figures. . . . . 15 fr.

OUVRAGES DE DIVERS AUTEURS

M. Charpentier de Cossigny, ingénieur civil des mines, lauréat de la Société des agriculteurs de France. *Hydraulique agricole*. 2ᵉ édit., 1 vol., avec 160 figures . . 15 fr.
M. Degrand, inspecteur général honoraire des ponts et chaussées. *Ponts en maçonnerie* (Voir ci-dessus : *J. Résal*).
M. Doniol, inspecteur général des ponts et chaussées en retraite. *Réglementation des chemins de fer d'intérêt local, des tramways et des automobiles* 1 vol. avec figures. 10 fr.
— *Complément à l'ouvrage ci-dessus* . . . . 3 fr.
M. le Dʳ Duchesne, ancien président de la Société de médecine pratique. *Hygiène générale et Hygiène industrielle*, ouvrage rédigé conformément au programme du *Cours d'hygiène industrielle* de l'Ecole centrale. 1 vol. de 740 pages, avec figures . . 15 fr.
M. Henry (Ernest), Inspecteur général des ponts et chaussées. *Théorie et pratique du mouvement des terres, d'après le procédé Bruckner*. 1 vol., 2 fr. 50. — *Ponts métalliques à travées indépendantes : formules, barèmes et tableaux*. 1 vol. de 639 pages, avec 267 figures, 20 fr. — *Traité pratique des chemins vicinaux*, volume de près de 800 pages. . 20 fr.
M. Maurice Koechlin, ingénieur. *Applications de la statique graphique*. 1 vol., avec 311 figures et 1 atlas de 34 planches, seconde édition, revue et très augmentée, 30 fr. — *Recueil de types de ponts pour routes*. 1 vol. de 306 pages et un atlas. . . . . 25 fr.
M. Lallemand, ingénieur en chef des mines. *Nivellement de précision* (Voir ci-dessus *Durand-Claye*).
M. Lavoinne. *La Seine maritime et son estuaire*, 1 vol., avec 49 figures. . . . 10 fr.
M. Lechalas père, inspecteur général des ponts et chaussées. *Hydraulique fluviale*. 1 vol., avec 78 figures, 17 fr. 50. — *Des conditions générales d'établissement des ouvrages dans les vallées* (Voir ci-dessus : *J. Résal et Degrand*; c'est l'introduction à leur *Traité des Ponts en maçonnerie*).
M. Lechalas fils, ingénieur en chef des ponts et chaussées. *Manuel de droit administratif*. Tome I, 20 fr.; tome II, 1ʳᵉ partie, 10 fr. ; tome II, 2ᵉ partie . . . . 10 fr.
M. Lévy-Lambert, ingénieur civil, inspecteur de l'exploitation à la Compagnie du Nord. *Chemins de fer à crémaillère*. 2ᵉ édition en préparation. 15 fr. — *Chemins de fer funiculaires, Transports aériens*. 1 vol., avec 150 figures . . . . 15 fr.
M. Leygue, ancien ingénieur auxiliaire des travaux de l'Etat, agent-voyer en chef de la province d'Oran. *Chemins de fer. Notions générales et économiques*. 1 vol. de 617 pages, avec figures . . . . 15 fr.
M. E. Pontzen, ingénieur civil (l'un des auteurs de *Les chemins de fer en Amérique*) : *Procédés généraux de construction : Terrassements, tunnels, dragages et dérochements*. 1 vol. de 572 pages, avec 234 figures (médaille d'or à l'Exposition de 1900). . 25 fr.
M. Tarbé de Saint-Hardouin, inspecteur général des ponts et chaussées, ancien directeur de l'Ecole de ce corps. *Notices biographiques sur les ingénieurs des ponts et chaussées*. un vol. . . . . 5 fr.
M. P. Niewenglowski, ingénieur des mines. *Précis d'électricité*, 1 vol. de 200 pages avec 64 figures . . . . 6 fr.

Chaque ouvrage se vend séparément (et aussi chaque volume des ouvrages qui en comprennent plusieurs). Il n'y a pas de numérotage général des volumes formant la collection.

Les ouvrages entrant dans les *Encyclopédies des Travaux publics et Industrielle* sont en vente chez Ch. Béranger et chez Gauthier-Villars.

ENCYCLOPÉDIE INDUSTRIELLE

Vol. grand in-8°, avec de nombreuses figures

P. C. N.